地下工程平衡稳定理论与应用

朱汉华　赵　宇　孙红月　等　著

人民交通出版社

内 容 提 要

本书阐述了地下工程平衡稳定理论与应用，主要介绍了地下工程平衡稳定性概论、地下工程平衡稳定性的能量分析方法、地下工程围岩稳定理论、地下工程平衡稳定理论、地下工程开挖能量最小原理、强预支护原理、连拱隧道与小净距隧道受力独立性、地下工程建设的环境稳定性、盾构隧道的稳定平衡、基坑工程的稳定平衡以及特殊环境隧道施工过程稳定平衡实例分析等内容。

本书可作为隧道与地下工程领域的设计、施工等人员的参考书，也可供相关院校的师生参考使用。

图书在版编目(CIP)数据

地下工程平衡稳定理论与应用/朱汉华等著. —北京：人民交通出版社，2012.8

ISBN 978-7-114-09986-1

I. ①地… II. ①朱… III. ①地下工程—稳定性 IV. ①TU94

中国版本图书馆 CIP 数据核字(2012)第 179511 号

书　　名：地下工程平衡稳定理论与应用
著 作 者：朱汉华　赵　宇　孙红月　等
责任编辑：曲　乐　李　喆
出版发行：人民交通出版社
地　　址：(100011)北京市朝阳区安定门外外馆斜街3号
网　　址：http://www.ccpress.com.cn
销售电话：(010)59757969，59757973
总 经 销：人民交通出版社发行部
经　　销：各地新华书店
印　　刷：北京交通印务实业公司
开　　本：787×1092　1/16
印　　张：16.5
字　　数：390千
版　　次：2012年8月　第1版
印　　次：2012年8月　第1次印刷
书　　号：ISBN 978-7-114-09986-1
定　　价：36.00元

前　言

我国是一个多山的国家，丘陵山地面积约占国土面积的三分之二，而且人口众多，土地资源条件决定了势必充分开发城市地下空间。对于不良地质条件和复杂工程环境条件的地下工程建设，会遇到许多不确定性的问题，现有理论已无法满足现代地下工程建设的需要。传统“松弛荷载理论”，如普氏理论和太沙基理论在没有采用变形协调控制手段修正时，对于围岩偏差和偏好的情况存在工程风险和支护过度的情况；依据“岩承理论”的新奥法源于硬岩，在不良地质条件下，对于分支点失稳的工程问题，很难把握围岩与支护共同受力平衡状态的稳定性，地下工程施工安全与衬砌开裂现象就说明了其存在的工程风险。因此，弥补已有理论的不足、探索易于应用的地下工程建设理论和方法，具有重大的理论价值和现实意义。

对于条件好的简单地质环境，地下工程的平衡稳定容易实现，只要把握正确的预测理念，选用什么理论和工法不重要；对于不良地质条件和复杂工程环境条件的地下工程建设，需要更清晰的思路和正确的工程保障措施，做到整体控制和细节把握并重，使施工全过程达到平衡稳定。本书围绕地下工程结构设计、施工及养护全过程与环境共同作用符合力学规律，通过对已有案例的总结归纳、理论分析、数值模拟等方面的研究，提出地下工程建设的平衡稳定理论——围岩与支护共同作用在任何状态或过程都要达到平衡状态、并且要确保该平衡状态的稳定性。以该理论为核心，进一步提出了平衡稳定理论体系，即以减小对围岩原始结构扰动的地下工程开挖能量最小原理、对具有稳定性缺陷围岩及时支护的强预支护理论、减小连拱隧道与小净距隧道开挖相互影响的隧道受力独立性、确保环境稳定和实现协调平衡的地下工程建设环境稳定与协调平衡理论等四项关键技术为支撑。该体系指导思想明确、技术措施完整，对当前地下工程建设有很好的适用性，可为地下工程安全、快速、经济地建设提供技术指导。

《地下工程平衡稳定理论与应用》是朱汉华与尚岳全科研团队在总结二十几年的系列工程实践和研究成果的基础上，经过重新提炼而成的。地下工程建设实践经验的理论凝练，是实践经验的归纳抽象、逻辑推理演绎、再实践应用验证、再理论提升的互动过程。研究成果的总结与发表，希望对我国蓬勃发展的地下工程建设有所帮助，并在新的实践中不断提高。其中研究团队主要成员有：朱汉华[2]、尚岳全[1]、杨建辉[3]、孙红月[1]、赵宇[1]、周智辉[5]、文颖[5]、金小平[4]、王迎超[1]、张迪[6]、石文广[7]、范秀江[7]、刘宽[8]等（1浙江大学、2浙江省公路管理局、3浙江科技学院、4浙江省交通科学研究所、5高速铁路建造技术国家工程实验室、6中铁第四勘察设计院集团有限公司、7浙江省大成建设集团有限公司、8钱江通道项目部）。

衷心感谢孙钧院士、王梦恕院士、刘宝琛院士、曾庆元院士四位恩师的热情关怀和指导！我们每一点进步都凝聚着四位恩师的心血！

编　者

二〇一一年十二月

目　　录

第一部分　平衡稳定分析理论

第二部分　平衡稳定控制实施技术

第一部分

平衡稳定分析理论

1　地下工程平衡稳定性概论

在人类实践活动中，需要利用大量自然形成的以及人工砌筑的土工结构来满足生产、生活需要。这类结构一般由沙石、土等非匀质材料构成，在外部作用下(外加荷载、外界干扰)，极易在原始非连续界面形成逐步向周边扩展的裂缝以及在局部产生与外部作用不成比例增加的塑性变形，这些裂缝和变形将快速发展直至使部分或者整个结构丧失承载能力而发生失稳破坏。例如，隧道围岩在顶部土层压力以及侧向土压力作用下发生崩塌；深基坑在开挖过程中出现"踢脚"而引发倾覆破坏；土质边坡在强降雨以及地震作用下发生滑坡。结构由于丧失稳定而发生的破坏属于脆性破坏，其破坏过程在非常短暂的时间内完成，能量在瞬间得以释放，故破坏力巨大，往往造成生命财产的重大损失。为了避免破坏性事故的发生，人们在实践中总结出合适的施工方法和必要的支护措施，以提高地下工程安全度。为了检验这些方法和措施的有效性和适用性，需要探寻地下工程结构失稳破坏机理，探讨考虑不同工法及支护手段与结构相互作用的系统平衡稳定性分析方法，为地下工程设计与建造提供行之有效的理论分析手段。

哲学家用不同的方式解释复杂世界中的各种事物及其相互关系，工程师则善于针对具体问题，通过不断地改变某些事物及其关系而达到改变世界的目的。对于复杂的地下工程问题，科技工作人员既要有哲学家的思维方式，能够合理思考和解释地下工程和各种物质作用及其相互关系，更要有工程师的技术把握能力，科学地通过连续不断地改变某些物质作用及关系而达到地下工程全过程稳定平衡的目的。

新的科学理论创立或新的技术方法提出，应该回答两个问题：

(1)研究获得的新理论、新方法和新技术，其价值是什么？

(2)同等条件下与其他研究结果比较，其效果或优势在哪里？

【总体思路】地下工程结构存在三个关系：①力学稳定平衡；②力与变形关系；③变形协调。在工程实践过程中具体表现为如下四个层面。

第一层面：关系①由牛顿力学、有限元等理论解决；关系②由虎克定律、本构关系等理论解决；对于简单问题，关系③认定解决或自然满足(对应类似"苹果落地点预测"等相对简单成熟工程问题)。

第二层面：关系①由牛顿力学、有限元等理论解决；关系②由虎克定律、本构关系等理论解决；对于复杂问题，关系③不满足或难于解决(对应类似"树叶落地点预测"等相对复杂新型工程问题)。

第三层面：构件之间或组合变形不协调问题可能会产生"力不能有效传递"的现象，从而出现在软弱不良地质环境下，地下工程全过程存在安全隐患甚至引起地下工程结构或构件破坏等结果。

第四层面：(1)传统解决办法：关系①＋关系②(认定关系③自然满足，只适用于类似"苹果落地点预测”等相对简单成熟工程问题)；(2)简单有效利用传统解决办法：关系①＋关系②＋关系③(采用整体控制与细节把握和围绕目标的过程控制方法解决结构变形协调问题后，把类似“树叶落地点预测”等相对复杂的新型工程问题转变为类似“苹果落地点预测”的相对简单的成熟工程问题，才能简单有效地利用传统解决方法，解决复杂新型工程问题)；犹如小孩和老人走路容易摔跤一样，但采用大人牵或扶着小孩和老人走路就能控制身体变形，预防小孩和老人走路摔跤。因此在把握整体规律基础上，分析已有或存在条件，面对需要解决具体问题，寻找合适有效的解决方法处理到位(“对病下药”代替“对症下药”，两者简单情况有时相同，但大部分情况不同，方法不对可能会导致坏结果)，再评价效果或改进方法，才是解决土木工程安全问题的总体思路。

【理论继承与借鉴改进】马克思主义理论核心是人的解放，通过研究生产力与生产关系、经济基础与上层建筑之间关系，揭示社会发展的一般规律，而阶级斗争、唯物主义等是其理论的组成部分。在俄国和中国等国家都是结合本国的社会发展实际，才取得了革命的成功，发展成列宁主义和毛泽东思想。而西方发达国家则结合社会发展实际，进行社会改良缓和矛盾，推动经济社会发展，也发展成许多新理论。正确的理论需要结合社会发展阶段的实际，究竟是采用革命手段还是采用改革手段，关键是要符合绝大多数人的利益和推动社会进步，因此马克思主义的生命力在于时代化、具体化、大众化。在地下工程建设中，传统“松弛荷载理论”和现代“岩承理论”也是在解决特定地下工程建设问题过程中提出的一般理论，实际应用中有成功也有不确定的情况。

牛顿力学、能量法、有限元等理论能够解决结构稳定平衡问题。虎克定律、本构关系等理论建立了材料受力与变形之间的关系。而结构的变形协调问题(构件内部或构件与构件之间力的有效传递问题)并未凸显出来，也缺乏明确的分析标准。对于简单结构，基于成熟的构造措施以及经实践验证合理的变形假定一般能够解决变形协调问题。对于复杂结构而言，工法与构造创新虽然克服了大部分连接可靠性问题，但是构件之间或非均匀构件内部是否满足变形协调的问题就不易把握，以往没有得到足够的重视，有时导致结构开裂或不利变形甚至破坏。可以基于传统“松弛荷载理论”和现代“岩承理论”等已有地下工程建设的一些基本理念，结合施工技术发展水平，工程环境变化情况，创造性地提出适应地下工程建设需要的新理论和新方法。“地下工程平衡稳定理论”正是基于这种需要而提出的，以一般性力学模型研究地下工程建设全过程稳定平衡与变形协调的问题，以期达到高效、安全地进行地下工程建设的目的。

地下工程建设理论的共同价值是“充分发挥围岩的自承能力”、“基本维持围岩原始状态”、“稳定平衡与变形协调”，解决问题时既要思路正确，更要手段有效到位，真正做到“具体问题具体分析”，好的理念若无有效的措施保障也是无法达到目标。正如国家安全的关键是战略和军事实力，而经济和科技实力等是支撑。工程结构安全的关键是把握物理概念与过程力学状态正确性和手段有效到位，而数值分析和模型试验等是支撑。越是复杂问题，正确把握物理概念与过程力学状态和手段有效到位的重要性也就越大。地下工程研究与实践属于半理论半经验方法，犹如灰箱模型，面对问题，坚持基本物理概念与力学方法及整体和联系的哲学思维，尽可能研究灰箱模型内涵，着重研究物质特性、手段效果，采用有效手段控制周边环境与结构共同作用行为更为关键。

【需求发展与研究转型】统筹区域协调发展，需要建设大量地下工程。丘陵山区隧道、城市地下车库、人防工程、地下商场等建设，由以根据地质选址为主转变为以根据规划选址为主，对应的建设环境也日趋复杂，更多地涉及破碎围岩和软弱围岩、地下水富集区、偏压、环境稳定等问题，地下工程构筑物的跨度和长度逐渐增大、新的结构形式不断出现，从而引发的新问题越来越多。伴随复杂工程环境、复杂地质条件和复杂的结构形式，确保地下工程建设安全的难度越来越高，合理把握地下工程施工工法的复杂性和重要性日益增加。探索易于应用的地下工程建设理论和方法，具有重大的理论价值和现实意义。

【研究目标与平衡稳定理念拓展】地下工程建设已经完成了从实践到理论的发展，形成许多理论体系，提高、完善和简化地下工程建设理论是当前的发展要求。工程结构既是人类创造的艺术品，也要承载着使用功能。因此，工程结构首先要把握整体周边环境（物质、水）的稳定平衡，然后要把握局部环境与结构相互作用。不但要满足艺术上的形似平衡，更要从“力、变形、能量”等方面确保系统始终处于稳定平衡状态。力和能量要有相应物质载体，并具有相应传递或转换路径，结构“稳定平衡与变形协调”和“外力做功有效转换为结构弹性应变能”是统一的，变形协调又是能量法和力法结构分析的必要条件。确保“力、变形、能量”按设计路径传递及方式转化是结构稳定、安全的基本要求，也是维持设计形式不产生有害过程的基础。根据实际情况，分别从“力、变形、能量”三要素中选取一个或几个要素可更好地控制地下工程结构行为，一般来说用“力、能量”进行定性或定量分析结构行为，而用 “变形”进行控制结构行为。而确保结构的“稳定平衡与变形协调”，不仅需要目标控制，更需要围绕目标实现结构安全的过程控制，否则结构就会失稳或破坏。

通过对大量国内外经典工程坚持用心观摩与领悟、对现代力学知识进行逻辑分析与判断，可以得出结论：在整体周边环境（物质、水）稳定平衡的基础上，应通过整体力学分析，研究地层与支护结构组合系统力学状态与变化过程，必要时采用有效措施加固维持平衡稳定，使全过程满足围岩与支护结构体系的承载力始终保持大于隧道施工前保持原始岩体稳定平衡的原始内力，地下工程始终保持稳定平衡状态与变形协调，达到地下工程“基本维持围岩原始状态”，实现在保持围岩承载能力的条件下“充分发挥围岩的自承能力”的目的。

地下工程系统建设使用全过程都必须满足力学稳定平衡、力与变形关系、变形协调，以使独立受力的组合结构系统由组合或单件部分受力体转变为整体共同受力体，否则会改变原始三维力学平衡形式或达到新的三维力学平衡形式，甚至丧失稳定性。对于无法实现变形协调的多个独立受力单元的地下工程组合结构系统，避免连接部分开裂是重点。例如，连拱隧道与小净距隧道及多个独立平行斜交连续梁桥，要提高它们的受力独立性。因此平衡稳定理念就由稳定平衡拓展到稳定平衡与变形协调，包括“充分发挥围岩的自承能力”、$F>P_0$ 或 $\Delta U>\Delta T$，以及延伸拓展“基本维持围岩原始状态”、围岩极限承载能力、监测只适用于极值点稳定问题而不适用于分支点失稳问题、开挖能量最小原理、强预支护理论、受力独立性、环境稳定与协调平衡理论等，便于更加全面研究地下工程建设安全等问题。

【目标与过程控制两大类研究方法】简单问题的目标控制容易把握，而复杂问题的目标控制则具有极大的难度，就像分析树叶落地和苹果落地的差别，容易预测从高处落下的一个苹果的落点，但很难预测从高处落下的一片树叶的落点。对于简单问题，可以采用精确分析和目标控制方法；对于复杂问题，应采用整体控制与细节把握和围绕目标的过程控制方法。对于条件好的简单地质环境，地下工程的稳定平衡容易实现，选用什么理论和工法不重要，自然达到目标整体控制；而对于不良地质条件和复杂工程环境条件的地下工程建设，会遇到许多不确定性的问题，需要更清晰的整体思路和正确的工程保障措施，做到整体控制与细节把握和围绕目标的过程控制，使得全过程达到稳定平衡。因此，需要突破“确定分析与非确定分析”和“目标控制与围绕目标的过程控制”方法上的对立，实现“具体问题具体分析”思路上的统一。

【理念与工法的关联性，应用范围的拓展】地下工程本质效果、表现形式、研究方法、手段措施彼此息息相关，其中表现形式、研究方法、手段措施与环境和条件相耦合，也随着条件变化而变化，关键是把握本质与区分形式，方法要正确，措施要到位。实践发展要求理论创新，犹如计算机系统主板把许多不同功能硬件有机组合起来一样，地下工程平衡稳定理论在整体周边环境（物质、水）稳定平衡的基础上，应通过整体力学分析研究地层及支护结构组合系统力学状态与过程，用地下工程平衡稳定理论把传统“松弛荷载理论”和现代“岩承理论”的基本内容有机地组合起来，同时拓宽了四个方面内容：①尽可能减小对围岩原始结构扰动的隧道开挖能量最小原理；②对具有稳定性缺陷围岩及时支护的强预支护理论；③减小连拱隧道与小净距隧道开挖相互影响的隧道受力独立性；④确保环境稳定和实现协调平衡的地下工程建设环境稳定与协调平衡理论。以丰富地下工程平衡稳定理论体系，更加全面体现地下工程平衡稳定性的根本内涵。

【平衡稳定理论是“松散荷载理论”和“‘岩承理论”的继承和发展】任何事物演变都遵循“简单（初步认识或研究）—复杂（抓住本质但方法复杂）—简单（抓住本质且方法简单有效）”的发展规律，依据‘松散荷载理论’统计地下工程围岩塌方规律的规范值，对大部分地下工程预测评价是可行的，但对于围岩偏差和偏好的情况存在工程风险和支护过度。依据“岩承理论”的新奥法源于硬岩，虽然强调了硬岩与软岩应用有区别，但在不良地质条件下，很难把握围岩与支护共同受力平衡状态的稳定性，地下工程施工安全与衬砌开裂现象就说明了其存在的工程风险。本项目研究成果基于规范但又宽于规范，在已有地下工程建设理论分析的基础上，以平衡稳定理论的本质把握地下工程建设全过程，建立了更加全面的地下工程平衡稳定理论体系，同时可以较好地解释许多工法和理念的合理性，如取消系统锚杆的措施、合理开挖与支护技术等，以便更好地指导地下工程设计与施工。

【研究总结】适应自然环境和生产力发展水平的简单经济方法就是好方法，理论体系和技术方法需要继承、借鉴、发展和简化，才能更好地服务于工程建设。本项目研究成果具有四大特点：①从结构“力、变形、能量” 三要素和过程控制均应满足变形协调角度，重点阐述地下工程结构全过程稳定平衡的内涵，工程建设过程中应根据实际情况，分别从“力、变形、能量”三要素中选取一个或几个要素，合理控制地下工程结构行为，真正达到全过程稳定平衡；②提炼和发展了许多地下工程理论体系的共性（本质要求），即平衡稳定与变形协调以及延伸理念，形成了较系统的新理论体系，即地下工程平衡稳定理论，并提出 “精确分析”和“整体控制与细节把握”两大类研究方法，以及提出“目标控制”与“围绕目标的过程控制”两类地下工程安全保障措施；③将地下工程建设理论与已有工法和实际地质环境等相结合（手段措施），实现解释和完善已有工法，开发新工法，并形成与已有工法和实际地质环境等相适应的个体化设计施工方案，做到具体问题具体分析，防范事故，确保安全；④总结了地下工程本质效果、表现形式、研究方法、手段措施的相互关系，它们都与环境和条件相耦合，随着条件变化而变化，关键是以不变应万变，把握并区分本质与形式，方法要正确，措施要到位。

1.1 地下工程结构的基本力学问题和研究方法

1.1.1 地下工程结构的基本力学问题

结构必须在能够满足各项预定功能的条件下，再考虑经济性。结构的功能要求主要表现在以下三个方面：

(1)结构能够承受在正常施工和使用过程中可能出现的各种作用，如外加荷载、基础沉降、温度变化等；并在地震、强风等偶然事件发生时，仍能保持必要的整体稳定性，不发生倒塌。

(2)在正常使用条件下，结构具有良好的工作性能，满足正常使用要求。如不发生影响正常使用的过大变形或局部损坏。

(3)结构在正常使用和正常维护的条件下，在设计基准期内，具有足够的耐久性，不发生对结构使用寿命有危害性的改变。

以上三项功能可归纳为安全性、适用性和耐久性。其中第(1)项是指结构的承载能力和整体稳定性，关系到人身安全，称为结构的安全性要求；第(2)项关系到结构能否正常使用，称为结构的适用性要求；第(3)项关系到结构能否长久使用，称为结构的耐久性要求。

为了保证结构的功能要求，在结构设计时通常将结构的工作状态分为承载能力状态与正常使用状态分别加以考虑。当整个结构或结构的一部分超过某一特定状态而不能满足设计规定的某一功能要求时，则称此特定状态为该功能的极限状态。结构设计就是控制结构的工作状态始终处于承载能力与正常使用的极限状态范围之内。

1)承载能力极限状态

承载能力极限状态是指结构或结构构件达到最大承载能力或不适合继续承载变形时的极限状态。常见的承载能力极限状态如下。

(1)结构或连接处因超过材料强度而破坏(包括疲劳破坏)。

(2)整个结构或结构的一部分失去稳定。如隧道主拱圈在围岩压力作用下失稳，挡土墙在土压力作用下整体发生滑移或倾覆。

(3)因过大的塑性变形等原因导致结构由原来的不可变体系变成可变体系。如钢拉杆达到屈服时，将产生很大的变形，以 Q235 钢计算，屈服结束时的应变约为 2.5%，对于 6m 长的拉杆当伸长 15cm 时结构往往因为变形过大导致几何形状发生显著变化，虽未达到最大承载能力，但已彻底丧失对结构体系的支承功能。

2)正常使用极限状态

正常使用极限状态是指结构或结构构件到达正常使用或耐久性能的某项限值的状态。常见的正常使用极限状态如下。

(1)影响结构正常使用或外观的变形：如结构出现过大变形或裂缝，容易使用户在心理上产生不安全感。

(2)影响结构正常使用或耐久性的局部损坏：房屋结构的过大变形会造成房屋内部粉刷层

剥落、屋面积水等现象；混凝土结构的过大裂缝宽度会影响结构的耐久性；大桥的桥面板变形过大，桥面板与桥面铺装层变形不协调，会导致桥面铺装层经常破坏；大桥在车辆荷载作用下纵向收缩过大，会导致伸缩缝容易破坏。这些破坏是不影响结构安全的局部损坏，属于正常使用范畴。

(3)影响结构正常使用的振动：列车过桥引起桥梁振动，过大的桥梁振动必然导致车辆振动响应很大，势必影响桥上列车的行驶安全性与乘客的舒适性。为了确保桥上列车安全舒适地运行，桥梁横向与竖向刚度都必须满足一定的限值要求。为此，普速铁路与高速铁路根据各自列车安全舒适运行的要求，对桥梁刚度提出了不同的限值要求。同样跨度的桥梁，普速铁路32m预应力混凝土梁竖向挠度容许值为$L/800$，而高速铁路梁竖向挠度容许值为$L/1\,600$，其刚度要求要比普速铁路梁高得多。

(4)影响正常使用的其他特定状态。对于采用无砟轨道的桥梁，由于梁端竖向转角使得梁缝两侧的钢轨支点产生上拔或下压现象。当上拔力超过扣件的扣压力时将导致钢轨与下垫板脱开，当垫板所受下压力过大时可能造成垫板破坏。为了保证梁端扣件系统的受力及线路安全，减少维护工作量，对高铁桥梁梁端竖向转角变形提出了相应的限值要求。

对于工程结构建设，受力简单、明确、可靠、经济、地基稳定、结构构造合理、刚度适当、安全度有富余、基本处于弹性工作状态，是工程结构的基本要求。特别是在复杂环境条件下，如复杂地质条件、复杂风载环境、复杂因素耦合作用等，采用受力简单明确的简单结构组合，能简化复杂结构的受力分析，部分复杂节点或构造受力分析可采用类比或试验确定。这样，复杂结构受力就相对容易把握，实际应用中也就不容易出现问题，从而实现复杂问题简单化，提高结构的安全可靠性。

工程建设及养护全过程必须与周围环境相协调，共同作用符合力学规律，合理的结构构造和施工养护工艺是保障工程结构强度、刚度、稳定的基础。施工与养护过程中每个步骤或每个时段，工程结构独立受力系统，含临时结构或隧道围岩与支护系统，都必须满足力学稳定平衡、力与变形关系和变形协调，以使得独立受力组合结构系统由组合或单件部分受力体转变为整体共同受力体，否则会改变原始三维力学平衡形式或维持新的三维力学平衡形式，甚至可能丧失稳定性；而对于变形不协调的几个独立受力地下工程组合结构系统，还是分开好，避免连接部位开裂。例如，连拱隧道与小净距隧道，应尽可能使它们具有受力独立性。所以工程结构设计要符合物理概念，才能始终保持结构稳定。历史上许多大型(如大跨、高耸等)工程结构、开挖与初期支护阶段的地下工程或边坡工程(因开挖与支护顺序不当)等，都存在丧失结构稳定而破坏的现象。因此，保持工程结构整体或施工过程稳定性至关重要。

综上所述，工程结构建设和使用过程中的基本力学问题包含以下两点：

(1)刚度：结构正常使用极限状态，即结构抵抗变形能力、不同材料或部件组合的变形协调。

(2)强度、稳定：两者同属结构承载力极限状态。一般情况下，强度研究较充分，规范有专门规定，商业分析计算程序较多；稳定则包含结构受力平衡或运动状态、结构形态的稳定性。

浙闽南部古代廊桥、钱塘江大桥、都江堰、古代石窟等结构至今仍保持安全，就是工程结构满足基本力学问题——强度、刚度、稳定的最好诠释。

在地下工程建设以及使用过程中，针对承载能力要求中的强度问题重视得比较多，实际工程中出现强度破坏的现象也很少，但是地下工程结构受力平衡状态、结构形态的稳定性问题往往被忽视，导致很多工程因为失稳而破坏；对于正常使用极限状态，一般地下工程结构对使用荷载作用下的变形没有特殊要求，也就是说一般不会出现过大变形而影响行车安全平稳性等正常使用要求，但是有一点值得注意，当地下工程围岩与支护系统或支护系统各部件之间的刚度不匹配、变形不协调时，容易出现局部破坏，如类似上述桥梁的铺装层与伸缩缝破坏的现象。根据结构设计基本要求与地下工程目前的实际情况，地下工程结构稳定性与构件之间的变形协调问题，是目前需重视的基本力学问题，为方便研究统称为地下工程稳定平衡问题。

1.1.2 地下工程结构的研究方法

简单系统的稳定问题，可以通过计算手段确定其稳定承载力，达到稳定设计的目标，如压杆与钢梁的稳定问题，这种方法称为确定性分析方法。对于一些复杂系统的稳定问题，如地下结构的稳定性问题，因为结构参数不明确以及边界条件不确定，有时很难计算出稳定承载力，此时可用类比设计的方法进行整体控制，称为非确定分析方法。简单系统与复杂系统的稳定性问题，犹如苹果与树叶落地预测问题。简单系统的稳定性分析，像预测从高处落下的一个苹果的落点，目标控制容易把握；而复杂系统的稳定性分析，更像从高处落下的一片树叶，其落点的目标控制具有极大的难度，这样研究复杂问题就必须在把握基本规律和抓住主要矛盾的基础上，应用逻辑思维做细做实每个环节或过程控制，真正落实整体控制、细节把握，以及围绕目标的过程控制。

工程设计中，究竟采用确定性精确分析方法，还是采用非确定性的整体控制、细节把握，以及围绕目标的过程控制、类比设计、反馈修正方法，要视情况而定，关键要做到对结构分析有效、结构安全有利。例如，钢结构主体构件宜采用计算分析方法，而节点板宜采用类比、试验方法；地下工程结构在均质硬岩、硬土等简单环境的稳定性问题宜采用计算分析方法，而在破碎岩层、软土、沙土并含承压水等复杂环境的稳定性问题宜采用目标整体控制、细节把握或过程控制、类比设计、反馈修正方法。

目标整体控制方法也要根据具体情况，采取不同的控制手段。地下工程结构在均质硬岩、硬土等简单环境的稳定问题中，不利变形空间和不平衡力学对结构安全影响不大，适当延时填充围岩变形空间或平衡围岩外力作用也不会对结构产生较大的不利影响，如盾构尾部空隙适当延时填充。在浅埋盾构围岩能自身基本保持稳定或开挖稳定性好的基坑等情况下，可利用围岩的自稳条件，适当滞后填充和支护，以提高施工效率。

但是在破碎岩层、软土、沙土并含承压水等复杂环境进行地下工程建设时，不利变形空间和不平衡力学问题对稳定性影响显著，应该及时填充围岩变形空间并固化，及时平衡围岩外力作用，否则会对结构产生不利影响。如隧道塌方空洞、盾构盾壳和尾部空隙应该及时填充并固化，或加固浅埋盾构上部地层，或增加平衡荷载，这样才能保持基本稳定，否则可能出现大范围的破坏。在不加维护且不足以保持结构自身稳定的情况下，不及时填充和支护将存在结构与围岩共同作用失稳的风险。如图 1.1.1 和图 1.1.2 所示的基坑破坏，就是不及时跟进支护造成灾难性后果的教训。

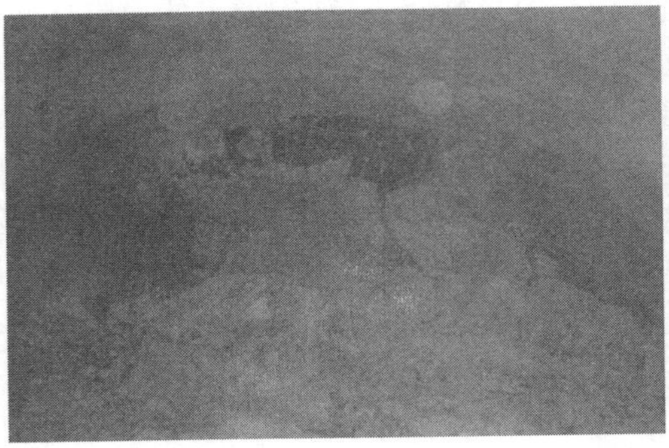

图 1.1.1　隧道塌方破坏情况

图 1.1.2　基坑边墙的旋转变形破坏情况

1.1.3　地下工程本质效果、表现形式、研究方法、手段措施的关系

2005 年《人民日报》刊登的一个关于“木床治病”的故事令人颇感惊讶。在青海，由于牧民的毡房都扎在低湿的草滩上，导致 85%的牧民患有关节炎。为了让牧民养成睡床的习惯，医生田青春设计出一种方便拆装、适合于游牧生活的木床。经过几十个关节炎重症者十几天的试用，睡木床的牧民发现关节炎不发作了。于是，睡木床很快在草原上流行起来。如果在大城市，大多数医生遇到这样的情况，恐怕第一个念头就是做人工关节置换手术，而这样的手术往往需要花费几万元甚至十几万元。木床看起来虽小，其价值却无法估量。一名医生不是用手术刀，而是用木床治好了牧民的关节炎，此举发人深思。其实该问题的核心是医生把握了“牧民患有关节炎”问题的本质是由“睡觉潮湿引发的”，表现形式是“关节炎”，找到了解决“去除潮湿”问题的方法，最后采用了经济简单的措施“睡木床使牧民远离潮湿”，解决了“牧民患有关节炎”的问题，达到了“祛病消症”的作用；相反，如果认定是牧民关节自身问题，采用药物或手术治疗，再睡毡房同样会引起其他关节炎症，显然仍没有解决根本问题。

人类社会的发展有原始社会、奴隶社会、封建社会、资本主义社会、社会主义社会、共产主义社会等不同社会形态，都是受生产力和经济基础决定的。适应生产力和经济基础要求的生产关系及上层建筑有利于推动经济社会发展。尽管不同社会形态运行制度等会随着社会环境变化而变化，但人类社会发展的规律（本质）是不变的，关键就在于是否正确把握。目前世界各地社会形态不同，其运行制度也不相同就是例证。

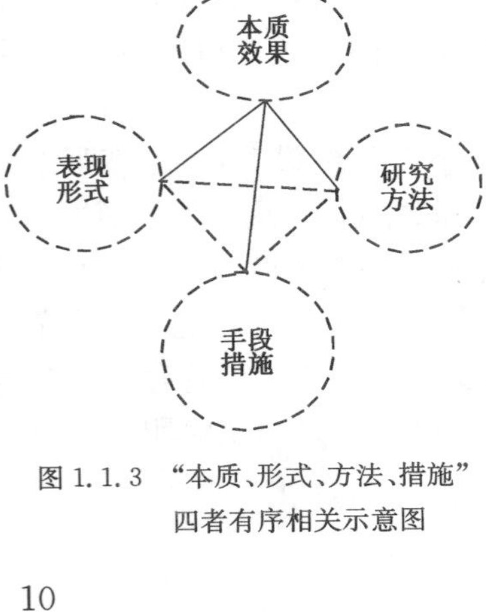

图 1.1.3　“本质、形式、方法、措施”四者有序相关示意图

掌握事物的本质是我们追求的目标，实现目标则需要采取适当的措施、方法和形式。这种“本质、形式、方法、措施”是有序相关的，如图 1.1.3 所示。关键是以不变应万变，把握区分本质与形式，方法要正确，措施要到位。总之，系统认识事物规律，具体问题具体分析，通过实践检验理论与发展理论。对于隧道与地下工程，本质、形式、方法、措施，都应该赋予确切的内涵，以便在工程实践中目标明确、思路清晰。

（1）本质效果：本质包括稳定平衡与变形协调、$F>P_0$ 或 $\Delta U>\Delta T$。对应人类社会发展规律，是不变的。效果是验证地层与支护结构相互作用是否处于稳定平衡状态与变形协调，并检验判断形式准确性、使用方法和措施简单有效性。

(2)表现形式：通过整体力学分析研究地层与支护结构系统相互作用的力学状态和过程，把握地下工程系统不同表现形式的稳定协调。对应人类社会发展概念，就是不同社会形态，是变化的。

(3)研究方法：层次一是目标与过程控制问题，采用确定性分析方法还是采用非确定性分析方法；层次二是理论方法的选择，新奥法、浅埋暗挖法、$F>P_0$ 或 $\Delta U>\Delta T$ 等，关键是符合稳定协调。对应人类社会发展概念，就是生产关系，是变化的。

(4)手段措施：各种具体措施必须符合本质要求，方法要正确、措施要到位，并与表现形式相适应，满足稳定协调、$F>P_0$ 或 $\Delta U>\Delta T$。对应人类社会发展概念，就是生产力发展水平，是变化的。

本质是不变的，而形式是多种多样的，解决工程结构问题应包含 4 个环节，即搞清问题的力学本质，分析其表现形式，针对不同形式选择合适的分析方法，采取恰当的防治措施。即科学或哲学思想是指导，针对具体问题或形式，找到解决问题的方法和技术措施，并用效果检验其有效性。

搞清问题的力学本质，这是解决问题的出发点。就像看病要找到病因，区分病与症，才能对症下药。对于工程问题同样如此，地下工程中的很多破坏现象常归结为强度破坏，往往很难找到防治的措施，因为其本质是失稳造成的破坏。例如，在研究列车脱轨问题时，国内外很多学者总是根据车轨(桥)系统振动响应的大小(尤其是脱轨系数和轮重减载率)判别列车是否安全。由于列车脱轨的力学机理是车轨(桥)系统横向振动丧失稳定，仅分析不利条件下的车轨(桥)系统的振动响应无法反映车轨(桥)系统的振动稳定性。正如计算轴力作用下杆件截面的应力只能分析强度问题，只有比较干扰作用下的荷载增量与抗力增量的关系，才能把握压杆的稳定性问题。

找到了问题的本质及其表现形式，下一步就是选择合适的分析方法。对于一些简单系统，可以采用精确的解析方法，如简支梁挠度、压杆的稳定性等。对于一些较复杂的系统，可以采取有限元、边界元等数值分析方法加以解决。但对于一些复杂系统，有时很难用上述方法解决，根据系统科学的“复杂系统与精确分析不相容原理”，复杂系统宜采用“整体分析和抓住要害处于主导，而各种数值分析都需要但处于次级”的研究方法，虽然这种方法存在一定的局限性，却是实事求是和有效的。地下工程结构很复杂，分析对象不明确，结构参数具有强烈的随机性与非线性，采用常规的稳定性数值分析方法往往难以得到满意的结果，这时可以运用系统科学的指导思想，由系统稳定性的能量分析方法从整体上加以把握，找出提高地下工程稳定性的途径与工程措施。工程中还会遇到一些问题，无法从理论上进行分析，只能通过试验的方法加以认识，甚至用统计归纳的方法进行大致的定性归类。针对具体的工程对象，在现阶段的认识水平下，只要能取得满足工程需要的结果，就是合适的方法。

解决工程结构问题最终的目的是要找到恰当的防治措施。针对问题的力学本质，运用上述分析方法和已有的工程经验，寻找恰当的工程手段与工程措施。如复杂的地下工程稳定性问题，可运用能量分析方法从整体加以分析；增强工程结构稳定性的手段有两种途经，即设法减少干扰后的荷载做功增量以及增强结构干扰后的抗力做功增量。结合地下工程的实际情况，对于开挖后有明确变形空间的情况，如山体隧道塌方形成空洞，盾构施工时盾壳盾尾形成空隙等，宜采用适当的材料填充因施工引起的“不利变形空间”和减少荷载增量，增强对围岩的支撑作用，减少围岩的变形临空条件，从而提高系统抗力做功增量，降低荷载做功增量，达到维持地下工程稳定的目的。

深化地下工程问题研究必须“把握”两头：①首先“把握”已有理论本意及当时的表现形式、实践环境、实践效果；②其次更重要的是“把握”现有表现形式、实践环境和要求，确定现有实践效果如何和检验已有理论的程度，存在什么问题，还需要发展什么。基础理论需要注重历史的积累，恩格斯说过：“哪怕是一条基本原理的发展，都要付出几代人的努力”，所以理论创新“把握”两头很重要，急功近利的泡沫化是不行的。

显然采用现代理念或手段（优化、风险评估等，但不是本质要求）解决地下工程结构问题，就必须符合“地下工程本质要求、表现形式、研究方法、手段措施四者有序相关，其中表现形式、研究方法、手段措施与环境和条件相耦合，随着条件变化而变化，关键是以不变应万变，把握区分本质与形式，方法要正确，措施要到位，促进人类顺应改造利用自然”。进入工业文明之后，研究问题时应该将整体思维与逻辑思维相结合，在整体思维的基础上，把握好逻辑思维，才能把事情做实做好，这样为探索攻克未知科技难题提供了新的思维平台。

1.2 平衡稳定的物理概念

任何一个力学系统都有稳定平衡问题，原因在于工程结构建设与使用过程中不可避免地存在各种干扰作用，如风载影响、振动波作用、温度变化、荷载增减等。不稳定的平衡不能长期实现，如木板放在水中，平放是稳定的，竖放则是不稳定的；火车脱轨、翻车，桥梁和隧道结构破坏，通常都是不稳定平衡受到干扰因素作用而失稳。

为了获得系统平衡状态稳定性较直观的理解，下面以图 1.2.1 为例说明，图 1.2.1a）中的扁平木板平放于水中，在重力 F_G 与浮力 F_M 的作用下处于平衡，受到干扰后，发生偏转[图 1.2.1b）]，此时木板在重力与浮力形成的抵抗合力矩 M 的作用下，立即恢复到图 1.2.1a）的初始平衡状态；接着考查木板侧立于水中的平衡状态[图 1.2.1c）]，该状态理论上是可以实现的（木板在重力 F_G 与浮力 F_M 的作用下处于平衡），一旦受到干扰，木板在重力与浮力形成的倾覆合力矩 M 的作用下，随即发生倾覆[图 1.2.1d）]，故木板侧立状态无法实现。

以图 1.2.2 为例进行说明。图 1.2.2a）中刚性直杆 AB 底端 A 铰接于地基，顶端 B 受水平弹簧支撑于 C 点，在轴心压力 P 的作用下处于垂直状态，弹簧刚度常数为 K。受干扰后，压杆顶点 B 发生微小水平偏移 αL 到 B′[图1.2.2b）]，此时压力 P 对 A 点产生了倾覆力矩 $P\alpha L$，使得刚性杆越发偏离其初始平衡状态；同时，弹簧拉力 $K\alpha L$ 也对 A 点形成恢复力矩 $K\alpha L^2$，将杆件拉回其初始平衡状态。因此，得到如下结论：若 $K\alpha L^2 > P\alpha L$，则受干扰后，刚性压杆将恢复其初始平衡状态；若 $K\alpha L^2 = P\alpha L$，则受干扰后，刚性压杆将保持偏离状态；若 $K\alpha L^2 < P\alpha L$，则受干扰后，压杆将倾倒，系统初始平衡状态无法实现。

对地下工程而言，与图 1.2.2 刚性压杆平衡状态稳定性分析类似，其施工过程是破坏岩体原始的力学稳定平衡状态，最终达到新的力学稳定平衡状态。应特别指出的是，当 $K\alpha L^2 > P\alpha L$ 时，即 $KL > P$，虽然可以保证系统处于稳定平衡状态，但若外荷载 $P(\sum P_i)$ 增加而弹簧支承刚度 k 保持不变，则系统稳定条件 $KL > P$ 可能将无法满足，系统随即失稳破坏。因此，外

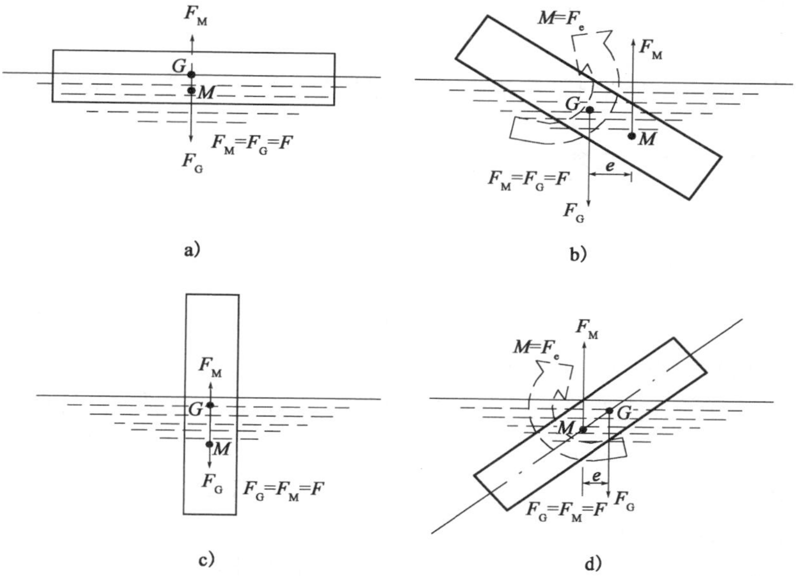

图 1.2.1　水中木板平衡状态稳定性示意图

a)木板平放初始平衡状态；b)木板平放扰动状态；c)木板侧立初始平衡状态；d)木板侧立扰动状态

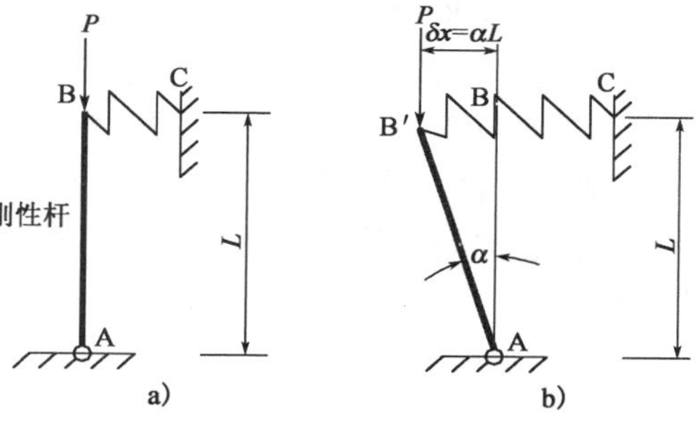

图 1.2.2　刚性压杆平衡状态稳定性示意图

荷载 $P(\sum P_i)$ 增大后，要保证系统始终保持稳定平衡状态，需要增强弹簧刚度 $K(\sum K_i)$，使系统随时可以提供足够的抗力去平衡外部荷载 $P(\sum P_i)$ 的作用。上述原则在地下工程中有许多实例，例如，某自然或人工修筑边坡处于稳定平衡状态，当对其进行开挖作业后，施加在边坡上的外荷载将有所增加，倘若开挖后边坡土质密实，有较好的自承能力，则完全可以抵抗外荷载增加的影响，维持稳定；否则需要采用一些预支护措施(如锚索、抗滑桩、管棚支护、合理开挖与支护顺序和措施等)，提高边坡的承载能力，防止局部破坏甚至整体垮塌。这与图 1.2.2 实例通过增强弹簧刚度 $K(\sum K_i)$，保证外荷载 $P(\sum P_i)$ 增大后系统始终处于稳定平衡状态的道理是一致的。

通过以上两个例子的分析可以发现：系统受到干扰后，系统本身可能表现出两种截然不同的状态。一是无论系统怎么被干扰，系统将逐渐恢复到其初始平衡状态，这说明系统初始平衡状态可以持久存在，并且是稳定的；二是系统一旦受到干扰，系统将逐渐偏离其初始平衡状态，系统的初始平衡状态稍纵即逝，则是不稳定的。现实世界中，外界干扰不可避免地存在。因此，系统的平衡状态能经得起干扰则是稳定的，反之是不稳定的，这就是系统平衡状态稳定性的物理概念。正如青少年人和壮年人挑 50kg 担子的区别就在于其稳定程度不同，青少年人勉强能挑 50kg，但行走过程中稍有磕碰，继续保持不倒的能力较弱。而壮年人不但能挑 50kg，而且行走中即便遇到一定的磕碰，也能调整自身姿态，继续保持稳定平衡状态，不至于倾倒。其本质的区别就在于抗干扰能力的强弱，即青少年人挑 50kg 与壮年人挑 50kg 能力的区别在于具有耐力和稳定性的常态，而不是非常态的爆发力。工程结构设计理念也应具有稳定的常态性。

因此，结构平衡稳定包括两层含义：结构受力平衡、结构受力平衡状态的稳定。

1.3 平衡状态失稳基本类型与失稳特征分析

1.3.1 分支点失稳

材料力学中介绍了轴心受压杆件丧失稳定的问题。如图 1.3.1 所示为两端铰支的理想直杆，杆长为 l，截面抗弯刚度为 EI，受到逐渐增大的轴向压力 N 作用。当压力 N 小于临界荷载 N_{cr}时，杆件始终能保持挺直的平衡状态，并且杆件处于均匀的受压状态，只在沿杆件轴线方向发生压缩变形，若在其横向施加一微小干扰（如微小的水平力作用），杆件会发生微小的横向弯曲，当干扰撤销后，杆件将恢复到原来的直线平衡状态，轴力 N 与侧向位移 δ 的关系沿图 1.3.2中路径Ⅰ变化，此时杆件所处的初始直线平衡状态为稳定平衡状态。当压力 N 达到临界荷载 N_{cr}时，稍有横向干扰就将使杆件发生横向弯曲，当干扰撤销后杆件不能回到原来的直线平衡状态而是在微小弯曲状态下保持新的弯曲平衡状态，这种平衡状态称为随遇或中性平衡状态。当压力 N 超过临界荷载 N_{cr}时，微小的横向干扰将使杆件发生较大的横向弯曲，而干扰撤销后杆件将不能回到初始直线平衡位置而在较大弯曲状态下保持新的曲线形式的平衡，甚至使杆件破坏。压力 N 超过临界荷载 N_{cr}时，杆件因有弯曲变形而产生弯矩，此时杆件处于压力与弯矩共同作用下的压弯状态，侧向位移 δ 急剧增大，中央截面边缘纤维线开始屈服，随着塑性发展，杆件很快达到极限状态，最终导致杆件破坏。此时杆件所处的初始直线平衡状态称为不稳定的平衡状态，对应的轴力 N 与侧向位移 δ 的关系沿图 1.3.2 中路径Ⅱ变化。

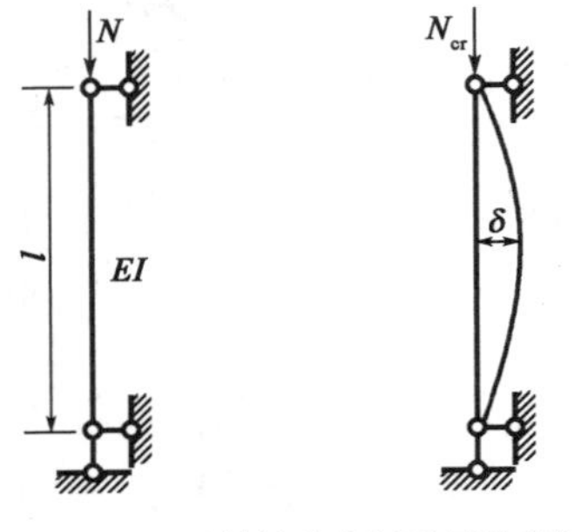

图 1.3.1 两端铰支直杆受压示意图

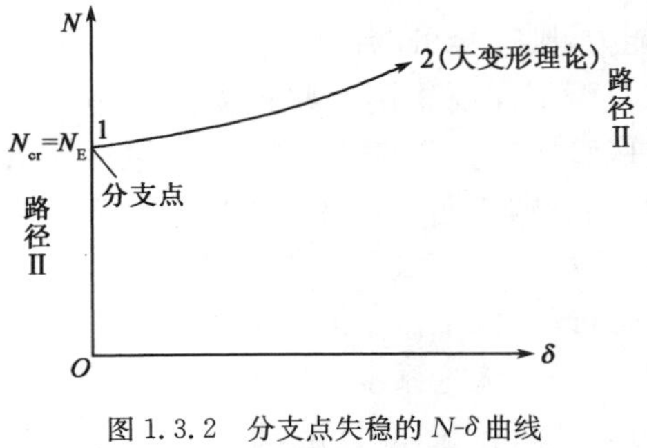

图 1.3.2 分支点失稳的 N-δ 曲线

中性平衡状态是从稳定平衡过渡到不稳定平衡的一种临界状态。由于压力 N 达到 N_{cr}时，直线状态的平衡已不是稳定的，故实际工程中将中性平衡归为不稳定平衡范畴。通常将荷载达到临界值而使原来的平衡形式成为不稳定的现象称为分支点失稳。从压杆失稳实例可知，分支点失稳的表现形式为：当荷载达到某临界值，原来的平衡形式不是稳定的，可能出现新的、有质的区别的平衡形式，从稳定到不稳定平衡状态，压杆的受力特征由单纯的受压变为压弯状态，平衡形式发生了质的变化；失稳前，杆件只存在轴向压缩变形，没有侧向挠曲变形，而失稳后杆件侧向变形将急剧增加，最后导致结构破坏，失稳前后的变形性质与变形大小有本质的区别。分支点失稳的特征为：失稳前后的受力状态和变形性质都发生了突变，最后导致结构破坏。

从受压杆件丧失稳定问题的分析中可以看到，监测只适用于极值点稳定问题而不适用于分支点失稳问题。实际工程中，在规划工程设计施工方案时，应该采用合理的结构措施或辅助手段防止结构发生失稳，确保工程施工安全。

另外，隧道围岩结构变化大，基于先前开挖洞段监测资料无法解决本段隧道变形特性的评价，所评价洞段通过变形监测获取的灾变信息只能解决施工安全问题，而无法提供隧道加固时间。

坚硬围岩受不利结构面切割，会发生局部分离块体的塌落，容易导致安全事故，如某隧道左洞进出口端曾发生过洞顶岩块塌落灾害。该隧道左洞进口端洞顶岩块塌落事故发生段的隧道埋深约 240m，并且附近地表地形为一缓坡，坡度不大，掌子面附近没有大的沟谷发育，仅有的小沟谷也距掌子面较远。发生洞顶岩块塌落处位于汽车扩大带的影响区域内，此处采用的初期支护方式为锚喷网加钢拱架。洞顶发生岩块塌落事故时，事故区正在进行初期支护，当时钢拱架已架立完毕，左壁和洞顶的锚杆刚完成注浆，但尚未凝固，右壁锚杆已打，但尚未注浆。洞顶岩块塌落事故造成钢拱架和台车同时被压毁，如图 1.3.3 所示。掉块之前，并无超挖现象。经调查表明，如图 1.3.4 所示，洞顶发育有一大节理(J3)，产状为 232°∠10°，是一条控制性节理。其节理面较光滑，向右缓倾，呈左高右低，中间微凸，呈黄褐色，略有锈蚀，局部有渗水迹象。该节理在掉块发生前在洞内并没有出露。在左壁前方发育一节理(J1)，产状为 291°∠55°，是此掉块的另一条控制性节理。其节理面平直、光滑，呈黄褐色，略有锈蚀，并且局部有渗水迹象。左壁的折断面呈锯齿状，倾向 219°，倾角接近直立。从掉块以及拱顶暴露的特征可以看出，该块体在空间上主要是由上述两节理面间的黏结力和其与左边墙岩体的完整联结来维持其自身的稳定。当隧道施工后，洞顶暴露出来，破坏了该块体原有的边界条件和力学条件。由现场分析可得，该洞段围岩稍湿，在上述两节理面上也可见局部渗水，故证明此处有地下水活动。由于地下水的存在破坏了上述两节理面原有的强度，使其强度有所下降。同时，由于上述两条节理和块体的净空面在空间上构成了不利组合，一旦进行隧道施工，其主要力学支撑点被破坏，其自身的稳定性将大大降低。该块体在自身重力和围岩应力卸荷释放作用下，产生了向净空面移动的趋势，块体上部与围岩之间的节理 J1 在自身重力和围岩应力释放作用下，强度进一步降低，最终完全丧失。

图 1.3.3 洞顶岩块塌落及钢拱架残体

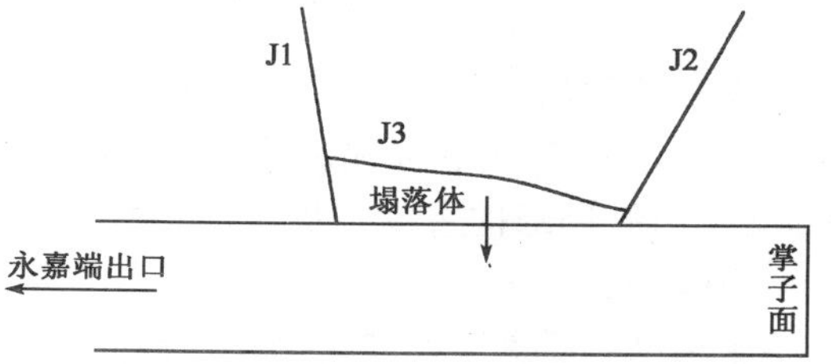

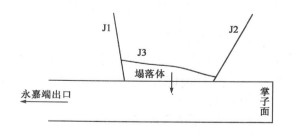

图 1.3.4 洞顶岩体结构面关系示意图(纵剖面图)

隧道塌落掉块之前往往没有明显的变形特征，其破坏可归结为分支点失稳，用监测手段不能预防这类失稳，监测手段只适用于极值点稳定问题。实际工程建设过程中，在规划工程设计施工方案时，应该采用合理结构措施或辅助手段防止结构发生失稳，确保工程施工安全。

1.3.2 极值点失稳

前面分析的压杆为理想中心压杆，其失稳时存在分支现象。如果受压杆件存在初始缺陷（如初始变形、初始偏心等）或有偏心荷载，此时失稳的形式不同于上述分支点稳定。如图 1.3.5a）所示，两端铰支承受偏心压力 N 的直杆。在这种情况下不论 N 值如何，直杆总是同时发生压缩与弯曲。不过当 N 达到临界值以前，如果不继续增加荷载，则直杆的挠度不会自动增加。当 N 达到临界值时，即使不增加荷载，甚至是减少荷载，挠度仍会继续增加，此时称直杆发生极值点失稳，如图 1.3.5b）所示。如果考虑杆件材料的弹塑性，压力 N 与侧向位移 δ 的关系如图 1.3.5c）所示，曲线中没有出现分支现象，当直杆进入弹塑性阶段时，曲线具有极值点 b，一般把 N_b 称为极限荷载或稳定临界荷载。

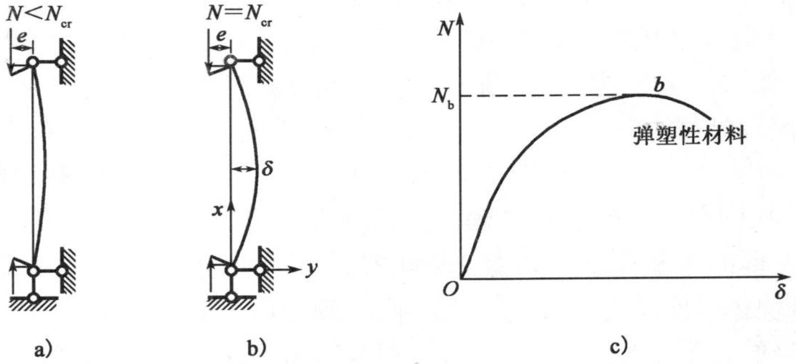

图 1.3.5 两端铰支直杆承受偏心压力失稳示意图

a）稳定平衡；b）极值点失稳；c）N-δ 曲线

极值点失稳的表现形式为：平衡形式没有发生质变，而是结构丧失承载能力，即当荷载达到临界值时，即使不继续增加荷载，甚至减少荷载，变形也会继续增加。此外，失稳前后变形的性质没有变化。极值点失稳的特征是：失稳前后的受力状态和变形性质都没有发生质变，而是结构丧失承载能力。

1.3.3 结构整体稳定与局部稳定

复杂结构是由许多构造单元组成，如桁架梁是由很多杆件构成，而构件本身也是有一定的组成部件，如工字杆件是由翼缘板与腹板组成。当复杂结构受到外荷载作用时，整体结构存在稳定性问题，局部构造单元及其组成构件也有发生失稳的可能性，而且整体稳定与局部稳定是相互影响的。

工程结构受力平衡状态的稳定性问题普遍存在，大部分地下工程结构失效是因不满足稳定条件而引起，如隧道塌方、山体滑坡等。地下工程结构承受的荷载是不断变化的，如围岩压力是随着开挖量增加而不断增加。同样，结构体系的抵抗能力也随时间过程发生变化，如破碎岩体随着含水率、重度的增加，抵抗能力会逐渐降低。另外，围岩的渐进破坏现象也使岩体稳定性降低。当隧道、边坡等自身的承载能力不能抵抗其承受的荷载时，隧道、边坡等就会发生失稳破坏。地下工程结构常见的一类失稳现象是局部发生分支点失稳，导致结构发生整体失稳破坏。

国内某地铁基坑工程施工过程中，为防止坑壁岩土向临空方向移动，在基坑的中上部设置了支撑杆件，但由于基坑底部缺乏支撑，坑壁土体发生了近似圆弧滑动面的滑动破坏，导致基坑顶部受压支撑杆件突然变为受拉，使支护结构受力体系的受力特性发生本质变化，由原来的几何不变体系转化为几何可变体系，最终导致结构整体失稳破坏。

岩土的应力状态变化和地下水作用，常使岩土的工程性质发生变化。有一隧道边墙的支护结构基础坐落在土质基础上，没有做相应的仰拱支护。在初始阶段，边墙支护结构以受压力为主，并且洞底岩土具有足够的承载能力，但随着雨水对基础的软化作用，边墙支撑条件发生改变，结构受力也随之改变，边墙由原来以受压为主的结构体系转变为以受弯为主，边墙发生分支点失稳，最终导致整体支护体系失稳破坏。

以上两个实例都是由于局部支护结构体系不合理或太弱，局部结构发生失稳，导致结构受力体系发生变化，最终引起整体结构失稳破坏。可见，地下工程结构必须合理支护，以避免局部发生失稳以及结构受力体系发生变化引起的结构整体失稳。

局部失稳可能是分支点失稳也可能是极值点失稳，这就要求结构体系合理和构件有足够强度(强支护)，以避免局部失稳而引起结构部分甚至整体失稳。

基于工程实践要求，结构平衡稳定的两层含义可拓宽为：结构受力平衡与变形协调；结构受力平衡与变形协调状态的稳定。在把握具体结构稳定平衡的措施时，可根据结构受力分析或变形量测难易程度，选用受力平衡方式进行分析，也可以用变形协调方式或同时采用两种方式来进行分析。

1.4 经典木结构工程处于稳定平衡与变形协调状态的现实意义

1.4.1 内存预应力的木结构悬空寺

建于北魏时期(公元491年)内存预应力的木结构的山西悬空寺，内立柱与悬臂梁顶紧并且木料相互咬合，达到变形协调状态，使得悬空寺组合结构系统由组合或单件部分受力体转变为整体共同受力体，经历多次地震冲击，仍然完好无损，说明悬空寺组合结构系统处于稳定平衡与变形协调状态，以及满足外力做功有效转换为弹性应变能条件(图1.4.1)。而山西应县木塔每层和整体八边形稳定结构与两层之间类似圈梁(含斜撑)稳固连接和节点卯榫柔性构造构成整体稳定体系，并满足外力做功有效转换为弹性应变能条件(图1.4.2)，因此亦保存至今。

历史上大量不满足组合结构系统处于稳定平衡与变形协调状态，以及不满足外力做功有效转换为弹性应变能条件的附属结构都已经不存在。

图 1.4.1　山西悬空寺正面照片

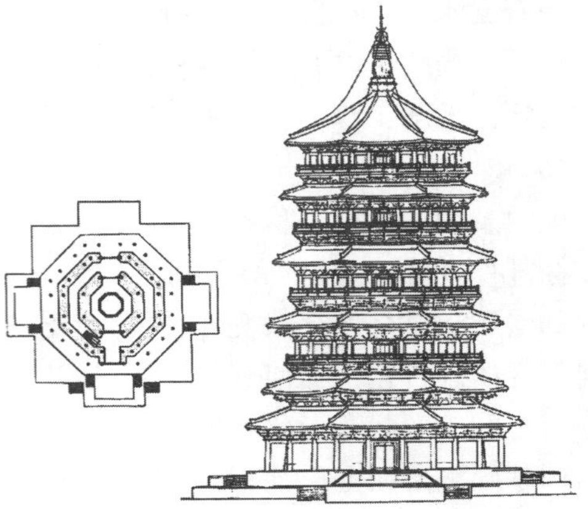

图 1.4.2　山西应县木塔结构简图

1.4.2　廊桥结构形式的发展

浙闽木拱廊桥的建造萌芽于唐宋，到了明代中期，技术上得到了很大发展，清代中晚期造桥技术更加成熟，直至解放后有些地方仍在建造使用。考察浙江、福建几处保存较好的木廊桥，以及结构由简到繁的自然发展规律后，可以总结出木廊桥结构形式的发展概况。

(1)现存数量较少类型的廊桥

图 1.4.3　浙江处州普济桥照片

浙江普济桥为双孔石墩木伸臂廊桥(图 1.4.3)，东西向横跨玉川之东，建于明正德年间(1506～1521年)，桥全长 27m，宽 7m，廊屋九间。中墩石砌，迎水面作出分水尖，以杀水势；墩上悬挑木伸臂两层，架主梁七根，木梁部分用鱼鳞板封护，是浙江省现存的已知最早的木伸臂梁式廊桥，具有很高的文物价值。

因为人字撑的存在，八字撑的横木变成了三点支承的连续梁，增大了跨径，并且限制了八字撑的位移，增加了桥梁的稳定，如图 1.4.4、图 1.4.5 所示。

图 1.4.4　八字撑廊桥照片

图 1.4.5　某八字撑和人字撑组合式廊桥照片

(2)现存主要形式的编木拱廊桥

将上面介绍的廊桥中的人字撑换成八字撑或者五节撑，通过类似于编织竹篮的形式，利用木料之间的交叉搭置、挤压咬合，形成两套紧密联系的结构系，如图 1.4.6 所示。这样的结构形式更加接近拱的受力特点，使得每根木材都变成了受压构件或者压弯构件，更好地发挥了木材的特点。值得注意的是，桥面系由于有廊的重压，使得结构系产生了预压力，整体受力更加稳定。而这类桥梁也是浙闽地区现存廊桥中跨度最大、最为著名的廊桥形式。

图 1.4.6　泰顺仙居桥(竣工于 1673 年)

1.4.3　木拱廊桥的结构特征分析

廊桥的建造已有数千年的历史，历经风雨保存至今，自然与它的设计和结构分不开，它是古代劳动人民聪明才智和精湛造桥工艺的体现。

虽然每座木拱廊桥在形式上有一些差异，但是造桥技艺的基本构成是相似的，主要包括三节苗、五节苗、小牛头、大牛头、将军柱、剪刀撑、马腿、桥面板、桥屋结构等，如图 1.4.7 所示。

笔者曾多次调研泰顺廊桥，并于 2009 年拜访了已经 85 岁高龄的泰顺廊桥传承人董直机先生。董老在 28 岁时主持修建了泰顺的泰福桥，并在 80 岁时主持修建了同乐桥。在与董老的交谈以及现场观摩后，作者深刻体会到廊桥的发展过程以及编木廊桥的设计施工技法无处不体现出古人的高明。古人对于桥梁的理解，并不像现代人那样有完善的力学知识作为基础，而是通过对自然界的辨证认识、无数的实践总结以及代代相传的经验，形成了一套完善的施工工艺。从现在看来，这些经验与现代力学知识是如此的吻合，更加显现出廊桥的合理性和科学性。

(1)桥址选择：虽然编木廊桥的桥址选择上会遵照风水等迷信因素，但编木廊桥均建造在河道两岸地质条件较好的位置，充分发挥原有岩石的抗推能力，降低工程造价。

(2)材料选择：以前，泰顺廊桥的主要受力木材均由经验丰富的木匠在山林中精挑细选。从木头的材质到周围的生长环境均有讲究，并且是立秋之后才能砍伐。据董老讲，这是因为立秋之后的木材含水稀少，树皮易刮干净，不给寄生虫留有生存空间，材质致密，保证了木材的受力性能。

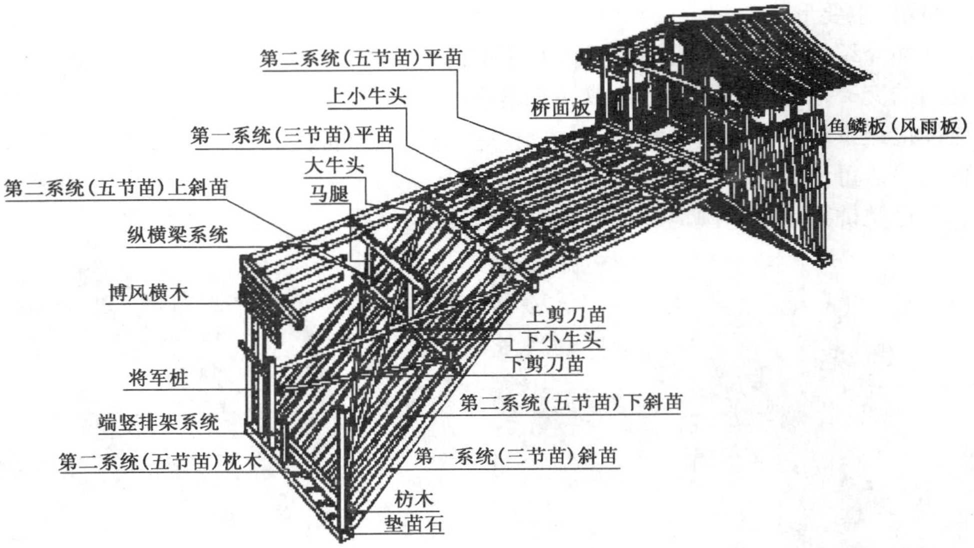

图 1.4.7　贯木拱桥结构图

(3)矢跨比设计:矢跨比是现代拱桥的一个重要概念,它直接关系到主拱圈的受力特点。古人在设计廊桥时没有这样一个具体的数字概念,但却有类似的概括。董老曾在谈话中说到:"如果两岸的石头不够坚硬的话,在施工的时候会将八字撑做得高一些,八字撑的斜木与水平线所成的角度大概有 36°。"从力学理论可以得知,八字撑做得高一些,可以得到较大的矢跨比,从而减小廊桥水平推力,更好地适应"不够坚硬"的地基。

(4)预压设计:由于木材本身的弹性,以及需要两个支撑系统之间的挤压咬合,所以一般通过木廊的质量来保持桥梁处于一种竖向稳定状态。因此可以说,木廊非但不是负担,而是结构稳定的必须。笔者在董老制作的廊桥模型中也看到这样一个概念设计:沿桥跨布设两根通长的钢索,并在两端张拉一定的预应力,使得钢索对结构系施加一定的压力,这样可以使桥梁更加稳定,承载力也大。这样的理念也许可以用在今后的廊桥设计中。

(5)剪刀撑设计:如果说上述的预压是为了增加廊桥的竖向稳定,那么剪刀撑的设计就是为了保持廊桥的横向稳定。浙江历年遭受众多台风,而泰顺廊桥历经千年不倒,与剪刀撑的存在是分不开的。

(6)节点设计:节点是木材形成整体的关键。泰顺廊桥的节点设计采用了中国古代建筑中传统的榫结构,即在横梁(俗称牛头)上挖孔,然后将主拱木材穿入孔内,并用木榔头打紧。这样的节点既保证了结构的整体性,又有抗震消能的效果。

(7)防水设计:对于木材而言,防水是一个重要课题。在古代,没有防水涂料,泰顺廊桥的做法是将长木片连成"风雨板",覆盖在桥两侧,从而避免了雨水对结构系的侵蚀。另外,对于突出桥面的"牛头",也有类似的木片遮盖,保护了"牛头",如图 1.4.8 所示。

1.4.4　木拱廊桥的施工

编木廊桥的施工与现代拱桥的施工非常相似,也是从拱脚基础开始施工,然后再分别做好三节苗和五节苗,设置好剪刀撑,使结构系完成后再施工桥面系,如图 1.4.9 所示。

图 1.4.8 泰顺传统编梁木拱廊桥

图 1.4.9 木拱廊桥的施工

编木廊桥的施工值得细细品味的地方有以下几点。

(1)水平定位:古代工匠没有塑料软管等来测水平,更谈不上水平仪,所以古人创造了竹笕水平法。将大直径的毛竹劈成两片,去掉竹节,用三根木条捆成的三脚架把毛竹撑住并连成一直线,接头处用黄泥堵住。然后,在竹内装水,调节每根竹片高低取得水平。

(2)合龙:在现代拱桥的施工中,拱的合龙预示着拱桥施工成功了一大半。编木廊桥的拱桥合龙方法有两种:一种是采用满堂支架,并在支架上进行搬运木料等施工作业,成本较低,安全性高;另一种是传统方法,从溪流中将拱架吊起,并配以简单的支架保证施工的安全,泰顺许多古廊桥便采用此种方法。

长期台风和山洪考验证明:传统编梁木拱廊桥通过顶预压工艺和榫结构使木结构产生预压应力(现代发展到增加廊桥面内预拉钢筋而产生预压应力)达到结点或面紧密连接,通过剪刀撑与编工艺使木结构形成竖向、斜向、水平向全方位稳定,多重三角形连接使木结构整体达到三向稳定平衡,变形协调和外力做功能够有效转换为结构弹性应变能,使得编梁木拱廊桥组合结构系统由组合或单件部分受力体转变为整体共同受力体,这样编梁木拱廊桥骨架受力结构与构造体系形成紧密连接的超稳定体系,始终维持稳定平衡与变形协调,外力做功能够有效转换为结构弹性应变能以及保持原始受力状态,从而使木结构承受压弯性的能力达到极致。值得现代土木工程的力学原理、施工工艺、结构与构造体系、材料选择等几个方面学习与借鉴。

由著名桥梁工程师茅以升主持设计和施工的钱塘江大桥于 1934 年 8 月 8 日动工,历时三年零一个月时间,1937 年建成我国第一座公铁两用双层桥(图 1.4.10),大桥建成未及三个月,日军踏上北岸桥头,国民党军队下令炸毁大桥,直至抗战胜利后修复通车,打破了外国人认为此处不可能建桥的预言(其中轴重变化为:钱塘江大桥铁路荷载与中活载比较,机车轴重的集中力荷载相差不大,大桥铁路荷载后面的分布荷载为 75kN/m,与中活载 92kN/m 比较,约为中活载的 82%;钱塘江大桥汽车荷载为 H—15 级(汽—11.7 级),相当于车重 11.7t,现公路桥梁设计规范中汽车车辆质量相当于 20t,钱塘江大桥汽车荷载约为公路—Ⅰ级的 60%;行车密度增加更多。新中国成立后建设的武汉长江大桥、南京长江大桥也经历了各种考验,依然安全运行。

图 1.4.10 钱塘江大桥

钱塘江大桥和武汉、南京长江大桥是非常成熟的钢桁梁桥,其组合结构系统受力简单、明确、可靠,地基稳定,结构构造合理,刚度合理,安全度有富余,材料质量稳定,基本处于弹性工作状态,稳定平衡与变形协调状态以及满足外力做功有效转换为弹性应变能条件(图 1.4.10)。

1.5 经典地下工程围岩稳定平衡案例

并非地下工程开挖就会引起围岩破坏。事实证明,许多已建的地下洞室开挖后,即使没有任何支护也保持了长期的稳定,这充分说明了围岩有一定的自承能力。从地道战时开挖的地道、美国田纳西州婆罗洲上的鹿洞等大量历史地下工程建设实例中(图 1.5.1～图 1.5.6)不难看出,只要选择合适的围岩环境,采取适当的开挖工艺和开挖顺序,选取合适的开挖断面,就能保持地下洞室的安全与稳定。

重庆钓鱼城蒙古军攻城地道位于钓鱼城奇胜门以北约 150m 处的山体中,纵横交错的地道宽约 1.5m、高约 1.0m,连接钓鱼城内外,主要由主通道、支道、竖井组成。专家发现,地道剖面呈倒"凸"字形(图 1.5.3),这种形状既节约工时和人力、物力,还可以最大化地隐藏伏兵。地下凹进去的一部分可作排水之用,而两边的土台可用作士兵休息的地方。

图 1.5.4 为郭良隧道,在绝壁中凿出一条高 5m、宽 4m,全长 1 250 余米的石洞,开有 30

多个“窗户”,从“窗户”往下看便是万丈深渊。由于岩体完整,故无需衬砌,围岩稳定。

图 1.5.1 地道战开挖隧道示意图

图 1.5.2 地道战开挖的地道

图 1.5.3 700 年前重庆钓鱼城蒙古军攻城地道

图 1.5.5 为美国田纳西州婆罗洲上的鹿洞(Deer Cave),它是世界上已知的拥有最长通道的洞穴,实际上洞穴内小路的规模跟乡间小路差不多。裸露的围岩具有长期的整体稳定性。

图 1.5.4 郭良隧道

图 1.5.5 田纳西州婆罗洲上的鹿洞

图 1.5.6 是神秘的土耳其“地下城”——卡帕多西亚(Cappadocia),地下城堡的房舍按用途规划为卧室、作坊、厨房、武器库、储物室、水井和墓地等。每一层的出入口都设“机关”,洞口

上方设置一个大圆石轮,若有敌情,启动开关,石轮会自动滚下,堵住进口。各层有梯子相连,并挖了数十条竖洞和外逃的秘密出道。每走一段,便发现一个又深又高的长筒形洞,黑漆漆的不见头尾,但随着一股股清风呼呼吹来,可知这是换气孔,以保持洞内有新鲜空气。

图 1.5.6 神秘的土耳其"地下城"——卡帕多西亚(Cappadocia)

参照仿生学,安全合理的地下工程结构必须满足三个条件:①工程结构平衡必须稳定;②工程结构变形必须稳定与协调;③工程结构敏感构件或连接件可以检测维护或替换。通过对大量国内外经典历史工程坚持用心观摩与领悟,对现代力学知识进行逻辑分析与判断等可以得出结论:虽然经典地下工程属于工匠文明,但地下工程围岩与支护结构系统共同作用符合力学规律(特别是结构强度、稳定、刚度等),合理施工与养护工艺是保障隧道结构强度、稳定、刚度等的基础,特别是施工过程中的每一步地下工程围岩与支护结构独立受力系统都必须满足力学稳定平衡、力与变形关系、变形协调,以使得独立受力组合结构系统由组合或单件部分受力体转变为整体共同受力体,否则会改变原始三维力学平衡形式或维持新的三维力学平衡形式,甚至丧失稳定性;而对于变形不协调的几个独立受力地下工程组合结构系统,还是分开好,避免连接部分开裂,例如连拱隧道与小净距隧道受力独立性。

云冈石窟(特别是第 5~第 10 窟)、三门千洞岛、应县木塔、五台山无量(梁)殿、西方许多教堂、日本和智利抗震结构等,其结构体系(整体和细节)精巧合理,选址准确可靠,材料精心选择,当地环境条件(气候、地质稳定性等)适宜、人为保护和维修恰当等是这些结构物长期存在的重要原因,在继承传统结构合理的构造与力学原理的基础上进行创新,才是现代结构正确的发展途径。

纵观国内外经典地下工程实例,可以得出如下结论:虽然古代工匠没有现代力学系统知识,但其经典地下工程构造和建设全过程与周围相关环境共同作用符合现代力学知识,合理的建造方法与养护工艺保证其经典地下工程保存至今;如果某个过程不符合力学规律,则容易造成地下工程结构失效或施工安全事故。

1.6 工程结构的稳健性(鲁棒性)

目前,我国各种工程结构的设计及对结构安全性的计算,都主要是针对结构构件而言,缺乏对结构整体安全性的考虑,从而导致某些工程结构因整体安全性不够而发生结构失效。虽然结构构件的安全性与整体结构的安全性有一定的联系,但两者并不等同,所有结构构件安全性相同的结构,其整体结构的安全性不一定相同。一个结构工程师的设计水平,往往体现在他对整体结构安全性的把握。工程结构的稳健性(鲁棒性)就是研究整体结构安全性,使结构工程师在保证结构构件安全性的前提下,更多地关注整体结构的安全性。

1.6.1 结构稳健性(鲁棒性)的提出及含义

鲁棒性是英文“robustness”一词的音译,也可意译为稳健性。鲁棒性原是统计学中的一个专门术语,20 世纪 70 年代初开始在控制理论的研究中流行起来,用以表征控制系统对特性或参数摄动的不敏感性。它是指控制系统在某种类型的扰动作用下,包括自身模型的扰动下,系统某个性能指标保持不变的能力。

不同的领域对鲁棒性的定义不同,在工程结构领域,鲁棒性就是整体结构的牢固性、健壮性,是指工程结构在意外荷载作用的情况下,结构能保持整体稳定性,不产生与其原因不相称的垮塌或连续破坏,不会造成不可接受的重大人员伤亡和财产损失。与鲁棒性相对应的就是易损性,即局部很小的破坏会导致很大的结构损伤。显然一个整体性好的结构,亦即结构的局部破坏不影响结构的整体安全性时,结构的易损性就小,鲁棒性就大。

然而结构鲁棒性并不等同于结构安全性。安全性是针对正常荷载与作用,是指在设计阶段能给予充分考虑和估计的荷载与作用(如施工荷载、汽车荷载等),可以通过合理的结构设计,来保证结构在正常荷载与作用下有足够的安全度。而鲁棒性则是针对意外荷载和作用,是指在设计阶段无法估计的荷载。例如:汶川大地震,震中地震烈度接近 11 度;广东九江大桥的桥墩遭遇的远远超出设计荷载的撞击力等。意外荷载的大小、方式和方向具有极大的随机性,可能会作用于结构或关键构件的承载力薄弱方向。两者都是关注工程结构安全问题。鲁棒性是以工程的终极垮塌为目标,是无法接受的安全上限,研究结构产生灾害性后果的破坏形式,如坍塌、连续破坏、倾覆。安全性则是以结构的最大承载力为目标,结构达到最大承载力,并不意味着结构就会垮塌,延性好的结构更是如此。

1.6.2 提高结构稳健性(鲁棒性)的措施

(1)避免局部型破坏模式

结构的破坏模式可以分为整体型破坏模式和局部型破坏模式。整体型破坏模式是指结构局部的损坏不会导致整体结构的严重破坏,如强柱弱梁框架结构、剪力墙结构等。局部型破坏模式是指结构局部的损坏即可能导致整体结构的严重破坏、并造成重大灾害,如框支结构、砌体结构等。从结构抵御意外事件的角度来看,整体型破坏模式的结构可以使得更多的(次要或赘余)构件破坏,有利于耗散更多的能量。只有对于具有整体式破坏模式的结构,提高结构鲁棒性的措施才具有实际意义。

为了使得结构具有整体型破坏模式,可以将结构划分为不同的子结构。对于重要的子结构,可提高其结构材料强度和承载力安全储备,并使得这些子结构对整体结构的破坏模式起到控制作用。上海东方明珠电视塔就是一个很好的例子(图 1.6.1)。

图 1.6.1 上海东方明珠电视塔

实际意义上结构破坏的定义,是以结构达到极限变形能力为依据的。延性是结构抗破坏能力的重要指标,足够的延性能力有利于避免结构的突然倒塌。

(2)增加关键构件的安全度

要提高结构的整体鲁棒性，增强其抵抗意外荷载的能力，首先要明确结构体系中不同构件的作用，区分关键构件、一般构件、次要构件及赘余构件，这样才能对症下药，有效提高结构的鲁棒性。

基于结构鲁棒性原理，对于关键构件应增加其安全度，或者将关键构件设计成具有鲁棒性的构件。由于结构形式和破坏模式不同，关键构件还可分为整体型关键构件和局部型关键构件。整体型关键构件破坏前，有许多与其关联的次要构件先行破坏；而局部型关键构件破坏时，结构中其他构件往往尚未破坏。对于局部型关键构件应具有更高的安全度。如图 1.6.2 所示，应该提高框支柱的安全度，才能确保结构整体稳定性。

图 1.6.2　局部型关键构件破坏引起结构整体倒塌

(3)提高整体结构的安全储备

结构的鲁棒性高，意味着结构有更高的安全储备。承载能力与延性是安全储备的主要组成部分。对于超静定的结构，足够的延性有利于内力重分布和提高整体结构的承载力，显著增加整体结构的鲁棒性。对于整体型关键构件主要提高承载力安全储备；对于其他构件在保证基本承载力安全储备的基础上，提高变形能力安全储备。

(4)增强结构整体连接，提高结构抗破坏的能力

结构鲁棒性大的一个重要标志，就是结构具有整体性破坏模式，而不会由于结构的局部破坏导致产生严重后果。因此，通过加强构件的连接或专门设置的某些构件来增强结构的整体性，对提高结构的鲁棒性有重要意义。例如对砖混结构可以设置圈梁和构造柱等；对钢筋混凝土结构，可以通过预制板改现浇、增加横向连接、板缝加连接钢筋或铰接改固接等措施增强结构的整体牢固性。

(5)形成超静定结构，增加赘余构件

结构的鲁棒性与结构的超静定次数密切相关，即结构冗余度。冗余度是结构备用传力路径的指标，即当意外事件造成结构中的某一构件或局部破坏而丧失其承载能力时，其原有传力功能可转由结构其他未破坏部分传递，称为备用传力路径和备用传力能力。结构的冗余度越大，结构备用传力路径越多，鲁棒性越高。要针对主要构件增加冗余度，如果超静定次数都是集中于结构次要构件部分，对提高结构鲁棒性的作用不大。

赘余构件是一种特殊的次要构件,对增加结构的鲁棒性具有重要意义,甚至是十分重要的。许多消能减振结构,特别是采用位移型阻尼器的消能减振结构,位移型阻尼器实际上都是一种赘余构件。赘余构件在正常使用情况下不起作用或只起很小的作用,但在遭遇意外事件(如罕遇地震)时,就能以赘余构件的损失和破坏来达到避免主体结构的严重破坏或垮塌。

赘余构件应具有足够的延性,使得其破坏后仍可在一定程度上保持结构的整体性,并利用其塑性变形和滞回耗能减小意外事件引起结构的动力响应。从某种程度上说,对于结构的鲁棒性,合理设置赘余构件的概念可能比计算设计更为重要。

工程结构的鲁棒性对结构的设计具有至关重要的作用,它是避免结构发生终极垮塌的有力保障。如果结构在设计过程中,充分考虑影响结构鲁棒性的因素,并采取相应措施提高结构整体稳定性,那么本书前面章节提到的结构垮塌事故,均可以得到有效减免。因此,对于工程结构的功能而言,除了相对于工程结构在正常情况下的安全性、适用性和耐久性的性能,还应该包括整体结构抵御意外事件的能力,即工程结构的鲁棒性。在不确定性和危机出现的情况下,鲁棒性已经成为结构能否生存的关键,值得设计人员思考和借鉴。

对比 1.1 节～1.3 节的核心内容可知:工程结构处于稳定平衡与变形协调状态和外力做功能够有效转换为结构弹性应变能与工程结构稳健性(鲁棒性)内涵是基本相同的。因此,古今中外工程结构受力安全问题的本质是不变的,现代土木工程应该在传统土木工程的基础上,遵循复杂问题简单化理念,复杂结构最好是简单结构组合,采用新理念、新技术、新工艺、新材料、新设备、新机制进行改造和创新,做到工程结构满足受力简单、明确、可靠、经济、地基稳定、结构构造合理、刚度合理、安全度有富余、基本处于弹性工作状态的基本要求,就可避免重复荷载作用下功能不能有效转换和变形不协调的问题。

1.7 地下工程平衡稳定性问题

地下工程荷载是逐渐增加的,而支护结构稳定性是逐渐降低的。如果支护结构不能有效提供抗力增量,以平衡荷载增量,支护结构就会破坏,这样必须给围岩或更大范围在开挖前提供预支护。开挖及支护顺序和措施与每一步的稳定平衡相关,正确选择至关重要,以确保地下工程开挖支护过程每一步的稳定平衡。

在岩体工程中,岩体的稳定平衡状态一般理解为:应力调整达到新的平衡状态,变形不再发展。如边坡工程中,边坡稳定系数大于 1.0,并且不会产生滑动破坏。在地下隧道工程中,围岩应力达到稳定平衡状态,位移不再发生变化,随时间延长不会产生破坏(图 1.7.1)。这种稳定平衡状态的判别标准成了分析和解释数值计算结果及监测结果的依据,在岩体工程稳定性研究中得到了广泛地应用。

大量工程实践表明,岩体工程的变形破坏通常是累进性发展的。岩体结构、强度的不均一性及各向异性导致了岩体内应力分布不均匀,岩体中某些部位应力集中程度高而结构强度又相对较低,这往往是累进性破坏的突破口,在大范围岩体尚保持整体稳定的情况下,某些应力-强度关系中的最薄弱部位就可能发生局部破坏,并促使了应力重分布和新的应力集中,这又引起了另外一些次薄弱部位的破坏,如此逐渐发展,形成连锁反应,最终可能导致大范围岩体的失稳破坏。比较直观的情况如图 1.7.2 所示的边坡,当条块 4 产生的下滑力在 L_4 的端部产生应力集中，致使 O_3 发生剪断破坏时，就可能引起条块 3 的破坏，进而引起条块 2 的破坏等，最终导致边坡的破坏。

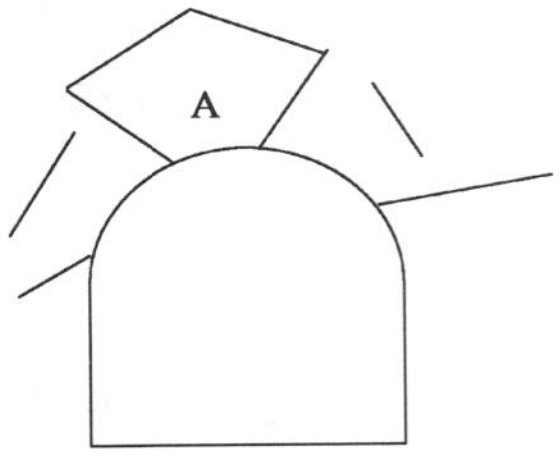

图 1.7.1 隧道围岩的稳定平衡（A 处于稳定状态的分离块体）

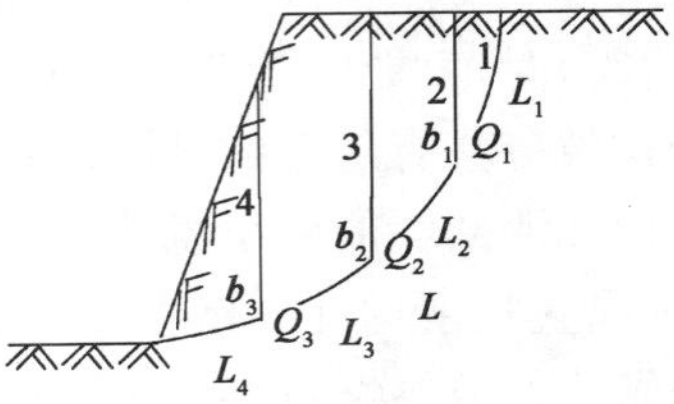

图 1.7.2 边坡累进性破坏的不稳定平衡

隧道围岩的累进性破坏，既可能首先出现在岩体结构的薄弱部位，也可能由于隧道开挖引起的二次应力集中导致围岩强度不足而出现破坏，如图 1.7.3 所示。

从图 1.7.3 可以看出，当隧道开挖形成新的临空面后，如未得到及时支护，块体 A 可能塌落，随后可能引起块体 B、块体 C、块体 D 及块体 E 的塌落。及时进行喷锚支护，限制关键块体 A 的塌落，对保障围岩稳定性具有十分重要的意义。

从图 1.7.4 中可以看出，最初出现的破坏区（Ⅰ）范围很小，围岩可保持整体稳定性，但随着破坏区的应力向邻区的转移，依次产生Ⅱ、Ⅲ、Ⅳ及Ⅴ破坏区，围岩破坏累进性地发展到了很大的范围。针对这种情况，如果先行充分加固作为破坏区发展的初始部位，就可减缓围岩破坏的累进性发展过程，并大幅度减小最终破坏区的范围。如图 1.7.5 所示为在先行加固初始破坏区（Ⅰ）的条件下，进行与图 1.7.4 相同模型的计算，结果表明破坏区范围明显减小。如果先行适当扩大范围充分加固潜在破坏的薄弱区，则可完全防止围岩破坏的发生和累进性破坏的出现（图 1.7.6），充分保证围岩的稳定性。

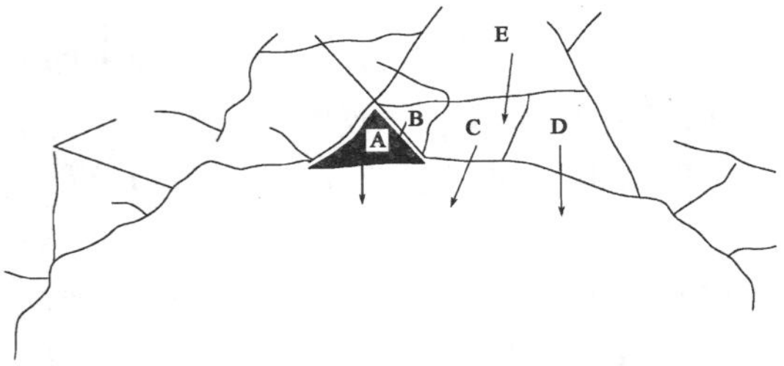

图 1.7.3 岩体结构薄弱部位首先破坏的累进性破坏发展

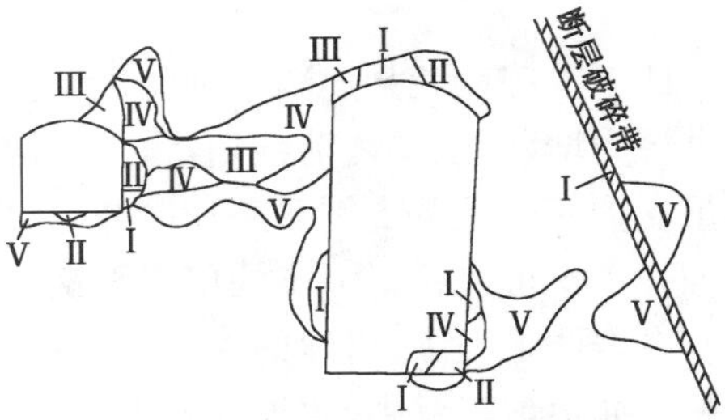

图 1.7.4 围岩的塑性区发展过程
Ⅰ～Ⅴ塑性区发展次序

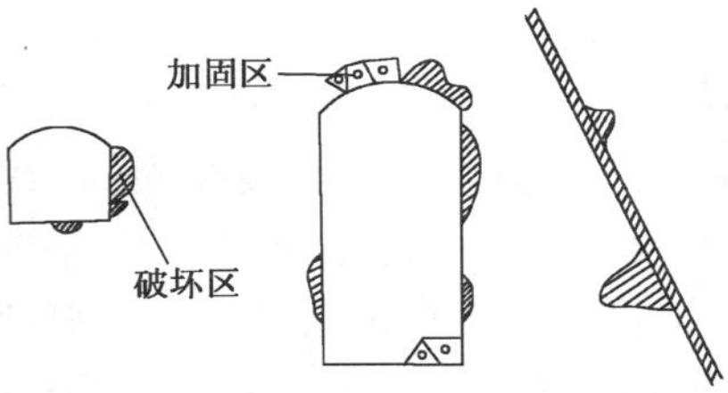

图 1.7.5 先行加固破坏区发展的初始部位

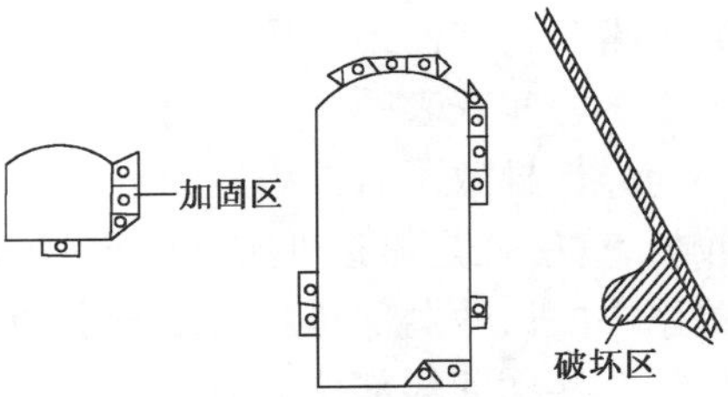

图 1.7.6 先行加固潜在破坏薄弱部位

对某隧道围岩拱顶下沉进行监测，得到修正围岩位移支护特性（时间-位移）曲线（图1.7.7）。图中从A点起至B点，围岩收敛速率趋于零，传统的新奥法理论认为围岩达到稳定，此时可以进行二次衬砌支护。实际工程中，在B点二次衬砌还未实施，隧道就经历了一系列的扰动作用，拱顶下沉速率相应产生了三次急剧变化。经过一段时间后，洞顶坍塌破坏（C点）。这说明尽管AB段围岩位移速率趋于零，但围岩未实现稳定平衡，在扰动作用下，隧道围岩可能出现局部薄弱区的破坏，并随时间推移，隧道围岩的破坏过程可能发展为大规模的失稳，这与新奥法的收敛稳定理论不符，也就是说，简单地根据新奥法的收敛稳定理论判断围岩稳定性是存在风险的。

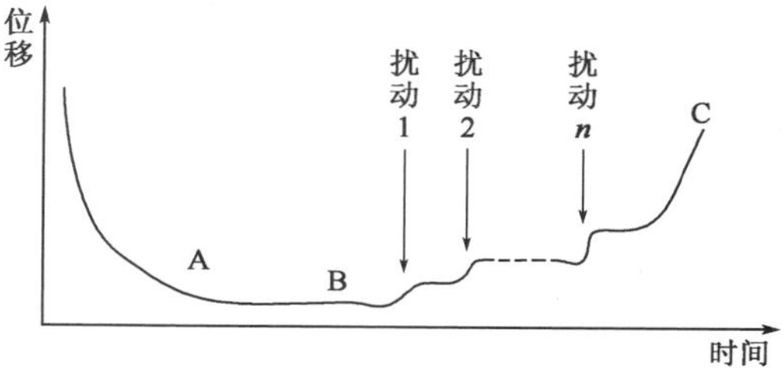

图1.7.7　修正围岩位移支护特性（时间-位移）曲线

这种现象可用围岩累进性破坏机理进行解释，即这种不稳定平衡围岩，一旦受到轻微扰动，超过了关键点的强度极限，整个系统就以各个击破的形式产生累进性破坏，导致最终的岩体失稳。但由于不稳定平衡的隐蔽性和偶然性，工程上一般很难发现，只会把其当作稳定平衡体来处理，由此容易引发工程事故。例如，某隧道已做初期支护并量测收敛，但二次衬砌没有紧跟，导致突然发生坍塌事故；有些隧道，做好初期支护并量测收敛后再做二次衬砌，过一段时间发现二次衬砌开裂渗漏水。不稳定平衡问题在边坡和桥梁工程中也存在，如有些边坡支护后重新发生开裂或坍塌。

这些问题表明新奥法和隧道设计规范的有关理念需要进一步完善，针对这些工程事故用不稳定平衡的理念可以作出合理的解析。隧道围岩的“支护—结构”体系要处于稳定平衡的状态才能避免这些事故，这些事故的实质是在隧道围岩较差的情况下初期支护采用了柔性支护体系，虽然位移量测表明围岩趋于收敛，但其平衡状态是不稳定的，经不起围岩内部调整的干扰和二次施工的扰动。随着时间的推移，围岩内部应力调整或二次施工引起的荷载增量大于初期支护所能提供的抗力增量，这时初期支护破坏并可能造成坍塌事故或荷载增量转移至二次衬砌，并超过二次衬砌储备强度（二次衬砌抗力增量无法抵抗围岩内部应力调整转移给二次衬砌的荷载增量）就容易造成二次衬砌开裂渗漏水的现象。

1998年国内某隧道发生砸坏二次衬砌事故，2002年国内某隧道因水库涨水透过塌方区压裂二次衬砌。这两座隧道经过重新调查研究，并在此基础上应用平衡稳定理论指导进行重新设计，至今未出现不良情况。这两起极端情况发生的原因是多方面的，但隧道工程设计、施工和运营中忽视支护平衡稳定性是其主要原因，应引起各方足够重视，防止同类事故发生。实际上如果按照王梦恕院士的理念设计施工，即“初次支护要强，承受部分水压和全部土荷载，浅埋和海底隧道则承受全部水荷载和土荷载，保持围岩的自承状态，防止严重的松弛和卸载；二次模筑衬砌作为安全储备”，许多隧道也就不会发生坍塌事故和二次衬砌开裂渗漏水现象。

1.7.1　不良地质造成的围岩失稳

不良地质主要包括风化变质岩体、裂隙发育岩体、崩塌岩堆地区、断层带、溶洞、滑坡、泥石流、膨胀性地层等。当隧道从这些岩体中通过时，如处理不当，就可能发生大塌方，以下用6个实例加以说明。

(1)老苍坡1号隧道设计采用复合式衬砌加防水板结构，以及新奥法施工，在施工过程中发生塌方。原设计资料表明：该隧道所处的岩层为侏罗系泥岩、粉砂岩及泥岩，遇水软化且有膨胀性，易风化，单斜构造，倾角平缓仅为208°，且为薄层，层间结合差。此外，隧道轴线与岩层走向呈268°，小交角加之节理发育，因此施工过程中容易造成隧道拱顶掉块和塌方。塌方段隧道埋深为105～112m，岩性均为泥岩，掌子面围岩呈强风化状态，多组裂隙、节理交错发育，特别是在地下水作用下，块体间的泥质胶结物遇水软化，降低了围岩的自承能力。该隧道塌方是因不良地层岩性造成的。

(2)小山电站引水洞，全长1 175m，为松江河梯级电站开发项目。该引水洞采用钻爆法无轨运输施工，在施工过程中发生塌方。塌方段洞体穿过风化的安山岩岩体。洞室开挖后，围岩遇空气容易风化，特别是隧洞地下水位高出洞顶，地下水发育，加剧了洞壁围岩的风化。同时由于隧洞在本段穿越了大小6条断层，围岩的节理十分发育，断层带内节理裂隙充填的泥质胶结物的部分颗粒在地下水溶流作用下被带走，导致围岩层面间的抗剪强度大大降低，加剧了洞室的不稳定性。

(3)南风坳隧道，全长402m，该隧道采用复合式衬砌的支护结构(锚喷混凝土初期支护+模筑混凝土二次衬砌的施工工艺)，施工过程中发生塌方。隧道塌方段是处于Ⅴ级围岩与Ⅲ～Ⅳ级围岩之间岩性突变段的岩体。有断裂构造F_{10}呈小角度斜交通过隧道中心线，断裂构造断面光滑，构造岩由断层泥、花岗碎裂岩组成。厚为30～50cm，断层泥厚5～15cm。构造影响带为宽3～4m的碎裂花岗岩。该地段还有三组密集裂隙带发育，其产状分别为SW250°∠75°～80°，SE170°∠80°～85°和SE130°∠50°～60°。前两种产状为一组共轭节理，导致隧道拱部形成倒楔形。隧道的上部为Ⅴ级围岩，风化程度高，属强风化花岗岩，呈散体-碎块状结构，岩体极为松散，稳定性极差。而下部为Ⅲ～Ⅳ级围岩，属弱风化花岗岩，岩石较破碎，但很坚硬，开挖必须采用爆破作业。这种特殊的工程地质条件和所采用的施工工艺导致了南风坳隧道塌方事故的发生。

(4)草峪岭隧洞，全长19.4km，隧道断面形式为城门洞型。该隧道采用新奥法施工，施工过程中发生塌方。草峪岭隧洞区地质条件为二叠系上统石碎屑岩类，包括上统石千峰组、上石盒子组、下统下石盒子组，岩性以砂岩、砂质泥岩和泥岩为主，砂岩与砂质泥岩互层为其基本特征。砂岩与砂质泥岩互层为Ⅳ级围岩，砂质泥岩夹砂岩为Ⅲ级围岩，围岩软弱。此外，砂质泥岩节理发育，几组节理互相切割，滑动界面较多，再加上砂质泥岩中往往夹有含高岭石的铝土质泥岩，遇水软化、膨胀，导致塑性变形和膨胀压力都比较大，而围岩稳定能力又较差，故此类围岩中可能发生应力控制型失稳，片帮和冒顶现象也有可能发生。经调查发现，该隧洞发生的塌方正是应力控制型失稳引起的。构造岩为Ⅴ级围岩，此类围岩结构破裂，胶结能力极差，强度极低，涌水量很大，且有突水可能，稳定性极差，隧洞变形破坏严重，洞壁、洞顶会发生整体破坏。

(5)翰林桥隧道，全长140m，本隧道从出口单向掘进，采用弧形导坑先拱后墙法施工，施工过程中出现塌方。隧道塌方段的岩性突变，掌子面同时出现两种力学性质不同的岩石，右拱部为Ⅱ级变质砂岩，块状结构，需爆破开挖，较稳定；而左拱部为Ⅵ级围岩破碎带，岩体破碎，碎块状结构，围岩不稳定，强度低，锹镐可以挖动。施工初期的支护不及时，支护时间超过了围岩的自稳时间，加上围岩岩体的强度低，结构松散，导致围岩局部坍塌。

(6)引黄工程隧洞进出口都要穿越 N_2 红土地层和 Q_3 黄土地层，最短处 100m，最长处 800m，施工过程中多处发生塌方。N_2 红土分布在碳酸盐系出露区，是岩石经风化作用形成的高塑性黏土，具有吸水膨胀，失水收缩的变形特点。在自然条件下，土壤结构致密，多呈硬塑或坚硬状态。土体一经扰动，容易引起地面塌陷，形成土坑或碟形洼地。

1.7.2 水文地质原因造成的围岩失稳

水文地质条件复杂，围岩软弱松散、自身强度低、稳定性差，岩体节理发育，裂隙水交错，地表水与地下水相互串通，地下水丰富以及隧道所穿地形左右压力不等而形成偏压等，是诱发围岩失稳的重要原因。在浅埋段、断层带、围岩岩性突然变化处、贯通性竖直不连续、节理弱夹层不整合带，均易发生塌方。统计资料显示，地下水引起的塌方占总塌方数的 45%以上。以下用 2 个实例加以说明。

(1)大锻电站位于江西省钢鼓县东北 25km 的大锻乡，是修水河支流—东河上的第一级水电工程，控制流域面积 610.45km^2，库容 1.13 亿 m^3，施工过程中发生塌方。现场地质调查表明，引水隧洞 K0+273～K0+280 塌方段处于断裂交会带，发育 3～4 组断裂，其产状分别为 N50°～60°E/NW∠70°～75°，N5°～17°E/SE∠25°～30°，N80°W/SW 或 NE∠80°～85°，N10°～15°W/NE∠50°～60°。这些断裂有的张开 0.2～1mm，有的具有 2～15mm 深的断层泥。几乎所有裂隙都有明流出水现象，局部地方呈压射流状，最大出水点目估流量为 3～5L/min。0+245～0+280 段洞内如同下大雨一样，实测总渗水量为 8～10m^3/h。相对而言，NE 向和 NNE 向断裂密度较大，延伸较远，与洞轴线呈 15°～25°小角度相交，两者反向倾斜，构成控制性滑移面。岩体再受 EW 向、NNW 向和开挖面的联合切割，呈块状镶嵌结构，在洞顶形成倒楔形不稳定块体。引水隧洞 K0+390～K0+408 冒顶段位于 NE 向节理密集带，岩体被 6～7 组节理裂隙切割成 20cm×30cm 的块体，每个块体内隐裂隙发育，轻锤击或用力手搓，便沿隐裂面裂开，形成 1～2cm 的碎块。18m 长的冒顶段，钢支撑后的洞顶到处滴水，迎头掌子面的节理轻微张开 0.2～0.5mm，普遍渗水，局部可见明流，最大出水点目估流量为 1.2L/min。围岩呈碎石镶嵌结构，局部接近碎石散体结构。从地质条件分析，富水断裂破碎带是隧洞塌方冒顶的主要原因。

(2)老爷岭输水隧洞在开挖施工过程中于 1995 年 3 月 13 日发生较大塌方。此次塌方的洞身岩体穿过断层带，该断层带由 4 条走向为 NE40°～70°、倾向为 NW、SE 的两组断层形成"X"状相互切割的不利组合构成。隧洞拱部塌方呈倒梯形，上口大，下口小，构造的结构面均为 1.0m 左右的断层泥，灰黑色泥岩夹细砂岩透镜体，遇水便立即崩解退化，饱和度达 87%，其抗剪强度极低，饱和慢剪和重剪的内摩擦角 φ 值在 108°以下，黏聚力 c 值在 0.11MPa 以下，单轴抗压强度仅为 0.1～0.5MPa。断层带中间夹层为糜棱岩，手掰易碎，强度极低，风化以及遇水后极易失稳。洞体开挖后，围岩应力释放，陡倾结构面在大量地下水作用下，断层泥崩解泥化，摩擦系数急剧下降，因此在围岩自重作用下产生了失稳。

1.7.3 稳定平衡的成功与失败工程案例

(1)基坑与隧道坍塌事故

工程结构受力平衡状态的稳定条件，必须具备在外界干扰作用下能提供所需的抵抗能力，以抵抗外界干扰，否则就是不稳定的。大量工程结构的破坏，都是因丧失稳定而引起的。如图 1.7.8所示的某地铁基坑工程塌坍事故中，每个构件的强度基本都没有问题，而是平衡状态丧失稳定。隧道初期支护结构刚度不足，在围岩产生松弛变形和压力不断增加时，不能及时提供抗力增量，有效地阻止围岩松弛过程的发展而导致自承能力的下降，也会产生失稳破坏。

图 1.7.8　隧道或基坑工程坍塌失稳破坏事故

(2)公路滑坡改造治理工程

某公路改建段，许多滑坡改造治理工程是在不稳定平衡状态下开展的，但采用合理的施工顺序均取得了成功。如图 1.7.9 所示，正确的施工方案：先做抗滑桩再拆除木棚，边坡变形处于微压紧密状态，下滑力小，顺利实现滑坡加固。错误的施工方案：如果先拆除木棚再做抗滑桩，可能会使边坡由不稳定平衡状态转为破坏状态，边坡变形处于松动状态，渗透性增加，恢复稳定需要的抗滑力就会很大。如图 1.7.10 所示，T_0 为滑面的初始抗滑力，P_0 是原先由木棚承担的滑坡下滑推力，如果先行拆除木棚，滑坡就会失稳而发生变形，滑面的抗滑力会下降，滑坡的下滑推力会增加，影响抗滑桩施工安全。两种施工顺序，对维持滑坡体与抗滑桩体系受力平衡状态稳定的力相差非常大，有时相差几倍甚至十几倍。因此，采用适当技术措施和合理的施工顺序，对确保工程安全稳定十分重要。

图 1.7.9　某公路改建段滑坡改造治理工程

(3)某隧道坍塌治理工程

该隧道右洞为三车道单线隧道(图 1.7.11),K58+450～K58+490 段实际开挖时地质状况为灰色～灰紫色微风化凝灰岩,成块状结构,局部为碎裂状结构;有一条小断层,走向与隧道中轴线近平行,宽度为 10～20cm,倾向右边墙,断层带中充填少量泥质。受该断层影响,掌子面上和拱顶网格状节理裂隙发育,密集分布,岩石较破碎。

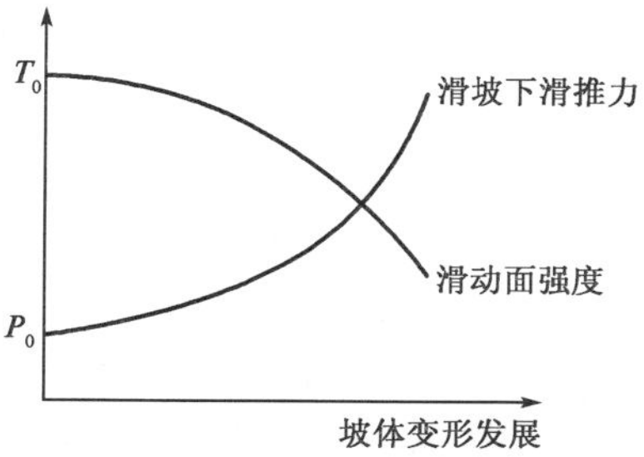

图 1.7.10 滑面强度和下滑推力随坡体变形发展的变化规律

图 1.7.11 国内某隧道发生坍塌事故

实际支护情况:K58+442～K58+474 段设计为Ⅱ级围岩,按Ⅱ级围岩施工,无拱架、无仰拱;K58+474～K58+490 段原设计为Ⅱ级围岩,后变更为Ⅲ级围岩,采用 1.2m 间距格栅拱架支护,设有仰拱;K58+490～K58+510 段原设计为Ⅱ级围岩,后变更为Ⅳ级围岩,采用大管棚超前支护,格栅拱架间距 0.5m,设仰拱。

隧道开挖完成并实施初次衬砌后,隧道围岩的变形稳定,按照有关隧道围岩变形的收敛性判断准则,该隧道处于稳定状态。但在经历数月的稳定变形发展过程后,于 2007 年 5 月 4 日上午 5 点 40 分,隧道开始塌方,塌方共延续了三天,塌方初步稳定后,通过对塌方段观察,确定塌方范围为 K58+455～K58+490,洞顶的一缓倾节理及右侧一陡倾节理切割该缓倾节理,无明显滴水现象,滑塌范围从洞室左侧拱腰处一直延伸到右侧拱腰处,左侧缓倾节理与右侧陡倾节理相交处滑塌最严重,形成一个三角塌腔,深 4～8m;塌腔周边和拱顶网格状节理裂隙发育,密集分布,岩石较破碎。通过冒落的岩石来看,岩石成块状,体积较大,节理面有少量泥质。塌方之后陆陆续续有不同程度的掉块、坍塌现象,其中在 2007 年 7 月 8 日掉块较大,塌腔内一凸出的部位全部塌落,最大岩块体积约为 $18m^3$。目前塌腔最大深度约为 10m,洞内塌方体积约为 2 $400m^3$。

塌方险情发生后,有关人员共同察看了现场,分析了塌方的原因,确定了临时加固措施,防止塌方进一步扩大。主要措施为:

①加强对塌方段观察,塌腔基本稳定后立即实施应急措施。

②加强监控量测,布点观测 K58+442～K58+458 段围岩变化。

③临时支护施工,K58+442～K58+451.5 段利用现有的格栅拱架作及时支护,间距 0.5m,共 19 榀;K58+451.5～K58+458 段采用 I20 工字钢拱架支护,间距 0.5m,共 12 榀;锚杆采用 5.5m 中空注浆锚杆,梅花形布置,纵横间距 2.0m×2.0m;必要时拱架底部、顶部采用工字钢或钢管进行临时横向和竖向支撑。

拟定塌方处理方案:

①加强初期支护,改用 I20 工字钢间距 35cm 进行支护,工字钢之间纵向也用 I18 工字钢

进行连接，使初期支护形成一个整体。

②加大二次衬砌厚度，根据设计图纸，分别将 K58＋442～K58＋455 二次衬砌调整为 50cm 厚的钢筋混凝土，K58＋455～K58＋474 为 80cm 厚的钢筋混凝土，K58＋474～K58＋490 为 90cm 厚的钢筋混凝土。

(4)某隧道二次衬砌开裂和渗漏水

造成隧道二次衬砌开裂和渗漏水现象的实质是：在隧道围岩较差的条件下初期支护较弱(柔性支护)，经不起围岩内部调整的干扰，其平衡状态是不稳定的。围岩内部应力调整的荷载增量转移至二次衬砌承担，而二次衬砌强度不足造成了二次衬砌开裂和渗漏水的现象(图 1.7.12)。

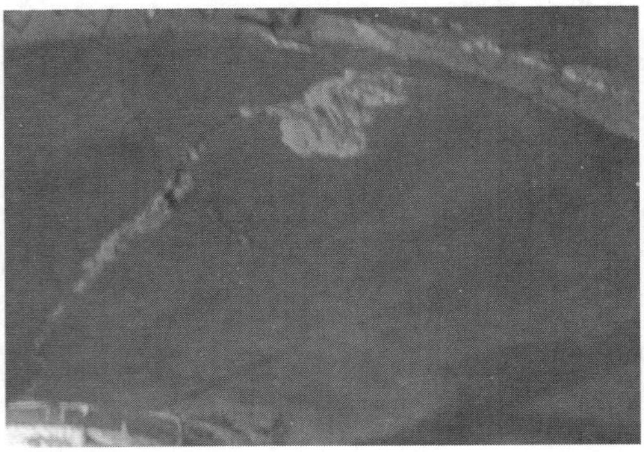

a)

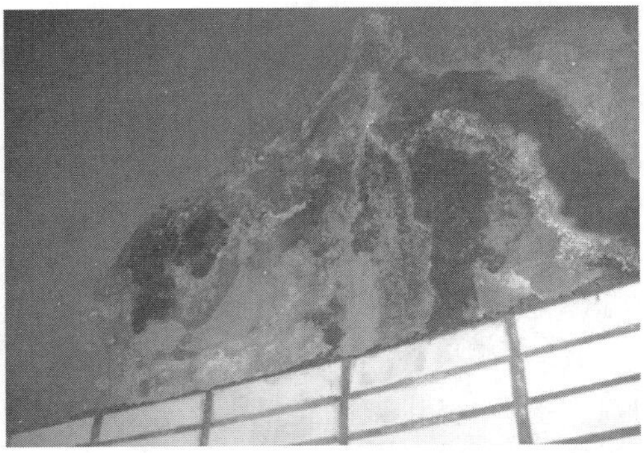

b)

c)

d)

图 1.7.12 隧道二次衬砌开裂和渗漏水

a)二次衬砌开裂 1；b)二次衬砌开裂 2；c)隧道渗漏水 1；d)隧道渗漏水 2

(5)某高架桥发生倾斜事故

国内某高架桥发生倾斜事故，事故专家组会议初步认定，三辆货车严重超载并行驶在同一桥跨上是造成该桥倾斜的重要原因。但从工程的角度看，显然这座桥两侧桥面的悬臂太长，桥墩支点的支撑面太小，而且处于弯道，受力极为复杂，属于不稳定平衡情况(图 1.7.13)。

(6)预防隧道局部破坏引发整体失稳问题

隧道围岩变形是岩体内能量的释放过程，其监控量测的重点是关注突变值（异常变形或状态），最终变形值以规范规定值控制，否则要加强支护。正像体质差的人一样小毛病容易引起并发症，也就是说体质差的人应该预防和严控小毛病才有利于身体健康。同样环境条件差时小问题也需要及时控制，比如在青藏高原感冒了就要赶紧打吊针治疗，否则易引起肺水肿很难救治。结构体系也是如此，如 2004 年 5 月 23 日法国戴高乐机场发生顶棚坍塌事故，是薄壁钢结构局部与整体失稳所致。如图 1.7.14 所示，拱形顶棚中的一个弧度结构出现了折痕，而弧度结构上的裂痕使这个构件逐渐穿过了顶棚，不再支撑数十吨重的顶棚，最终导致拱形顶棚发生坍塌。

图 1.7.13　国内某桥发生倾斜事故

图 1.7.14　2004 年 5 月 23 日法国戴高乐机场顶棚坍塌

因此，在处理稳定性差、地下水丰富等特殊地质条件的隧道围岩稳定问题时，应该借鉴上述思路，条件许可的情况下尽量强化围岩，施工中必须灵活应用小断面开挖和空间支护系统（图 1.7.15），确保预防和严控隧道围岩局部破坏或失稳引发隧道整体失稳问题（大面积塌坍或严重变形等）。

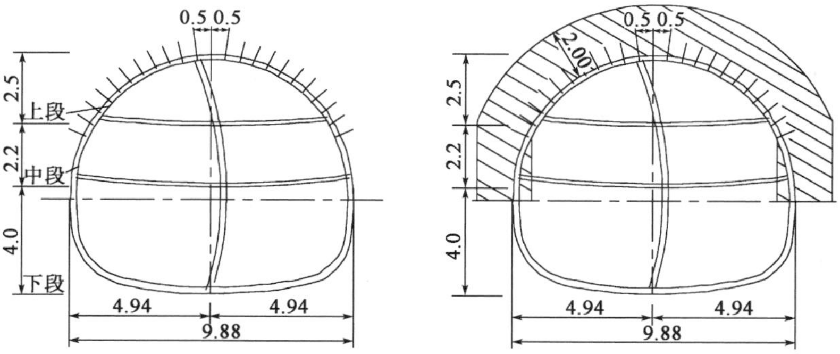

图 1.7.15　小断面开挖和空间支护体系（尺寸单位：m）

2 地下工程平衡稳定性的能量分析方法

"力和能量要有相应的物质载体，并具有相应的传递或转换路径"，结构"稳定平衡与变形协调"和"外力做功有效转换为结构弹性应变能"是统一的，变形协调又是能量法和力法结构分析的必要条件。确保"力、变形、能量"按设计路径传递及按设计方式转化是结构稳定、安全、合理的基本要求，也是维持设计形式不产生有害过程的基础。根据实际情况，分别从"力、变形、能量"三要素中选择一个或几个要素进行优化，可更好控制地下工程结构行为。而确保结构的"稳定平衡与变形协调"，不仅需要目标控制，更需要围绕目标实现结构安全合理的过程控制，否则结构就会不稳定或破坏，但是地下工程功能转换特征不突出，只能作为一种手段使用。本章重点研究地下工程平衡稳定性的能量分析方法问题。

前面已经论述了系统平衡稳定性的物理本质是：系统平衡状态是否经得起干扰。本章重点阐述衡量系统平衡状态是否稳定的方法。从简单实例出发，基于系统平衡稳定性的物理概念，提出分析系统平衡状态稳定性的力素增量法与能量增量法，定义了系统平衡状态稳定安全系数，并通过几个实例说明该方法在地下工程的应用，为地下工程稳定性分析提供有效的手段。

2.1 系统平衡稳定性分析的力素增量法

先回到前面两个例子(图 1.2.1、图 1.2.2)，仔细观察发现，系统的初始平衡状态可以理解为作用在系统上的力素之间的平衡状态，而这些力素又可以分成两类，即外部荷载和系统抗力，因此也可以理解为外部荷载和系统抗力之间的平衡状态。例如：第一个例子中是木板的重力(外荷载)与浮力(系统抗力)之间的平衡，而另一个例子则是刚性杆的压力 P(外荷载)与铰支座 A 提供的基底反力之间的平衡。系统受到任意形式的干扰后，外荷载与系统抗力之间的平衡可能被打破而形成外部荷载增量与系统抗力增量。当外部荷载增量大于系统抗力增量，即外部荷载对于系统的影响超过系统抗力的影响时，系统将在外部荷载作用下偏离初始平衡状态，故系统的初始平衡状态不稳定；反之，系统将在其自身抗力的作用下恢复到初始平衡状态，故系统的初始平衡状态稳定。在水中木板平衡例子中(图 1.2.1)，假设以木板重心为力矩原点，对于在水中平放的木板，干扰导致的外部荷载增量为零(木板重力作用点与力矩原点重合)，系统抗力增量为 $M=Fe$，系统抗力增量大于荷载增量，故木板平放状态是稳定的；而对于在水中侧立的木板，外部荷载增量同样为零，但系统抗力增量变为 $M=-Fe$(抗力增量等价为负值)，系统抗力增量小于荷载增量，故木板侧立状态不稳定。图 1.2.2 所示刚性压杆平衡实例，当压杆受到一定干扰，压杆会偏离初始平衡状态，绕着铰支座 A 转动 α 角度。干扰后外部荷载 P 绕着铰支座 A 产生一力矩增量 $P\alpha L$，同时系统抗力(弹簧的弹性回复力，弹簧刚度常数

为 K)产生一力矩增量 $K\alpha L^2$。比较两者的大小有三种可能，当 $K\alpha L^2 > P\alpha L$，系统抗力增量大于荷载增量，系统初始直立平衡状态稳定；当 $K\alpha L^2 = P\alpha L$，系统初始直立平衡状态处于临界失稳状态；当 $K\alpha L^2 < P\alpha L$，系统抗力增量小于荷载增量，系统初始直立平衡状态不稳定。这些关于系统平衡状态稳定性分析的结论均与实际观察结果相同。因此，当系统受到扰动后，考虑将外部荷载增量和系统抗力增量之间的博弈关系作为衡量系统平衡状态能否经得起干扰的标准是合理的。

由此可以形成系统平衡状态稳定性分析的力素增量思想，建立判定系统平衡状态稳定性的力素增量准则：

(1)当系统抗力增量>荷载增量，系统平衡状态稳定。

(2)当系统抗力增量=荷载增量，系统平衡状态处于稳定与不稳定的分界点，即临界失稳状态。

(3)当系统抗力增量<荷载增量，系统平衡状态不稳定。

另外，以轴心受压杆件为例，进一步说明如何根据荷载增量与抗力增量关系建立判别系统平衡稳定性的准则。如图 2.1.1a)所示为一承受轴心压力两端铰支的等截面直杆。当杆件受到一定的横向干扰，杆件偏离初始平直状态，变为图 2.1.1a)所示的弯曲状态。取如图 2.1.1b)所示的弯曲状态的隔离体，干扰后作用在隔离体上的外部荷载增量(轴力 N 形成的力矩)为 Ny，Ny 是迫使杆件继续偏离初始平衡状态的力，称为荷载增量。同时，在干扰之后，杆件发生弯曲，杆件截面上的弯曲正应力形成一个合力弯矩 M，该弯矩 M 可以用干扰变位 y 的二阶导数表述，即 $M=-EIy''$。弯矩 M 是迫使杆件回复到初始平衡状态的力，称为抗力增量。杆件平衡状态是否稳定，取决于上述荷载增量与抗力增量的对抗关系；当 $-EIy'' > Ny$，回复力的作用比破坏力的作用强烈，系统经得起干扰，压杆处于稳定平衡状态；当 $-EIy'' = Ny$，回复力的作用与破坏力的作用相当，压杆处于临界失稳状态；当 $-EIy'' < Ny$，回复力的作用比破坏力的作用薄弱，系统经不起干扰，压杆处于不稳定平衡状态。从而建立起计算临界压力的临界状态方程 $Ny=-EIy''$。按上述力素增量方法建立的方程与材料力学中根据平衡二重性概念建立的方程完全一致。但本书介绍的方法，物理概念明确，容易理解。

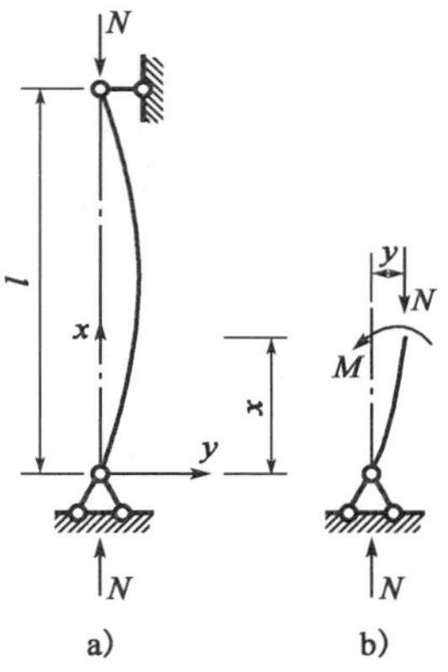

图 2.1.1　轴心受压杆件示意图

2.2　系统平衡稳定性分析的能量增量法

根据力素增量方法建立失稳临界状态方程，需要确定干扰后，平衡系统产生的荷载增量与抗力增量。当平衡系统比较复杂时，很难列出各项作用力的增量，这时根据力的作用与其做功等效的原则，可以找出系统在干扰后的荷载做功增量与系统抗力做功增量，系统抗力做功增量就是干扰后的系统应变能的增量。这样，可以根据荷载做功增量 ΔT 与抗力做功增量 ΔU 的比较关系判别系统平衡状态是否稳定，并找到系统失稳临界状态。系统平衡状态稳定性分析的能量增量法具体表述如下：$\Delta U > \Delta T$，系统平衡状态稳定；$\Delta U = \Delta T$，系统平衡状态处于临界失稳状态；$\Delta U < \Delta T$，系统平衡状态不稳定。

荷载做功增量 ΔT 是导致失稳，迫使系统远离初始平衡状态的因素，抗力做功增量 ΔU 是有利于稳定，迫使系统回到初始平衡状态的因素，系统平衡状态是否稳定取决于 ΔT 与 ΔU 之间的对抗关系。当 ΔT 越小、ΔU 越大时，系统平衡状态的稳定性越好。因此，可建立系统平衡稳定性安全系数表达式如下：

$$K = \frac{\Delta T}{\Delta U} \tag{2.2.1}$$

下面通过两个稳定性实例，说明根据能量增量法如何建立系统平衡稳定性的方程。

如图 1.2.2 所示，刚性直杆 AB 底端 A 铰接于地基，顶端 B 受水平弹簧支撑于 C 点，在轴心压力 P 的作用下处于垂直状态，弹簧刚度常数为 K。受干扰后，压杆顶点 B 发生微小水平偏移 αL 到 B′。压杆顶点 B 偏移 αL 时，系统受干扰后的应变能增量为 $1/2K(\alpha L)^2$，即为系统抗力做功增量。此外，压杆顶点 B 偏移 αL 时，B 点垂向位移为 $L(1-\cos\alpha)\approx L\alpha^2/2$，外荷载 P 做功增量为 $1/2PL\alpha^2$。根据上述能量增量方法，得到系统平衡稳定性的判别式如下：

(1)$1/2K(\alpha L)^2 > 1/2PL\alpha^2$，系统平衡状态稳定。

(2)$1/2K(\alpha L)^2 = 1/2PL\alpha^2$，系统处于失稳临界状态。

(3)$1/2K(\alpha L)^2 < 1/2PL\alpha^2$，系统平衡状态不稳定。

对上面三个式子加以简化，可得到与力素增量方法同样的平衡稳定性的判别式。

以前面介绍的图 2.1.1 为例，设干扰后横向变位曲线为：

$$y = A\sin\frac{\pi x}{l} \tag{2.2.2}$$

杆件任一截面处的弯矩为：

$$M = Ny = NA\sin\frac{\pi x}{l} \tag{2.2.3}$$

相应的弯曲应变能(系统抗力做功)为：

$$\Delta U = \int_0^l \frac{M^2 \mathrm{d}x}{2EI} = \frac{P^2A^2l}{4EI} \tag{2.2.4}$$

杆件在干扰后，荷载 N 作用点的竖向位移为：

$$\Delta d = \int_0^l \frac{1}{2}\left(\frac{\mathrm{d}y}{\mathrm{d}x}\right)^2 \mathrm{d}x = \frac{\pi^2A^2}{4l} \tag{2.2.5}$$

外荷载 N 在干扰后做功为：

$$\Delta T = N\Delta d = \frac{P\pi^2A^2}{4l} \tag{2.2.6}$$

当 $\Delta U > \Delta T$，压杆稳定；$\Delta U = \Delta T$，压杆处于失稳临界状态；$\Delta U < \Delta T$，压杆不稳定。可由 $\Delta U = \Delta T$ 计算出压杆稳定临界荷载 $N_{cr} = \frac{\pi^2 EI}{l^2}$，即为铰接压杆的欧拉临界荷载。上述分析已知横向变位曲线的真正形状，故用能量增量方法计算出了临界荷载的精确值。在很多情况下，很难事先给出干扰后变位曲线的真正形状，只能近似假定一定的变位曲线，用能量增量方法求

得临界荷载的近似值，这对实际工程具有非常重要的应用价值，也是解决地下工程稳定性分析的出发点。

2.3 能量增量法在复杂环境地下工程稳定性控制中的应用

2.3.1 复杂环境地下工程稳定性分析与控制方法

为找出复杂环境地下工程稳定性的分析思路，可从钱学森关于系统论的论述谈起。钱学森指出：人是个极其复杂的、物质的巨系统，这个巨系统又是开放的，与周围的环境、宇宙有千丝万缕的关系，并且有物质和能量的交换。因此可以说，人与环境，人与宇宙形成一个超级巨系统。而由系统科学的原理——系统论可知，要理解如此复杂的物质系统，搞清它的功能，还要用整体的观点来理解人体巨系统所自然形成的多层次结构，每一层次的不同功能，层次之间的关系等。要把还原观和系统论结合起来，综合研究人体和环境，这才是人体科学的任务。

根据系统科学的"复杂系统与精确分析不相容原理"，复杂系统的"整体分析和抓住要害处于主导，而各种数值分析虽都需要但处于次级"。能量研究方法虽有局限性，但在解决复杂系统问题中是有效的，比某些脱离实际的"精确分析理论"更合乎实际。例如，美国借鉴发动机能量循环原理研究飓风形成、破坏、消散过程，总结建筑物抵抗飓风措施；我国应用能量分析法研究车桥振动满足一定概率条件的最大响应规律。

对于不良地质条件和复杂工程环境条件的地下工程建设，由于结构与围岩相互作用关系复杂，分析的对象不明确，结构参数具有强烈的随机性与非线性，采用稳定性分析数值计算方法往往很难获得符合实际的解。对此情况下的地下工程稳定性分析与控制问题，可以运用系统科学的指导思想，由系统稳定性的能量分析方法，找出提高复杂环境地下工程稳定性的根本途径与工程构造措施。

系统平衡状态是否稳定要看该平衡状态是否经得起一定的干扰作用，系统是否稳定取决于干扰作用后系统的抗力做功增量与荷载做功增量的对比关系。只有保证抗力做功增量大于荷载做功增量，才能确保系统平衡状态是稳定的。提高地下工程结构稳定性的根本途径是：增大干扰作用后的抗力做功增量与降低相应的荷载做功增量。结合地下工程的具体情况，可运用系统稳定性的能量增量分析方法，阐述地下工程结构稳定性控制方法和工程措施。

2.3.2 极限平衡状态隧道不利变形空间影响控制的应用

对于山体隧道的较大塌方空洞且地面变形要求不高的情况，可在隧道外缘采用管棚支护和插板形成棚架起支护作用，而塌方空洞采用充填轻质材料控制塌方空洞的扩大和掉块，同时减轻支护荷载，达到限制塌方空洞的影响。上述措施本质上是确保 $\Delta U > \Delta T$，通过管棚支护和插板形成棚架起支护作用提高系统抗力做功 ΔU，通过充填轻质材料控制塌方空洞扩大和掉块，减轻支护荷载，减少荷载做功（$\Delta T = P\Delta S_1 + W\Delta S_2$）。

复杂地质结构条件区的隧道开挖，常会因为未预见的局部破碎围岩而产生塌方。如图 2.3.1所示，肯古隧道由于地质岩层的不稳定性，导致已开挖支护完毕的 K229+910 段洞体大面积突然坍塌，经检测隧道中部有 30m 左右的塌方。图 2.3.2 为永加隧道的塌方情况，该隧道掘进到里程 K16＋183 掌子面时，造成洞顶塌方，现塌方纵向宽约 11m，横向宽约 10m，高 22m，体积估计约为 2 420m^3。经地表地质调查观察发现，在里程 K16＋183 掌子面附近遇一隐伏断裂构造，走向北东，倾向北西，岩石中破碎夹层较多且部分厚度较大，破碎地段岩石稳定性差，塌方处剩余厚度 4.0m，塌腔厚度 3.5m，其下部为塌方堆积物，有冒顶现象。

图 2.3.1　已初期支护的肯古隧道突然发生 30m 左右的塌方

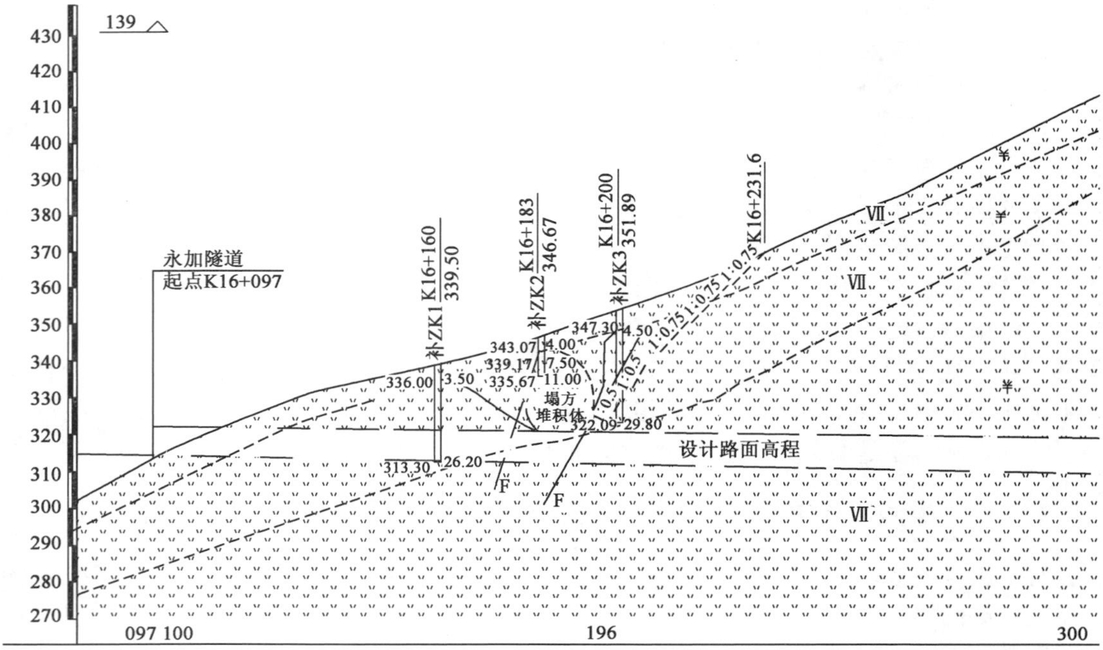

图 2.3.2　掘进中的永加隧道突然发生体积约为 2 420m^3 的塌方(尺寸单位：m)

软土地层的盾构隧道则因施工过程的需要，会在盾尾出现一定的空隙，不合理的处置会影响围岩的变形发展，引起过大的地表变形，还可能影响隧道结构的稳定性。盾构隧道掘进施工与周围水土平衡关系如图 2.3.3 所示。

对于山体隧道的较小塌方空洞和盾构隧道的盾壳盾尾空隙可采用灌注泡沫类轻质混凝

土，有利于围岩与支护系统共同作用；或盾构同步注浆后加注双液浆，形成类似于水桶箍的浆脉骨架，达到完全充填和固化等两个要求，更能有利于控制地层变形。对于相对稳定无承压水环境的地层，也可采用混凝土输送泵同步输送类似砂浆、相对密度约为原状土、可泵性好的细砂混合物填充盾壳和盾尾空隙，有利于铰接管片均衡受力，提高铰接管片受力的稳定性。另外，对于渗透系数小的淤泥质土或黏性土等地层，在盾构通过一定距离后容易产生失水固结，这时应该通过管片补充注浆，以消除地层固结的影响。

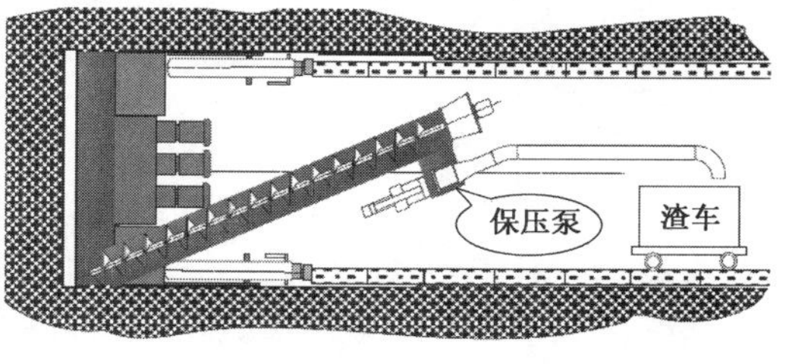

图 2.3.3 盾构隧道掘进施工与周围水土平衡关系图

盾构施工过程中应该做到：①控制推力约为水土压力，减少周围孔隙水扩散；②控制机体平行度（蛇行度），减少开挖面积；③控制填充砂浆稠度（保水性），减少砂浆扩散。目的是减少对原土体扰动而形成的空隙，否则已有空隙要用砂浆填充。

隧道塌方机理与控制技术要求，可以用能量增量法进行阐述。山体隧道坍塌前、盾构隧道掘进后，由于地质岩层的不稳定性以及支护强度和刚度不足，导致围岩有坍塌或移动的趋势，这时荷载做功增量 ΔT 大于抗力做功增量 ΔU。由判定系统稳定性的能量增量准则可知，围岩与支护系统平衡状态稳定性不足，必然导致山体隧道围岩坍塌，盾构隧道地层产生沉降。如果山体隧道采用充填轻质材料控制塌方空洞与减少荷载质量和管棚等支护，则增加抗力做功增量 ΔU，减少荷载做功增量 ΔT。同样盾构采用同步灌注硬性浆液，则控制地层沉降和减少荷载做功增量 ΔT。当达到抗力做功增量 ΔU 大于荷载做功增量 ΔT 时，则围岩与支护系统将处于稳定平衡状态。地下工程施工中出现空洞或临空面，容易导致附近岩体变形增加，从而增加荷载做功增量 ΔT。保证其稳定性的工程措施是采用适当的材料填充施工引起的“不利空间”和减少荷载质量，增强对围岩的支撑，减少围岩的变形临空条件，从而提高系统的抗力做功增量以及降低荷载做功增量，达到维持地下工程稳定的目标。

如果系统的荷载做功增量增长幅度大于抗力做功增量，系统将失去稳定性。如图 2.3.4 所示，某地下车库施工过程中导致附近房屋倒塌。事故的主因是在建地下车库边墙失稳，而紧邻房屋一侧土堆形成的有害侧向推力以及 PHC 管柱抵抗侧向变形能力较弱，诱发车库边强丧失稳定承载能力，继而引起房屋倒塌。以能量增量原理理解上述问题可知，由于在建地下车库开挖施工过程中没有随挖随护，这样荷载做功增量 ΔT 大于抗力做功增量 ΔU，导致边墙失稳，因此附近房屋倒塌是必然的。保证这类地下工程稳定性的工程措施是采取强支护，提高系统抗力做功能力，始终保持抗力做功增量大于荷载做功增量。

2.3.3 极限平衡状态隧道不平衡力学影响控制的应用

图 2.3.5 为浅埋盾构管片施工过程中产生上浮现象。开挖前土压 F_1 处于平衡状态，开挖后管片比原土体轻，则 $F_2 < F_1$ 处于静力不平衡状态，初始由外围土压 F_3 产生上浮力 F_4，管片上浮后产生外围阻力 F_5，形成压力 F_6，当 $F_4 = F_6$ 时，管片趋于稳定而停止上浮。例如，某浅埋盾构位于黏土地层中，管片脱离盾尾后 2d 内共上浮 6cm，然后盾构机头向下偏移 6cm，总体达到设计位置。也可在浅埋盾构施工前采用加固土体或上部压重等措施，防止管片上浮。

图 2.3.4　某地下车库施工过程中导致附近房屋倒塌示意图

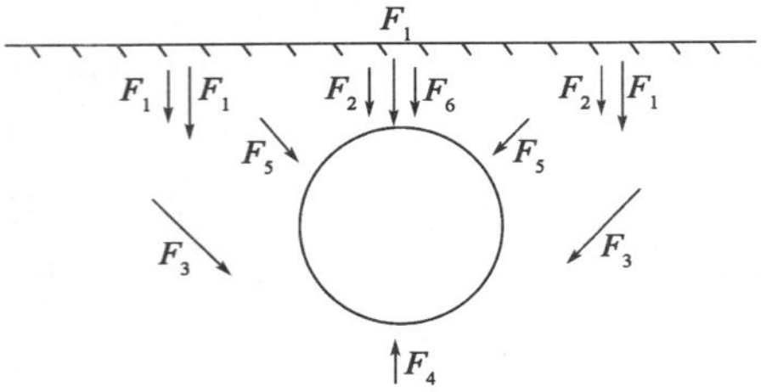

图 2.3.5　浅埋盾构管片施工中上浮现象

用能量增量法阐述如下：浅埋盾构开挖前抗力做功增量 ΔU 与荷载做功增量 ΔT 都没有，系统处于原始状态；浅埋盾构开挖并支护后，开始外力做功增量 ΔT 大于上部土体抗力做功增量 ΔU，则管片出现上浮现象；上浮后产生外围阻力 F_5，形成压力 F_6，这些力与上部土体重力形成的抗力做功增量 ΔU 在增加，而外力做功增量 ΔT 在减少，当抗力做功增量 ΔU 大于外力做功增量 ΔT 时，系统趋于稳定平衡状态。如果浅埋盾构施工前采用加固土体或上部压重，则能保持抗力做功增量 ΔU 大于外力做功增量 ΔT，使得系统处于平衡状态。

许多地铁工程由于在施工过程中没有较好地控制地下变形，给周围地层变形提供了足够的变形空间，导致土体松弛范围不断扩大，因此土体力学与变形性质从量变逐渐发展到质变，从而引起附近建筑物开裂。

因此对于不良地质条件和复杂工程环境条件的地下工程建设过程中，首先采用工程措施限制不利土体变形空间的影响，同时采用结构措施或平衡措施控制不平衡力学影响等，使得围岩与支护系统共同作用处于稳定平衡状态。

根据能量转换规律可知：采用减轻荷载质量、减小荷载做功位移、增加支护结构强度等措施，达到减少荷载做功增量 ΔT 和增加抗力做功增量 ΔU 的目标。

对于地下工程，在控制开挖过程中围岩坍塌，并保证成型后结构稳定的同时，还需要控制不利空间或其他影响。施工中，通过地层注浆加固，控制地层松弛圈扩大，可以减少结构承受的水土压力。增加支护结构强度，也能平衡支护结构水土压力，但不经济。采用注浆填充，使得围岩无坍塌空间，或缩小可能产生的坍塌空间，从能量增量法分析是最经济合理的措施。

2.4　能量增量法在地下工程稳定性分析中的应用

2.4.1　竖直坑壁平面破坏的临界高度分析

这里采用经典算例的计算条件，目的是说明本文提出的能量增量方法的可行性以及计算过程。在开始分析之前，假定土体本身为理想土体，即它满足莫尔-库仑屈服准则和正交关联流动准则。尽管不少理论与试验研究已经说明关联流动法则不适用实际土体结构，可是在土体达到塑性屈服条件并出现明显塑性变形之初，该假定仍可认为有一定的合理性。

图 2.4.1 为具有垂直边界的土质边坡，在外加荷载 P 以及自重力 G 的作用下，部分土体可能无法承受外部荷载而发生过大塑性变形并最终导致失稳破坏。假定该边坡在与正立面呈 β 角的平面上存在天然的不连续断层或者破裂区，这样明显的塑性变形将率先在该平面上发生，通过观察不难发现塑性变形将边坡割裂成两个刚性块 A 和 B。当块 A 相对于块 B 发生较大滑动即认为边坡出现失稳破坏（滑坡）。取块 A 作为研究对象，施加在块 A 上的力除了外部荷载外还包括块 B 的反作用力，这些反作用力包括与滑面平行的切应力 τ（方向为 u）和与其正交的法向应力 σ（方向为 v）。

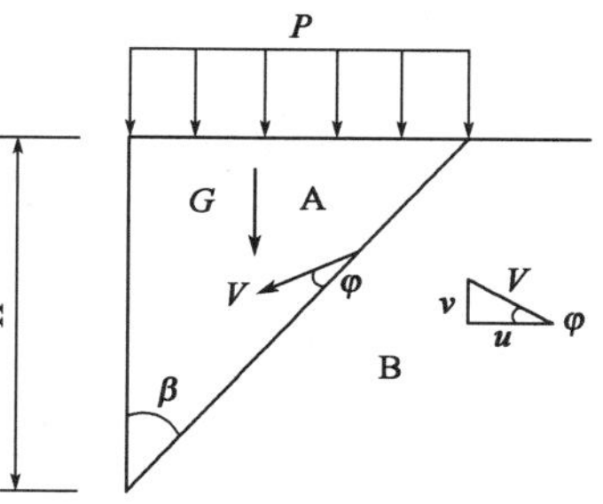

图 2.4.1　竖直边坡的临界高度计算示意图

假定在块 A 上施加外界位移干扰（$\Delta u,\Delta v$），根据结构稳定性分析的能量增量方法即可确定边坡临界失稳条件，从而计算临界高度 H。在位移干扰作用下，外部荷载做功增量 ΔT 可以表示为：

$$\Delta T=\left(\frac{1}{2}GH^2\tan\beta+PH\tan\beta\right)(\Delta u\cos\beta-\Delta v\sin\beta) \tag{2.4.1}$$

边坡抗力做功增量（在块 A 和块 B 分界面上内应力做功消耗的系统能量）为：

$$\Delta U=(\tau\Delta u-\sigma\Delta v)\frac{H}{\cos\beta} \tag{2.4.2}$$

根据理想土体的塑性理论，有：

$$\Delta v=\Delta u\tan\varphi \tag{2.4.3}$$

将式（2.4.1）～式（2.4.3）代入边坡失稳临界条件 $\Delta T=\Delta U$，即得 H 的表达式：

$$H=\frac{\cos\varphi}{\sin\beta\cos(\beta+\varphi)}\frac{2c}{G}\frac{2P}{G} \tag{2.4.4}$$

当 $\beta=\frac{\pi}{4}-\frac{\varphi}{2}$ 时，H 可以取极小值 H_{cr}：

$$H_{cr}=\frac{4c}{G}\tan\left(\frac{\pi}{4}+\frac{\varphi}{2}\right)-\frac{2P}{G} \tag{2.4.5}$$

H_{cr}的物理意义是表示保证边坡不失稳破坏的最小高度。本例计算出的结果与用广义塑性中极限分析的上限法以及传统方法的结果是一致的。

2.4.2　竖直坑壁弧形面破坏的临界高度分析

在上述算例中假定边坡出现失稳滑坡破坏是沿着某一脆弱平面发生的，下面考虑更一般的情形，即假定失稳破坏面是一对数螺旋面（图 2.4.2）。该破坏面 BC 将边坡划分为块Ⅰ和块Ⅱ。不难想像，块Ⅰ发生滑坡时是绕点 O 整体转动。破坏不连续面 BC 的法向矢径 r 与水平线交角 θ 的几何关系可由对数螺旋线方程得到：

$$|r(\theta)|=|r(\theta_0)|\exp[(\theta-\theta_0)\tan\varphi] \tag{2.4.6}$$

由图 2.4.2a)的几何关系可知：

$$H = |r(\theta_h)|\sin\theta_h - |r(\theta_0)|\sin\theta_0 \tag{2.4.7}$$

$$L = |r(\theta_0)|\cos\theta_0 - |r(\theta_h)|\cos\theta_h \tag{2.4.8}$$

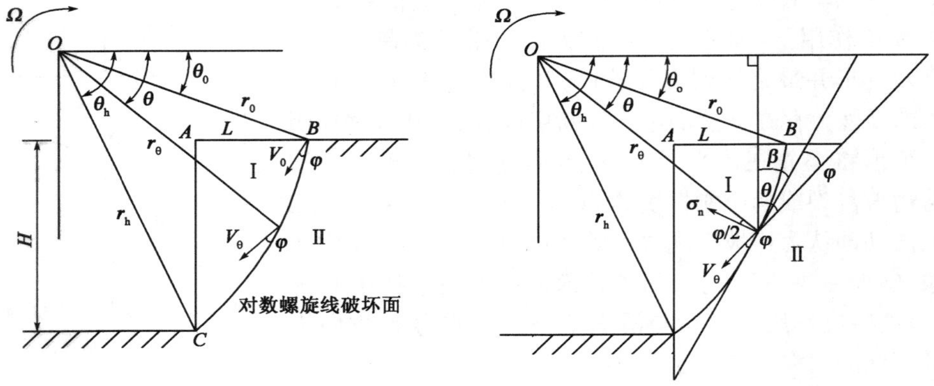

a)　　　　b)

图 2.4.2　竖直边坡的临界高度计算示意图(对数螺旋线破坏)

块Ⅰ发生失稳滑坡的临界条件依然可以根据系统失稳的能量增量法得到。假定块Ⅰ承受外界微小位移干扰[$\Delta u(\theta)$,$\Delta v(\theta)$]。下面分别讨论外荷载做功增量与刚性块Ⅰ抗力做功增量的计算方法。

块Ⅰ承受的外界荷载只有自身重力。根据积分直接计算重力做功增量比较烦琐，假想区域 OAC 和 OAB 都填充满图 2.4.2a)，土质边坡发生转动破坏示意图 2.4.2a)，则块Ⅰ重力做功增量可以表示为：

$$\Delta T_W = \Delta T_{WOBC} - \Delta T_{WOAC} - \Delta T_{WOAB} \tag{2.4.9}$$

而 ΔT_{WOBC}、ΔT_{WOAC} 和 ΔT_{WOAB} 的计算表达式可以容易得到：

$$\Delta T_{WOBC} = \int_{\theta_0}^{\theta_h}\left(\Omega\frac{2}{3}\cos\theta\right)\left[G\frac{1}{2}|r(\theta)|^2\right]\mathrm{d}\theta \tag{2.4.10}$$

$$\Delta T_{WOAB} = \frac{1}{3}\Omega[2|r(\theta_0)|\cos\theta_0 - L]\left[G\frac{1}{2}L|r(\theta_0)|\sin\theta_0\right] \tag{2.4.11}$$

$$\Delta T_{WOAC} = \left[\frac{2}{3}\Omega|r(\theta_h)|\cos\theta_h\right]\left[G\frac{1}{2}H|r(\theta_h)|\cos\theta_h\right] \tag{2.4.12}$$

式中：G——土体重度；

Ω——干扰角位移。

把式(2.4.10)～式(2.4.12)代入式(2.4.9)，可得：

$$\Delta T_W = G|r(\theta_0)|^3\Omega(f_1 - f_2 - f_3) \tag{2.4.13}$$

其中：

$$f_1(\theta_0,\theta_h) = \frac{(3\tan\varphi\cos\theta_h + \sin\theta_h)\exp[3(\theta_h - \theta_0)\tan\varphi] - 3\tan\varphi\cos\theta_0 - \sin\theta_0}{3(1+9\tan^2\varphi)}$$

$$f_2(\theta_0,\theta_h) = \frac{1}{6}\frac{L}{|r(\theta_0)|}\left(2\cos\theta_0 - \frac{L}{|r(\theta_0)|}\right)\sin\theta_0 \tag{2.4.14}$$

$$f_3(\theta_0,\theta_h)=\frac{1}{3}\frac{H}{|r(\theta_0)|}\cos^2\theta_0\exp[2(\theta_h-\theta_0)\tan\varphi]$$

下面推导作用在块Ⅰ曲面 BC 上的抗力做功增量。与平面滑坡情况类似，在破坏面上作用有剪应力 τ 和正应力 σ，有：

$$\Delta U=\int_{\theta_0}^{\theta_h}(\tau\Delta u-\sigma\Delta v)\frac{|r(\theta)|}{\cos\varphi}\mathrm{d}\theta \tag{2.4.15}$$

将式(2.4.3)代入式(2.4.15)得

$$\Delta U=\int_{\theta_0}^{\theta_h}c\frac{|r(\theta)|^2}{\cos\varphi}\cos\varphi\mathrm{d}\theta=\frac{c|r(\theta_0)|^2\Omega}{2\tan\varphi}[\exp(2(\theta_h-\theta_0)\tan\varphi)-1] \tag{2.4.16}$$

根据系统失稳的能量增量分析准则，令式(2.4.13)与式(2.4.16)相等，可得：

$$H=\frac{c}{G}f(\theta_h,\theta_0) \tag{2.4.17}$$

其中：

$$f(\theta_h,\theta_0)=\frac{\{\exp[2(\theta_h-\theta_0)\tan\varphi]-1\}\{\sin\theta_h\exp[(\theta_h-\theta_0)\tan\varphi]-\sin\theta_0\}}{2\tan\varphi(f_1-f_2-f_3)} \tag{2.4.18}$$

式(2.4.17)所代表的边坡高度有最小值，当如下条件满足时：

$$\frac{\partial f(\theta_h,\theta_0)}{\partial\theta_0}=0,\frac{\partial f(\theta_h,\theta_0)}{\partial\theta_h}=0 \tag{2.4.19}$$

由式(2.4.19)可得边坡出现失稳破坏的临界倾角 θ_{0cr} 和 θ_{hcr}。将 θ_{0cr} 和 θ_{hcr} 的值代入式(2.4.17)和式(2.4.18)可以求得保证边坡不发生失稳破坏的最小高度 H_{cr}。式(2.4.17)与极限分析上限法的结果是一致的。

3 地下工程围岩稳定理论的形成与发展

施工对围岩的扰动有大有小，不同的施工方法对围岩稳定性的影响不同。隧道施工的核心问题可以归结在开挖和支护两个关键工序上，也就是如何开挖，才能更有利于围岩的稳定和便于支护；若需支护时，又如何支护才能更有效地保证围岩稳定和便于开挖。围绕着以上两个核心问题，先后形成了两个不同的理论体系。

3.1 松弛荷载理论

20 世纪初，随着隧道工程建设的发展，在 20 世纪 20 年代 Haim，Rankine，ИНик 等提出了传统"松弛荷载理论"，其核心内容是：稳定的岩体有自稳能力，不产生荷载；不稳定的岩体则可能产生坍塌，需要用支护结构予以支撑。这样，作用在支护结构上的竖向荷载就是围岩在一定范围内由于松弛并可能塌落的上覆岩土层的重力 γH。三人理论的不同之处在于，Haim 根据散体理论认为侧压力系数等于 1，Rankine 认为侧压力系数等于 $\tan^2(45°-\varphi/2)$，ИНик 则根据弹性力学理论认为侧压力系数等于 $\mu/(1-\mu)$。松弛荷载理论适用于浅埋隧道，但是随着隧道埋深的不断增大，人们发现该理论存在许多不合理之处，对埋深较大的隧道，计算得到的压力偏大。根据对工程中围岩坍塌的观察和室内模型试验，普氏(M. Лромобъяконоб)和太沙基(K. Terzaghi)改善了这一理论。

松弛荷载理论曾经对地下工程围岩稳定产生过重要的影响，作为围岩压力的近似计算方法，应用比较简便，在岩体破碎或浅埋隧道情况下其计算结果仍有一定的价值，至今仍在一些国家广泛应用。而依据松散荷载理论统计地下工程围岩塌方规律的规范值大部分可行，但在没有采用变形协调控制手段修正时，对于围岩偏差和偏好的情况存在工程风险和支护过度。

3.1.1 围岩破坏的有限区域理念——普氏理论

普氏理论是早期的围岩压力计算理论，虽然在许多情况下其计算结果可能与实际情况有较大的误差，但其围岩破坏的有限区域理念仍然具有重要意义。

普氏理论又称为自然平衡拱理论，这个理论的基本要点是：①由于岩层中存在很多节理裂隙以及各种软弱夹层，破坏了岩体的整体性，裂隙切割而形成的岩块几何尺寸相对很小，可将岩层视为像砂子那样的松散体，但由于岩块间还存在黏结力，故将岩体看成具有一定黏结力的松散体；②洞室开挖以后，在其顶部形成压力拱，作用于衬砌上的围岩压力，仅为压力拱与衬砌间破碎岩体的重力，而与拱外岩层及洞室埋深无关。

由于岩体为具有一定黏结力的松散体，因而压力拱最稳定的条件是沿拱切线方向只作用有压力。为了考虑岩石的黏结力，可采用增大摩擦因数的办法来弥补，这个增大了的摩擦因数就是岩石的坚固性系数，或者称为似摩擦系数。在极限平衡时，坚固性系数（似摩擦系数）等于岩石接触面上的剪应力和正应力之比，即：

$$f = \tan\bar{\varphi} = \frac{\tau}{\sigma} = \frac{\sigma\tan\varphi + c}{\sigma} \tag{3.1.1}$$

式中：f——岩石的坚固性系数；

φ——岩体的内摩擦角；

c——岩体的黏结力；

σ——接触面上的正应力。

通常对于砂性土，可以认为黏结力 $c=0$，这时似摩擦系数与摩擦系数是一致的。对于岩石来说，坚固性系数 f 值可由岩石的极限抗压强度 R 确定：

$$f = \frac{R}{100} \tag{3.1.2}$$

要计算垂直围岩压力就必须确定压力拱的拱曲形状，拱的高度和跨度。为了求出压力拱形状，从研究压力拱的平衡条件出发，取洞室上压力拱部分如图 3.1.1 所示。如果洞室埋置深度很大，则可以忽略横坐标 ox 与拱曲线之间岩石的重力，即拱上岩柱所产生的荷载 q 可以认为是均匀分布的，则：

$$q = \gamma H \tag{3.1.3}$$

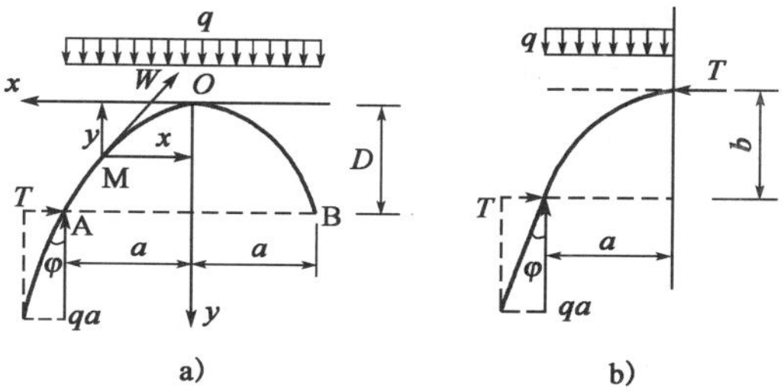

图 3.1.1　自然平衡拱计算示意图

式中：γ——岩体的重度；

H——洞室埋深。

研究左半拱上 OM 段的平衡。根据普氏的第二个基本假设，由于岩体为具有一定黏结力的松散体，故在压力拱的截面内只作用有沿切线方向的压力，而没有剪力和弯矩作用。因此在 M 截面和 O 截面上分别只作用有切向压力 W 及 T，而没有剪力和弯矩作用。根据压力拱 OM 段的力矩平衡方程得：

$$M_{\mathrm{m}} = T \cdot y - \frac{qx^2}{2} = 0$$

即：

$$y = \frac{q}{2T}x^2 \tag{3.1.4}$$

式中：x、y——压力拱曲线上任一点的坐标；

T——压力拱拱顶截面的水平推力；

q——压力拱上的垂直均布荷载。

式(3.1.4)则为压力拱曲线的方程，由此可知压力拱曲线为二次抛物线。相应可计算出拱的高度和跨度。按照普氏理论，当洞室埋置深度较大时，围岩压力与洞室跨度成正比，与岩石坚固性系数 f 成反比，而与洞室埋深无关。因此，对于围岩的稳定分析与加固，关键就是确定有限破坏区的范围。

3.1.2 围岩破坏的稳定平衡理念——太沙基理论

太沙基理论将地层看作松散体，但它是基于应力传递概念而推导出作用于衬砌上的垂直压力。其核心思想是力的平衡。

假定在深度为 H 的岩体内开挖一跨度为 $2b$ 的矩形洞室。开挖后侧壁稳定，拱顶不稳定，并可能沿图 3.1.2 所示的面 AB 和 CD 发生滑移。滑移面的抗剪强度 τ 为：

$$\tau = \sigma_{\mathrm{h}} \tan\varphi + c \tag{3.1.5}$$

式中：c——岩体的黏聚力；

φ——岩体的内摩擦角；

σ_{h}——水平应力。

设岩体的天然应力状态为：

$$\begin{cases}\sigma_{\mathrm{v}} = \gamma z \\ \sigma_{\mathrm{h}} = N\sigma_{\mathrm{v}} = N\gamma z\end{cases} \tag{3.1.6}$$

式中：γ——岩体的重度；

N——侧压力系数。

在岩柱 ABCD 中 z 深度处取一厚度为 $\mathrm{d}z$ 的薄层进行分析。薄层的自重 $\mathrm{d}W=2b\gamma\mathrm{d}z$，其受力条件如图 3.1.3 所示。当薄层处于极限平衡时，有：

$$2b\gamma\mathrm{d}z - 2b(\sigma_{\mathrm{v}} + \mathrm{d}\sigma_{\mathrm{v}}) + 2b\sigma_{\mathrm{v}} - 2N\sigma_{\mathrm{v}}\tan\varphi\mathrm{d}z - 2c\mathrm{d}z = 0 \tag{3.1.7}$$

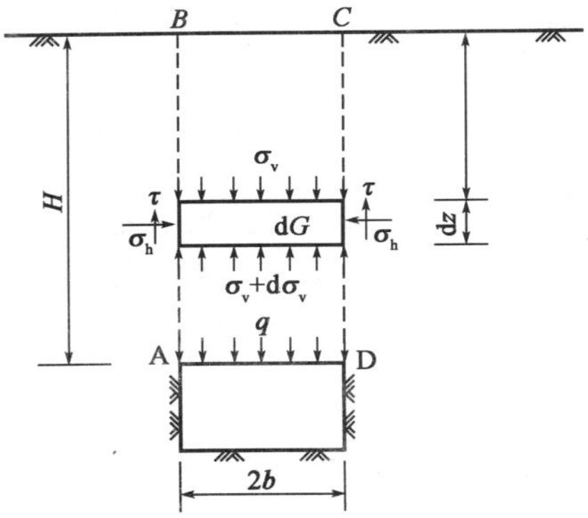

图 3.1.2 侧壁稳定时的围岩压力计算示意图

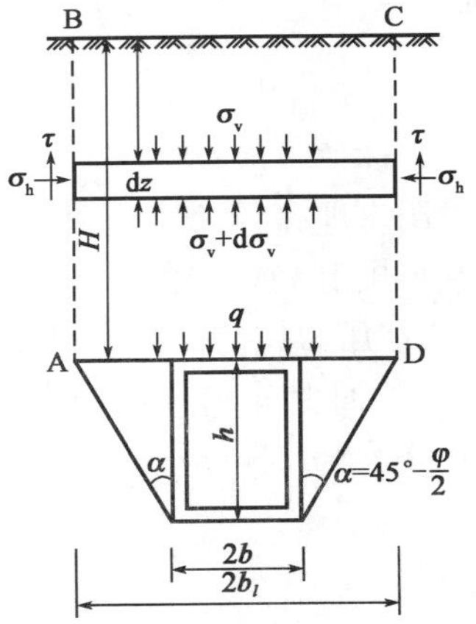

图 3.1.3 侧壁不稳定时围岩压力计算示意图

整理简化和积分，并代入边界条件 $z=0$ 时 $\sigma_{\mathrm{v}}=0$，得：

$$\sigma_{\mathrm{v}} = \frac{b\gamma - c}{N\tan\varphi}(1 - \mathrm{e}^{\frac{N\tan\varphi}{b}z}) \tag{3.1.8}$$

当 $z=H$ 时，σ_{v} 即为作用于洞顶单位面积上的围岩压力，用 q 表示为：

$$q = \frac{b\gamma - c}{N\tan\varphi}(1 - \mathrm{e}^{\frac{N\tan H}{b}z}) \tag{3.1.9}$$

对于围岩的变形破坏方式假设，太沙基理论可能过于简化或者有不合理之处，但其力学平衡的分析理念在当前的隧道工程实践中仍具有重要的价值。

3.1.3　代表性施工方法

公路隧道的常规施工方法又称为矿山法，因最早应用于采矿坑道而得名。在矿山法中，多数情况下都需要钻眼爆破进行开挖，故又称为钻爆法。从隧道工程的发展趋势来看，钻爆法仍将是今后公路隧道最常用的开挖方法。

在矿山法中，可分为以钢木构件支撑的施工方法和采用钻爆开挖加锚喷支护的施工方法。前者称为传统的矿山法，后者称为新奥法。传统的矿山法的理论基础是前述的松弛荷载理论，而新奥法的理论基础是岩承理论。

3.2　岩承理论

3.2.1　基本原理

20 世纪 50 年代提出了现代支护理论，或称为岩承理论。其核心内容是：围岩稳定显然是岩体自身有承载自稳能力；不稳定围岩丧失稳定是有一个过程的，如果在这个过程中给围岩提供必要的帮助或限制，则围岩仍然能够进入稳定状态。这种理论体系的代表性人物有腊布希维兹(K. V. Rabcewicz)，米勒-菲切尔(Miller-Fecher)，芬纳-塔罗勃(Fenner-Talobre)和卡斯特奈(H. Kastener)等人。岩承理论是一种比较现代的理论，它已经脱离了地面工程考虑问题的思路，而更接近于地下工程实际。近半个世纪以来被广泛地推广应用。

传统的松弛荷载理论更注重结果和对于结果的处理；而岩承理论则更注重过程和对过程的控制，即对围岩自承载能力的充分利用。由于有此区别，因而两种理论体系在原理和方法上各自表现出不同的特点。分别以这两种理论为指导的施工方法也截然不同，对隧道围岩稳定产生的影响也不尽相同。

喷锚支护与传统的钢木构件支撑相比，不仅仅是手段上的不同，更重要的是工程概念的不同，是人们对隧道及地下工程问题的进一步认识和理解。由于锚喷支护技术的应用和发展，导致隧道及地下洞室工程理论步入现代理论的新领域，也使隧道及地下洞室工程的设计和施工更符合地下工程实际，即达到了设计理论—施工方法—结构(体系)工作状态(结果)的一致。基于岩承理论的围岩支护与围岩位移关系如图 3.2.1 所示。允许围岩变形量越大，需要的支护力就越小。但要使围岩不发生破坏，必须限制变形的发展。

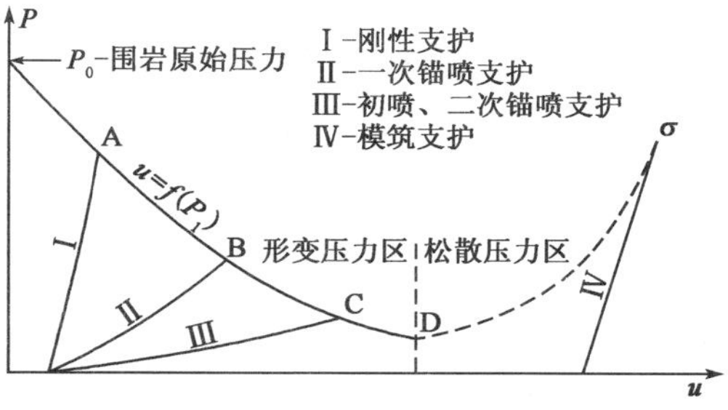

图 3.2.1　围岩位移支护特性曲线

基于围岩位移支护特性曲线，进行围岩支护设计存在的主要问题是：支护特性曲线上的 D 点是理论上存在，实践上无法把握的点，围岩位移支护特性曲线虽然解决了隧道围岩结构受力平衡问题，但是较难把握隧道围岩结构的平衡稳定性问题。依据岩承理论的新奥法源于硬岩，虽然强调了硬岩与软岩应用有区别，但在不良地质条件下，对于分支点失稳工程问题，很难把握围岩与支护共同受力平衡状态的稳定性，而地下工程施工安全与衬砌开裂现象就说明了其存在的工程风险。

3.2.2 代表性施工方法——新奥法

新奥法是由奥地利土木工程师 Rabcewicz、Müller 在 20 世纪 60 年代总结隧道建设实践经验的基础上创立的。自提出后，它的理论基础不断得到完善，隧道支护技术手段不断丰富，在世界隧道设计和施工中获得广泛应用，当前已被国内外作为隧道结构设计和施工的重要方法。新奥法的理论基础是最大限度地发挥围岩的自承能力。以喷射混凝土、锚杆加固为代表，以量测技术为主要特征的新奥法，尽可能保护围岩原有强度、容许围岩变形但又不致出现强烈松弛破坏、掌握围岩和支护变形动态的隧道开挖和支护的原则，使围岩变形与限制变形的结构支护抗力保持动态平衡，该施工方法具有很好的适用性和经济性。

新奥法体现了围岩加固设计理念上的重大进步，不再把围岩简单地看作是作用在支护结构上的荷载，而是认识到围岩是隧道结构的主要承载部分。努力保持围岩的原有强度，从而更有效地发挥围岩的承载能力，是新奥法的重要施工要求。

4 地下工程平衡稳定理论

4.1 地下工程施工工法的适用性与统一性

4.1.1 地下工程工法应遵循的基本原则

隧道施工是在有原始应力场的介质内构筑结构，即先有荷载，后有结构，隧道工程结构的受力是不确定的，隧道开挖方法、支护时间、支护刚度对结构受力影响很大；设计是以工程类比为主、计算为辅，实行动态设计，而隧道围岩和支护衬砌变形及受力状态的监测与地面建筑的静力计算一样重要。

每一种隧道施工工法都不是万能的，都有其各自的适用条件，必须根据围岩类别选用不同的工法。即使同一级围岩，由于所处工程地质环境的差异，岩体完整程度也不完全相同，选用的施工工法也是有差别的。无论选用怎样的工法或综合其他工法，共同的目标就是要用最经济的手段维持隧道围岩的稳定，保证洞室的安全施工。这其中关键就是科学实用融合与对症下药。图 4.1.1～图 4.1.4 提供了桥梁和隧道方面的正反面案例，同时说明隧道力学原理和工法研究非常重要。

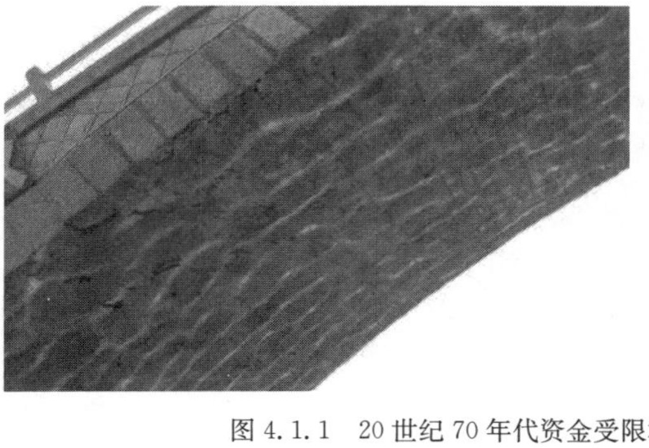

图 4.1.1　20 世纪 70 年代资金受限群众用不规则块石修建拱桥出现裂缝
（变形不协调与稳定不够）

图 4.1.2 为天台山欢岙高桥，该桥于乾隆四十六年（1781 年）正月建造，是一椭圆形双曲古石桥，全长 15m，拱顶桥宽 3.8m，拱脚宽 4.70m，净跨径 9.60m。这座桥的拱脚直接砌筑在溪床两侧的裸露基岩上，拱圈面使用的是花岗岩块石，拱圈内则用大河卵石，别具古色古香的气息。该桥的成功建设，给后来桥梁提供了借鉴，即在不良地质条件下，采用圆形或椭圆形开挖支护形式分大断面为小断面更有利于“基本维持围岩原始状态”。

图 4.1.3 和图 4.1.4 同样表明了满足力与变形关系和变形协调，可以实现结构的安全稳定。

图 4.1.2　天台山欢岙高桥(满足力与变形关系和变形协调)

图 4.1.3　建于隋朝(公元 605～公元 618 年)间的赵州桥(满足力与变形关系和变形协调)

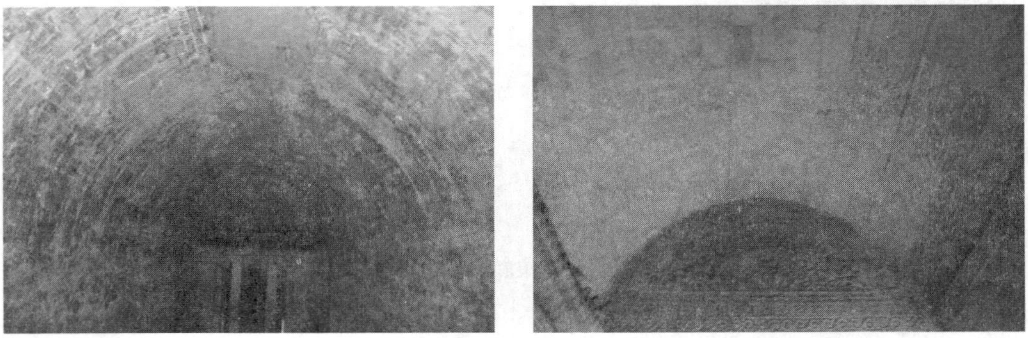

图 4.1.4　建于清朝(乾隆)年间的地宫(满足力与变形关系和变形协调)

在选取施工工法时应遵循的基本原则是保持地下工程结构始终处于稳定的平衡状态,具体表现为:充分发挥围岩的自承能力;基本维持围岩原始状态;保持稳定平衡;使隧道开挖消耗能量最小。上述原则虽然理论上与目前采用的隧道施工方法基本没有差别,但看问题的出发点不同,特别是在工法判别方面。实际应用中,现代工法是用点的变形和平衡来反映整体问题,不便考虑突变问题,存在工程安全隐患。而较好的隧道设计理论和工法可控制整体变形和各点平衡，即使产生局部变形突变也不会影响整体稳定；任何有效理论与工法都必须考虑全面、措施有效并且与当前生产力水平相适应。

4.1.2 地下工程工法的适用性

由于对地下工程稳定平衡本质与表现形式区别认识不清，研究方法与手段措施把握不准，还有对不稳定平衡问题认识不足，对预支护与围岩自承能力发挥关系理解不够，施工方法选择不当，加之二次衬砌荷载缺乏合理计算依据，目前隧道围岩破坏事故仍然较多。因此，隧道的设计和施工水平有待提高，以满足地下工程施工安全和质量控制的目标，达到“充分发挥围岩的自承能力”、“保持稳定平衡”、“基本维持围岩原始状态”的要求。

如图 4.1.5 所示，现代施工技术（如新奥法、浅埋暗挖法、挪威法、新意法等）和传统施工技术（如矿山法）及适用特殊环境地下工程的其他有效工法与辅助手段等不同表现形式，都着眼于解决地下工程施工过程中的稳定平衡问题，它们是既有独立性又有统一性的手段或方法。实践中要真正做到具体问题具体分析，围绕“保持稳定平衡”理念，在现行规范的基础上，结合具体情况并根据现存条件，进行施工方法的选用或加以补充、完善后应用，在实践中创新发展，并随着机械设备、材料工艺等的改善而与时俱进。

4.1.3 现代工法与传统工法的统一性

以前介绍现代工法（如新奥法、浅埋暗挖法等）和传统工法（如矿山法等）的隧道设计理论和工法时，都是着重介绍各种隧道设计理论和工法的适用性与差异性（图 4.1.6），而较少介绍各种隧道设计理论和工法的内在联系与统一性（图 4.1.7），其实各种隧道设计理论和工法均存在统一性和融合性。

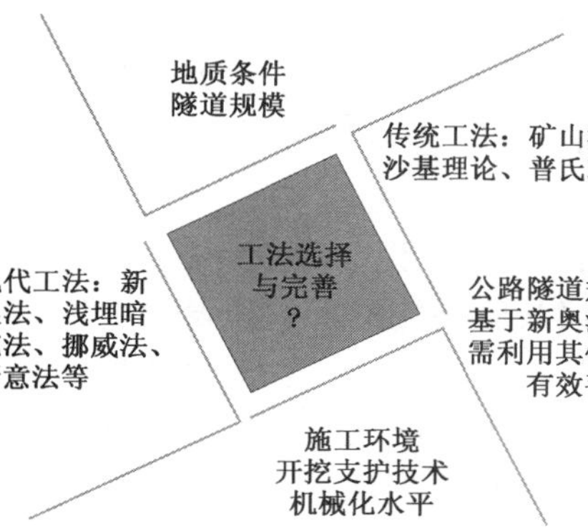

图 4.1.5 施工方法选择与完善应用问题

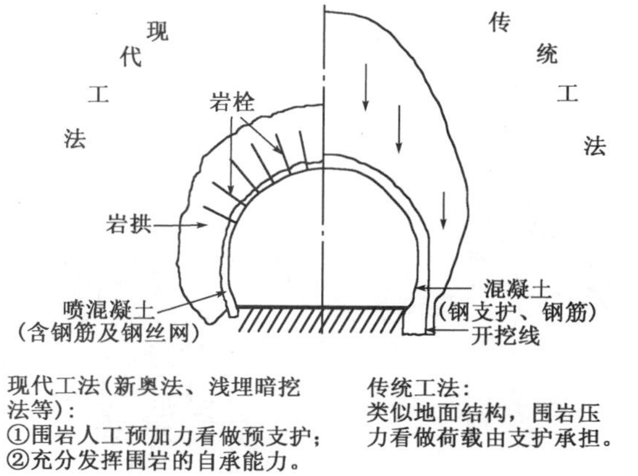

图 4.1.6 两大类隧道设计理论和工法比较

根据地下工程平衡稳定理论，通过对现代工法（如新奥法、浅埋暗挖法等）和传统工法（如矿山法等）进行归纳提炼可以得出隧道围岩稳定的基本理念，就是“充分发挥围岩的自承能力”，而实践中“基本维持围岩原始状态”更便于工程实践操作。借鉴铁摩辛柯与莱昂哈特等工程力学专家，把复杂工程问题转化为简单力学问题并注重结构构造的思想，只有隧道围岩与支护共同发挥最大承载力，才能形成稳定平衡体系，实现“基本维持围岩原始状态”，从而达到“充分发挥围岩的自承能力”的目的。

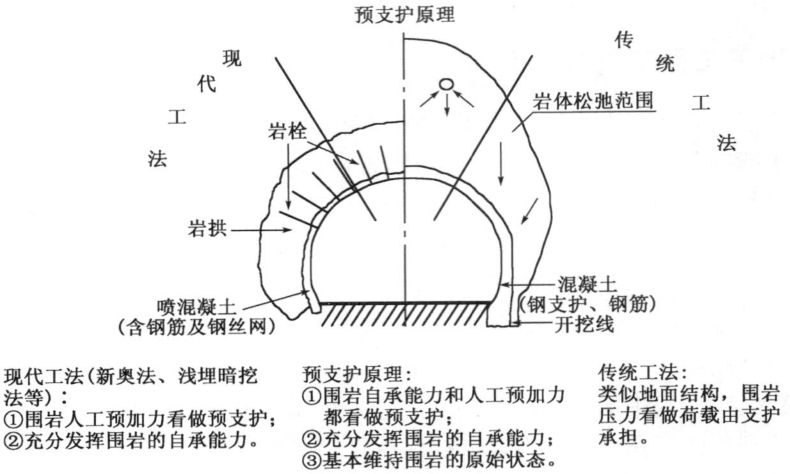

图 4.1.7　基本理念与各种隧道设计理论和工法的关系

把隧道围岩稳定的基本理念作为指导思想或校核条件,新奥法、浅埋暗挖法、挪威法、新意法等现代工法和矿山法传统工法,就是针对不同的地质条件和结构形式为着眼点解决隧道围岩稳定问题,并遵循实现“基本维持围岩原始状态”的目标,既有独立性又有统一性的手段或方法,而各种手段或方法有其各自适用性与相互融合性,并且这些手段或方法的变化和发展是随着问题复杂程度的变化而螺旋上升、与时俱进、永无止境。因此,解决具体隧道围岩稳定问题只要遵循上述稳定平衡基本理念,根据围岩实际情况综合应用各种隧道工法的优势,解决实际问题。即遵循稳定平衡基本理念、科学实用融合与对症下药,才是根本目的。其关键就是隧道“经济适用合理工法”要遵循稳定平衡基本理念,根据地质条件和结构形式选用合适手段辅助围岩,并与围岩共同发挥最大承载力,实现“基本维持围岩原始状态”,达到“充分发挥围岩的自承能力”的目的。

图 4.1.8　南京中山门隧道

南京中山门隧道工程穿越古城墙大跨度隧道施工,采用注浆长管棚掩护下的顶设导坑环形开挖法施工技术,将矿山法、新奥法、浅埋暗挖法有机地结合起来,最大限度地减少了围岩变形与拱顶的沉降量,城墙至今安然无恙(图 4.1.8)。这就是“遵循稳定平衡基本理念、科学实用融合与对症下药(具体问题具体分析)”的成功应用实例。

4.2　地下工程平衡稳定理论

地下工程稳定平衡状态是以现有设计理论为基础并结合各种工法的优点,抽象并提炼了隧道围岩自承力 P、支护抗力 T 和围岩原始内力 P_0 三者之间的力学关系,真实反映隧道“围岩-衬砌”结构体系在开挖与支护(含预支护)过程中的互动过程和相互作用。预支护原理解释了各种设计理论及其工法的统一性和适用性问题,便于实际应用。一些设计理论及其工法其实包含了稳定平衡的部分内容,但没有作出系统的表述,因此产生了一些分歧和理解上的差异,影响了相关理论和工法在工程中的应用。建立平衡稳定的完整理论体系将有助于解决隧道设计计算方法的合理选用和施工方案的合理制订。

隧道施工开挖形成新的临空面,导致洞周围岩体在径向上产生应力释放,而远离隧道地层的应力状态并不发生变化。考虑均匀地应力场,用 P_0 表示初始地应力,如图 4.2.1 所示。从静力学的原理可知,P_0 由“围岩-支护”结构体系的承载力来平衡。

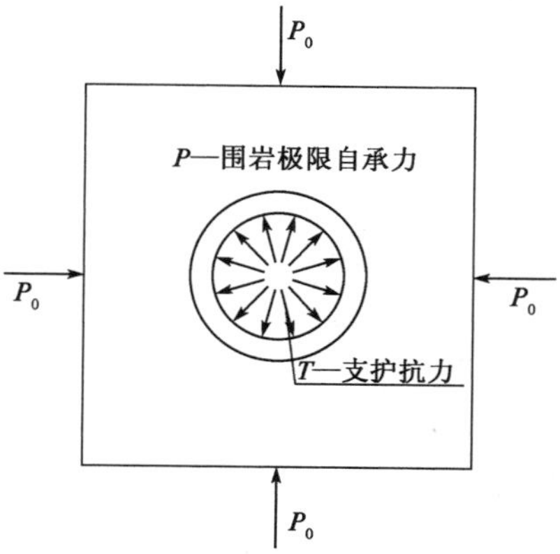

图 4.2.1 围岩与支护共同作用图

定义围岩预支护力 F 等于定义“围岩-支护”结构体系的承载力,即:

$$F = T + P \tag{4.2.1}$$

式中:F——预支护力;

T——支护抗力;

P——围岩极限自承能力。

因此隧道预支护力不只是支护结构对围岩的作用力,它是由围岩结构的极限自承能力和支护结构直接对围岩提供的支护抗力共同组成的。围岩结构的自承能力可以通过预支护措施和采取合理开挖措施得到维持。

当预支护力大于使围岩发生过大变形或破坏的力时,隧道围岩处于稳定平衡,故称之为隧道预支护原理。根据围岩稳定的一般原理,地应力是使围岩发生变形和破坏的根本动力,是使围岩失稳的“力源”。因此,隧道预支护原理可进一步表述为:预支护力 F 要始终保持大于隧道施工前保持原始岩体稳定平衡的原始内力 P_0,则围岩处于稳定平衡状态,即:

$$F > P_0 \tag{4.2.2}$$

式(4.2.2)普遍适用于解决地下工程稳定平衡的问题。各种理论表现形式,可以随着“具体问题具体分析”而变化,但式(4.2.2)是不变的。

隧道在开挖前处于三维应力状态,围岩本身所具有的极限自承能力是大于原始内力的,围岩处于稳定平衡状态。隧道开挖后,由于临空面的出现,围岩的应力状态发生了调整,径向应力降低,重力、水作用力、膨胀力、构造应力和工程偏应力等使围岩向隧道断面内移动,与此同时围岩内部结构趋于恶化,导致围岩极限自承能力降低(图 4.2.2)。开挖的过程就是对围岩卸荷引起围岩应力重分布的过程,围岩发挥的自承力由二次应力状态决定,是导致围岩移动和破坏的荷载的反作用力。围岩的极限自承能力是围岩发挥自承力的上限值,它既是空间的函数,也是时间的函数。对于围岩好的情况,隧道开挖后围岩发生了变形,极限承载能力下降,经过一段时间后围岩内部结构调整完毕,变形收敛,围岩极限承载能力虽然发生了下降但还是大于 P_0,预支护力也大于 P_0,即 $F>P_0$,围岩处于稳定平衡状态。对于围岩差的隧道,开挖后围岩处于加速变形阶段,在较短时间内围岩极限自承能力就急剧下降并小于 P_0,如果来不及施

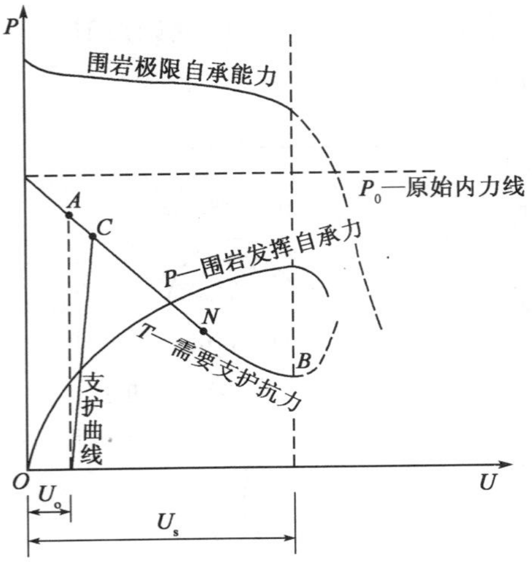

图 4.2.2　隧道平衡稳定理论的力-位移特征曲线图

加支护，预支护力仅来源于围岩极限自承能力，预支护力也小于 P_0，即 $F<P_0$，短时间内围岩会发生垮塌。在这种情况下，隧道开挖前就要进行超前支护以提高围岩的极限自承能力，开挖后围岩虽然没有垮塌但仍处于不稳定平衡状态，因此初期支护要及时跟上，提高围岩的预支护力，使 $F>P_0$，围岩处于稳定平衡状态。更具有广泛意义的是处于这两种极端情况之间的围岩，隧道开挖后围岩变形过程可以分为两个阶段，一个是变形压力阶段，另一个是松弛压力阶段。在变形压力阶段，围岩极限自承能力下降但还是大于 P_0，围岩发挥的自承力随变形的增大而增大，围岩的自承能力得到了发挥，所以隧道开挖完成初期，要允许围岩发生一定的变形，应及时采用柔性支护；若采用高刚度的支护结构限制围岩变形，支护结构将承受较大的荷载。如果支护刚度过小或支护时机过晚，围岩变形发展到松弛压力阶段时，围岩进入松弛状态，其极限自承能力迅速下降并小于 P_0，预支护力也小于 P_0，即 $F<P_0$，围岩垮塌。二次支护合理时机的选择是隧道开挖后允许围岩有一定的变形，再进行支护，促使围岩从非稳定平衡状态向稳定平衡状态转变。这样既可以发挥围岩的自承能力，又减小了支护刚度，进而降低造价。允许围岩变形量的大小可根据围岩级别、断面大小、埋置深度、施工方法和支护情况等，采用工程类比法预测，当无法预测时可依据《公路隧道设计规范》(JTG D70—2004)规定选用(表 4.2.1)，并根据现场监控量测结果进行调整。

预留变形量(单位:mm)　　表 4.2.1

围 岩 类 别	两车道隧道	三车道隧道	围 岩 类 别	两车道隧道	三车道隧道
Ⅰ	—	—	Ⅳ	50～80	80～120
Ⅱ	—	10～50	Ⅴ	80～120	100～150
Ⅲ	20～50	50～80	Ⅵ	现场量测确定	

注:围岩破碎取大值,围岩完整取小值。

对 $F>P_0$ 的认识：

(1)P_0 是保持岩体稳定平衡的原始内力，F 是地下工程围岩与支护系统共同作用的结构体系承载力。地下工程施工中，要确保实现“基本维持围岩原始状态”，就必须始终处于 $F>P_0$ 的状态。

(2)如果地下工程施工中没有“基本维持围岩原始状态”，在某个阶段出现 $F<P_0$ 的状态，也就是围岩与支护系统共同作用的结构体系承载力 F 小于维持隧道围岩稳定平衡的要求，隧道围岩就会出现破坏，如塌方、冒顶等。当出现系统崩溃时，地下工程围岩与支护系统共同作用的力学状态与过程发生了改变，而 P_0 也就不再是反映地层原始状态概念上的力学参数；研究问题的性质也就发生了根本性的变化，从正常的维持围岩稳定平衡状态，转变到系统的重建。下面用垂直立柱为例直观说明(图 4.2.3)。维持立于地面的立柱处于稳定平衡状态，所

需外力 F_1 很小，维持发生倾斜后的立柱处于稳定平衡状态所需外力 F_2 较大，如果立柱倒地后要恢复到直立状态所需的外力 F_3 将非常大。

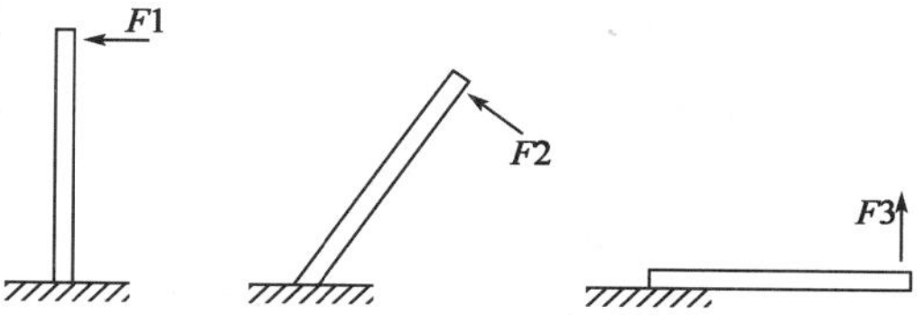

图 4.2.3 立柱受力与平衡状态示意图

(3)正确把握地下工程围岩与支护系统共同作用的力学状态与过程，采用可靠有效措施保证地下工程围岩与支护系统共同作用保持稳定平衡状态，始终使 $F>P_0$，是经济可靠的工程技术措施，就像维持立柱处于稳定平衡状态所需外力 F_1。围岩出现变形超越了局部围岩和支护结构的承载力，及时进行强支护补救，就像使倾斜后立柱保持稳定平衡状态所需外力 F_2。而一旦围岩与支护结构出现了大规模破坏，就需要进行围岩破坏后的隧道系统重建，即如立柱倒地后要恢复到直立状态。

总体概括如下：

(1)自承能力好的完整围岩，其自承能力比较大，可以提供维持围岩稳定所需要的承载力，如图 4.2.4a)所示，即使不采取任何支护措施，围岩也能自稳，可以取消系统锚杆，自然满足式(4.2.2)。

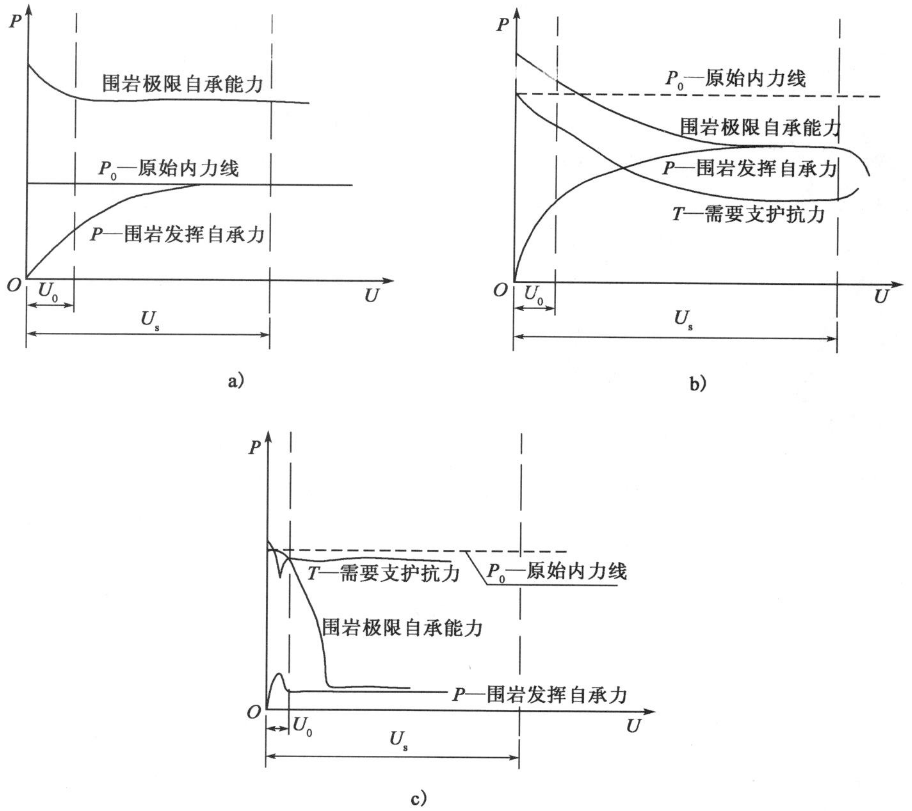

图 4.2.4 预支护原理曲线

a)完整围岩；b)有一定自承能力的围岩；c)自承能力很差的围岩

(2)具有一定自承能力的围岩，其预支护原理的曲线如图 4.2.4b)所示，采用新奥法施工，容易满足式(4.2.2)；或用有限元初步计算 P_0，然后根据地质情况折算 P，则可以初步估计 T

值，也可以满足式(4.2.2)。

(3)自承能力差的破碎围岩或软弱围岩，从图4.2.4c)曲线上可以看出，其自承能力相对较小而且在洞室开挖后会迅速下降，围岩形变压力迅速转化为松弛压力，围岩很快进入松弛状态，即很快从非稳定平衡状态向失稳状态转化，所以要求开挖前提供预支护或超前支护，以改善围岩的原始状态提高自承能力，这时围岩极限自承能力 P 约为0，系统锚杆不起作用，则要求 $T>P_0$。

(4)其他情况可参考上述要点，并依据地下工程平衡稳定理论执行。

因此地下工程平衡稳定理论既反映了传统“松弛荷载理论”和现代“岩承理论”的基本内容，又拓宽了平衡稳定性内容，是地下工程平衡稳定性的新认识、新理念。该成果基于规范但又宽于规范，在已有地下工程建设理论的基础上，把平衡稳定理论应用于地下工程，建立了更加全面的地下工程平衡稳定理论体系，同时可以较好地解释许多工法和理念的合理性，如取消系统锚杆、合理开挖与支护技术等，以便更好地指导地下工程设计与施工。

4.3 地下工程平衡稳定理论的拓展及表现形式

平衡稳定理论适用于一般性隧道工程问题，解释各种设计理论及其施工技术的统一性和适用性问题。对于特殊环境隧道工程问题，除利用已有的太沙基理论、普氏理论及其他适用力学理论外，还需要进行适当拓展。

(1)使围岩应力向深部转移

通过适当支护，使围岩应力逐渐向深部转移，减轻表部围岩应力集中导致变形或破坏。图4.3.1为一天然洞穴，该洞穴高200m，宽150m，是符合利用围岩塑性变形使应力集中区向围岩深部转移规律的实例。

图4.3.1 天然洞穴

(2)围岩平衡状态的转换过程

隧道围岩的稳定是隧道围岩与支护系统共同作用的结果。如果施工支护过程不合理，平衡状态就会发生转换。当隧道采用预支护而使围岩基本保持原始状态时，有：

$$P_1\cos\alpha_1 + P_2\cos\alpha_2 + T = W \qquad (4.3.1)$$

式中：P_1、P_2——围岩反力；

W——重力；

T——支护抗力(支护抗力 T 尽可能小，符合支护能量最小原理的理念)。

破碎围岩等特殊地质隧道开挖后自稳时间短，易形成冒落，通过施加预支护，预支护结构、初次支护和二次衬砌形成支护结构体系，共同承载。采用浅埋暗挖法或类似软土隧道盾构施工原理的预支护，可以防止松弛坍塌和产生“松弛压力”。但其机理与锚喷支护不同，可参照普氏理论和太沙基理论进行设计。由于破碎等特殊地质围岩自稳能力差，且常伴有地下水的作用。为安全起见，不考虑围岩的内摩擦角 φ 和黏聚力 c 值($c=\varphi=0$)的作用，仅考虑由于预支护而不产生有害松弛的围岩反力 P_1 和 P_2 的作用(图 4.3.2)。

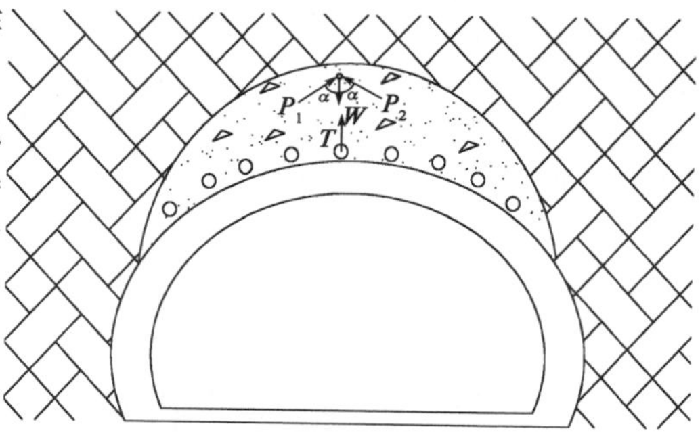

图 4.3.2 特殊地质围岩隧道预支护原理

当隧道围岩没有采用预支护而发生较大松弛或塌方时,则有 $T \leqslant W$。也就是说,对于破碎等特殊地质围岩必须采用预支护技术才能确保支护结构承受的围岩压力是形变压力而不是松弛压力。同时,施作预支护时也必须考虑到预支护的刚度和开挖后喷射混凝土的时间,即时空效应,这些都影响特殊地质围岩的变形,即影响围岩压力的大小和分布情况。因此,选取适当的预支护刚度和喷射混凝土的时间也是十分重要的。

(3)基本力学(理论力学、结构力学、能量增量法等)的应用

采用基本力学(理论力学、结构力学、能量增量法等)处理复杂问题一定要先从系统角度理解事物并从整体上加以把握,再从整体与局部的关系把握问题,统筹考虑各方面因素,深入分析围岩、环境、支护系统相互作用之间的力学或能量增量模式($F>P_0$ 或 $\Delta U>\Delta T$),主要状态符合基本力学或能量增量关系,或通过合理刚度支护系统达到“基本维持围岩原始状态”和“保持稳定平衡”,并把复杂力学问题转化简单力学问题,就可应用基本力学解决地下工程问题。

4.4 基本维持围岩原始状态

以新奥法等为代表的现代施工技术的核心是充分发挥围岩的自承能力,这一观点从力学角度提出了保持围岩稳定的思路,决定围岩稳定性的关键是围岩与支护系统共同作用达到稳定平衡。在实际工程中,由于岩土介质和地质与水文条件的复杂性以及岩土特性的不均匀性,施工过程中,围岩力学性能随时间、空间发生变化,岩体物理力学参数有很大的不确定性;又由于构造应力等复杂因素影响,围岩的初始应力场具有不均匀性,地下工程开挖后围岩应力会重分布,特别是存在塑性区时围岩的应力还会产生转移。因此,围岩应力的集中区分布、围岩稳定性可能出现突变点的位置的把握是十分困难的,如果用量测手段来控制,存在量测精度、量测点不好掌握等问题,更无法用应力控制手段实现围岩的稳定性判断。而新修订的《公路隧道施工技术细则》(JTG/T F60—2009)中 1.0.3 条规定:应通过监控量测调整支护参数,控制围岩变形,充分利用围岩的自承载能力。其中必须量测的项目为:①地质及支护状况观察描述;②地表沉降观测;③拱顶下沉量测,围岩周边位移量测。

在围岩稳定性评价中,关键是要控制变形异常,对Ⅰ级、Ⅱ级和Ⅲ级偏好围岩主要控制块体掉落和块体的稳定平衡;而Ⅲ级偏差围岩及Ⅳ级、Ⅴ级和Ⅵ级围岩主要控制变形协调,不产生有害变形导致坍塌和丧失稳定平衡。

基本维持围岩原始状态的理念,直接面对围岩的稳定和平衡,从整体稳定的视角出发,既是保持原有围岩与支护系统共同作用达到稳定平衡和控制变形异常,又是充分发挥围岩自承能力的充分必要条件。因此工程实践中“充分发挥围岩的自承能力”和“基本维持围岩原始状

态”两者理念相同，而“基本维持围岩原始状态”理念便于实践应用并控制围岩稳定。采用“保持稳定平衡”概念可以定性判断和初步定量判定地下工程施工安全和质量目标，并且围岩稳定平衡也是监控量测的前提；而采用“基本维持围岩原始状态”的理念，可操作性强并方便掌握监控量测和收敛指标确定，可以定量判定地下工程施工安全和质量目标。

4.5 地下工程平衡稳定理论体系

在地下工程建设中，传统“松弛荷载理论”和现代“岩承理论”也是一种理论，但它不能解决地下工程建设中的所有问题，只有应用其基本理念，并根据不同的地质环境条件和工程结构要求，针对地下工程建设中的各种问题，建立具体简单有效的方法和措施，才能有效解决地下工程建设中的问题，避免工程灾害发生。可以基于传统“松弛荷载理论”和现代“岩承理论”等已有地下工程建设的一些基本理念，但必须结合施工技术发展水平，工程环境变化情况，创造性地提出适应地下工程建设需要的新理论和新方法——地下工程平衡稳定理论，才能高效、安全地进行地下工程建设，而这种新的理论和方法都将是对已有理论方法的继承和发展。

“力和能量要有相应物质载体，并具有相应传递或转换路径”，结构“稳定平衡与变形协调”和“外力做功有效转换为结构弹性应变能”是统一的，变形协调又是能量法和力法结构分析的必要条件。确保“力、变形、能量”按设计路径传递并按设计方式转化是结构稳定、安全、合理的基本要求，也是维持设计形式不产生有害过程的基础，根据实际情况，分别从“力、变形、能量”三要素中的一个或几个要素入手进行优化，可更好地控制地下工程结构行为。而确保结构的“稳定平衡与变形协调”，不仅需要目标控制，更需要围绕目标实现结构安全合理的过程控制，否则结构就会不稳定或破坏，但是地下工程功能转换特征不突出，只能作为一种手段使用，重点阐述“稳定平衡与变形协调”关系问题。参照仿生学，安全合理的地下工程结构必须满足三个条件：①工程结构平衡必须稳定；②工程结构变形必须稳定与协调；③工程结构敏感构件或连接件可以检测、维护或替换。通过对大量国内外经典历史工程坚持用心观摩与领悟、现代力学知识逻辑分析与判断等可以得出结论：地下工程围岩与支护结构的共同作用独立受力系统在建设使用全过程都必须满足三维力学稳定平衡、三维力与变形协调、三维变形稳定与协调，以使独立受力的组合结构系统由组合或单件部分受力体转变为整体共同受力体，否则会改变原始三维力学平衡形式或达到新的三维力学平衡形式，甚至丧失稳定性；对于无法实现变形协调的多个独立受力单元的地下工程组合结构系统，避免连接部分开裂是重点，例如连拱隧道与小净距隧道及多个独立平行斜交连续梁桥，要提高他们的受力独立性；因此平衡稳定理念就由稳定平衡拓展到稳定平衡与变形协调，包括“充分发挥围岩的自承能力”、$F>P_0$ 或 $\Delta U>\Delta T$，以及延伸拓展“基本维持围岩原始状态”、围岩极限承载能力、监测只适用于极值点稳定问题而不适用于分支点失稳问题、开挖能量最小原理、强预支护理论、受力独立性、环境稳定与协调平衡理论等，以便于更加全面研究地下工程建设安全等问题。

特别是浅埋和软弱围岩的支护结构体系，刚度合理、安全度有富余、基本处于弹性工作状态。举例说明如下：第一点是力的平衡与稳定问题，就像对小孩，我们根据孩子的自稳能力来决定护助方式。小孩半岁前因为骨骼、肌肉还在发育，要搂着屁股抱着腰；半岁以后，腰部骨骼发育到一定程度，可以搂着屁股抱；等小孩会走路了只要牵着手就行。这里的关键是小孩自身的平衡稳定性。第二点是力与变形协调问题，小孩摔跤可能最多磕破头皮，而老人摔跤则可能摔断骨头，因为摔跤要受力，会造成一定变形，但小孩与老人骨骼变形大小及协调能力不一样，最终后果也不一样。第三点是变形协调与稳定问题，小孩因为重心不稳，动作不协调，导致自身变形协调与稳定性不够，所以会摔跤。老人也是这样。其核心是自身的平衡稳定性不够。如果某个过程不符合力学规律就容易造成工程失效事故。

把地下工程围岩稳定的理念作为指导思想，现代施工技术（如新奥法、浅埋暗挖法、挪威法、新意法等）和传统施工技术（如矿山法、太沙基理论、普氏理论等）及适用特殊环境地下工程的其他有效工法作为辅助手段，是解决地下工程施工安全和质量目标的既有独立性又有统一性的方法。任何与生产力相适应的适用工法都可以选择使用，这种选择只涉及经济效益，而最重要的是全过程不能偏离稳定平衡状态。

实现稳定平衡的目标，需要现代施工技术（如新奥法、浅埋暗挖法、挪威法、新意法等）和传统施工技术（如矿山法、太沙基理论、普氏理论等）及适用特殊环境地下工程的其他有效工法作为辅助手段，以及强预支护原理、最小能量原理、受力独立性、区域与局部环境协调平衡等隧道工程建设的技术措施，指导思想和技术措施共同构成隧道工程建设的完整理论体系。

对地下工程建设理念和有效工法进行分别研究与有机统一，拓宽了研究与应用范围：有如战争过程中战略与战术进行分别研究与有机统一。例如战争目标就是'保存自己，消灭敌人'，根据实际情况制定总战略（马克思主义中国化、新民主主义革命、国共合作和论持久战），采用三大法宝：党的建设（建党、建军并举）、武装斗争（游击战、运动战、大兵团作战等相结合）、统一战线（团结一切可以团结的力量）。红军第五次反围剿战争失败的关键因素是战略错误，四渡赤水战争胜利既有中央领导战略谋划正确等保障，也有红军骁勇善战、执行到位等战术措施保障。只有战略与战术有效结合，才是取胜的关键。其实现代世界上战略研究、战术研究、装备研究、信息化研究等均是分别研究与有机统一。同样，把地下工程建设理念和有效工法进行分别研究与有机统一，更有利于拓宽研究与应用视野。例如"松弛荷载理论"可以和现代工法结合，"岩承理论"可以和传统工法及更多现代工法结合，"松弛荷载理论"与"岩承理论"也可以拓宽理念或相互融合（完善软土盾构施工理念等），更加适应复杂环境和复杂结构，再和传统工法及更多现代工法结合，能进一步扩大其应用范围。因此实践发展要求理论创新，犹如计算机系统主板把许多不同功能硬件板卡有机组合起来一样，这样地下工程平衡稳定理论通过整体力学分析研究地层支护结构组合系统力学状态与过程，用平衡稳定理论把传统"松弛荷载理论"和现代"岩承理论"的基本内容有机组合起来，同时拓宽了四个方面内容：①尽可能减小对围岩原始结构的扰动的隧道开挖能量最小原理；②对具有稳定性缺陷围岩及时支护的强预支护理论；③减小连拱隧道与小净距隧道开挖相互影响的隧道受力独立性；④确保环境稳定和实现协调平衡的地下工程建设环境稳定与协调平衡理论。以丰富地下工程平衡稳定理论体系，全面体现地下工程平衡稳定性的根本内涵，即：$F>P_0$ 或 $\Delta U>\Delta T$。

4.6 地下工程建设理论的前置条件与实践要求

牛顿第二定律 $F=ma$ 的表述非常简单，已为大家所熟悉，但合理使用定律的前置条件是正确确定合力 F，它包括外力、摩擦力、空气阻力等，其确定过程常常有许多困难。对于地下工程建设,合理工法是前置条件。应该在发挥岩土体自身承载的本能属性的基础上,采用足够刚度的合理支护措施,同时满足稳定协调条件,才能达到合理的经济效果。例如帮护幼儿行走过程中,帮护措施一定要合理稳定,而不能如橡皮筋一样可松可紧,否则影响幼儿行走稳定和身体骨络安全。地下工程建设实践经验与理论提炼是实践归纳抽象、逻辑推理演绎、再实践再理论等互动提升过程。各种隧道围岩稳定性分析理论都是在一定的前置条件(或者假设)的基础上,以简单的表达方式提供给使用者。

地下工程平衡稳定理论的前置条件与实践要求如下。

(1)松弛荷载理论的前置条件为:环境稳定、确定的破坏模式、围岩是外荷载、先开挖后支护施工方式等;着重考虑强度平衡问题,同时也存在稳定协调问题。

(2)岩承理论代表一,新奥法的前置条件为:环境稳定、围岩承担荷载、岩石应力应变曲线(源于硬岩)、光面爆破与喷锚(柔性)支护等施工方式等;首次提出了充分发挥围岩的自承能力的概念,帮助性支护成本最低,但应用范围受限。

(3)岩承理论代表二,浅埋暗挖法的前置条件为:环境稳定、岩土体有一定自稳能力和地下水位较低、围岩承担荷载、源于矿山法施工方式等;采用先柔后刚复合式衬砌新型支护结构体系,强调初次支护承担全部基本荷载,二次模筑衬砌作为安全储备,初次支护和二次衬砌共同承担特殊荷载的方法,满足稳定协调问题,而在地下水位高的软土等环境下强调发挥岩土体自身承载的本能属性优势不足。

(4)岩承理论代表三,其他工法(挪威法、新意法等)的力学特性、部分前置条件与岩承理论代表一或二类似,只是施工方式不同。

(5)地下工程平衡稳定理论以一般性力学模型研究地下工程建设全过程稳定平衡与变形协调的问题,涵盖了强预支护原理、基本维持围岩原始状态、环境稳定与协调平衡理论等内容,自然满足发挥岩土体自身承载的本能属性,同时满足稳定协调条件等。

深化地下工程问题研究,必须"把握"三点:

(1)首先"把握"松弛荷载理论、岩承理论等已有理论的本意和实践环境(硬岩、软岩),以及实践效果。

(2)要"把握"现有地质条件和生产力水平等实践环境,满足发挥围岩承载本能、稳定协调、建设成果的质量安全、经济发展水平等要求,以及预计实践效果。

(3)始终牢记实践效果是检验遵循本质要求、判断形式准确性、使用方法和措施简单有效性的优劣依据。

4.7 地下工程过程控制

4.7.1 目标控制与过程控制

简单问题的目标控制容易把握,而复杂问题的目标控制具有极大的难度,正像分析树叶落地和苹果落地的差别,我们容易预测从高处落下的一个苹果的落点,但很难预测从高处落下的一片树叶的落点。对于简单问题,可以采用精确分析和目标控制方法;对于复杂问题,应采用整体控制与细节把握和围绕目标的过程控制方法。对于条件好的简单地质环境,地下工程的稳定平衡容易实现,选用什么理论和工法不重要,自然达到目标整体控制;而对于不良地质条件和复杂工程环境条件的地下工程建设，会遇到许多不确定性的问题，就需要更清晰的整体思路和正确的工程保障措施，做到整体控制、细节把握和围绕目标的过程控制，使得全过程达到稳定平衡。因此突破了在“确定分析与非确定分析”和“目标控制与围绕目标的过程控制”方法上的对立，实现了在“具体问题具体分析”思路上的统一。

目标控制与过程控制的关系如图 4.7.1 所示。为了从起点到达位于相同高度 H 的目标，图 4.7.1 分别采用了两种不同的方法：①把到达目标路径划分为四个台阶，每步一个台阶最后到达目标高度，如图 4.7.1a)所示；②前面很长一段平行移动并不爬坡，快到目标时突然发力直接到达目标高度，如图 4.7.1b)所示。两种方法虽然都是从起点到到达目标，但是路径却迥然不同，就像老师以七天为限布置了大作业，其中一个学生把任务分为若干个小任务，每天完成一部分；而另一个学生则在前六天每天都在睡大觉，第七天的时候突击通宵完成。两人作业的质量可想而知，而且后者因为通宵的原因对身体健康造成了不良的影响。这个道理在地下工程中也同样适用，尤其是地下工程所在岩土体介质是对应力路径异常敏感的黏弹塑性介质，“临时抱佛脚”的做法往往无法达成预期的控制目标或对环境造成不良的影响。因此工程结构不但要满足艺术上的形似平衡，更要从“力、变形、能量”等方面确保系统始终处于稳定平衡状态。“力和能量要有相应物质载体，并具有相应传递或转换路径”，结构“稳定平衡与变形协调”和“外力做功有效转换为结构弹性应变能”是统一的，变形协调又是能量法和力法结构分析的必要条件。确保“力、变形、能量”按设计路径传递及方式转化是结构稳定、安全、合理的基本要求，也是维持设计形式不产生有害过程的基础，根据实际情况，分别从“力、变形、能量”三要素中的一个或几个要素入手，可更好控制地下工程结构行为。而确保结构的“稳定平衡与变形协调”，不仅需要目标控制，更需要围绕目标实现结构安全合理的过程控制，否则结构就会不稳定或破坏，但是地下工程功能转换特征不突出，只做手段使用，重点阐述“稳定平衡与变形协调”关系问题。

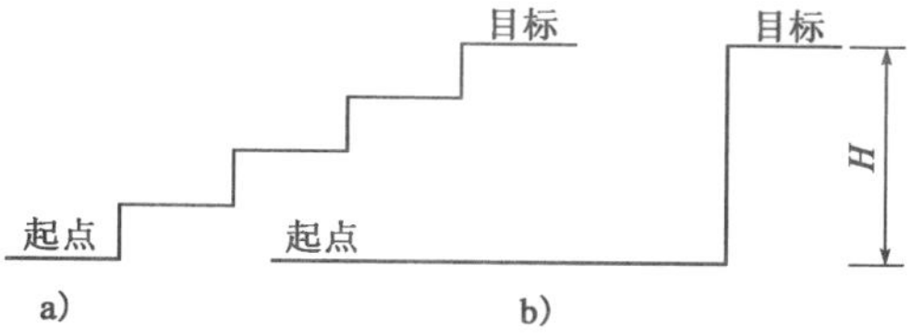

图 4.7.1 目标控制与过程控制示意图

4.7.2 过程控制在隧道施工安全中的应用

现阶段，多数设计和工程咨询只是针对结构形式完工后的荷载情况参照规范进行设计和可行性论证。这种设计方法在结构形式和工程环境简单的情况下切实可行，但在结构形式和工程环境复杂多变时无法考虑荷载变化对稳定性的影响。为了满足城市建设的升级和大众审美观的提升，优美但是复杂的结构不断出现，如鸟巢和中央电视台的新楼都是由数以万计的构件拼装而成，在拼装过程中结构形式不断变化，必须对每一个施工步骤进行稳定性验算，否则很容易造成结构失稳的工程事故。对于地下工程来说，虽然结构形式相对简单，但工程地质环境复杂多变，工程设计人员需要预先设计好施工步骤，并且必须考虑衬砌和围岩构成的支撑体系在每个施工步骤下的稳定性，否则会给工程施工带来极大的不便，甚至酿成工程事故。下面以隧道塌方工程实例说明过程控制在工程施工中的重要性。

(1)隧道坍塌基本情况

某隧道左洞 K3＋200～K3＋230 从 2010 年 9 月 26 日开挖后，该段右侧出现局部坍塌，未得到及时处理加固，塌方区逐渐扩大。直到2011年8月初开始进行加固处理，处理过程中先后出现了不同程度的坍塌，其中包括两次较大的坍塌，砸坏了部分已安装的工字钢及施工作业台车等(图4.7.2)。经对塌腔内初步目测，最大横向距离约为15m，最大高度(拱顶以上)约为9m，塌腔长度约为30m，塌方总量约为2 000m^3，塌入洞内存渣量约为800m^3。

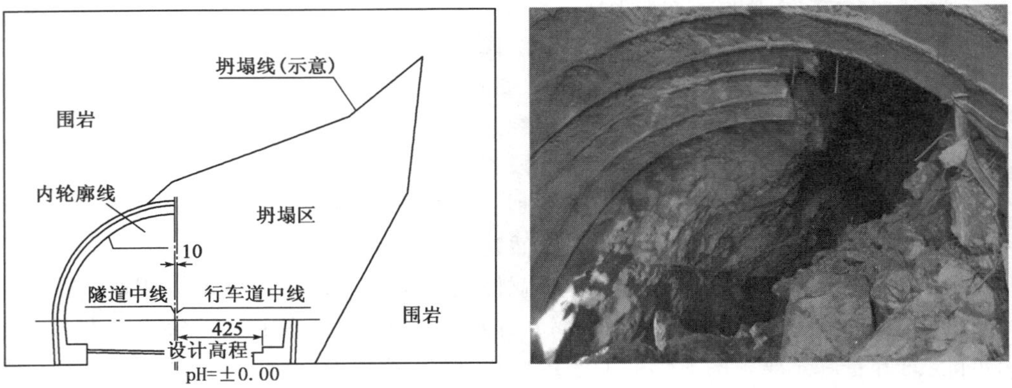

图4.7.2 塌方示意图及照片(尺寸单位：cm)

(2)隧道坍塌段地质条件

该段岩石为中～微风化凝灰岩，呈灰黄～灰色；岩体节理裂隙较发育，主要节理产状：75°∠81°，128°∠33°，194°∠52°；岩体呈块状镶嵌结构，自稳能力较差。一部分裂隙由石英方解石细脉或风化岩屑填充，也有部分裂隙面产生绿泥石化蚀变，结合力较低，并有少量渗水。

隧道开挖贯通后该段未及时进行初期支护，造成右侧岩体沿节理面发生塌方。由于坍塌暴露时间过长，岩体暴露后受自然风化及地下水活动影响，结构面间结合力下降，塌方体最终形成了开挖洞室的自然塌落空腔，塌落高度约为开挖高度的1倍，现已形成自然拱。

(3)处治方案

根据隧道塌方现状，结合2011年8月初实施加固处理时出现的坍塌状况，工程相关人员拟定了一个初步处治方案。但方案只考虑到处理完成后的目标而没有考虑施工过程中岩体的稳定性，故造成在实施过程中回填不到位，再次发生坍塌。根据实际情况，根据"力、变形、能量"三要素中的能量要素可更好控制地下工程结构行为，即控制坍塌体对临时或永久支护结构的冲击甚至破坏作用。而确保结构的"稳定平衡与变形协调"，不仅需要目标控制，更需要围绕目标实现结构安全合理的过程控制，否则结构就会不稳定或破坏。

经多次现场查勘，根据最新塌方情况，与业主、监理和施工方多次探讨后，认识到过程控制的重要性，拟定了两个处治方案。

处治方案一(图4.7.3)：

①先在隧道内坍塌块体上铺一层10cm厚的混凝土作为木排架斜撑支点，再用圆木(杉树)做成排架，将泡沫块体用安全网绑成2～3m^3的大块体固定在木排架上，用挖掘机或装载机将木排架支撑于塌腔外侧(衬砌结构以内)，增设木支撑撑牢木排架，以防止塌腔岩壁掉块对泡沫网和木排架产生冲击，保证施工安全。并预留回填管道，以便及时进行空腔回填。

②在塌腔内用输送泵注满泡沫混凝土或在塌腔内下层2m注满泡沫混凝土和上层其他部分注满泡沫，待泡沫混凝土强度达70%后再进行下一步骤作业。

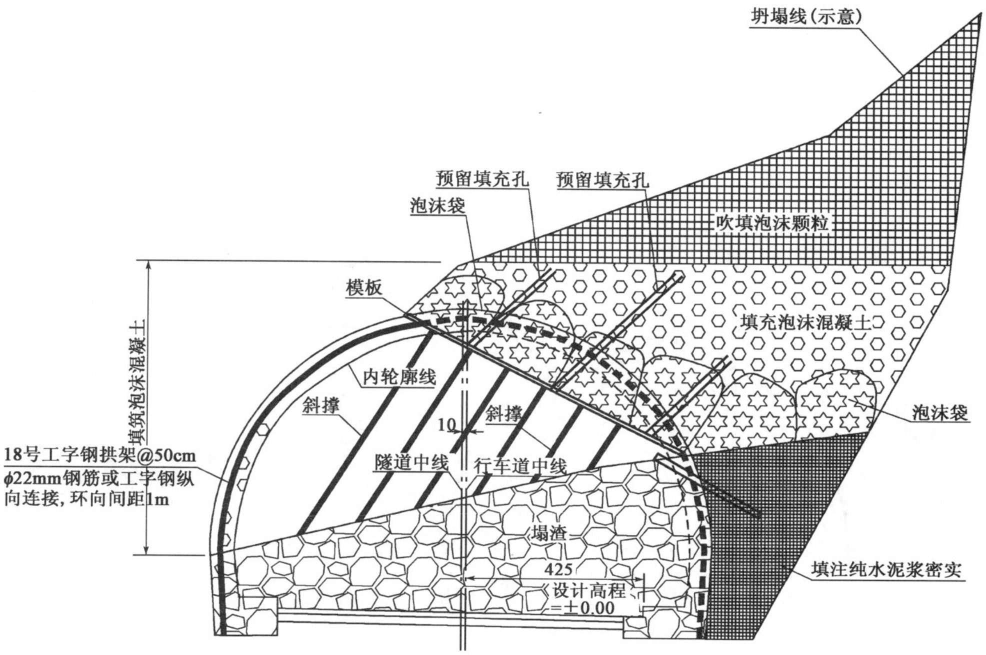

图 4.7.3　处置方案一示意图(尺寸单位:cm)

③从一侧先给塌腔内侧(衬砌结构以外)1～2m 注入砂浆以固结坍塌块体,再拆除 1m 泡沫网和木排架,然后采用 18 号工字钢(原已加工的 14 号工字钢架,采取两榀焊接在一起利用),间距 50cm;拱部及塌空区一侧工字钢环(纵)向采用工字钢及钢筋连接,尽量加密环(纵)向连接。

④尽早施工二次衬砌,缩短每模衬砌长度至 4～6m。提高二次衬砌质量,延长脱模时间。

⑤施工过程中加强全过程的安全监测,派专人负责观察,并及时排险,确保施工安全。

处治方案二(图 4.7.4):

①在隧道两端架立模板,将整个塌腔封闭。右侧拱肩开挖线以外部位预先设置部分环向 ϕ89mm×6mm 的钢管,全长设置,预留注浆孔或管口,以便后期注浆。

②隧道开挖线 1m 以上高程内采用泡沫混凝土回填,并预留回填管道,以便后期空腔回填,吹填泡沫颗粒作为缓冲层。

③待浇筑的混凝土达到设计强度的 75%以后,采用台阶法进行隧道开挖,拱部开挖前先打设 ϕ89mm×6mm 的钢管,并注浆。同时采用 ϕ42mm×4mm 小导管注浆加固拱顶泡沫混凝土与岩体交接处,右侧开挖线外的宕渣采用径向 ϕ42mm×4mm 注浆小导管进行注浆固结,小导管长 4.5m,拱部工字钢增设锁脚锚杆加固。

④采用 18 号工字钢(原已加工的 14 号工字钢架,采取两榀焊接在一起利用),间距 50cm,进行锚喷初期支护。上台阶每次进尺为 50cm,上台阶进到 5～10m 后下台阶跟进,按正常施作锚喷支护。

⑤提前施作二次衬砌，缩短每模衬砌长度至 4～6m。二次衬砌采用钢筋混凝土，提高二次衬砌质量，延长脱模时间。

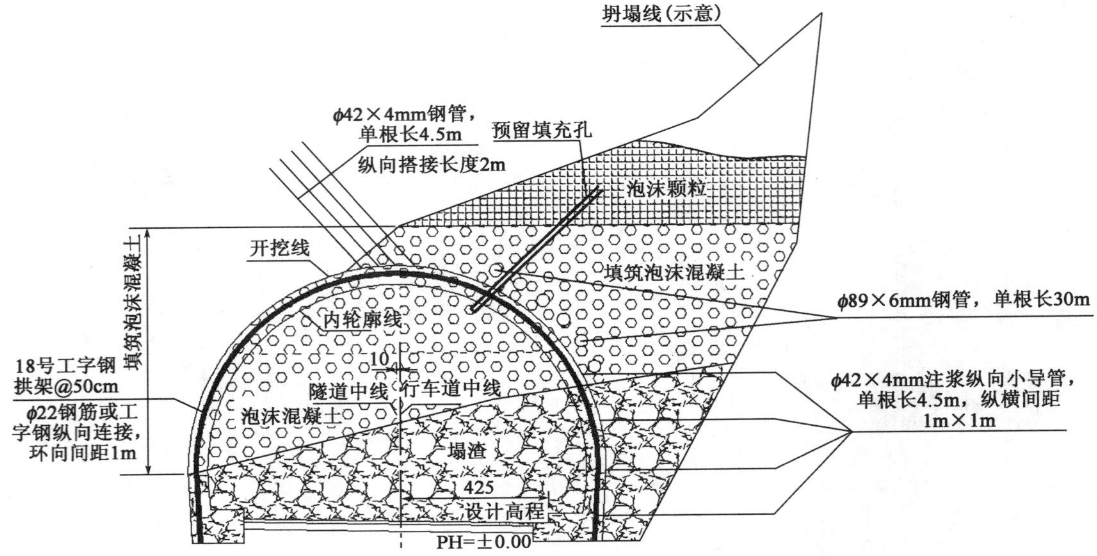

图 4.7.4　处置方案二示意图(尺寸单位：mm，高程单位：m)

(4)方案比较

方案一(留渣处置方案)造价相对较低，工期短(约 2 个月)，及时空腔回填泡沫混凝土或在塌腔内下层 2m 注满泡沫混凝土和上层其他部分注满泡沫，待泡沫混凝土强度达 70%后才进行下步作业，确保施工安全；方案二(回填处置方案)施工时人员和机械设备均在塌腔外，安全性较高，只要严格按规范施工，控制施工进度，相对比较安全，但造价相对较高，工期相对较长(3～4 个月)。而且方案二在回填混凝土凝结后开挖需要爆破，如果塌腔内混凝土与塌腔壁连接不紧密会在爆破时产生错动，造成施工困难或其他问题。综上所述，方案一更符合过程控制的思路，更适用于该隧道连续坍塌的处置。

4.7.3　过程控制在控制盾构施工沉降的应用

根据《盾构法隧道施工与验收规范》(GB 50446—2008)规定，成型隧道验收时隧道轴线平面位置和高程偏差应满足表 4.7.1 的要求。然而，如果在实际施工过程中以验收的最终标准作为目标，认为实际盾构轴线位置只要小于目标值即可，以目标控制作为施工的指导思想，工程质量将很难得到保证甚至无法达到最后的验收标准。例如，盾构前进过程中发生偏转，最初轴线偏离设计量较小并未引起相关工程人员的重视，直到偏移量接近验收规定界限时再采取纠偏措施，迫使盾构机急转弯，其结果往往造成盾尾管片拼装困难或者实际轴线无法达到控制曲率的要求。即使可以勉强满足这些要求，也往往会引起盾构机的蛇形前进，造成对环境岩土体和孔隙水压力的过大扰动，从而给周围环境和既有构筑物带来不良的影响。所以，盾构施工的全过程(姿态控制，注浆，管片拼装等)均要以过程控制作为指导思想，提高工程质量，保证环境岩土体的稳定，减少对既有构筑物的影响。下面以工程实例说明过程控制在提高工程质量中的重要性。

隧道轴线平面位置与高程偏差　　表 4.7.1

项　　目	允许偏差(mm)			检 验 方 法	检 验 频 率
	地铁隧道	公路隧道	水工隧道		
隧道轴线平面位置	±100	±150	±150	用全站仪测中线	10 环
隧道轴线高程	±100	±150	±150	用水准仪测高程	10 环

某过江隧道在江北岸段下穿江北大地，根据《盾构法隧道施工与验收规范》和《城市轨道交通工程测量规范》(GB 50308—2008)等技术规范的要求，需在地表设置观测点监测地表的变形情况，确保防洪大堤的稳定平衡。地表沉降监测点沿盾构纵向分别布置在 1 442 环、1 446 环、1 448 环、1 450 环、1 452 环、1 457 环等大堤的重要节点处(图 4.7.5)。每环监测点沿盾构横向的布置情况如图 4.7.6 所示，在东西线盾构之上监测点布置较密为每 3m 一个，随着与盾构的横向距离增大，监测点间距也扩大到 6m 和 10m。

由于东线隧道尚未开工，每环的最大沉降均出现在西线隧道中心线对应的地表观测点处。将每环的最大沉降绘制在图 4.7.5 上，可得到地表沉降沿隧道纵向的变化规律。因河岸处堤坝结构更为重要，所以施工至 1 442 环处时盾构较设计轴线适当抬升以达到控制最终沉降的目的，之后盾构机逐渐恢复到正常机位，造成地表的不均匀沉降。在 1 442 环处最大沉降只有 5mm 左右，而在 1 446 环至第 1 457 环之间最大沉降均超过了 35mm，在第 1 453 环处沉降更是达到了 61.25mm 之多。

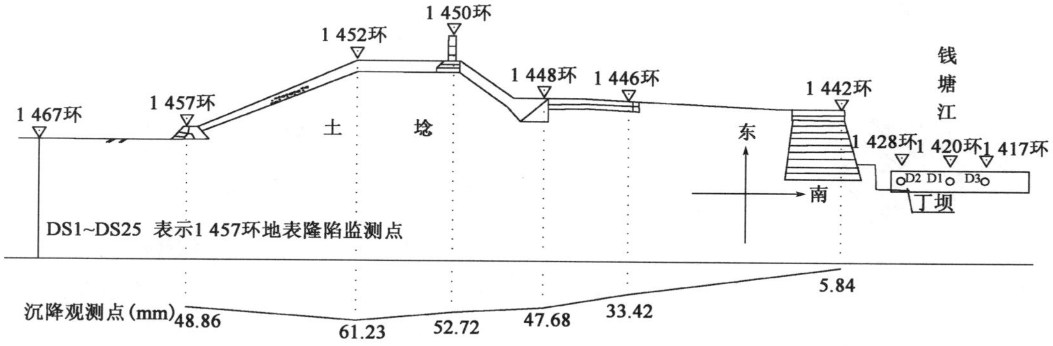

图 4.7.5　某过江隧道项目盾构江北岸边段第三方监测点位布设纵断面图

该工程的施工过程中存在两点不足：第一，工程人员以目标控制为指导思想，在 1 442 环处采用抬升盾构 1.4cm 的方法施工虽然在控制最终沉降上有一定效果，但是忽略了上覆土体隆起和堤坝结构失稳破坏的可能性。当上覆结构为对扰动更为敏感的构筑物时(如高铁的路基，砌体结构房屋等)，这种施工方法极有可能造成上覆结构的开裂甚至影响使用。第二，工程人员在注浆时只是同步注入了惰性浆液，而没有及时二次补注双液浆，致使浆液不能及时固化而不利于地层沉降控制。盾构同步注浆后应加注双液浆，形成类似于水桶箍的浆脉骨架，达到完全充填和固化等两个要求，更能有利于控制地层变形。

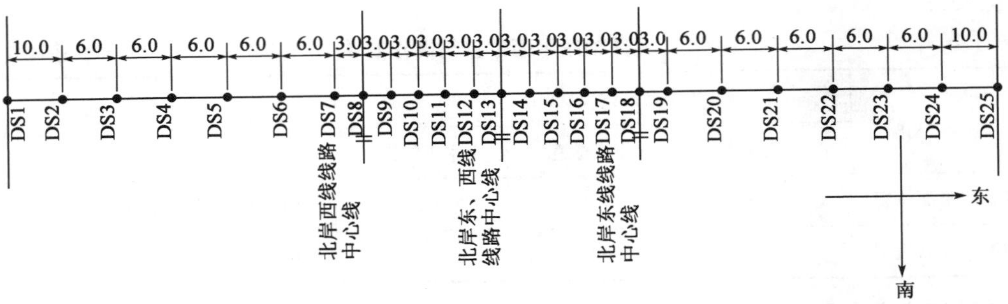

图 4.7.6　某过江隧道项目盾构江北岸边段第三方监测点位布设横断面图(尺寸单位:mm)

4.8　细颗粒土质类围岩施工控制

在黄土中开挖隧道,要充分考虑黄土的成分和结构特点。黄土以石英和长石组成的颗粒为主,矿物亲水性较弱,粒度细而均一,联结虽较强但不抗水;未经很好压实,结构疏松多孔,大孔性明显(图 4.8.1)。由于黄土细颗粒是由矿物盐胶结,遇水溶化会改变黄土原始胶结结构,产生湿陷性变形,如果开挖过程中出现渗漏水或采用注水泥浆,其中水分会分解矿物盐,使得胶结性能变差和湿陷性能活跃,效果将适得其反。对于其他细颗粒土质类或夹杂混合物的隧道而言,如果开挖过程中出现渗漏水或采用注水泥浆,压力小注不进浆液,胶固结效果不好;压力大会破坏或松动土体原始结构,而产生较大变形(图 4.8.2)。只有采用钢插板类构件加固或注双液浆快速局部加固,短开挖,快封闭支护,效果才会更好。

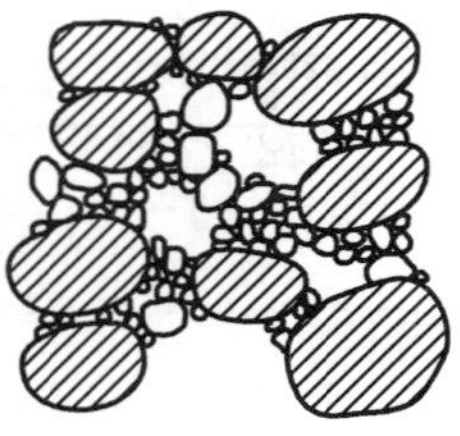

图 4.8.1　细颗粒土质类构造体结构性能

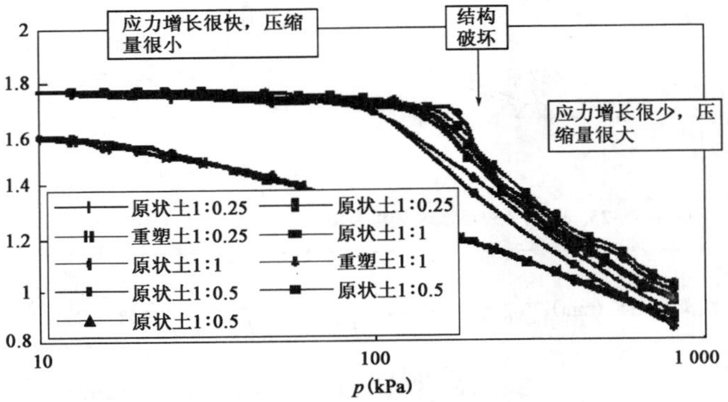

图 4.8.2　细颗粒土质类构造体结构性能

因此对于这类复杂的地质隧道,施工全过程首先要研究力学稳定平衡与变形协调问题,其次才考虑施工便利与经济问题。

这样的地下工程研究与实践属于半理论半经验方法,犹如灰箱模型,面对问题,坚持基本物理概念与力学方法及整体和联系的哲学思维,尽可能研究灰箱模型内涵,着重研究物质特性、手段效果,采用有效手段控制周边环境与结构共同作用行为更为关键。

第二部分 平衡稳定控制实施技术

5 地下工程开挖能量最小原理

5.1 围岩自承能力的力学机制

围岩的自承能力来源于围岩的自身强度。开挖前岩体处于三向原岩应力状态，隧道开挖后，在岩土体中形成新的空间，导致隧道周边岩土体失去原有的支撑，径向应力降低。围岩向隧道洞内移动，相互挤压，切向应力升高，局部可能出现拉应力，围岩应力状态趋于恶化。围岩稳定性是围岩强度与二次应力一对矛盾比较的结果。当围岩自身强度高于二次应力，围岩是能够稳定的，因此围岩的自承能力大小取决于围岩强度的高低。此处的围岩强度不是指围岩中岩石块体的强度，而是包含了结构面分布与性质、岩石块体（结构体）强度和工程因素等多方面影响的综合指标。隧道工程中不支护而长期稳定的实例则证明了围岩存在自承能力，西北窑洞即是一个实际的例证。

如果围岩强度低于二次应力，围岩则发生破坏，破坏由表面向深处发展，围岩内应力不断调整，破坏不断发展，在围岩内形成三个区，由围岩表面向深部依次是塑性软化区、塑性强化区和弹性区，如图 5.1.1 所示。

三个区的岩体处于不同的变形阶段，塑性软化区围岩处于峰值后变形阶段，即塑性软化变形阶段；塑性强化区围岩处于峰值前的塑性变形阶段，即塑性强化阶段；弹性区围岩处于弹性变形阶段，如图 5.1.1 所示。

理论研究表明，塑性强化区和弹性区是围岩承载的主体，塑性软化区是支护的对象。强化区和弹性区的切向应力高于原岩应力，软化区应力得到释放，切向应力低于原岩应力，如图 5.1.1 所示。围岩的自承能力与岩体的力学性质密切相关，图 5.1.2 是岩石在较低围压下的力学性质示意图。岩石的两种性质对于围压的自承能力有重要影响：一是随着围岩压力（简称围压）的升高，岩体峰值前和峰值后的承载力都不断增大；二是岩石处于软化变形阶段仍具有承载力。

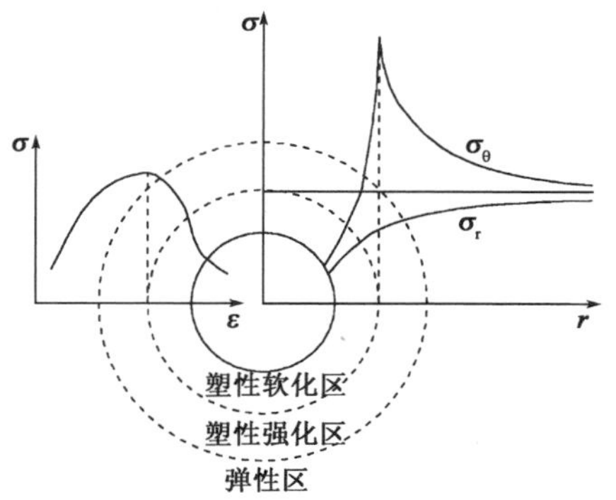

图 5.1.1 围岩分区示意图

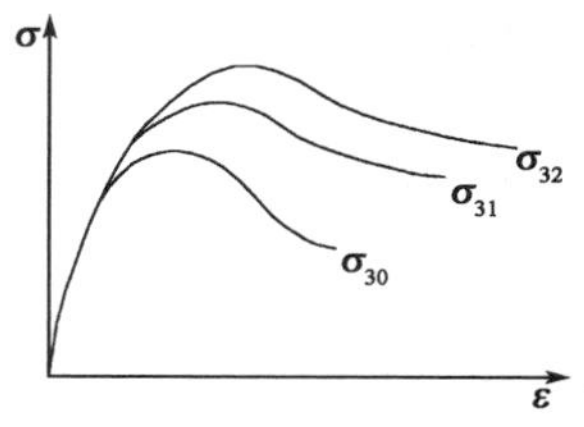

图 5.1.2 岩石力学性质

围岩处于塑性软化变形阶段时，岩石已破碎，压力较低，围岩变形处于非稳定状态，其承载力来源于破裂面的摩擦力。软化区的承载力具有双重作用：一是有利于自身的稳定，但必须通过施加支护才能实现软化区围岩的稳定；二是软化区对强化区围岩具有作用力，增大了强化区围压，提高了围岩强度，促进强化区围压进入稳定状态。因此，软化区工作状态对强化区的承载力有重要影响。强化区围压较软化区大，围岩结构面处于紧密挤压状态，围岩变形处于稳定状态，是主要的承载区之一。强化区对弹性区围岩具有支撑作用，增大了弹性区围压，提高了岩体屈服强度，促使弹性区的形成。弹性区围压高于软化区、强化区，使得围岩处于弹性工作状态，岩体应力和变形关系服从胡克定律，是主要承载区之一。

由上述分析可知，塑性软化区、强化区和弹性区是相互关联、相互影响、相互作用的整体。塑性强化区和弹性区是承载的主体，但都位于围岩深处，一般不能对其进行支护加固；而塑性软化区是支护的主要对象，通过对浅部(软化区)围岩进行加固或支护，提高其强度，使其达到稳定，浅部(软化区)围岩再对深处(强化区)围岩实施作用，实现深部围岩稳定，并使其成为主要的承载区。

除了对浅部(软化区)围岩的加固措施外，在矿山法开挖隧道时采用光面爆破的目的是减轻爆破对围岩的振动，尽可能保持原始状态。在稳定性差的围岩条件下，常采用预支护方法，使隧道在开挖前围岩即得到强化。浅部支护、光面爆破和预支护等措施都是工程施工中常用的技术手段，其目的都是在施工时尽可能维持围岩原始状态，保持原有强度，达到围岩稳定。

新奥法提出保持围岩稳定的关键是充分发挥围岩的自承能力，这一观点是从力学角度提出了保持围岩稳定的思路，揭示了决定围岩稳定性的主要因素是围岩的自承能力。从上述分析可知，围岩自承能力源于围岩强度，因此保持围岩原始状态，即是保持原有围岩强度，又是发挥围岩自承能力的充分必要条件。

合理的隧道施工方案应能实现隧道“基本维持围岩原始状态”，这既是充分发挥隧道围岩自承能力的显性表述，也是其条件，因此隧道施工技术应以实现对隧道围岩扰动最小化(施工过程中消耗的能量最小)为发展方向。在各种施工方法中，掘进机开挖对围岩的扰动最小。但由于掘进机结构复杂，对材料的要求较高，对零部件的耐久性要求高，因而设备制造成本较高，此方法需要施工单位花大量资金购置设备，隧道施工初期投资较高，这制约了掘进机开挖法施工隧道的应用范围，因此，目前钻爆法仍是我国隧道施工的主要方法。人们在长期的生产实践中总结出了多种钻爆法施工方案，诸如光面爆破、预裂爆破、导坑朝前加扩挖的方法等，如何比较各种施工方法优劣一直是隧道工程界所关心的问题。本章将“开挖能量最小原理”作为评价的标准，对常见的施工方法进行分析。

5.2 开挖能量最小原理

土质或软弱松散围岩隧道施工中常采用分部施工留核心土工法、CD法(中隔墙法)、双侧壁导坑法(眼镜法)、CRD法(交叉中隔墙法)等工法，这些工法基本无需或只需少量爆破，常采用机械和人工开挖施工，石质隧道目前主要采用钻爆法施工。这两种隧道施工过程消耗的能量E都可表达为三部分：

$$E = E_1 + E_2 + E_3 \tag{5.2.1}$$

式中：E_1——破碎隧道断面内岩体与抛掷碎石耗能或机械和人工施工的耗能，是有效耗能；

E_2——对围岩及预支护结构扰动以及保持围岩变形临界稳定的耗能和恢复破坏与变形不稳定围岩的稳定性的耗能；

E_3——其他耗能，其量值小，一般可忽略不计。

石质隧道施工中，实施爆破需要解决两个同等重要的问题：一是用最有效的方法将隧道断面内的岩石适度破碎，并将碎石适度抛掷；二是降低爆破对围岩的扰动，最大限度地维持围岩原始状态，以有利于隧道的长期稳定。开挖能量最小原理可表述为：在实现爆破效果良好的前提下，对围岩及预支护结构扰动耗能 E_2 最小的施工开挖方案最优。

土质或软弱松散围岩隧道施工中，采用分部施工留核心土等工法，其核心是控制围岩变形，以实现基本维持围岩原始状态的目标，否则隧道围岩局部失稳破坏会诱发更大范围围岩失稳破坏。对此种情况，保障隧道建设消耗能量最小的基本要求是防止围岩产生大范围的破坏。当围岩发生破坏后，重新实现围岩稳定性所需要做的功将远大于预支护维持围岩稳定所需做的功。因此，采用直接机械和人工开挖的方式施工隧道，能量消耗主要是施工洞体的能量消耗和预支护结构实施的能量消耗。施工过程中需要解决两个重要的问题：一是降低施工过程对围岩及预支护体系的扰动，最大限度地维持围岩的原始状态及发挥预支护结构的效能；二是防止施工过程产生大范围岩土体的失稳。因此，土质或软弱松散围岩隧道，开挖能量最小原理表述为：在实现分部施工及支护结构控制围岩变形良好的前提下，对发生破坏或变形不稳定围岩恢复稳定的耗能 E_2 最小的方案最优。

5.3　开挖能量最小原理的应用

(1)导坑超前＋扩挖施工法

在大断面隧道施工中，采用钻爆法或小型掘进机先行施工一个导坑(图 5.3.1)，然后用爆破方法再进行扩挖。此时扩挖是在有导坑临空面条件下进行的，爆破临空面大，夹制作用小，爆破耗能少，大大降低了对隧道围岩的扰动。

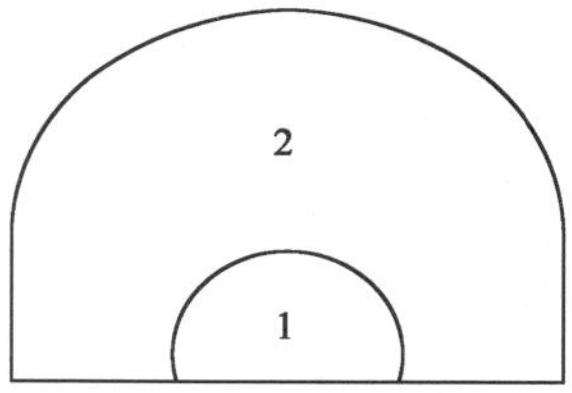

图 5.3.1　导坑超前＋扩挖施工法

(2)硬岩预裂爆破与光面爆破

预裂爆破是在隧道施工爆破前，预先沿设计轮廓爆出一条具有一定宽度的裂缝，当主爆区爆破时，裂缝对应力波起到反射作用，减少应力波对围岩的破坏作用。因此轮廓孔爆破时，围岩和断面轮廓线内的岩石对爆破具有相同的夹制作用，爆破对围岩的破坏作用较大，特别是在岩石强度较高的情况下，轮廓孔装药较多，耗能较大，破坏作用更为明显，当围岩存在节理裂隙而容易产生掉块导致安全事故，更不宜采用预裂爆破。而光面爆破是在先爆破中央部分时对围岩影响较小，后爆破周边时已有临空面对围岩影响也较小。因此在岩体强度较高的情况下，应采用全断面光面爆破。

(3)软弱围岩弱爆破分步施工

在隧道施工中，经常遇到强度低、易风化、破碎的软弱围岩，在隧道围岩稳定性分级中属于稳定性较差的Ⅲ级、Ⅳ级、Ⅴ级围岩，易出现坍塌等工程事故。实践表明，爆破工序对此类围岩的稳定性有重要影响，爆破振动经常是围岩坍塌的诱导原因。因此，应降低爆破振动强度，尽可能减轻对围岩的扰动，最大限度地维持围岩的原始状态。

软弱围岩隧道一般采用台阶法施工。上部台阶施工时拱部采用光面爆破，岩石自重有助于拱部岩面沿周边眼的开裂，适当减少炸药量，降低耗能，既保证了爆破效果，又有利于降低周边眼起爆对围岩的振动强度。在下台阶施工时，为了及时对围岩进行支护，需要先施工边墙部分，施工顺序如图 5.3.2 所示。因岩体强度低，此时采用弱爆破即可实现施工，对边墙围岩的扰动较小。

在隧道断面内岩石性质差别显著时，要注意调整施工方案。如果上部岩体软弱而下部岩体坚硬时，下台阶分部施工顺序要相应调整，应采用图 5.3.3 所示的施工顺序。如果按图 5.3.2所示的施工顺序，下台阶两侧岩体（边墙）水平方向受到较强的夹制作用，由于岩石坚硬，需采用较强的爆破才能破碎岩体，耗能较高，相应对围岩的扰动也较显著。

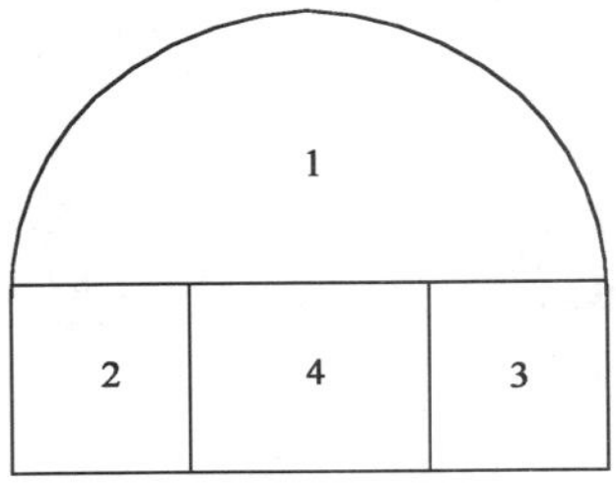

图 5.3.2　上下台阶法施工顺序

1-上台阶施工与支护；2-左边墙施工与支护；3-右边墙施工与支护；4-下台阶施工与支护

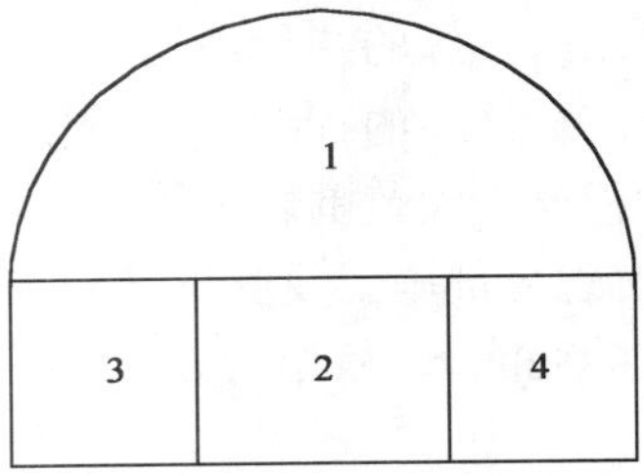

图 5.3.3　下台阶是硬岩时施工顺序

1-上台阶施工与支护；2-下台阶中部施工；3-左边墙施工与支护；4-右边墙施工与支护

（4）选择合理的开挖方式

为了减少同段开挖的装药量，控制爆破规模，可采用台阶法施工。由于城市隧道大多为浅埋，上半断面围岩软弱，因此爆破所需药量较少（甚至可由人工开挖）。上半断面爆破后形成有利于下断面爆破的临空面，从而便于减振，如图 5.3.4a）所示。对于较硬的地层，可采用反台阶法预留光爆层施工。将掏槽放在最底部，以增加掏槽部位的爆心距。

如图 5.3.4b）所示，施工时先开挖下工作面Ⅰ，然后再开挖上部断面，这样爆破上部断面时，由于具有良好的临空面，光爆效果好，振动量也小。

掏槽部所在区域每炮循环进尺控制在 2.5m 左右，中间层每炮循环进尺控制在 2m 左右；预留光爆层厚 1m 左右，每炮循环进尺控制在 2m 左右，掏槽眼所在区＋光爆层、掏槽眼所在区与中间层轮流起爆，保证掏槽眼所在区炮一响即有进尺，进尺约为 1m，而中间层、光爆层间隔轮流进尺约为 2m。当围岩较不稳定时，特别是半土半岩断面时，应采用正台阶法开挖，即先用人工开挖上部土层，在拱部形成一道减振槽，以阻挡振动波向上传播，然后再用爆破法开挖下部岩石，如图 5.3.4c）所示。

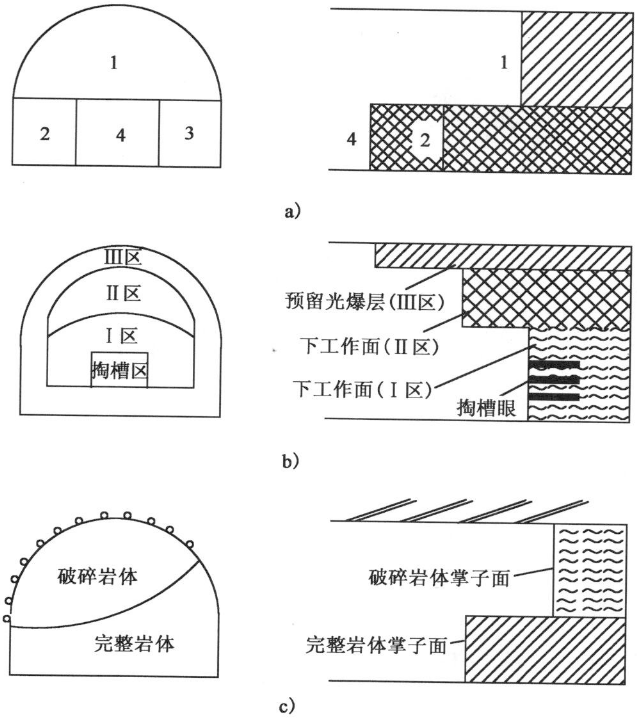

图 5.3.4　爆破开挖方式示意图

a)上软下硬围岩;b)较硬围岩;c)半土半岩围岩

5.4　围岩稳定爆破工序选择案例

在隧道施工中,经常遇到强度低、易风化、破碎的软弱围岩,易出现松弛坍塌等工程事故。实践表明,爆破工序对此类围岩的稳定性有重要影响,爆破振动经常是围岩坍塌的诱导原因。因此,应降低爆破振动强度,尽可能减轻对围岩的扰动,最大限度地维持围岩的原始状态。而对于较好的石质隧道,留核心土环行开挖工法的效果就没有下导洞适度超前全断面工法好,如图 5.4.1 所示。这样可以降低爆破振动强度,尽可能使得开挖能量最小,最大限度地维持围岩原始状态。

图　5.4.1

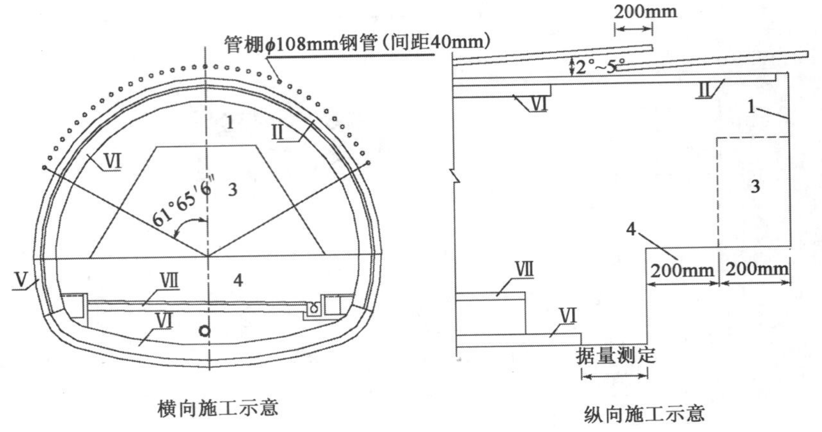

a)

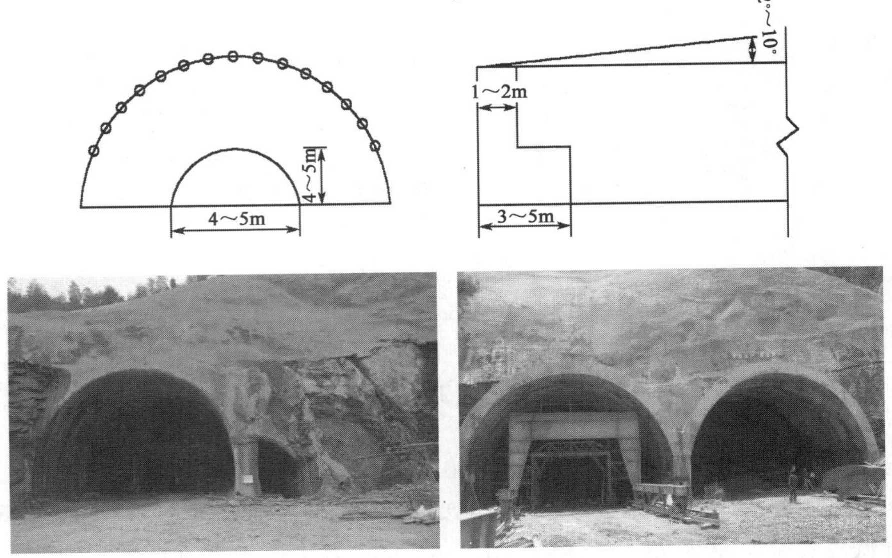

b)

c)

图 5.4.1　较好石质围岩隧道施工工法效果比较

a)留核心土环行开挖工法不适合较好石质围岩隧道施工；b)下导洞适度超前全断面工法适合较好石质围岩隧道施工；c)台阶法半断面工法也适合较好石质围岩隧道施工及中隔墙密接围岩效果较好

6 强预支护原理

6.1 强预支护原理的基本思想

隧道支护结构是要解决如何有效地控制变形问题:既要允许围岩有一定的变形(也包括结构的变形),不要试图阻止围岩变形,以免使支护承受过大压力;又要防止围岩过大变形,发生垮塌。应在适宜的时机,构筑适宜的支护结构,避免在围岩中出现不利的应力状态。

由隧道平衡稳定理论核心内容可知:不论哪种情况,预支护力都要足够大,才能使隧道“基本维持围岩原始状态”,这样保持围岩与支护系统共同作用达到围岩的三维应力状态平衡与稳定就是达到隧道“充分发挥围岩的自承能力”的基础。

地下工程平衡稳定理论既反映了传统“松弛荷载理论”和现代“岩承理论”的基本内容,又拓宽了平衡稳定性内容,是对地下工程平衡稳定性的新认识、新理念。其中地下工程平衡稳定包括两层含义:第一,结构受力平衡与变形协调;第二,结构受力平衡与变形协调状态的稳定。其预支护原理总体概括如下。

(1)自承能力好的完整围岩,其自承能力比较大,可以提供维持围岩稳定所需要的承载力,如图 6.1.1a)所示,即使不采取任何支护措施,围岩也能自稳,可以取消系统锚杆,自然满足式(4.2.2)。

(2)具有一定自承能力的围岩,这种围岩的预支护原理的曲线如图 6.1.1b)所示,采用新奥法施工,容易满足式(4.2.2);或用有限元初步计算 P_0,然后根据地质情况折算 P,则可以初步估计 T 值,也可以满足式(4.2.2)。

(3)自承能力差的破碎围岩或软弱围岩,从图 6.1.1c)曲线上可以看出,其自承能力相对较小而且在洞室开挖后会迅速下降,围岩形变压力迅速转化为松弛压力,围岩很快进入松弛状态,即很快从非稳定平衡状态向失稳状态转化,所以要求开挖前提供预支护或超前支护,以改善围岩的原始状态提高自承能力,这时围岩极限自承能力 P 约为 0,系统锚杆不起作用,则要求 $T>P_0$。

(4)其他情况可参考上述要点。例如:地下水位低的北方地区硬土或南方地区硬黏土等情况应该采用浅埋暗挖法;地下水位高的长三角地区软土 P 约为 0 等情况应该采用盾构施工;山城重庆等岩石地区应该采用矿山法(新奥法)施工,并依据地下工程平衡稳定理论执行。该成果基于规范但又宽于规范,在已有地下工程建设理论分析的基础上,把平衡稳定理论应用于地下工程,建立了更加全面的地下工程平衡稳定理论体系,同时可以较好地解释许多工法和理念的合理性,如取消系统锚杆、合理开挖与支护技术等,以便更好地指导地下工程设计与施工。

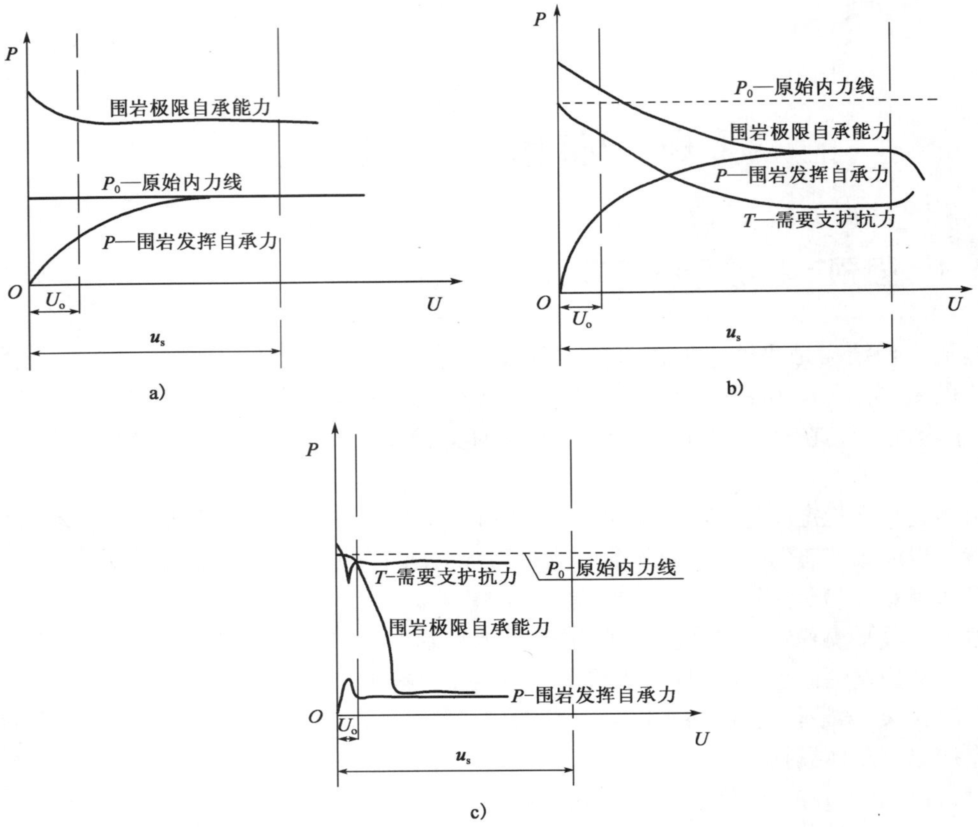

图 6.1.1　预支护原理曲线

a)完整围岩；b)具有一定自承能力的围岩；c)自承能力很差的围岩

6.2　强预支护原理的表现形式

6.2.1　自承能力好的完整围岩

这种完整围岩自承能力比较大，可以提供维持围岩稳定所需要的承载力，如图 6.1.1a)所示。这类围岩隧道开挖要允许围岩有一定的变形，因为一定的变形有利于围岩自承力的发挥，就可以提供较小的支护力。在许多省道或县道，为了节约建设成本，采用开挖完毛洞或只作少量初喷混凝土，充分利用围岩的自承能力来维持洞室的稳定，图 6.2.1 就是很好的实例。另外，如龙游石窟、西北黄土高原的窑洞、地道战时修建的地道等都属于这种情况；类似挪威法的硬岩＋喷锚等应用情况。

图 6.2.1　开挖后完全能够自稳的例子

6.2.2　有一定自承能力的围岩

对有一定自承能力的围岩，其预支护原理的曲线如图 6.1.1b)所示，围岩的自承能力初期大于原始内力 P_0。隧道开挖后，围岩不会立即松弛垮塌，围岩压力还处于形变压力阶段，围岩处于非稳定平衡状态，随着变形不断增大，围岩内部结构和应力状态在不断调整，其自承能力呈下降趋势而承载力不断增加，此时围岩的自承能力得到发挥。支护的目的就是要使围岩从非稳定平衡状态向稳定平衡状态转变。然而支护时机的选择非常重要，如果支护过早就不能充分发挥出围岩的自承能力，这时要使围岩从非稳定平衡状态向稳定平衡状态转变则需要的支护抗力就比较大；如果支护过迟，围岩压力由形变压力转换为松弛压力，围岩从非稳定平衡状态转化为失稳状态，围岩发生松弛，容易引起大面积坍塌，图 6.2.2 就是某隧道中支护过迟所引起的塌落事故。

6.2.3　自承能力差的破碎围岩或软弱围岩

从曲线图 6.1.1c)可以看出，这种破碎围岩的自承能力相对较小而且在洞室开挖后会迅速下降，围岩形变压力迅速转化为松弛压力，围岩很快进入松弛状态，即很快从非稳定平衡状态向失稳状态转化，所以要求开挖前提供预支护或超前支护，以改善围岩的原始状态提高自承能力。经过处理的隧道开挖后围岩仍处于非稳定平衡状态，但其自承能力有了较大提高，不会瞬时垮塌，这为进行初期支护赢得了时间。此类围岩初期支护必须采用刚性支护而且必须及时。另外，隧道开挖后由于此类围岩是处于比较敏感的非稳定平衡状态，或者说抗干扰能力较差的非稳定平衡状态，初期支护顺序对其状态的改变是非常敏感的，合理的选择支护顺序对其从非稳定平衡状态向稳定平衡状态的转变非常重要。图 6.2.3 就是某隧道开挖后支护不及时或支护刚度不足所发生的破坏。

图 6.2.2　隧道开挖后洞室发生垮塌

图 6.2.3　支护滞后导致围岩失稳

根据预支护原理，在二次衬砌施加前，初期支护与围岩共同组成承载体系，初期支护的承载力是预支护力的重要组成部分，起着重要作用。如浅埋暗挖法要求初期支护是施工期间的承载结构，承受施工期间的主要荷载（土压力、部分水压力）；二次衬砌和初期支护共同承担永久荷载。

保持破碎围岩的初期支护强度，同样十分重要。如乌竹岭隧道Ⅲ级围岩洞段坍塌事故的原因就是初期支护强度不足所致，该洞段采用了柔性支护结构形式，初期支护施加一段时间后喷射混凝土开裂[图 6.2.4a)]，再经过一段时间后突然坍塌[图 6.2.4b)]。这一工程实例说明，在软弱围岩中修建隧道时，设计时遵循“初期支护要强，承受部分水压和全部土荷载，而浅埋和海底隧道则承受全部水荷载和土荷载，二次模筑初砌作为安全储备”理念的合理性。

a)　　　　b)

图 6.2.4　初期支护破坏情况

a)初期支护开裂；b)坍塌

在Ⅳ级、Ⅴ级破碎围岩条件下，分部开挖是大断面的隧道、连拱隧道、小净距隧道常用施工方法。如破碎围岩隧道施工时，围岩容易冒落，导致衬砌荷载的显著增大。理论研究表明：通过分部开挖，缩小单次开挖断面，可以降低围岩应力集中程度，减少围岩吸收的变形能，实现开挖后围岩在短时间内能够保持稳定，为施加支护创造了有利条件。

例如：排山隧道(K26＋600～K26＋978，长 378m)、岳山隧道(K27＋110～K27＋715，长 605m)，于 1995 年建成通车，为分离式双洞四车道隧道，大部分无衬砌支护，只有局部围岩破碎段和进出口设置一定长度的衬砌结构。经过 13 年营运，隧道衬砌表面渗水现象严重，拱顶喷浆局部出现酥散、崩落，围岩随着风化的加剧，出现掉块、崩落现象，由于渗水量加大，裂缝明显扩张加剧，存在很大安全隐患。近年来，两隧道均发生过不同程度的围岩掉块、喷浆脱落现象，如图 6.2.5 及图 6.2.6 所示。所幸多次掉石、掉块均未造成人员伤亡事故，经统计隧道掉块达 20 次之多。

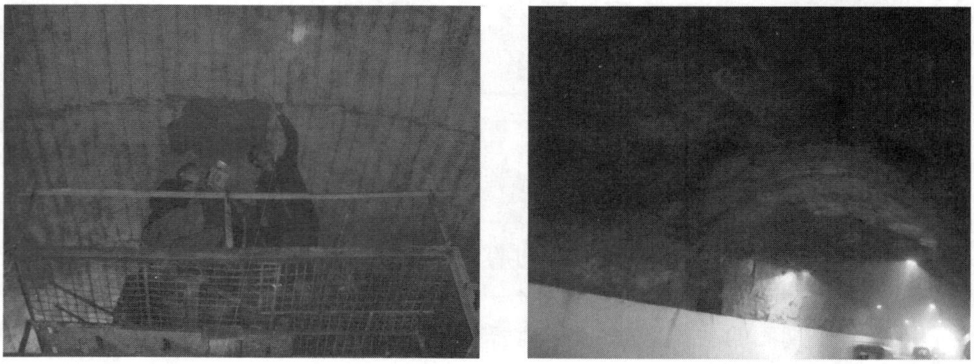

图 6.2.5　排山北隧道二次衬砌被击穿成大洞及加固修复情况

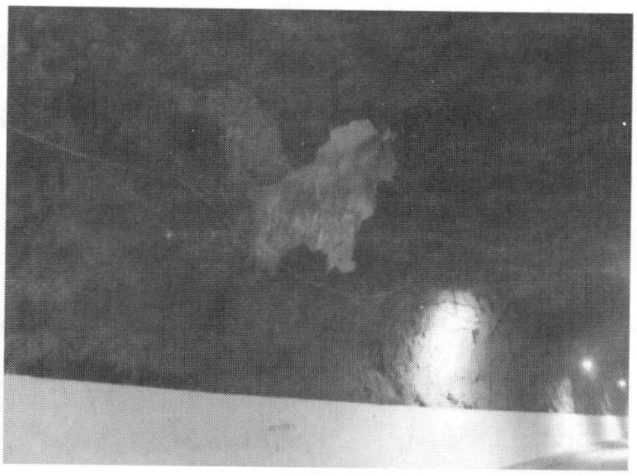

图 6.2.6 2009 年 1 月 4 日岳山北隧道围岩掉落现场

6.2.4 特殊环境隧道开挖问题

需要说明一点，预支护原理是针对一般性隧道工程问题为基础提出的，解释各种设计理论及其工法的统一性和适用性问题。对于特殊环境隧道工程问题，除利用已有的太沙基理论、普氏理论及其他适用力学理论外，还需要适当拓展。下面以锦屏二级水电站引水隧洞等为例进行简要说明。

锦屏二级水电站利用 150km 雅砻江锦屏大河湾的天然落差，截弯取直开挖隧洞引水发电。电站具有世界上规模最大的水工隧洞，工程难度主要体现在 4 条长约 16.6km 引水隧洞的设计和施工上。引水隧洞开挖洞径 12m，衬砌后洞径 11m。隧洞一般埋深为 1 500～2 000m，最大埋深达 2 525m。即使不考虑构造应力影响，对于埋深达 2 525m 的洞段，仅上覆岩体自重应力就达到 68MPa。如果按弹性力学理论计算，即使仅考虑隧洞开挖引起 2 倍应力集中，洞壁围岩的最大应力就将达到 136MPa。引水隧洞围岩以大理岩为主，干抗压强度仅为 80～120MPa。因此，围岩应力将超过岩块的抗压强度，而岩体强度还远低于岩块的强度。同时，引水隧洞围岩中还存在超过 1 000m 的外水压力。因此，锦屏电站深埋长大引水隧洞开挖引起围岩较大范围的塑性破坏是在所难免的。针对超高的地应力场环境，允许围岩产生一定范围的塑性破坏是必然的选择。支护设计和施工控制的基本要求是：因势利导，控制塑性变形区域的扩展不出现有害的后果，如图 5.1.1 所示，利用围岩塑性变形降低围岩应力的集中程度，并使应力集中区向围岩深部转移，有利于减小支护结构的受力水平（实际上日本探测船从海底钻探 7 000m 深地层亦是如此）；或借鉴经典历史工程的构思和建造全过程均符合现代力学知识的做法（例如图 6.2.7 所示的溶岩管洞穴；贵州双河溶洞目前已探明长度约 117km，是一个由上百个支洞和多条地下河构成的喀斯特溶洞也符合利用围岩塑性变形使应力集中区向围岩深部转移的规律）；或借鉴图 6.1.1c）的基本力学思路等。无论选用怎样的工法，一个共同的目标就是要用最经

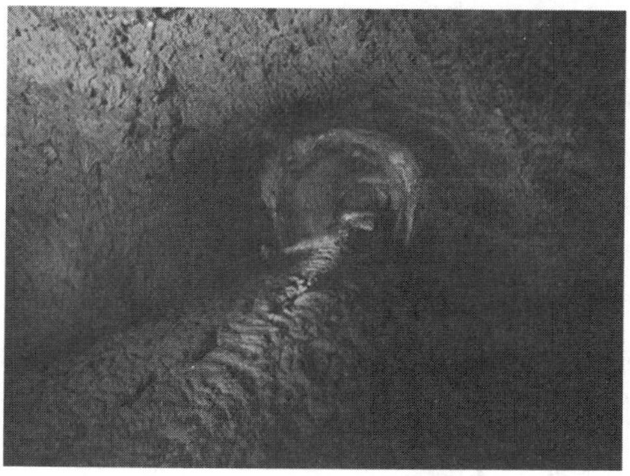

图 6.2.7 溶岩管洞穴

济的手段维持隧道围岩的稳定，保证洞室的安全施工，即施工与养护过程中每一步骤或使用过程中每一时段，隧道围岩和支护系统都必须满足三维力学稳定平衡、三维力与变形协调、三维变形稳定与协调，以使得独立受力组合结构系统由组合或单件部分受力体转变为整体共同受力体。

6.3 强预支护原理在自稳性好围岩中的应用

Ⅰ级、Ⅱ级、Ⅲ级硬质围岩及稳定性较好的Ⅳ级围岩，通常为完整程度较好的岩体，洞室开挖后，围岩的整体稳定性一般较好。在此种地质条件下开挖的隧道，由于岩体被各种结构面切割成各种类型的空间镶体，故结构面强度成为围岩稳定性的关键因素。隧道开挖后，由于洞周临空，围岩中的某些块体在自重作用下向洞内滑移。此类围岩初期支护方法主要是锚喷支护，起到稳定围岩、控制围岩变形、防止围岩松弛和坍塌及产生“松弛压力”的作用。与传统支护形式的差别在于，锚喷支护把围岩和支护结构组成一个统一的结构体系，通过加强围岩而实现充分利用围岩自身承载能力的目标。根据围岩地质情况的不同，锚喷支护设计理念可分为两种情况：①对于Ⅰ级、Ⅱ级、Ⅲ级硬质完整围岩，按《公路隧道设计规范》(JTG D70—2004)确定支护参数即可；②对于稳定性一般的Ⅱ级和Ⅲ级其他硬质岩石及稳定性较好的Ⅳ级围岩，需采用围岩和支护相互作用理论进行稳定性分析。

6.3.1 完整硬质围岩

对于Ⅰ级、Ⅱ级、Ⅲ级硬质完整围岩，是属于预支护原理分析的第一种情况，隧道开挖后围岩的自承能力大于原始地应力，围岩本身能够自稳。这时围岩的稳定性只需要考虑局部掉块或岩爆，即由于洞周临空，暴露在临空面上的某些结构面强度较低的块体，失去了原始的静力平衡状态而成为关键块体。初期支护重点考虑关键块体的处理，这时采用的预支护技术是通过锚喷使关键块体成为稳定块体。关键块体判别的手段主要还是依靠工程技术人员的实践经验和现场直观判断能力以及现场监测手段。初期支护参数的确定可以依据《公路隧道设计规范》(JTG D70—2004)的规定选择，不必进行围岩压力计算和支护参数设计。

6.3.2 稳定性一般的Ⅱ级和Ⅲ级硬质岩及稳定性较好的Ⅳ级围岩

对于稳定性一般的Ⅱ级和Ⅲ级其他硬质岩石及稳定性较好的Ⅳ级围岩，是属于预支护原理分析的第二种情况。要使围岩不发生破坏，必须限制其变形的发展。这就需要在洞壁上施加一定的支护抗力，使围岩从非稳定平衡状态向稳定平衡状态转变。这时采用的预支护技术是通过柔性支护，使 $F>P_0$，既允许围岩有一定的变形又给围岩提供了一定的支护抗力。柔性支护主要通过锚喷支护来实现，根据实际情况也可以采用与金属网、钢架等支护构件组合成锚喷网、锚喷架、锚喷架网等多种组合形式。由图 3.2.1 可以看出，理想的锚喷支护设计就是对应于 D 点的支护抗力 P_{min} 来维持围岩的稳定。通常支护设计应有一定的安全储备，支护特性曲线在 C 点处与围岩特征曲线相交。新奥法的成功之处就在于它能通过合理采用喷混凝土、锚杆支护方法与适当的支护时机，使支护特性曲线在接近 P_{min} 处与围岩特性曲线相交，取得平衡，以充分发挥围岩的自承能力。而普通矿山法施工支护等传统支护，由于不能提供连续的支护抗力或无法选择适当的支护时机导致不能在接近 P_{min} 处提供适宜的支护抗力。

柔性支护设计包括支护结构类型的选择和具体参数的确定，具体工程设计时要根据围岩岩性、断面大小、埋置深度、施工方法等因素进行围岩压力计算和结构强度验算，确保 $F>P_0$。当计算有困难时可以依据《公路隧道设计规范》(JTG D70—2004)的规定进行选择。目前锚喷支护已发展为一种复合支护形式，以锚杆和喷射混凝土为基础，与金属网、钢架等支护构件组合出现了锚喷网、锚喷架、锚喷架网等多种组合形式，适用于不同的地质、断面和施工条件。锚喷支护与传统支护形式相比较具有多方面的技术优势，在隧道支护实践中应对其技术特点有清晰的了解，因地制宜、灵活、正确地运用这些特性，采取符合具体工程特点的支护方案，实现基本维持围岩原始状态、发挥围岩自承能力并最终实现围岩稳定的目的。

6.3.3 岩石锚杆支护作用

目前人们提出了多种机理来解释锚杆的支护效果，如悬吊作用，组合梁作用，组合拱作用等。

根据岩体结构控制论的观点，隧道围岩的稳定性主要受岩体结构的控制，围岩的变形主要是结构变形，围岩的破坏主要是结构破坏，锚杆的强化作用机理和强化作用大小都与岩体的结构密切相关，因此应对区分不同的岩体结构开展研究。

(1)块状结构岩体

岩体中存在多组结构面，结构面的存在及其强度，往往控制着岩体的强度及稳定性。块状结构围岩的结构失稳过程是从表面局部岩块掉落开始。不施加支护的情况下，图 6.3.1 中块体 1～5 逐一掉落，这一过程是结构失稳过程，不是岩块材料的变形和破坏，因此与岩石块体的弹性模量、强度关系不大，主要取决于结构面的贯通情况、倾角、粗糙度和地下水条件等。喷锚支护的作用在于通过自身受拉受剪控制结构面的张开和滑动，阻止岩块的掉落，维护围岩的原始接触关系和原始强度。

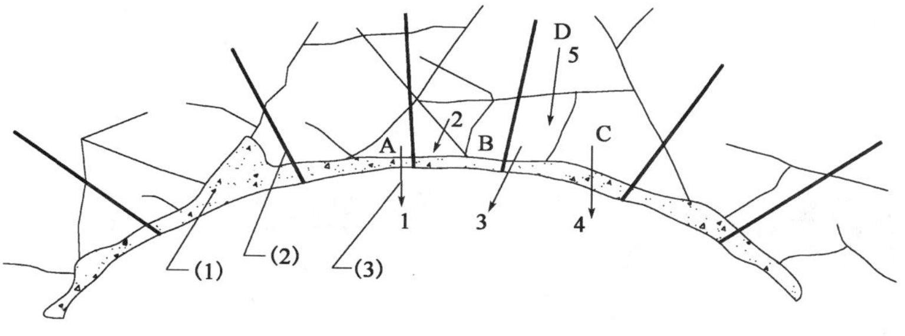

图 6.3.1 块状围岩锚喷支护原理示意图

(1)砂浆；(2)锚杆；(3)块体潜在坍塌方向；1、2、3、4、5 为潜在块体塌落次序

(2)层状结构岩体

层状结构岩体中隧道围岩失稳情况如图 6.3.2 所示。岩层失稳形式以溃屈、铰接拱变形失稳为主。孙广忠于 20 世纪 80 年代提出了梁柱溃屈模型，该模型适用于跨厚比较大而纵向应力较高的情况。铰接拱结构如图 6.3.3 所示，在拱铰处纵向荷载形成局部集中应力，当此应力达到一定值时，拱铰出现破坏，导致岩层的破坏。这两种失稳都属于岩体结构失稳，主要控

制因素是岩层跨度和厚度的比值。锚杆的支护作用是将多层岩石组合起来，部分削弱层面的结构效应。杨建辉等人完成了 4 层岩石未施加锚杆支护和施加锚杆支护两种情况下的模型试验。图 6.3.4 是试验结束时的岩层情况，未施加锚杆支护时下部两层岩石垮落；施加锚杆支护时，4 层岩石组合在一起，虽发生了与岩层厚度相当的挠度但没有垮落。图 6.3.4c）是施加锚杆支护模型跨中局部放大后情况，拱铰两侧台阶排列的黑色线段在施加横向荷载前是两条直线，层间错动导致了图片所示的分布形态。观测表明相同横向荷载情况下无支护模型层间错动量是施加锚杆支护模型的 1.7～2.0 倍，说明锚杆起到了锚固作用，但层间错动说明锚固层不是一个完整岩层。锚杆受力仍是拉力和剪力，从施加支护的模型中拆出的锚杆如图 6.3.5 所示，锚杆弯曲说明了锚杆受剪的作用。

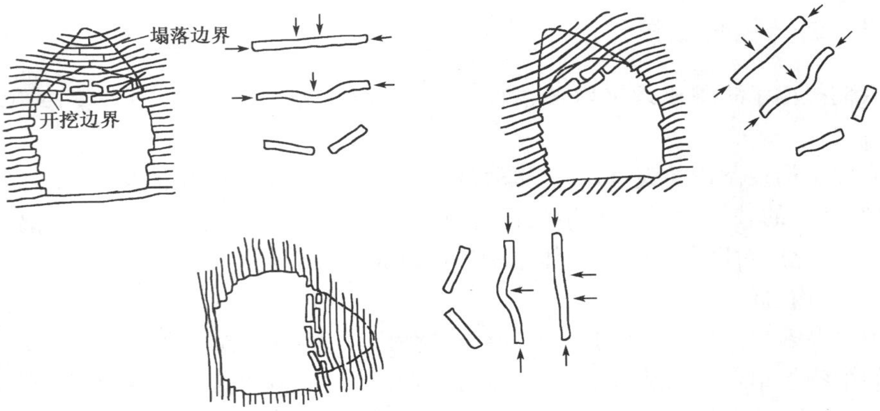

图 6.3.2　层状岩体失稳形式

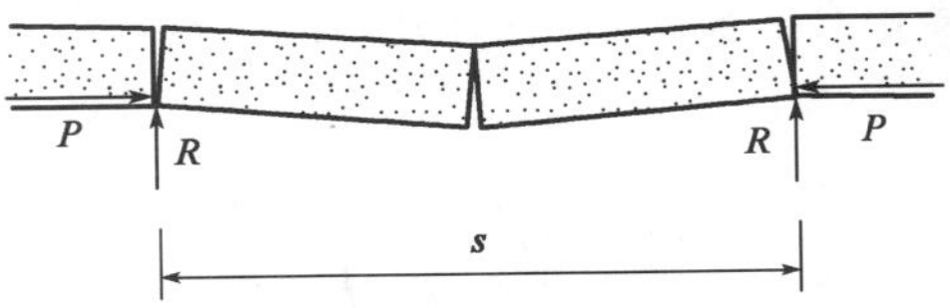

图 6.3.3　铰接拱结构图

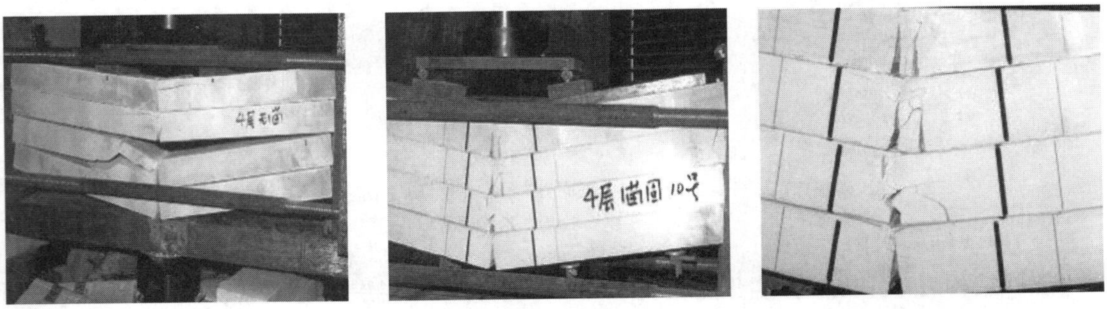

a)　　b)　　c)

图 6.3.4　层状围岩模型试验

a）无锚模型最终形态；b）支护模型最终形态；c）支护模型跨中形态

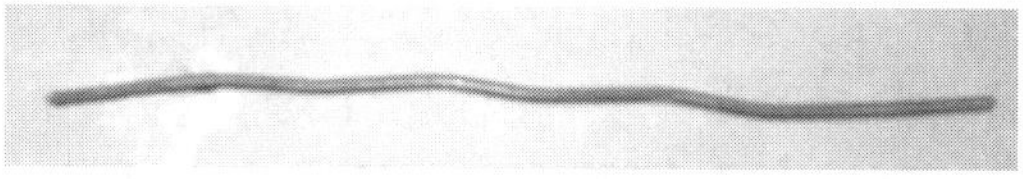

图 6.3.5 受剪弯曲后的锚杆

组合梁作用理论认为锚杆将层状岩石锚固成了一个整体，显然夸大了锚杆的支护强度，因此组合梁理论成功之处是它针对了岩体结构变形和失稳提出了支护机理，但认为围岩成为整体则是不确切的。

总之，锚杆的主要作用是控制围岩结构变形和失稳。认识锚杆的支护作用，要从分析围岩的结构变形和失稳机理入手，不同结构类型的岩体，其变形和失稳机理不同，锚杆的支护机理也就不同，因此要按岩体结构分类研究锚杆支护机理，但锚杆的受力不外乎拉力和剪力两种。了解锚杆支护机理是设计锚杆参数、优化布置的依据，图 6.3.6 是层状岩体锚杆的优化布置形式。

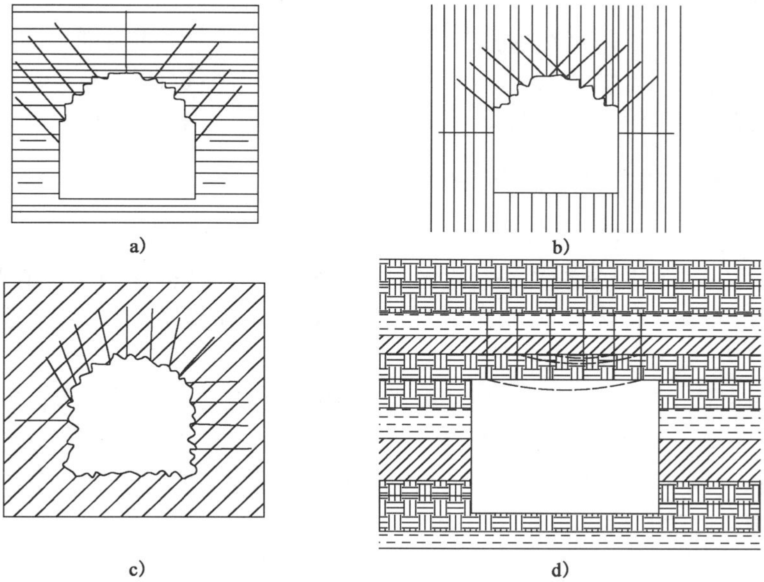

图 6.3.6 锚杆优化布置(关宝树)

6.3.4 锚杆、喷射混凝土协调作用

下面从促使围岩成为承载结构的角度来分析锚杆、喷射混凝土的协调作用。锚杆、喷射混凝土各有特点，配合使用实现了三种结合，往往可以取得良好的支护效果。首先是内部支护和表层支护的结合，锚杆能够深入到围岩内部，对锚固层厚度范围内的岩体进行强化，喷射混凝土则是在围岩表面施加支护；其次是局部加强支护和普遍支护的结合，锚杆对施加部位的岩体直接强化和维护，喷射混凝土则是对整个隧道表面普遍支护；最后是构件几何形式上点、面的结合，锚杆是点支护，喷射混凝土是面支护。

新奥法原理认为围岩是主要的承载结构，其自承能力来源于围岩的强度，此处所讲的强度是岩体的强度，不是岩块(结构体)的强度。根据岩体结构控制理论，岩体强度主要受结构面贯通程度、粗糙度、填充物性质、结构面方位与隧道临空面的组合关系等因素决定。前面已叙述了锚杆的支护作用主要体现在对结构面的张开和滑动起到控制作用，即强化结构面，控制围岩的结构变形和失稳。因此锚杆是从内部强化围岩，促使围岩形成承载结构。单体锚杆对围岩的控制范围是有限度的，这主要由锚杆四周岩体结构面的密度和环向的压力所控制，因此结构面密度越大、环向压力越小，单体锚杆的控制范围越小，反之则越大。相邻单体锚杆的中间区域是锚杆控制的薄弱部位，该部位岩块易脱落，脱落后形成凹入围岩的空穴；脱落过程有可能向围岩深处发展，破坏了块体间的咬合和镶嵌作用，影响表层环向应力的连续传递，块体间挤压力减小，降低表层围岩稳定性。

喷射混凝土能密贴围岩，对围岩形成径向的压力和环向剪力，提高表面围岩的环向压力，阻止表面块体的脱落。射入围岩表面张开裂隙的混凝土，增强裂隙滑动的阻力，提高了裂隙强度；喷射混凝土还可以填平表面的凹穴，缓和表面的应力集中，恢复表层岩块之间的接触咬合关系，有利于表层围岩环向应力的传递。另外，喷射混凝土还可以堵住地下水的通道，防止裂隙填充物的流失，保护裂隙的原始强度。通过这些作用，喷射混凝土增强了围岩表层块体间的挤压力，提高了围岩表层强度，削弱了表层结构面的切割作用，以此来增大锚杆对围岩在横向的控制范围和控制强度，因此喷射混凝土成为锚杆发挥支护作用的基础条件。

6.3.5 锚喷支护的局限性与应用条件

对于山岭隧道，《公路隧道设计规范》(JTG D70—2004)中规定了不宜直接使用锚喷支护的四类特殊地质情况：①未胶结松散岩体或人工(自然)堆(坡)积碎石土；②浅埋但不宜明挖地段；③膨胀性岩体或含有膨胀因子、节理发育、较松散岩体；④地下水活动较强，造成大面积淋水地段。

对于以上四类特殊地质条件下的隧道开挖，必须采用类似软土隧道盾构施工原理的预支护技术，即采用超前管棚、小钢管或插板、钢拱架和喷混凝土的联合支护体系，或采用改良地层的设计方法，其核心是控制或限制固体颗粒流失与允许可补充水分流失和短开挖强支护，从而基本维持原始状态力学平衡。

工程实践证明，未胶结类土状围岩的山岭隧道，若工序紧跟，衬砌背后回填密实，施工质量好，土体压力就会相应减小直至零，如西北老黄土窑洞和华北地道战的地道就是例证；而水下隧道衬砌在地下水位以下部分是不允许有空洞的，必须回填注浆密实(模型试验也证明了这一点)，或改变目前常用的防水板设计方案，采用直接在初期支护上喷防水材料，再用泵送混凝土做好二次支护，防止二次衬砌脱空。这就是隧道围岩预支护力学原理在实际工程中的应用。

对于Ⅴ级、Ⅳ级、稳定性较差的Ⅲ级围岩及特殊地质围岩，即采用类似软土隧道盾构施工原理的预支护或改良地层设计方法，起着稳定围岩、控制围岩应力和变形、防止松弛坍塌和产生“松弛压力”的作用。但其机理与锚喷支护不同，可参照普氏理论和太沙基理论进行设计。由于特殊地质围岩自稳能力差，且伴有地下水的作用，为安全起见，不考虑围岩的内摩擦角 φ 和黏结力 c($c=\varphi=0$)的作用，仅考虑由于强预支护而不产生有害松弛的围岩反力 T_1 和 T_2 的作用。

有些隧道破坏事例的设计是参考《公路隧道设计规范》(JTJ 026—1990)中的表 7.4.3-2 拟定支护设计参数，且仅考虑锚喷支护作用。隧道初期支护施工完成后，二次衬砌施工前发生塌方(图 6.3.7),说明在这种情况下表 7.4.3-2 是有局限性的,而宜采用类似软土隧道盾构施工原理的预支护隧道支护力学理论来拟定预支护参数(图 6.3.8),可减少或避免类似事故的发生。

图 6.3.7 依据规范拟定支护设计参数产生的隧道塌方事故

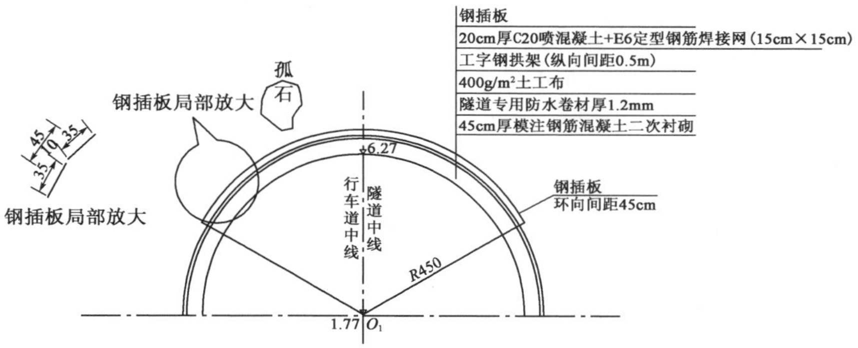

a)

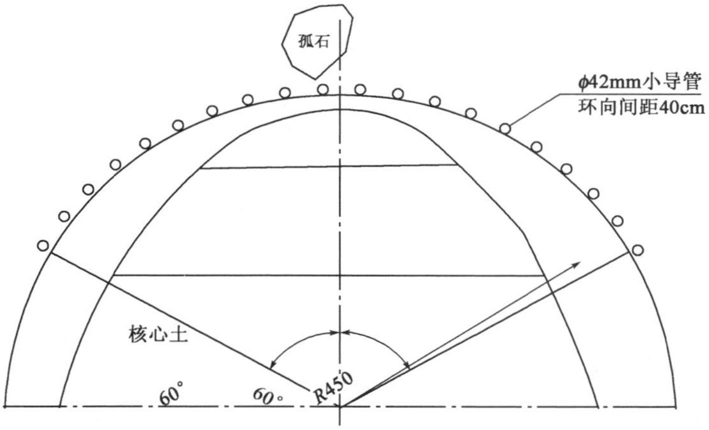

b)

图 6.3.8 强预支护确保隧道开挖安全(高程单位:m,比例:1:100)

a)钢插板环向布置图;b)横向施工示意图

6.4 强预支护原理在浅埋自稳差围岩中的应用

本节部分内容摘自王梦恕院士著作《地下工程浅埋暗挖技术通论》。

6.4.1 概述

在隧道施工过程中,若遇到浅埋围岩自稳差的情况,可采用王梦恕院士等创立的“浅埋暗挖法”理论和工法以及《公路隧道设计规范》(JTG D70—2004)、《公路隧道施工技术规范》(JTG/T F60—2009)中相关规定的设计和施工方法。

浅埋地下工程施工方法主要有明挖法(盖挖法)和暗挖法两大类,早期多采用明挖法施工。明挖法也称基坑法,包括敞口明挖法、基坑支护开挖法等。其施工方法为:首先从地面向下开挖出基坑,在基坑内进行结构施工,然后回填恢复地面。这种方法简单易行,施工作业面宽敞,施工速度较快,在覆盖层薄、人口稀少、车辆不多的地区采用是最经济的。我国最初的几条地下铁道就是应用此法修建的。明挖法最大的缺点是破坏地面、中断交通、拆迁工作量大,同时施工产生的噪声、振动等公害极大地干扰着附近居民的生活和工作。

为了最大限度地减少施工对地面交通和附近居民的干扰,又衍生出了盖挖法。盖挖法是一种先做钻孔灌注桩(挖孔桩)或连续墙将其作为围护结构和支撑结构(如钢横撑、长锚索等组成支挡结构),在该结构保护下再做桩顶纵梁、盖顶板,恢复路面,然后在桩及盖板的支护下再从上往下施工主体结构的方法。根据开挖及结构施工顺序的不同,盖挖法可分为盖挖顺作法及盖挖逆作法两种。为了减少对路面交通的干扰,盖板前采用夜间施工,白天恢复路面交通等措施,是一种较快速、经济、安全的施工方法。但在主要交通干道上修建地下工程时,不能彻底解决问题。

随着人们对环境保护的要求越来越高,加上地面交通运输繁忙,暗挖法已逐渐取代明挖法,广泛用在城市地下工程施工中。浅埋地下工程暗挖施工方法主要有盾构法、浅埋暗挖法等。

所谓盾构,是指在有水地层、软弱不稳定围岩中修建地铁区间隧道和其他地下工程时,进行开挖支护和衬砌的一种专用机械设备,其种类很多。目前广泛采用的最先进的盾构有泥水加压盾构和土压平衡盾构。盾构法施工具有不拆迁地面建筑物和地下管网,施工期间无噪声、无振动、不影响地面交通等优点。但是盾构法也存在随地层的变化会产生不适应、断面不允许改变、制造盾构的成本较高、造价昂贵等缺点。因此,在满足条件时应尽量用浅埋暗挖法取代盾构法施工。

浅埋暗挖法,是王梦恕院士等我国地下工程技术人员在借鉴国外成功经验及我国山岭隧道新奥法施工经验的基础上提出的隧道施工方法,于20世纪80年代中期首先在大秦线军都山铁路隧道进口黄土试验段和北京地铁复兴门车站折返线工程建设中使用。浅埋暗挖法是在软弱围岩浅埋地层中修建山岭隧道洞口段、城区地下铁道及其他用途浅埋结构物的施工方法。其特点是沿用新奥法基本原理,即采用通过建立量测信息、用于反馈设计和施工的程序,具体设计流程如图6.4.1所示;并采用先柔后刚复合式衬砌新型支护结构体系,考虑初次支护承担全部基本荷载,二次模筑衬砌作为安全储备,初次支护和二次衬砌共同承担特殊荷载的方法。

该方法多用于第四纪软弱地层中，主要适用于城市地铁、市政地下管网及其他浅埋地下结构物等工程。其开挖方法有正台阶法、单侧壁导坑法、中隔墙法（也称 CD 法和 CRD 法）、双侧壁导坑法（眼镜工法）等。浅埋暗挖法具有灵活多变，对地面建筑、道路及地下管网影响小，拆迁占地少、不扰民、不污染城市环境等优点，是目前较先进的施工方法。

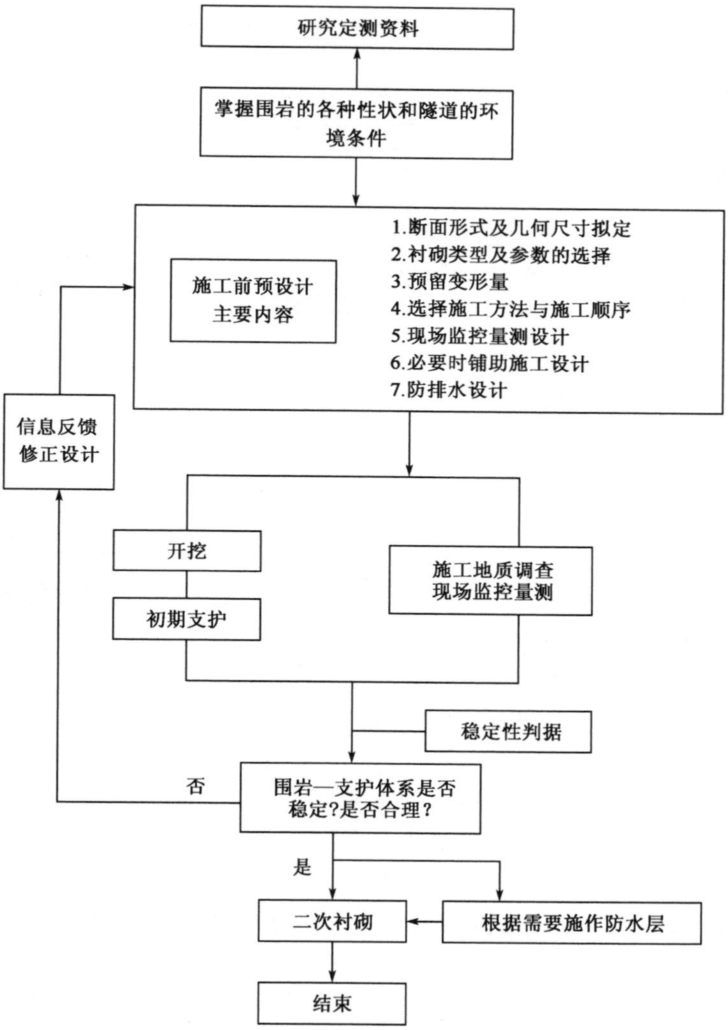

图 6.4.1　新奥法设计程序（崔玖江）

北京地铁首次采用浅埋暗挖法设计，施工建成了复兴门车站折返线工程。并用浅埋暗挖法在复兴门、西单区间做了三拱两柱、跨度达 21.7m 的车站设计和施工，得出浅埋暗挖法不仅能应用于区间隧道也适用于暗挖多跨地下铁道车站修建的结论。

随后，经过多年的不断总结、完善，这一方法已在城市地铁、市政、热力管道、电力管道、城市地下过街通道、地下停车场等工程中推广应用，并形成一套完整的配套技术。

明（盖）挖法、盾构法、浅埋暗挖法各有优缺点，详细比较见表 6.4.1。应根据工程实际情况，优先选择合适的施工方法。

浅埋地下工程施工方法比较 表 6.4.1

对比指标＼方法	明(盖)挖	盾　构	浅埋暗挖(NATM)
地质	各种地层均可	各种地层均可	有水地层需做特殊处理
场所	占用街道路面较大	占用街道路面较小	不占街道路面
断面变化	适用不同断面	不适用	适用不同断面
深度	浅埋	需要一定深度	需要一定深度可比盾构浅
防水	较易	较难	有一定难度
地面下沉	不存在	较大	较小
交通障碍	影响较大	影响不大	不影响
地下管路	需拆迁和防护	不需拆迁、防护	不需拆迁、防护
振动噪声	大	小	小
地面拆迁	大	较大	小
水处理	降水、疏干	堵、降结合	堵、降或堵排结合
进度	受拆迁干扰大，总工期较快	前期工程复杂，总工期一般	开工快，总工期一般偏慢
造价	43 亿～85 亿日元/km	46 亿日元/km	25 亿日元/km
注：造价仅是区间对比，是日本 1988 年的工程总结			低于其他方法 2～4 倍

目前，根据有关设计规范和工程实际情况，浅埋暗挖法支护结构设计仍然是一种以工程类比法为主、量测为辅的现场监控设计法和以计算为依据的理论分析设计法。

最近几年来，由于量测技术和计算技术的互相渗透，现场监控设计方法有了很大改进。现场监控量测是将施工前和施工过程中测得的数据反馈到设计和施工中，以期获得最佳的设计和施工方法，因此应当指出，地下工程设计的含义也应包含施工方法和施工参数的选择。

现场监控设计方法既有测试的科学依据，又能适应多变的地质和各种不同的施工方法，同时，它能以现场测试数据反算出比较准确的计算参数，或者直接以测试数据为计算参数，对围岩与支护的受力状态作出分析，这就克服了理论计算参数的障碍。由此可见，现场监控设计法比理论设计法更能体现地下支护结构的特点，比工程类比法具有更强的科学依据，这正是当前监控设计法迅速发展的原因。当然，监控设计法也存在一些问题，除了需要较完备的测试仪器和做较多的量测工作外，量测数据的分析和反馈计算结果的判断，仍然依赖于人们的经验。另外，目前还缺少比较完善的反馈理论和反馈计算方法，所以现场监控设计法还有待于不断发展和完善。

隧道设计具有以下特点：

(1)工程类比是浅埋暗挖技术设计的主要依据。工程设计前，首先要把本段的地质条件和类似的工程地质条件进行充分分析对比，以便确定本工程的预选设计方案，也称预设计。

(2)按荷载结构模式进行结构计算，其计算结果和结构实际受力情况比较接近。

(3)控制围岩变形是浅埋暗挖法设计施工的核心问题。

(4)设计和施工应紧密结合，设计应充分考虑施工措施。

(5)由于浅埋隧道地质条件比较明确,预设计应尽量准确。

在工程实践中应用浅埋暗挖法应遵循下述原则:

(1)应结合工程环境条件和隧道本身的安全要求,综合制定地面沉降控制基准值,而不是统一的如10mm、30mm的最严格值。

(2)综合考虑地面沉降、施工安全、工期、造价等因素,选定开挖工法。

(3)强调采用预加固措施(超前管棚、锚杆、注浆等)。

(4)隧道支护应考虑时空效应。

(5)隧道开挖后应尽早提供具有足够刚度和早强的初期支护,以控制围岩变形,而不是最大限度地选择围岩的自身承载能力。因此只有基本维持围岩原始状态,才能最大限度地发挥围岩本身原有的支承能力,这一观点符合新奥法理念。(国外新奥法设计思想的核心是:要保证围岩与支护共同作用,最大限度地发挥围岩本身原有的支承能力)。

(6)尽早施作仰拱并封闭成环,仰拱距工作面的距离越近越好,最大不宜大于1倍洞径。

(7)一般情况下,二次衬砌施作应在围岩及初期支护变形基本稳定后进行。但在采取辅助措施后,尚未满足稳定性要求的,也可提前施作二次衬砌(由于浅埋隧道荷载较明确,提前施作二次衬砌是可能的)。

(8)加强监控量测,及时反馈信息并调整支护参数。

(9)应采用复合式衬砌形式,两层之间设防水隔离层,其作用一是防水,二是防裂,只有做到两层之间剪力为零时,二次衬砌才不会开裂。由于该方法多在松软的第四纪地层中使用,围岩自身承载能力很差,为避免对地表建筑物和地中构筑物造成破坏,地表沉降量需严格控制,因此要求初期支护刚度要大、支护要及时。这种设计思想的施工要点概括为"管超前、严注浆、短进尺、强支护、早封闭、勤量测、速反馈"的二十一字方针。

6.4.2 浅埋破碎岩体中隧道支护结构的理论计算

对于浅埋破碎围岩的隧道支护结构,围岩压力的设计计算非常重要。一般来说,浅埋破碎围岩不具有自身稳定条件,如果不及时支护或支护结构的承载力不足,都会导致围岩发生不可恢复的变形,甚至出现大范围的坍塌破坏。因而,对于浅埋破碎围岩隧道支护结构的受力进行定量计算是十分重要的。下面介绍确定浅埋隧道围岩压力的几种常用计算方法。

(1)根据《公路隧道设计规范》(JTG D70—2004)求解

浅埋隧道的荷载可以分为以下两种情况分别计算。

①埋深H小于或等于等效荷载高度h_q时,荷载视为均布垂直压力:

$$q = \gamma \cdot H \tag{6.4.1}$$

②埋深大于等效荷载高度h_q,小于等于临界深度H_p时,如图6.4.2所示,作用在HG面上的垂直压力为:

$$Q_{浅} = W - 2T' = W - 2T\sin\theta \tag{6.4.2}$$

两侧三棱体自重为:

$$W_1 = \frac{1}{2}\gamma h \frac{h}{\tan\beta} \tag{6.4.3}$$

根据正弦定理可得:

$$T=\frac{\sin(\beta-\varphi)}{\sin[90^\circ-(\beta-\varphi+\theta)]}W_1=\frac{\sin(\beta-\varphi)}{\sin[90^\circ-(\beta-\varphi+\theta)]}\frac{1}{2}\gamma h\frac{h}{\tan\beta} \tag{6.4.4}$$

总垂直压力：

$$Q_{浅}=W-2T\sin\theta=W-\frac{\sin(\beta-\varphi)}{\sin[90^\circ-(\beta-\varphi+\theta)]}\gamma h\frac{h}{\tan\beta}\sin\theta \tag{6.4.5}$$

作用在支护结构上的均布荷载为：

$$q_{浅}=\frac{Q_{浅}}{B_r}=\frac{W-\dfrac{\sin(\beta-\varphi)}{\sin[90^\circ-(\beta-\varphi+\theta)]}\gamma h\dfrac{h}{\tan\beta}\sin\theta}{B_r} \tag{6.4.6}$$

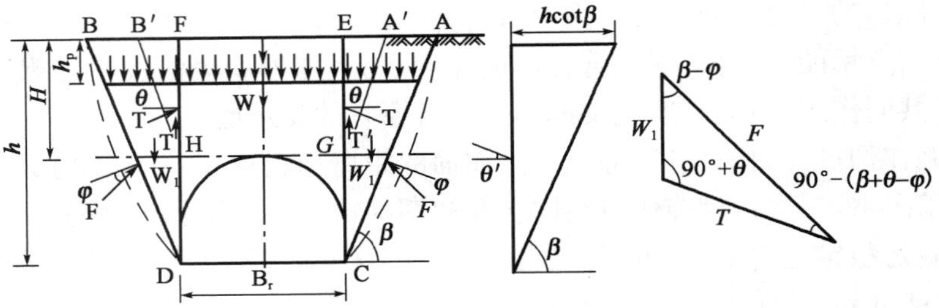

图 6.4.2　浅埋隧道受力分析图

(2)按太沙基理论确定围岩作用于衬砌顶部的压力

太沙基理论视围岩为具有一定黏聚力的松散体,其观点认为隧道地压是由岩层的应力传递引起。隧道开挖后,隧道顶板围岩逐渐下沉,并引起应力传递而作用于隧道衬砌上,形成隧道压力。

如图 6.4.3 所示,取地面下深度 z 处,滑动体为宽 $2a_1$,厚为 dz 的单元体,由垂直方向的平衡条件可以得到：

$$2\gamma a_1 dz=a_1 d\sigma_v+2Cdz+2\lambda\sigma_v\tan\varphi dz \tag{6.4.7}$$

即：

$$\frac{d\sigma_v}{dz}=\gamma-\frac{C}{a_1}-\lambda\sigma_v\frac{\tan\varphi}{a_1} \tag{6.4.8}$$

根据边界条件：

$$\begin{cases}z=0,\sigma_v=q\\ z=H,\sigma_v=P\end{cases} \tag{6.4.9}$$

可求得隧道顶部的围岩压力：

$$P=\frac{\gamma a_1-c}{\lambda\tan\varphi}\left[1-\exp\left(\frac{\lambda H\tan\varphi}{a_1}\right)\right]+q\exp\left(-\frac{\lambda H\tan\varphi}{a_1}\right) \tag{6.4.10}$$

其中：$a_1=a+h_1\tan\left(45^\circ-\dfrac{\varphi}{2}\right)$

式中：γ——围岩重度；

λ——静止侧压力系数。

(3)钢拱架受力分析

围岩压力的确定和钢拱架的受力分析与深埋破碎围岩中的情况相同,分析过程详见以上两节,在此不再赘述。

6.4.3 浅埋暗挖法预支护结构设计

(1)计算机模拟开挖分析

根据工程类比法,按拟定的净空尺寸的基本要求,进行三种开挖类型(台阶法、中隔墙法、侧壁导坑法)的计算机模拟开挖分析,目的在于对大断面隧道开挖过程中的应力分布和围岩松弛范围做定性分析,以指导结构断面尺寸、形状和施工方法的选择。

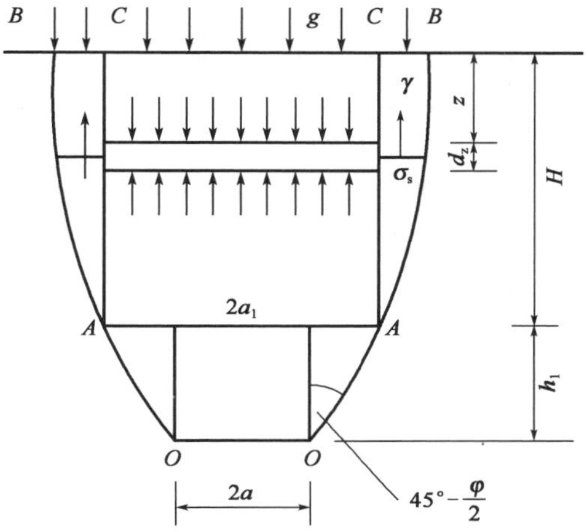

图 6.4.3 太沙基计算简图

基本研究思路:在应力释放及应力重分布过程中,当洞室开挖后,初始应力得到释放,将释放的应力作为等效荷载加在开挖后的洞室结构上,以研究开挖后洞室的力学行为。计算中不但注意了初期支护对围岩的加固作用和不同部分开挖过程中各部分之间的互相作用,同时也考虑了分部开挖步数及开挖的顺序对应力-应变过程状态、最终的应力和位移的影响。开挖模拟方法如下:

①按工法要求划分开挖顺序。

②开挖前进行应力分析,求出初始应力,此时应变状态在初始应力作用下早已完成,其值为零。

③根据第 i 次的开挖,进行形状改变,除去被挖掉部分的单元,根据除去单元的累计应力状态,求出在自由表面的节点处由这些单元作用于周围的节点力,将与这些节点力大小相等、方向相反的力作用于自由表面的节点,这些力就是开挖等效外力,按此方法加载作用力直到开挖完毕。塑性判据采用摩尔-库仑屈服准则。

计算分析表明:

①底脚和侧壁应力集中,弯矩和轴力较大,产生了较大的松弛应力,这和开挖跨度有很大关联。

②底脚和侧壁松弛范围均较大,要求底脚有较大的承载力。

③在拱脚处加长的锚杆起到了重要的作用,有效地控制了塑性区的发展,而拱顶减短的锚杆完全能满足要求。

④剪应力产生的大小和方向与开挖顺序有关。

⑤设置仰拱后,底脚处的塑性区得到较好地控制,说明先修仰拱及时封闭结构很重要。

⑥从快速施工的角度考虑,上台阶法优于中隔墙法和侧壁导坑法,但在围岩条件较差,需控制沉降和变形等情况下,宜采用中隔墙法和侧壁导坑法。考虑工序转换,上台阶法和中隔墙法可以交换。

(2)经验类比法分析

表 6.4.2 为国内外大断面隧道施工实例统计分析。为了便于归纳分析,将跨度划分为10m、15m、20m,开挖面积分为小于 $100m^2$、约 $140m^2$ 和大于 $170m^2$ 三种近似情况,以开挖面为划分标准,第一种为大断面,后两种为超大断面,计算出的扁平率列于表 6.4.2 中。

国内外大断面地下工程支护参数及开挖方法统计分析 表 6.4.2

围岩类别(级)	Ⅱ～Ⅲ					
统计跨度(m)	10		15		20	
开挖面积(m^2)	小于 100		约 140		大于 170	
扁平率	0.6～0.72		0.49～0.68		0.52～0.64	
项目	已使用方案	推荐方案	已使用方案	推荐方案	已使用方案	推荐方案
施工方法	1. 上台阶法； 2. 上台阶临时闭合法； 3. CD 法、CRD 法	深埋： 1. 上台阶法； 2. CD 法、CRD 法； 浅埋： 1. CD 法、CRD 法； 2. 上台阶临时闭合法	1. 上台阶法； 2. 侧壁导坑法； 3. CD 法、CRD 法； 4. 上台阶临时闭合法	深埋： 1. 上台阶短台阶法； 2. CD 法、CRD 法； 浅埋： 1. CD 法、CRD 法 2. 侧壁导坑法	1. 上台阶短台阶法； 2. CD 法、CRD 法； 3. 侧壁导坑法	深埋： 1. CD 法、CRD 法； 2. 侧壁导坑法； 3. 上台阶短、超短台阶法； 浅埋： 1. CD 法、CRD 法； 2. 侧壁导坑法
喷混凝土(cm)	5～20	10～15	10～25	10～15	15～25	15～20
锚杆(m)/(环×纵)	2.5～3.0/(1.5×1.2)	2.5/(1.2×1.2)	2.5～3.5/(1.0×1.0)	2.5/(1.0×1.0)	3.0～4.05/(1.0×1.0)	3.0/(1.0×1.0)
钢支撑型号/间距(m)	H150/1.5	—	H200/1.5	—	H200/1.0	—
预支护	—	—	—	—	小导管注浆	小导管注浆
衬砌厚度(m)(拱部/仰拱)	(0.25～0.5)/(0～0.5)	(0.25～0.3)/(0.25～0.3)	(0.25～0.5)/(0～0.5)	(0.25～0.35)/(0.25～0.35)	(0.3～0.6)/(0.3～0.6)	(0.4～0.5)/(0.4～0.5)
围岩类别(级)	Ⅳ～Ⅴ					
统计跨度(m)	10		15		20	
开挖面积(m^2)	小于 100		约 140		大于 170	
扁平率	0.69～0.89		0.62～0.76		0.60～0.72	
项目	已使用方案	推荐方案	已使用方案	推荐方案	已使用方案	推荐方案
施工方法	1. 上台阶法(短、超短台阶法)； 2. 侧壁导坑法； 3. CD 法、CRD 法	深埋： 1. 短台阶法； 2. CD 法、CRD 法； 3. 侧壁导坑法； 浅埋： 1. CD 法、CRD 法； 2. 上台阶临时闭合法	1. 上台阶法(短、超短台阶法)； 2. 侧壁导坑法； 3. CD 法、CRD 法； 4. 上台阶临时闭合法	深埋： 1. 上台阶临时闭合法； 2. CD 法、CRD 法； 3. 侧壁导坑法； 浅埋： 1. CD 法、CRD 法； 2. 侧壁导坑法	1. 上台阶临时闭合短、超短台阶法； 2. CD 法、CRD 法； 3. 侧壁导坑法	深埋： 1. CD 法、CRD 法； 2. 侧壁导坑法； 3. 超短台阶临时闭合法； 浅埋： 1. CD 法、CRD 法； 2. 侧壁导坑法

续上表

围岩类别(级)	Ⅳ～Ⅴ					
喷混凝土(cm)	10～25	15～20	15～30	20	15～35	25
锚杆(m)/(环×纵)	2.5～3.5/(1.0×1.0)	3.0/(1.0×1.0)	3～6/(0.8×1)	3.5/(0.8×0.8)	4.5～6.5/(1.0×0.8)	4.5/(1.0×1.0)
钢支撑型号/间距(m)	H250/1.5	用格栅替换	H250/1.0	用格栅替换	H250/0.8	用格栅替换
预支护	小导管注浆，管棚	小导管注浆，管棚	小导管注浆，管棚，基脚注浆，旋喷导管	小导管注浆，管棚，基脚注浆，旋喷导管	小导管注浆，管棚，基脚注浆，旋喷导管，拱顶衬砌	小导管注浆，管棚，基脚注浆，旋喷导管，拱顶衬砌
衬砌厚度(m)(拱部/仰拱)	(0.3～0.5)/(0.3～0.6)	0.4/0.4	(0.4～1)/(0.4～1)	0.4/0.5	(0.4～2)/(0.4～2)	0.6/0.7

通过分析表明：

①扁平率随跨度增加而减小，说明设计者在设计时要兼顾净空高度和经济合理性要求。在跨度加大时，若以加强初期支护和衬砌厚度来减少开挖面积，则是合理的，同时说明研究扁平率是个经济问题。

②由于在施工中，软岩相对硬岩拱顶稳定性较差，两侧壁松弛压力和底鼓较大，所以在设计时应考虑采取相对较小的曲率半径。

③隧道扁平率和衬砌轴力越小，衬砌两侧的负弯矩越大，拱顶的正弯矩几乎不变，这说明衬砌两侧的应力也增大了，因此加大衬砌的两侧厚度有利于控制隧道衬砌应力。

④采用长锚杆、基脚和拱脚注浆锚杆等加强初期支护的措施，有利于加固围岩、防止围岩松弛变形，保证施工安全。

⑤在工序上对于Ⅱ级及其以下围岩均先设仰拱，以便及时封闭和稳定整个结构。

另外，超前锚杆设计、小导管注浆设计、管棚设计等可参考王梦恕院士《地下工程浅埋暗挖技术通论》的相关内容。

6.4.4 浅埋暗挖法施工

在浅埋地段修建隧道时，往往受周围环境等因素限制，必须采用暗挖法施工。浅埋暗挖法是一种综合施工技术，其特点是在开挖过程中采用多种预支护施工措施加固围岩，合理调动围岩的自承能力，开挖后及时支护，封闭成环，使其与围岩共同作用形成联合支护体系，有效地抑制围岩过大变形。

采用浅埋暗挖法施工时，常见的典型施工方法是正台阶法以及适用于特殊地层条件的其他施工方法，如全断面法、单侧壁导坑超前正台阶法、双侧壁导坑正台阶法(眼镜工法)、中隔墙法等。施工方法详见表 6.4.3。

浅埋暗挖法修建隧道及地下工程主要开挖方法 表 6.4.3

施工方法	示意图	重要指标比较					
		适用条件	沉降	工期	防水	一次支护拆除量	造价
全断面法	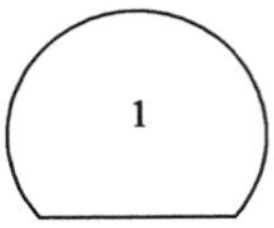	地层好 跨度≤8m	一般	最短	好	无	低
正台阶法	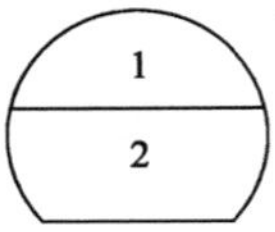	地层较差 跨度≤12m	一般	短	好	无	低
上半断面临时封闭正台阶法	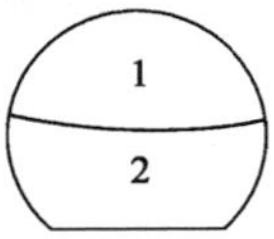	地层差 跨度≤12m	一般	短	好	小	低
正台阶环形开挖法	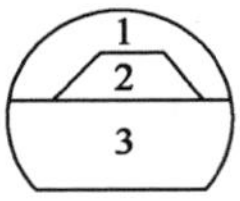	地层差 跨度≤12m	一般	短	好	无	低
单侧壁导坑正台阶法	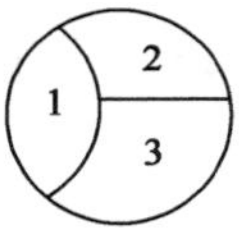	地层差 跨度≤14m	较大	较短	好	小	低
中隔墙法（CD法）	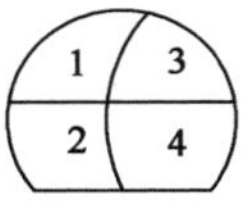	地层差 跨度≤18m	较大	较短	好	小	偏高
交叉中隔墙法（CRD法）	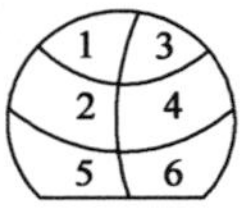	地层差 跨度≤20m	较小	长	好	大	高
双侧壁导坑法（眼镜工法）	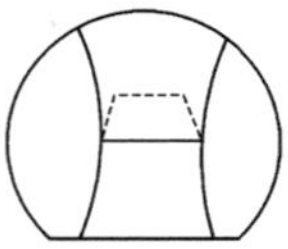	小跨度，连续使用可扩成大跨度	大	长	效果差	大	高
中洞法	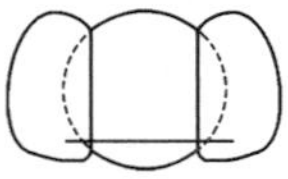	小跨度，连续使用可扩成大跨度	小	长	效果差	大	较高
侧洞法	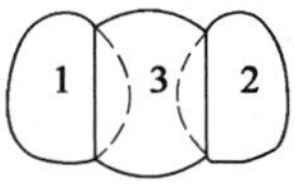	小跨度，连续使用可扩成大跨度	大	长	效果差	大	高

续上表

施工方法	示意图	重要指标比较					
		适用条件	沉降	工期	防水	一次支护拆除量	造价
柱洞法	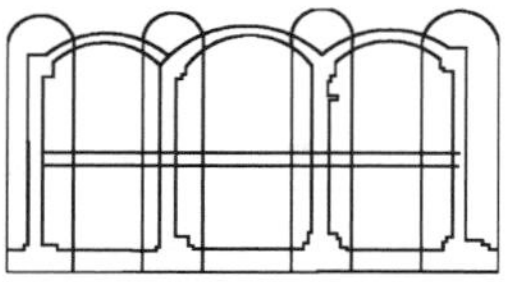	多层多跨	大	长	效果差	大	高
盖挖逆作法	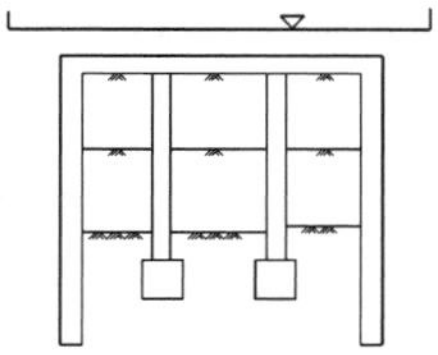	多跨	小	短	效果好	小	低

注：该表引自王梦恕的《地下工程浅埋暗挖法技术通论》。

应当引起注意的是，浅埋暗挖工程是在岩（土）体具有应力且开阔的地下空间中施工，在选择施工方法时，应当根据地下工程的具体各方面条件综合考虑，选择最经济、最理想的设计和施工方案，还可以是多种方案的综合应用，因而这个过程同时也是一个受多因素影响的动态的择优过程。

浅埋暗挖工程施工中，应根据不同的围岩工程地质条件、水文地质条件、工程建筑要求、机具设备、施工技术条件、施工技术水平、施工经验等多种因素，选择一种或多种行之有效的施工方法。当围岩较稳定且岩体较坚硬时，施工往往先开挖隧道坑道断面，然后修筑支护结构，并且在有条件时可以争取一次把全断面挖成。衬砌修筑也可以先修筑边墙，之后再修筑拱圈，即为先墙后拱法；当围岩稳定性较差时，则需要随开挖随支撑，防止围岩变形及产生坍塌；开挖坑道后，及时修筑永久性支护结构，尤其坑道开挖的顶部，一般在上部断面挖成后先修筑拱圈，在拱圈的保护下再开挖坑道下部断面，即为先拱后墙法。总之，在选择施工方法时，要根据各种因素并结合地质条件变化的实际情况，采取有效的施工方法。

在市区软弱、松散的地层中，单从控制地层位移的角度考虑，隧道浅埋暗挖施工方法择优的顺序为：CRD 工法→眼镜工法→CD 工法→上半断面临时闭合法→正台阶法。而从进度和经济角度考虑，由于各工法的工序和临时支护不同，其顺序恰恰相反。

6.4.5 破碎岩土体中浅埋隧道的超前支护案例分析

（1）雪山隧道

雪山隧道（图 6.4.4）埋深比较浅，在浅埋和超浅埋隧道中，如果上覆岩土层比较破碎时，极易发生坍塌冒顶事故。在该隧道的施工过程中，针对其特殊的地质条件，很好地运用了预支护原理，采用了小断面、多台阶、短进尺、弱爆破、强支护的施工方案（图 6.4.5），避免了冒顶事故的发生。

图 6.4.4　雪山隧道

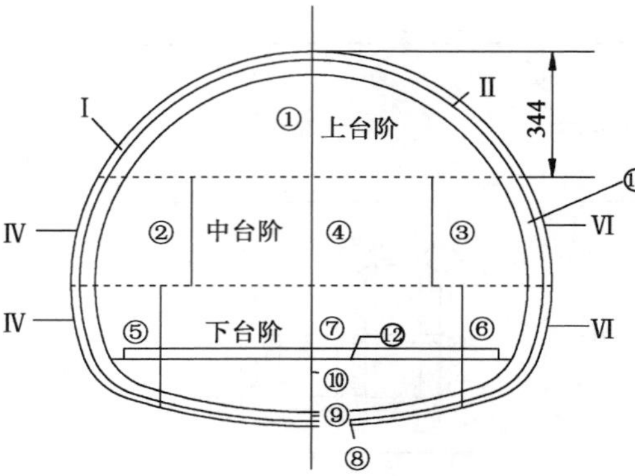

图 6.4.5　三台阶七步流水作业法(尺寸单位:mm)

(2)大枫坑口隧道

图 6.4.6 为大枫坑口隧道在进洞时,由于上覆岩土体局部较破碎,施工时没有采用超前支护措施,从而出现了坍塌冒顶事故。因此在遇到类似于此种围岩时,应该首先处理破碎带,必须采取及时有效的超前支护措施(如超前管棚、超前锚杆等),提供足够的预支护力(图 6.4.7),才能保证围岩的稳定。相似的隧道塌方事故都有一个共同的特征,隧道穿越的岩土体,往往下部为坚硬的基岩,上部为结构松散的土体。隧道进洞后,爆破振动一方面对本来就比较松散的土体进行扰动;另一方面隧道的开挖出现临空面,使上部土体失去了支撑,破坏了它的力学平衡,从而引起边仰坡发生滑塌,出现隧道塌方冒顶的严重工程事故。

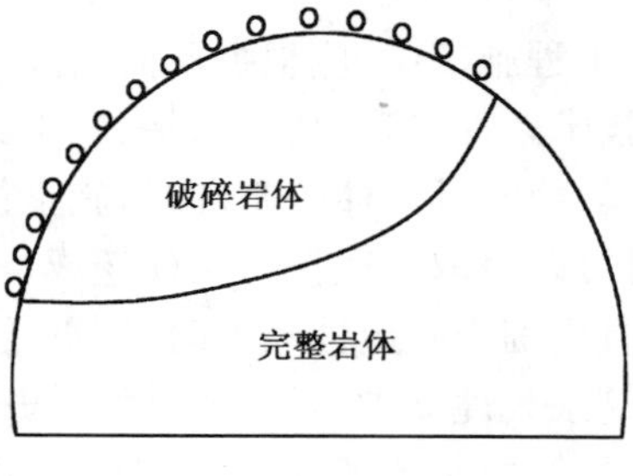

图 6.4.6　大枫坑口隧道洞口塌方事故

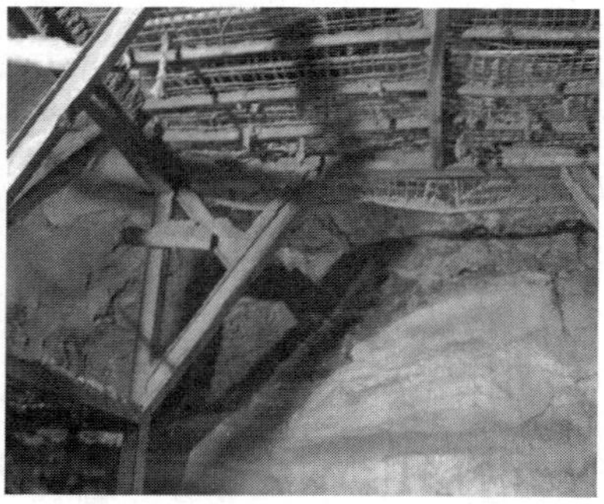

图 6.4.7　大枫坑口隧道洞口塌方事故处理方案

当围岩为土或松散破碎围岩时,应采用图 6.4.8a)所示的开挖顺序进行施工,此时应预留核心土,保护掌子面的安全。第 1 步开挖完成后,迅速施作初期支护。当围岩为较完整岩石时,应采用图 6.4.8b)所示的开挖方式,此时应首先爆破开挖隧道的核心部分,然后逐渐扩大断面,这样可以减少对围岩的扰动,同时也做到了爆破能最小,符合开挖能量最小原理。在规范的预留核心土开挖工法中,应该引起注意的是该工法中强调的是预留核心"土"而非核心"石"。目前在山岭隧道建设中,采用的是钻爆法施工,而不是像土质洞室中使用人工开挖或机械开挖。所以应尽量使用小的爆破能量来开挖隧道，这样既满足了开挖能量最小，又能使对围岩的扰动最小，从而可以保证围岩的稳定，确保隧道的安全施工。综上所述，由于石质隧道和土质隧道中开挖工艺不同，故应采取不同的施工顺序。

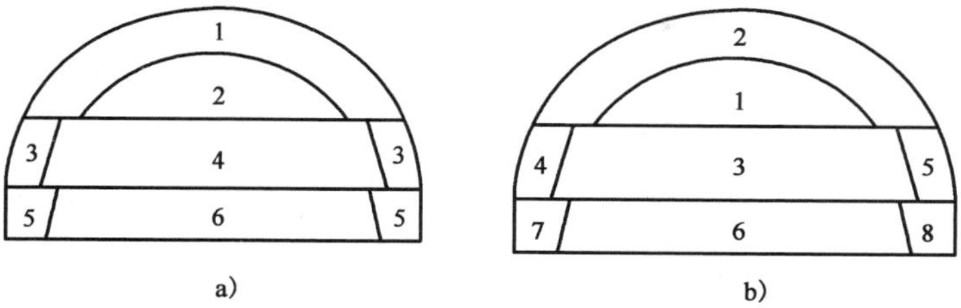

图 6.4.8 岩土介质中隧道开挖顺序

a)土质隧道中开挖顺序；b)岩质隧道中开挖顺序

6.5 强预支护原理在深埋自稳差围岩中的应用

深埋破碎围岩自稳性差，特别是拱部围岩，围岩自稳时间很短或基本没有自稳时间，在隧道施工失去支承后极易发生塌落，导致工程事故。如何在此类围岩中安全经济地进行隧道施工，一直是工程界关注的问题。

工程实践表明，通过在破碎围岩中实施预支护，使围岩在发生位移之前即受到维护，施工暴露出的围岩是经过改造强化的岩体，围岩自承能力得到提高，在一定时间内实现围岩自稳，为进一步施加支护和衬砌创造了条件。预支护结构中的锚杆、小导管、管棚、插板等金属构件与周围的注浆体或岩土体共同组成沿隧道纵向的构件，在断面内各构件组成拱形的连续壳体，壳体承担上方破碎围岩的自重，起到支护作用。这里介绍的预支护是指隧道工程中常提到的超前支护，不同章节中的预支护原理阐述了隧道围岩和支护结构的作用机理，预支护是广义的支护理念，它涵盖了超前支护、初期支护以及二次支护等各类支护结构。预支护包含超前支护，因此它不等同于超前支护，可以说超前支护是狭义上的预支护。本章的研究对象主要是深埋破碎围岩，重点强调其超前支护(狭义的预支护)的作用，其初期支护结构在此不再阐述。

根据岩体力学理论，单向应力状态下岩石破坏消耗的能量是必要耗能，工程中的实际耗能远大于该能量。因此，对于稳定性较差的Ⅲ级、Ⅳ级、Ⅴ级破碎围岩，应采用预支护或分步施工并及时支护，施工时要采用弱爆破，应尽可能减轻对围岩的扰动，基本维持围岩的原始状态，达到维持围岩稳定的目的。

对稳定性较差的Ⅲ级、Ⅳ级、Ⅴ级围岩，下导洞适度超前预支护全断面施工方法是一种行之有效的技术，取得了良好的技术经济效益。根据破碎围岩类型应采取不同的预支护方案，这也是采用下导洞适度超前全断面施工方法的前提。常用的预支护方案有以下几种情况：

(1)对于Ⅳ级围岩稳定性较好的硬岩，可用超前锚杆和超前小导管注浆配合格栅拱预支护，才能进行下导洞适度超前全断面施工作业。

(2)对于Ⅳ级、Ⅴ级围岩稳定性较好的软岩，可用超前短管棚(小钢管)或插板配合钢拱架预支护，才能进行下导洞适度超前全断面施工作业。

(3)对于Ⅳ级、Ⅴ级围岩稳定性较差的软岩，可用超前长管棚或插板配合钢拱架预支护，才能进行下导洞适度超前全断面施工作业。

(4)对于下述特殊情况宜采用刚性支护(背板法)或改良地层后,才能进行下导洞适度超前全断面施工作业。

①未胶结的松散岩体或人工堆积碎石土。

②浅埋但不宜明挖地段。

③膨胀性岩体或含有膨胀因子、节理发育、较松散岩体。

④地下水活动较强,造成大面积淋水地段。

对于上面四类不良地质条件的隧道开挖,不宜直接使用锚喷支护,而宜采用浅埋暗挖法或类似软土隧道盾构施工原理的刚性支护,如采用超前管棚、小钢管或插板、钢拱架和喷射混凝土的联合支护体系,或采用改良地层的办法加固围岩。

鉴于隧道工程的特点,即与地质关系密切、动态设计、理论偏于定性指导和设计仍以工程类比法为主等,选择设计和施工方法时,并不介意采用什么理论和方法,而应根据具体工程的各方面综合条件,选用经济合理的设计和施工方案,还可以是多种方法的综合运用。其目的是必要时采取预支护措施加固围岩,以减少和约束围岩的不利变形,尽可能保持围岩原始状态,充分保护和调动围岩的自承能力。

6.5.1 深埋破碎岩体中支护结构的理论计算

无论是在深埋还是浅埋破碎岩体中开挖隧道,在进行支护设计时,围岩压力的确定是关键。下面首先按几种不同的方法来确定围岩压力,然后再对钢拱架的受力进行分析、计算。

(1)按普氏理论计算

普氏理论是在深埋洞室围岩压力计算中最常用的计算方法,深埋洞室开挖后,由于节理的切割,洞顶的岩体会产生塌落,当塌落到一定程度会形成一个自然平衡拱。普氏理论认为:作用在深埋松散岩体洞室顶部的围岩压力,仅为拱内岩体的自重。

根据普氏冒落拱理论,确定围岩作用于衬砌顶部的压力为:

$$P_v = \frac{2a}{3a_1 f}(3a_1^2 - a^2)\gamma \tag{6.5.1}$$

式中:a_1——地下洞室拱跨度的一半;

γ——岩体重度;

f——岩石坚固性系数;

a——洞室底宽的一半。

如果洞室帮壁不稳定,两侧将沿图 6.5.1 所示的 BC 面滑动,而 ABC 三角棱柱沿 BC 面向洞室内滑动时对衬砌产生侧压,侧压的大小可按土力学中的朗肯主动土压力理论进行计算。

侧部压力为:

$$P = \frac{\gamma H}{2}(2b_0 + H)\tan^2\left(45° - \frac{\varphi_f}{2}\right) \tag{6.5.2}$$

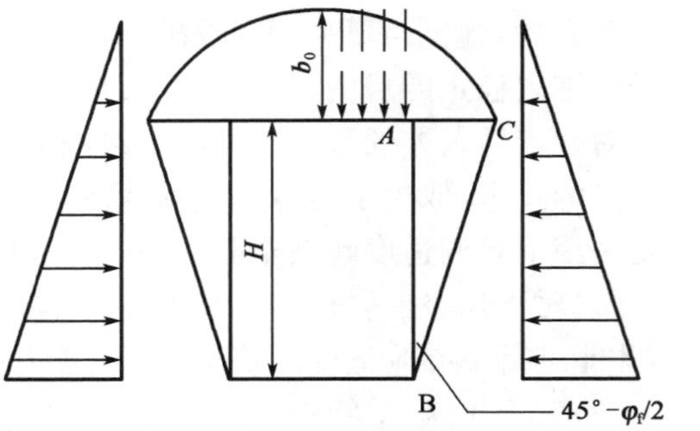

图 6.5.1 压力拱理论计算图

其合力作用点为：

$$y=\frac{H}{3}\frac{2b_0+H}{3b_0+H} \tag{6.5.3}$$

(2)根据统计理论计算

铁道部有关部门通过对单线铁路隧道357个塌方调查数据进行统计，以算术平均值作为数学期望值，得出了各类围岩的塌方统计高度，如表6.5.1所示。

各类围岩的塌方统计高度 表6.5.1

围岩级别	Ⅰ	Ⅱ	Ⅲ	Ⅳ	Ⅴ	Ⅵ
塌方高度 h(m)	0.65	1.29	2.4	4.32	9.6	19.2

坑道的开挖高度为 H，宽度为 B，令 $h=n(B+H)$，通过统计资料可以得出荷载系数 $n=0.043e^{0.64(s-1)}$（s 为围岩类别），则支护结构的设计荷载为 $q=\gamma n(B+H)$。

(3)围岩压力的确定

在实际隧道支护结构的设计计算中，要把计算出的围岩压力进行一定的折减。因为经典的理论（如普氏理论）计算出的围岩压力是在正常情况下，按照钢支撑完全支撑塌方区域的岩体重力来考虑的。而在后面的计算中所用到的围岩压力，并非是松动区岩体的重力，而是应该对这个压力进行一定折减后的数值。因为一般情况下，对于破碎围岩段，钢拱架是隧道开挖后及时架设上去的，这样就能限制松弛范围的不断扩大。所以，钢拱架实际支撑的压力比统计的塌落区域岩体的重力要小。按照相关文献确定的各类围岩的压力折减系数见表6.5.2。将折减后的荷载 $p=\mu q$ 用于钢拱架的内力计算分析。

各类破碎围岩的围岩压力折减系数 μ 表6.5.2

围岩级别	Ⅲ	Ⅳ	Ⅴ	Ⅵ
μ	0.3	0.4	0.6	0.7

(4)钢拱架的受力分析和支护形式确定

目前在隧道施工中，对破碎围岩段或塌方区域一般采用钢支撑，因为钢支撑的最大特点就是架设后能立即承载，可控制围岩松弛和塑性区继续扩大或变形迅速发展。规范规定钢支撑的间距最大不应超过1.5m，一般可取1.0m，对破碎围岩段应视具体情况适当减小。

①均布荷载作用下的钢拱架受力分析计算

由于钢拱架的受力比较复杂，所以要进行必要的简化，先从最简单的情况入手。隧道开挖后，架设钢拱架，钢拱架的受力按图6.5.2所示进行简化，围岩压力按均布荷载，沿钢拱架径向分布。设隧道宽度为 B，高度为 H。

建立如图6.5.3所示的坐标系，根据竖向的力学平衡可得：

$$R_A=R_B=\frac{1}{2}\int_0^{\frac{\pi}{2}}p\sqrt{\left(\frac{B}{2}\cos\alpha\right)^2+(H\sin\alpha)^2}\cdot\sin\alpha d\alpha=\frac{1}{2}pH \tag{6.5.4}$$

然后对钢拱架进行局部分析，如图6.5.3所示。根据水平方向的力学平衡容易得到截面上的轴力为：

$$N=\int_0^{\frac{\pi}{2}}p\sqrt{\left(\frac{B}{2}\cos\alpha\right)^2+(H\sin\alpha)^2}\cos\alpha d\alpha=\frac{1}{2}pB \tag{6.5.5}$$

根据力矩平衡，对 A 点的弯矩为零，即 $\sum M_A = 0$，求解可得钢拱架拱顶处的弯矩为：

$$M = \int_0^{\frac{\pi}{2}} p\sqrt{\left(\frac{B}{2}\cos\alpha\right)^2 + (H\sin\alpha)^2}\,\frac{B}{2}\sin\alpha\mathrm{d}\alpha - N\cdot H$$

$$= \frac{pB^2}{2(B^2-4H^2)} + \frac{2pBH^2}{(B^2-4H^2)^{3/2}}\ln\left(\frac{\sqrt{B^2-4H^2}+B}{2H}\right) - \frac{pBH}{2} \tag{6.5.6}$$

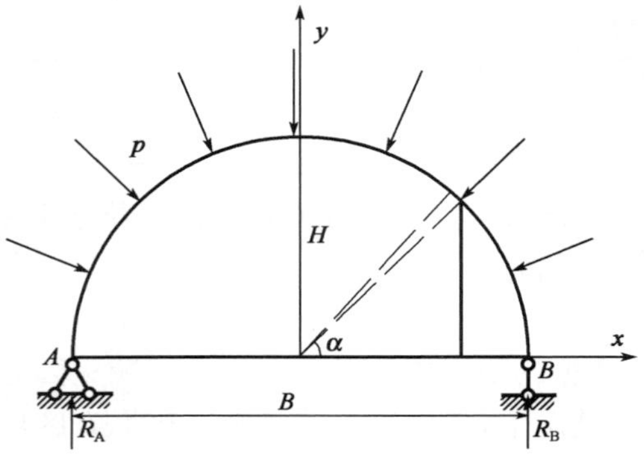

图 6.5.2 钢拱架在隧道中的受力图

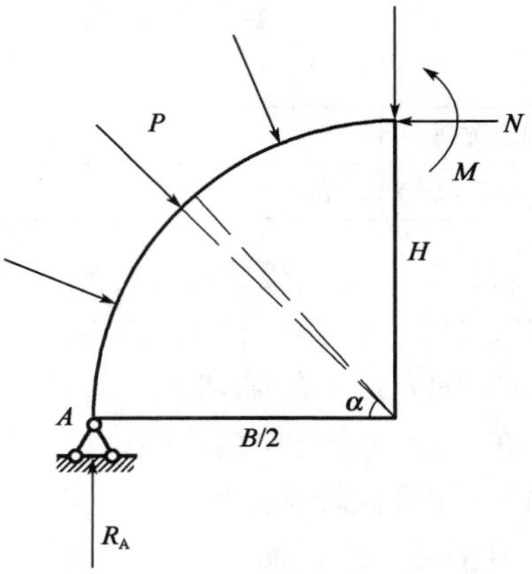

图 6.5.3 局部受力分析示意图

②松动区位于拱顶的情况

在隧道开挖过程中，当遇到断层带或破碎围岩的时候，容易在拱顶发生塌方，此时钢拱架的作用主要是承载拱顶这部分松动岩体的重力，针对这种情况进行简化，得到了图 6.5.4 所示的钢拱架受力简图。

根据力矩平衡，对 A 点的弯矩为零，即 $\sum M_A = 0$，根据上式可以得到：

$$R_B = \frac{p(x_1+x_2)(B+x_2-x_1)}{2B} \tag{6.5.7}$$

根据竖向的力学平衡，可以得到：

$$R_A = p(x_1+x_2) - \frac{p(x_1+x_2)(B+x_2-x_1)}{2B} = \frac{p(x_1+x_2)(B-x_2+x_1)}{2B} \tag{6.5.8}$$

然后对钢拱架进行局部受力分析，如图 6.5.5 所示。根据竖向的力学平衡，可以求出断面上的剪力：

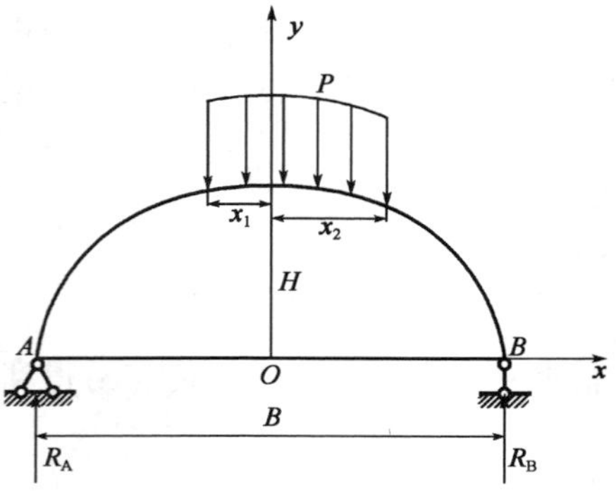

图 6.5.4 松动荷载完全在拱顶时钢拱架在隧道中的受力图

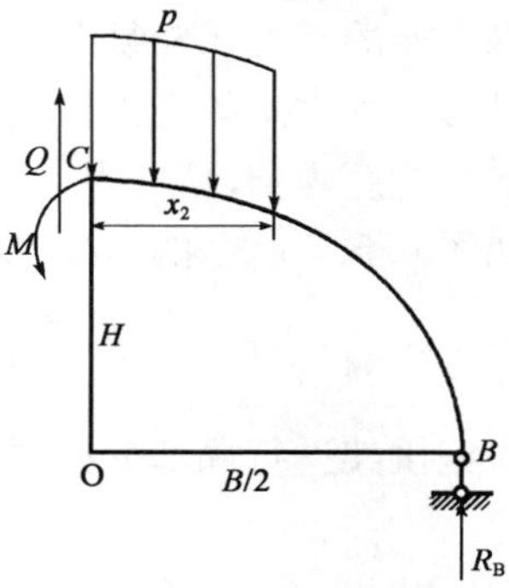

图 6.5.5 松动区在拱顶时钢拱架局部受力分析简图

$$Q = px_2 - R_B = \frac{px_2 - p(x_1 + x_2)(B + x_2 - x_1)}{2B} = \frac{p(x_2 - x_1)(B - x_2 - x_1)}{2B} \tag{6.5.9}$$

根据力矩平衡，对 C 点的弯矩为零，即 $\sum M_C = 0$，可以求得截面上的弯矩为：

$$M = p\frac{x_1^2 + x_2^2 - B(x_1 + x_2)}{4} \tag{6.5.10}$$

③在洞顶和两侧壁均有破碎岩体的情况

在隧道的建设过程中，破碎岩体的分布位置往往是随机的。可能在洞顶出现，也可能在两侧壁上出现。对洞顶和两侧壁均有破碎岩体的复杂情况进行简化，按荷载垂直作用在钢拱架边界上，得到了如图 6.5.6 所示的钢拱架受力简图。

可以根据受力平衡和力矩平衡分别求得钢架的轴力、剪力和弯矩：

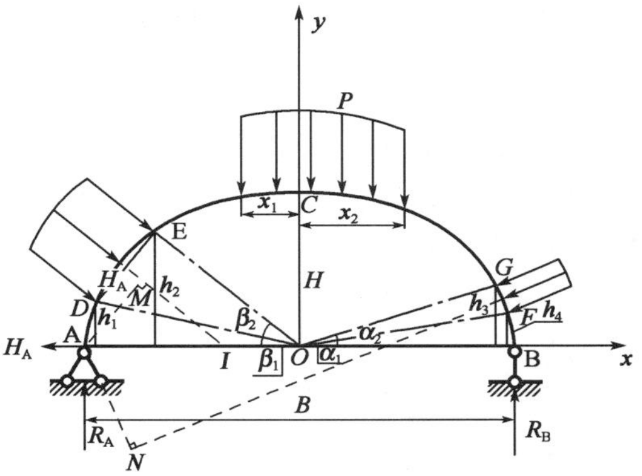

图 6.5.6 洞顶和两侧壁均有破碎岩体时钢拱架的受力图

$$N = H_A - p \cdot s_1 \cdot \frac{h_2 - h_1}{\overline{DE}} \tag{6.5.11}$$

$$Q = px_1 + ps_1\frac{\frac{B}{2H}(\sqrt{H^2 - h_1^2} - \sqrt{H^2 - h_2^2})}{\overline{DE}} - R_A \tag{6.5.12}$$

$$M = p\frac{x_1^2}{2} + ps_2 \cdot \overline{AN} - R_A\frac{B}{2} - H_A \cdot H \tag{6.5.13}$$

式中：s_1——弧长 FG；

s_2——弧长 DE。

④钢拱架型号的确定

根据弯矩和轴力公式进行强度校核可以算出钢拱架的截面积，然后查规范中普通工字钢的规格得到应采用的工字钢的型号或 H 型钢的型号。

校核公式：

$$\frac{N}{A} + \frac{M}{\eta W_x} \leqslant f \tag{6.5.14}$$

对于主平面受弯的实腹构件抗剪强度的校核，规定为：

$$\tau = \frac{QS_x}{I_x t} \leqslant f_v \tag{6.5.15}$$

式中：Q——截面上的剪力；

I_x——所计算截面对主轴 x 的毛截面惯性矩；

S_x——所计算剪应力处以上或以下毛截面对中和轴 x 的面积矩（当计算腹板上任一点的竖向剪应力时），以及以左以右毛截面对中和轴 x 的面积矩（当计算翼缘板上任一点的水平剪应力时），其值为：$S_x = \int_0^s yt\,\mathrm{d}s$；

t——所计算剪应力处的截面厚度，如图 6.5.7 所示；

f_v——钢材的抗剪强度设计值，遵循钢结构规范的有关规定。

隧道施工过程中，可以利用锚杆和钢拱架共同作用形成承载拱来增加初期支护刚度，通过施工加长锚杆注浆以稳定岩体。当遇特别破碎地段时，可以适当缩小钢拱架之间的间距。

6.5.2 破碎岩体隧道支护的有限元分析

(1)隧道开挖后塑性区的扩展分析

建立有限元模型，并对其进行了网格划分，局部网格如图 6.5.8 所示，因为在隧道开挖后，隧道周围的塌落拱不是马上形成的，所以围岩是渐进破坏的。在有限元分析过程中，将隧道周围的岩体分为Ⅰ、Ⅱ、Ⅲ三个区域，通过逐级降低三个区岩体的物理力学参数，来模拟隧道开挖后，围岩破坏直至松动形成塌落拱的过程。

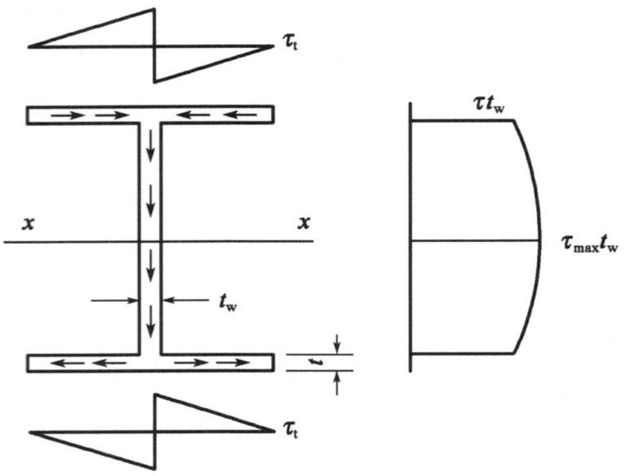

图 6.5.7 工字形截面上的剪力流

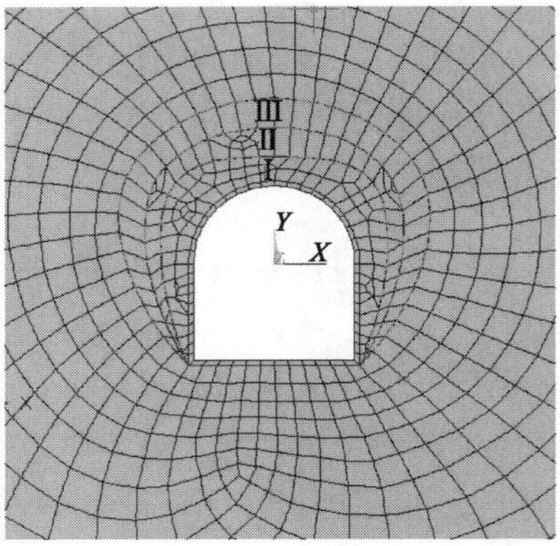

图 6.5.8 有限元计算模型局部网格图

①塑性区的扩展情况

在不断降低洞室周围岩体的力学参数时，塑性区首先在隧道的拱脚和围岩参数降低区域(Ⅰ区)的拱肩部出现，随着洞室围岩岩体力学性质变差，塑性区由拱脚沿侧壁向上发展，塑性区的总体范围是不断扩大的。

②竖向应变分析

通过竖向应变分析可知，隧道在开挖后，洞顶出现一个塌落区，在不断降低隧道周围的岩体力学参数时，围岩的最大位移不断增长。

③竖向应力发展情况

从降低Ⅰ区围岩力学参数到降低Ⅱ区围岩力学参数的过程中，洞顶的最大拉应力变化不大，但Ⅲ区的围岩力学参数降低后，洞顶最大拉应力急剧增大，说明随着松动圈往外围扩展，拉应力增大速度加快，对衬砌的破坏将越大，因此对这种破碎围岩地段区，应及时施作支护。

(2)松弛区岩体破坏过程的有限元分析

隧道开挖后，某一个区域的围岩是随时间延长逐步破坏的，从弹性变形到塑性变形，最后发生松动塌落，因此隧道破坏是围岩力学性能不断降低的过程。在有限元计算时，弹性模量是岩体的一个重要指标，本次计算是在固定松弛区的情况下，通过不断降低该区岩体的弹性模量，来寻找围岩的内力和位移等变化规律。

①洞周围岩弹性模量变化时，竖向位移的变化情况

在固定洞室周边围岩的松弛区域时，不断降低这个区域的弹性模量，随着弹性模量的降低，最大位移发生在洞顶，量值不断增大，且增大速率是递增的，从图 6.5.9 洞顶竖向位移随弹性模量的变化曲线上可以直观的看出这一点。当弹性模量由 1 000MPa 降到 500MPa 时，最大位移由 40.388mm 增大到 40.523mm，而弹性模量由 500MPa 降到 100MPa 时，最大位移由 40.523mm 增大到 42.106mm。当弹性模量降低到 100MPa 时，洞顶出现了一个塌落区，说明此时岩体已经发生了严重松弛破坏。

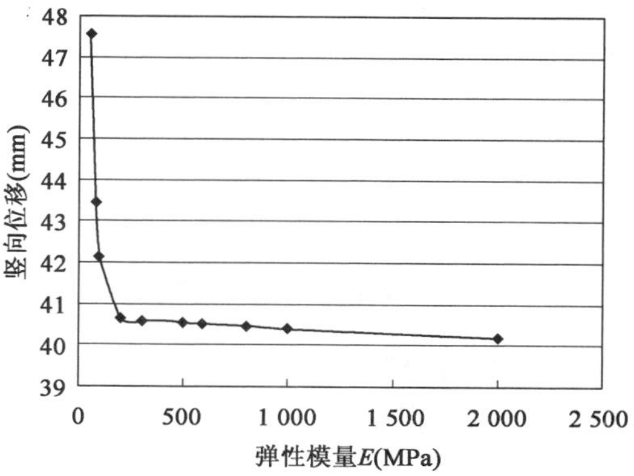

图 6.5.9 洞顶竖向位移随弹性模量的变化曲线

②塑性区的扩展情况

从图 6.5.10 的对比可以看出，塑性区出现在洞周岩体力学参数降低后区域的两侧，随着洞周岩体弹性模量的不断降低，塑性区有向下扩展的趋势，塑性区范围不断扩大，且最大塑性变形量也不断增大。

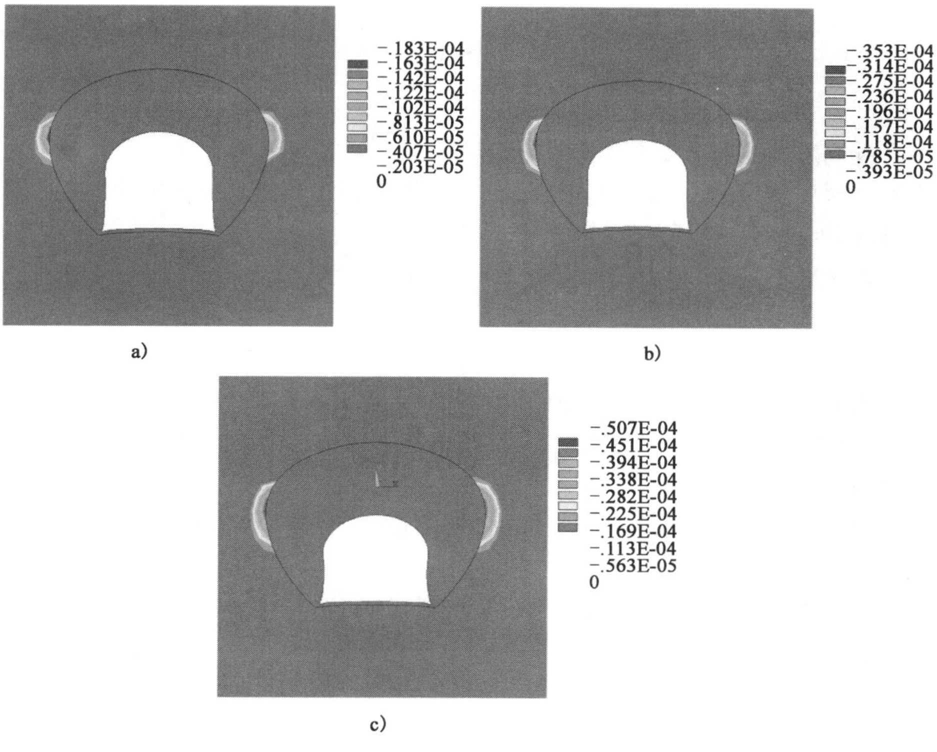

图 6.5.10 不同弹性模量时塑性区的分布变化

a)弹性模量为 1 000MPa；b)弹性模量为 500MPa；c)弹性模量为 100MPa

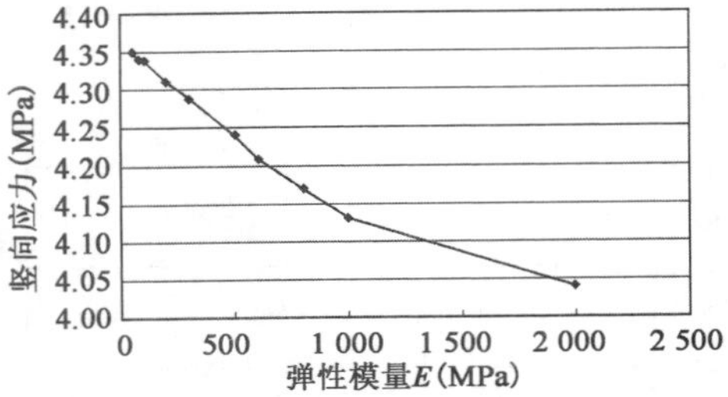

图 6.5.11 洞顶竖向应力随弹性模量的变化曲线

③竖向应力变化情况

在弹性模量降低的过程中，应力主要集中在岩体力学性能比较差的区域。洞顶和洞底受拉，两侧壁受压，最大拉应力和压应力随弹性模量的减小而不断增大，且增大趋势越来越明显。从图 6.5.11 可以知道，弹性模量小于 1 000MPa 后，竖向应力增大速率加大。

6.5.3 下导洞适度超前预支护全断面施工方法

工程实践表明，Ⅲ级、Ⅳ级、Ⅴ级围岩隧道在预支护下，采用下导洞超前(3～5m)短进尺(1～2m/次)全断面施工方法是经济可行的(图 6.5.12)。

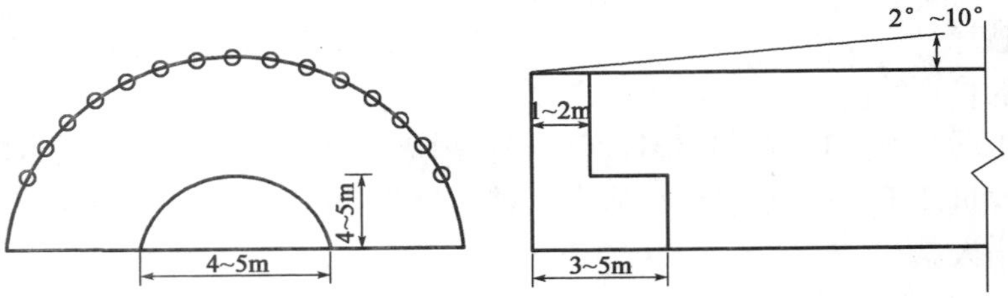

图 6.5.12 下导洞适度超前全断面施工方法示意图

(1)下导洞适度超前全断面施工方法的依据

采用下导洞适度超前全断面施工方法，具有以下优点：

①在不良地质情况下，下导洞超前(3～5m)全断面施工方法起到超前地质预报作用，便于采取应急措施，处理不良地质问题，防患于未然。

②当地下水较丰富时，利用超前下导洞降低地下水水位效果较好，对于大断面隧道尤为适用。

③下导洞因跨径小，围岩自稳能力增强，临时支护省，易及时修筑仰拱形成封闭结构。

④便于机械化作业，出渣、运料在隧底平面进行，没有二次搬运，且爆破临空面大，制作费用小，爆炸耗能小。根据能量守恒原理，这种隧道施工做功最小。因此，各种消耗也最省，对隧道围岩损害也最小。

⑤对同时跨越几级围岩、有多种地质条件的隧道施工，可以不变换施工机械、作业台等，机械利用率高。

⑥加强环向钢拱支撑，以增大整体刚度，就像铁路钢轨与枕木间距的关系一样，重点在于减小枕木间距和增加枕木刚度。

(2)破碎围岩预支护应注意的问题

Ⅳ级围岩预支护措施。对于节理、裂隙发育，有地下水活动，围岩稳定性较差的地段，最好采用超前小导管预注浆，这样可以起到密实围岩，达到加固围岩和阻水的作用。在有地下水活动的地段，超前先锚后灌式中空砂浆锚杆不易实现，最好采用早强水泥砂浆锚杆或部分快硬水泥全长黏结式锚杆，以便及时起到加固围岩的作用。

Ⅴ级、Ⅵ级围岩预支护措施。对于堆积碎石土和松散体、节理裂隙发育岩体、地下水活动较强的地层，不宜直接使用锚喷支护且较长水平孔超前管棚钻孔不易成型等地段，采用超前长管棚加注浆及先锚后灌式砂浆锚杆支护围岩不易施工，且效果一般。最好使用超前小钢管即短管棚加注浆或钢插板作纵向预支撑，因为钢拱架作环向支撑，整体刚度大，有利于限制围岩的不利变形。对于大变形地段，采用地面砂浆锚杆，或自进式注浆长锚杆和及时修筑仰拱，或超前深孔帷幕注浆等措施控制围岩的初期变形，充分保护和调动不良地质围岩的自承能力。

6.6 强预支护原理在深埋大变形围岩中的应用

6.6.1 概述

在山区修建公路往往需要施工大量的隧道，实践表明，当隧道穿越高地应力区或软弱岩体时，隧道常形成大变形等地质灾害。19 世纪中期，铁路隧道底鼓、仰拱破坏就已经出现并引起人们的关注，从发表的文献中收集到国内外典型的大变形隧道基本情况如表 6.6.1 所示。其中，1906 年竣工的长达 19.8km 的辛普伦隧道发生大变形。此后，日本的惠那山(Enasan)公路隧道、奥地利的陶恩(Tauern)隧道、阿尔贝格(Arlberg)隧道等都发生了围岩大变形灾害，国内如青藏线关角隧道、宝中线木寨岭隧道及堡子梁隧道、南昆线家竹箐铁路隧道、国道 317 线鹧鸪山公路隧道，以及铁山隧道等工程均出现了不同程度的围岩大变形灾害，给工程建设造成极大的困难。隧道大变形灾害危害程度很大，表现为整治费用高，工期延误。预防与治理隧道大变形是一项世界级的难题，已成为隧道工程界的一个重大问题。如南昆线家竹箐铁路隧道长 390m 的大变形洞段，治理工期达四个半月之久，消耗自进式锚杆 10 万余米，造成巨大的经济损失。

大变形隧道工程实例 表 6.6.1

序号	隧道名称	地质简况	破坏情况
1	崔家沟铁路隧道(中国)	围岩为泥质页岩和砂质泥岩	隧道中有 1 680m 的路段发生底鼓，严重地段轨顶抬高 0.136m；1980 年轨顶抬高达到 0.206m，水沟盖板跷起 0.129m；隧底出现 330 余条横向裂缝，最大缝宽 4～8mm
2	阿尔贝格公路隧道(奥地利)	千枚岩、片麻岩、含糜棱岩的片岩绿泥石等，抗压强度为 1.2～2.9MPa，地应力为 13MPa	隧道全长 13 980m，最大埋深 740m，设计时已吸取了陶恩隧道的经验教训，采用加强的支护系统。局部地质不良地段仍产生了 20～35cm 的支护位移，变形初速度达到 4～6cm/d，最大达 11.5cm/d
3	鹧鸪山公路隧道(中国)	以薄层状炭质千枚岩为主，岩石硬度小，膨胀率为 13%，易风化，地应力为 17～20MPa	开挖以后，初期支护以前，围岩一般能够(或者经过局部塌方后)成拱、自稳，变形一般发生在初期支护完成后。围岩变形量较大，持续的时间长。往往表现为初期支护破裂(混凝土)、扭曲(钢拱架)，侵入隧道限界，最大已达到 300mm，甚至将初期支护彻底破坏，产生大规模塌方
4	关角铁路隧道(中国)	泥质片岩，最大埋深 500m	施工期间，隧底上鼓约 1m，两侧边墙内挤量很大；通车后不久，隧底上鼓 30cm，行车中断

续上表

序号	隧道名称	地质简况	破坏情况
5	代尔引水隧洞(印度)	围岩为浅变质岩，如千枚岩、页岩及各类片岩等	开挖和初期支护5～6个月后，混凝土开裂，钢拱架发生严重变形。3年以后(1982年11～12月)，当要进行永久衬砌施工时，该洞段的大部分钢拱架再次发生严重变形，隧底隆起80cm，扭曲的钢架和回填混凝土侵入限界，不得不被完全拆除扩挖
6	辛普伦隧道(瑞士—意大利)	围岩为石灰质云母片岩	施工中期，多处发生围岩大变形，隧道在竣工若干年后，强大的山体压力再次引起横通道边墙、拱部和隧底破裂、隆起
7	陶恩公路隧道(奥地利)	绿泥石、千枚岩原始地应力为16～27MPa，埋深600～1 000m	施工中在千枚岩和绿泥石地段发生了大变形，产生了50cm(一般)及120cm(最大)的位移，最大位移速度达20cm/d，是世界上第一座知名的大变形隧道
8	家竹箐铁路隧道(中国)	泥质砂岩、页岩及煤层煤系地层，原始地应力为8.5～16MPa	1995年4～12月底，大变形的范围扩展到长达390m的洞段，拱顶发生240cm的下沉，边墙内移160cm，底鼓80～100cm；钢拱架严重变形，喷层裂开剥落，并与钢拱架脱离，上半断面高度缩小到不足1m
9	金川矿巷道(中国)	中深变质岩系，包括混合岩、片麻岩、片岩、大理岩，侵入岩有超基性岩、花岗岩及各种岩脉	巷道收敛可达10cm甚至1.0m以上，底鼓可达10cm甚至更大，变形破坏持续数月至数年。巷道破坏钢架严重扭曲甚至折断、喷层开裂和剥离(落)、锚杆失效、预制混凝土砌块挤出或塌落、现浇混凝土衬砌破裂和剥离、混凝土底板折断翘起等现象随处可见
10	木寨岭公路隧道(中国)	炭质板岩夹泥岩，局部泥化软弱断层破碎带，埋深约120m	严重地段拱顶下沉量累计达1 550mm，在部分地段初期支护进行了二次换拱，特殊地段换拱达4次
11	扯羊隧道(中国)	地表移动变形破碎带	采用常规的支护，围岩变形持续不断。在2003年5～7月两个月的时间拱顶相对下沉73mm，后该段部分段落发生塌方，塌方一直影响至地表，导致地表形成塌陷坑
12	铁山隧道(中国)	粉砂质泥岩、泥质粉砂岩夹煤层，含少量细粒中粒砂岩，为软质岩夹少量硬质岩地层组	1998年5～9月，隧道西段K140+550.5～K140+608处衬砌混凝土破裂，衬砌中的钢筋被弯曲、剪断；隧道两侧排水沟墙体开裂，出现从边墙底部延伸至拱顶的斜向裂缝，拱顶出现长18m、最宽处约20mm的纵向裂缝，裂缝表面呈压扭性劈裂状；拱腰处出现一条长10m、宽约2mm的纵向水平裂缝
13	乌鞘岭隧道(中国)	F4～F7断层间最大埋深为450～1 100m，实测地应力最大值达33MPa，呈现水平、垂直应力共同作用的复杂应力状态，两者差值较小。F7断层带岩体软弱、破碎、潮湿，胶结程度差，呈散体状或碎裂状结构	10号斜井工区施工的左线隧道：拱部最大下沉变形量达1 053mm(DK177+495)，下沉速率为34mm/d；边墙高1.5m处最大水平收敛变形量达1 034mm(DK177+590)，拱脚最大达978mm，收敛速率为33.4mm/d； 11号斜井工区施工的右线隧道：开挖后18d，拱部最大下沉量达227mm(YDK177+610)，下沉速率为12.6mm/d，边墙最大水平收敛量达548mm(YDK177+590)，收敛速率为30.4mm/d

续上表

序号	隧道名称	地质简况	破坏情况
13	乌鞘岭隧道（中国）	F6、F7之间的千枚岩夹板岩地段受构造影响严重，节理裂隙发育，岩体破碎呈体状或鳞片状结构，岩质软弱，遇水易软化、崩解，且有囊状、窝状地下水渗出	千枚岩夹板岩段围岩大变形：YDK176＋275～YDK176＋365段16个断面的观测资料显示，边墙最大水平收敛变形量为447mm，收敛速率为14mm/d；YDK175＋365～YDK175～＋440、YDK175＋230～YDK175＋275，试验段开挖后27d隧道边墙最大收敛量为690mm，收敛速率为26mm/d
14	火车岭隧道（中国）	受多期构造影响，岩体较破碎，以Ⅵ级、Ⅴ级围岩为主，右幅进口开挖超过500m时围岩仍为Ⅴ级	喷射混凝土体出现严重的掉块现象，临时加固边墙发现2～8mm不等的裂隙，并出现严重的周边收敛和拱顶下沉现象，导致初期支护大量侵入二次衬砌界限，据监测资料最大变形量达到1.6m； 受洞内大变形影响，地表在距离右线57m附近的山体中出现了5条较大的裂缝，宽为10～40cm，裂缝横向已贯通左线隧道，纵向长达140m
15	芙蓉山隧道（中国）	进口段属浅埋段，溶沟、溶槽、溶隙发育，且被黏土充填，该黏土呈饱和软流塑状，地下水丰富；该段发育有F1断层，与隧道斜交，影响范围20m内围岩破碎	左隧道进口围岩软弱段18号工字钢架＋锚喷组成的初期支护结构在巨大的围岩压力下发生不均匀下沉，导致初期支护环向开裂，一些位置的工字钢架被压弯，长管棚亦被部分压弯。4d下沉48cm，最快下沉速率达17cm/d；平均下沉量为35cm，平均下沉速率为9cm/d
16	凉风垭隧道（中国）	隧道位于F2、F4断层之间，岩层特别破碎，上半断面开挖过程中有地下水出露，使泥质页岩夹粉砂岩软化，造成洞室开挖后高应力低强度围岩	拱顶下沉57.9cm，水平收敛值最大为197.25cm，用隧道中线检查初期支护往线路中线的内移值，左侧最大为58.71cm，右侧最大为167.96cm；用水平仪测量上半断面型钢支撑腿位置，左侧上抬515cm，右侧下沉124cm
17	碧溪隧道（中国）	隧道轴线通过岩层主要为黏土、泥岩、炭质页岩	上半断面初期支护喷射混凝土出现环向裂缝，缝宽0.5～1.5cm，局部块状脱落。之后连降大雨，上半断面初期支护I16工字钢顶部压平，工字钢撑脚处围岩软化并下沉，喷射混凝土裂缝宽2～6cm，经量测拱顶最大下沉量达54.8cm，周边收敛最大量达53.9cm，严重侵入二次衬砌界限
18	惠那山公路隧道（日本）	断层带，单轴抗压强度为1.7～4.0MPa，埋深约400m，地应力为10～11MPa	为双洞隧道，在日本中央公路的两宫线上。Ⅰ号隧道于1975年8月建成，全长8 300m，是双向行驶的公路隧道。1978年开始建设Ⅱ号隧道，该隧道全长8 635m，于1985年建成
19	杯山隧道（日本）	变质凝灰岩，有膨胀性，岩溶有涌水	台阶法施工，因有涌水，上半断面掌子面塌方，支撑下沉，掌子面挤出，不断发生底鼓现象，仰拱出现开裂上浮
20	中佐久间隧道（日本）	强度为1MPa的泥岩遇水降为0.4MPa，黏土矿物，有膨胀性，富含水	台阶法施工，用以闭合的仰拱破坏，下半断面喷层破坏，支撑底脚挤入，为及早闭合缩短了台阶距离（改为15m），用仰拱闭合后位移收敛，而后又发生临时仰拱破坏，仰拱刚度表现出不足

续上表

序号	隧道名称	地质简况	破坏情况
21	岩手隧道（日本）	凝灰岩及泥岩互层，强度为 2～6MPa，有膨胀性，有涌水	新奥法施工，开挖掌子面不断坍塌，在主洞仰拱发生底鼓后，在仰拱和二次衬砌中增加了防止开裂的钢筋
22	中屋隧道（日本）	强风化凝灰岩和黏土层，有膨胀性，有涌水	台阶法施工，净空位移显著增大，上半断面临时仰拱曲率偏小，底部和底脚需增打锚杆进行加固
23	新宇津隧道（日本）	膨胀性，岩溶有涌水	台阶法施工，锚杆垫板发生明显变形，用临时仰拱封闭上半断面最为有效，添加钢筋于二次衬砌增强仰拱刚度，约束仰拱底部变形
24	宝中线堡子梁铁路隧道（中国）	大部分为绿色泥岩，软弱破碎，膨胀率为 46%	堡子梁隧道全长 904m，在掘进过程中坍塌频繁，排架下沉达 1.2m，边墙向中间挤进 0.3～0.4m，拱部剥皮掉块，裂缝宽达 50～150mm
25	那龙煤矿	含蒙脱石和伊蒙混合矿物，含量为 20%～30%，成岩程度差，岩石胶结程度极差	严重变形，巷道多次返修

从表 6.6.1 中可知，隧道出现大变形的基本条件有两个方面：一是围岩地应力场较高，典型的隧道如阿尔贝格公路隧道、鹧鸪山公路隧道、关角铁路隧道、乌鞘岭隧道、陶恩公路隧道、家竹箐铁路隧道，地应力达到 10MPa 以上；二是围岩性质差，具体表现为软弱、节理发育（破碎）、具有膨胀性三种情况。

软弱岩石多为泥岩、黏土、页岩、炭质页岩等。当隧道穿过断层破碎带或构造发育地带时，围岩节理极发育，导致围岩破碎强度低，如木寨岭公路隧道、扯羊隧道、乌鞘岭隧道、火车岭隧道、芙蓉山隧道、凉风垭隧道、碧溪隧道等。具有膨胀性的围岩在水的作用下，矿物吸水体积增大，围岩向隧道内挤入形成大变形，杯山隧道、中佐久间隧道、岩手隧道、中屋隧道、新宇津隧道、宝中线堡子梁铁路隧道等围岩具有膨胀性，常见的岩性为凝灰岩、粉砂质泥岩、泥质粉砂岩等。一些隧道同时具备地应力高和岩石性质差两方面的条件，如惠那山隧道、凉风娅隧道、乌鞘岭隧道等。

根据上述分析，大变形隧道可分为高地应力大变形隧道和膨胀岩大变形隧道两大类。

(1)高地应力大变形隧道

高地应力和低强度围岩是此类隧道发生大变形的特征因素，从表 6.6.1 的工程实例可知，当地应力达到 10MPa 左右时即有可能出现大变形，这构成了大变形灾害的条件之一。另一个条件是围岩强度低，形成强度低的原因分为岩石软弱和结构面发育（破碎）两种情况。泥岩、黏土类围岩结构面不发育，但强度极低；断层破碎带围岩中有时岩石块体强度较高，但由于结构面发育，特别是结构面充填黏土矿物，在水作用下结构面强度急剧降低，或软硬岩互层时围岩整体的强度也较低。地应力和围岩强度是决定隧道变形大小的一对主要矛盾的两个方面，应将两种因素进行比较来作为判断围岩是否发生大变形的依据，因此将围岩强度与地应力值的比值作为判断指标，部分国家的分级方案见表 6.6.2。张祉道提出了高地应力隧道大变形等级的判定标准，见表 6.6.3。

部分国家地应力分级方案　　表 6.6.2

国　家	低地应力	中地应力	高地应力
法国隧道协会	>4	2～4	<2
日本应用地质协会	>4	2～4	<2
前苏联顿巴斯矿区	>4	2.2～4	<2.2

大变形等级之现场判定　　表 6.6.3

大变形等级	U_a/a (%)	双车道公路隧道 U_a (cm)	单线铁路隧道 U_a (cm)	初期支护破坏现象
轻度	3～6	20～35	15～25	喷混凝土层龟裂，钢架局部与喷层脱离
中等	6～10	35～60	25～45	喷混凝土层严重开裂、掉块，局部钢架变形，锚杆垫板凹陷
严重	>10	>60	>45	出现中等变形，但大面积发生，且产生锚杆拉断及钢架变形扭曲现象

注：1. 表中 U_a 为洞壁位移，a 为隧道当量半径。
2. 表中变形及位移均在初期支护已施工的条件下产生，该支护系常规标准支护。

(2)膨胀岩大变形隧道

膨胀岩的基本特征是亲水性强、膨胀率高、膨胀压力大、强度低、崩解性强，对隧道稳定性及其维护十分不利。膨胀岩亲水性强是由于其所含蒙脱石、伊利石、高岭石的黏土矿物亲水性较强，遇水后对水产生强烈的吸附作用，使颗粒间黏结力大大削弱、间距增大、体积膨胀。铁路工程中提出膨胀岩判别标准见表 6.6.4，膨胀岩的分级见表 6.6.5。

膨胀岩判别标准　　表 6.6.4

项　目	指　标	项　目	指　标
极限膨胀力(kPa)	>100	自由膨胀率(%)	>30
极限膨胀率(%)	>3	矿物质成分(蒙脱石、伊利石含量)(%)	≥15
干燥饱和吸水率(%)	>10		

膨胀岩的分级　　表 6.6.5

项　目	极限膨胀力(kPa)	极限膨胀率(%)	干燥饱和吸水率(%)	自由膨胀率(%)
弱膨胀岩	100～300	3～15	10～30	30～50
中膨胀岩	300～500	15～30	30～50	50～70
强膨胀岩	>500	>30	>50	>70

6.6.2　大变形隧道变形特征

(1)变形量大

从表 6.6.1 可知，高地应力软岩和膨胀性软岩都具有变形量大的特点，一般为数厘米至数十厘米，最大可达 1.0m 以上。以乌鞘岭隧道为例，最大水平收敛达 1 034mm，最大拱顶下沉达 1 053mm。平均累计变形按 F_4 断层破碎带、F_5 断层破碎带、志留系板岩夹千枚岩、F_7 断层破碎带几个区段分别为 90～120mm、300～400mm、200～400mm、150～550mm。

发生变形最大的部位有两种情况：一是顶部收敛大于隧道水平收敛，如家竹菁隧道、华蓥山隧道。大变形数值模拟表明，受非静水应力场作用的隧道，当地应力水平足够高，而围岩性质较软弱时，最大位移方向将会与最大主应力方向正交，而不是与它平行，这一现象与人们已认同的“最大变形与最大主地应力作用方向相互平行”的一般性结论截然不同。二是水平收敛大于顶部下沉，如乌鞘岭隧道。出现这种差别的原因还有待深入研究。

值得一提的是，底鼓现象需要引起注意。在未封底或未设置仰拱的某些隧道洞段，因侧墙和顶拱进行过支护，阻碍了相应部位围岩的继续变形和围岩应力的进一步调整，底板成为最薄弱环节，于是应力释放和岩体扩容变形就在底板发生，从而产生底鼓。

(2)变形速率大

实践表明，大变形隧道往往表现出变形速率大的特点，特别是高应力隧道。以乌鞘岭隧道为例，变形速率最高达 34mm/d，最大变形速率时间点一般发生在下台阶开挖或仰拱开挖前后。

(3)变形持续时间长

由于围岩软弱、强度低、具有膨胀性等原因，变形表现出流变性，开挖后应力重分布持续时间长，变形收敛持续时间也较长，因此变形持续时间可达数月甚至数年。

6.6.3 大变形隧道的支护理念和支护技术

隧道大变形的情况在深埋软岩或软土中容易出现。在大变形隧道支护结构中预支护体系起着重要作用，目前隧道大变形的预支护体系一般由开挖前的导管注浆、管棚和开挖后施加的单层柔性支护或双层初期支护构成，导管注浆、管棚和一层柔性支护使围岩具有一定的变形，发挥围岩的自承力，塑性区得到一定的发展，以完成适度的岩体应力释放和卸压作用，但必须保持岩体不至失稳。

大变形是隧道工程常见的地质灾害形式，直接影响隧道的安全运行，是隧道工程界关注的问题之一，也是目前的研究重点。从大变形隧道的地压显现特点、形成条件和大变形的机制出发，提出如下大变形隧道的支护理念。

(1)明确大变形的控制性因素

控制性因素是导致隧道大变形最重要的原因，它决定了大变形的机制，也是选择支护技术的主要依据。不同控制性因素的大变形隧道，其支护技术方案是不同的。大变形隧道有不同的围岩压力类型，即松动压力、变形压力和膨胀压力。对松动压力可以采用刚性支护来支撑围岩，防止破碎岩块的垮落；同时必须采取各种措施加固围岩提高岩体的自身强度。变形压力是软岩巷道的主要压力显现形式。对于变形压力必须根据流变特征合理地设计支护刚度、控制支护时间和支护施工的顺序，既允许围岩有适当的变形，以利于能量释放，又能将变形控制在一定的范围之内，使之不发展为松动压力。膨胀压力也可以看作是变形压力的一种。除采用与控制变形压力相同的措施外，还要特别注意预防围岩的物理化学效应，防止围岩脱水风干。因为某些软岩经脱水风干后再遇水，会出现更严重的膨胀和崩解。同类技术手段在不同机制情况下是不同的，如优化隧道断面技术，在膨胀性大变形隧道中应采用接近圆形的断面，在高地应力大变形隧道中长轴方向应与最大主应力一致。

大变形隧道往往是多种因素共同作用，多种机制并存，在不同的施工阶段控制性因素也有变化，因此大变形隧道支护是一个过程，不能“一蹴而就”，在设计、施工阶段采用相应的技术措施，逐一克服导致大变形的因素，实现围岩稳定。

(2)重视岩体结构分析

在岩体结构力学理论中，岩体结构划分为整体结构、块裂结构、碎裂结构、层状(板裂)结构、散体结构五大类。岩体结构类型的划分与工程类型及工程规模尺度有关，研究围岩结构必须考虑工程的尺度。图6.6.1是被两组正交结构面切割的岩体，在其中开挖1、2、3、4、5号隧道。由图可见，随着隧道规模不断变大，围岩结构类型也相应发生变化。开挖1号隧道，围岩结构为整体结构，开挖2～5号隧道围岩结构应划分为层状结构、块裂结构、碎裂结构、散体结构。认识到这一点对于研究大跨度隧道的围岩稳定和设计支护参数具有重要意义。三车道和两车道隧道相比，施工和支护难度增大的不仅体现在跨度的增大，围岩结构类型也相应发生变化，这种变化将影响隧道地质模型的选择。围岩结构类型认识不清，支护形式和参数的选择必然是盲目的，受围岩结构控制的隧道大变形与此关系密切。

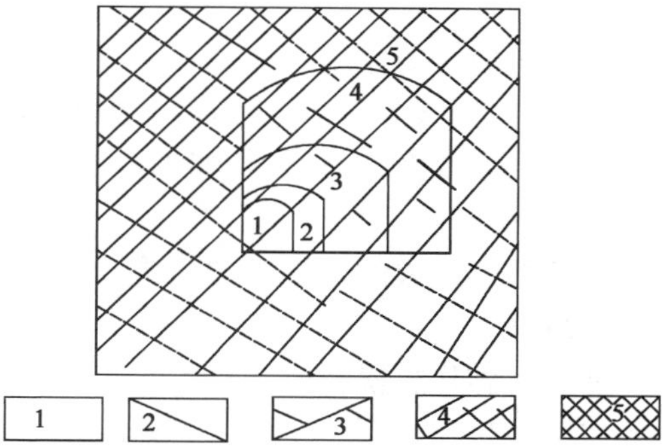

图6.6.1 岩体结构与隧道尺度关系

1-整体结构；2-层状结构；3-块裂结构；4-碎裂结构；5-散体结构

(3)正确认识塑性圈的作用

如前所述，大变形隧道位移特征之一是最终变形大，可达数十厘米甚至上百厘米，伴随位移的发展塑性圈也在不断增厚。试图用强力支护阻止位移的发展和塑性圈的增厚是不科学的，大变形围岩将在高刚度的支架上形成巨大的压力，造成支架破坏和围岩失稳，因此科学的理念是允许围岩产生可控制的位移，允许围岩内形成一定厚度的塑性圈，减小支架荷载，实现围岩稳定。

塑性圈的作用有三个方面：大幅度降低围岩内变形能；减小围岩切向应力集中，应力趋于均匀；塑性圈围岩得到支护，不仅实现了自身稳定，表层围岩对深部围岩也形成支护力，增大深部围岩的围压，实现深部围岩稳定。

(4)合理确定预留变形量

由于大变形隧道最终变形量大，故有必要预留足够的空间，保证变形后的隧道空间能满足运行需要。大变形隧道预留空间为200～800mm，大部分介于300～500mm。确定预留变形量的主要依据是隧道断面、围岩性质、地应力和地下水环境，同时也与施工技术有关，需要开展进一步的研究来确定。

(5)分步骤构建支护体系

大变形隧道的支护体系包括预支护、初期支护和二次衬砌。

①重视强预支护

如前所述，大变形隧道变形特点之一是初始变形速率大，表明隧道开挖后会迅速产生变形，导致围岩结构不断恶化，自承能力下降。由于初次支护采用了长锚杆、注浆和可缩支架等，工序复杂且工程量大，施工时间较长，在施作初期支护过程中，隧道已发生了较大的变形，围岩发生塑性流动，原始结构已受到明显破坏，塑性区范围过大，从而不利于围岩稳定。合理的设计理念应是加强预支护，使围岩从开挖的瞬时就受到预支护强有力的控制作用。注浆厚度是强预支护的主要参数之一，目前还缺乏确定的依据。

②加强初期支护

大变形隧道与一般隧道相比较，初期支护应具有更高的强度，使围岩处于较高支护力作用下的变形过程中，实现围岩发生可控的变形，塑性圈处于可控的发展过程中，起到卸压和向深处转移二次应力的作用。

以锚杆、锚索为主体构件，配合金属网、喷层、钢拱架组成的支护结构是合理的初期支护形式。主要技术方案应是：加长和加密锚杆，增大喷层厚度并铺设金属网，增设底板与拱脚锚杆，架设可缩钢架等。

锚喷网架组成的初期支护结构属于柔性支护体系，因此不必再考虑增大其柔性，支护时间是越早越好。

③及时施作二次衬砌

当围岩位移达到一定值时必须施作强力支护，坚决顶住。变形持续时间长是大变形隧道的特点之一。工程实践表明，隧道变形稳定后再施作二次衬砌的一般性要求难以达到。因此，二次衬砌施作时机比一般隧道要早，当围岩和初期支护位移达到一定值时，即要施作二次衬砌，给围岩施加强有力的支护，这也是控制围岩的重要措施，又可避免变形过大引起初期支护破坏和围岩失稳。

大变形隧道二次衬砌不可避免的受到流变荷载的作用，而且二次衬砌施作较早，因此二次衬砌要通过增加厚度、配置钢筋增大其承载力，对围岩施加高强度的支护，促使围岩稳定。

国内外大变形隧道治理的措施见表 6.6.6。

大变形隧道工程施工措施 表 6.6.6

序号	工程名称	岩层	主要措施							
			预留变形量(mm)	强预支护	(超)短台阶	初期支护	及时施作二次衬砌	仰拱	治水	其他
1	修复中屋隧道	膨胀性凝灰岩	300	—	√	加厚喷层，9m 长锚杆，底部与底脚打锚杆，增大锚杆密度	—	√ 增大临时仰拱曲率	√	—
2	修复新宇津隧道	膨胀性凝灰岩		—	—	加厚喷层，6m 长锚杆，增大锚杆密度	—	√ 加临时仰拱	√	二次衬砌加筋
3	修复惠那山隧道	破碎，高应力	500	—	—	加厚喷层，9～13.5m 长锚杆，可缩式钢架	√	√	—	—
4	乌鞘岭隧道(中国)	断层带，高应力	400	√	√	喷层 200mm，复喷 150mm，6m 长锚杆，加 I20 钢架，锁脚锚杆	√	√	—	加强监测
5	乌鞘岭隧道初期支护	千枚岩	—	√	—	喷层 250mm，4m(拱)、6m(墙)注浆锚杆，架设 H175 钢架，金属网	—	√	—	加强监测横向钢管支撑

续上表

序号	工程名称	岩层	主要措施							
			预留变形量(mm)	强预支护	(超)短台阶	初次支护	及时施加二次衬砌	仰拱	治水	其他
6	家竹箐隧道(中国)	高应力,低强度	拱 450,墙 250	√	√	喷层 250mm + 150mm,8m 长锚杆,可缩式钢架	√ 25mm+55mm		—	—
7	火车岭隧道修复初期支护	Ⅵ级、Ⅴ级围岩	20~30	—	—	6m 长锚杆,锚杆注浆,施加 18 号工字钢钢架	√	—	—	二次衬砌加钢筋网
8	凉风娅隧道修复初期支护	高应力,低强度	300	—	—	喷层 250mm,锚杆注浆,施加 20b 型钢钢架,加锁脚锚杆	√	√	√	二次衬砌厚度 800~1 000mm
9	碧溪隧道修复初期支护	低强度	拱 400,墙 250,底部 200	—	—	喷层 240mm,锚杆注浆,施加 I16 工字钢钢架,底部加强	二次衬砌强度刚度增大	—	√	增加临时支撑
10	木寨岭公路隧道	泥岩,断层破碎带	500~800	√	√	6~8m 锚杆,加密,U 形钢可缩钢架,仰拱处加锚	√ 二次衬砌设双层钢筋网	√	—	仰拱配筋并与墙筋连接

如表 6.6.6 可知,对大变形隧道要采取综合措施才能取得成功。主要技术措施是:

①隧道掘进断面要预留足够的变形量,允许围岩产生一定的变形。

②通过强预支护或锚注支护强化围岩,提高围岩自承能力。

③采用短台阶法或超短台阶法施工,增加临时仰拱或临时支撑,用喷层及时封闭围岩。

④强化初期支护,采用加长和加密锚杆、增厚喷层、增设底板与脚部锚杆、架设可缩钢架等组合技术,使围岩在较强的初期支护作用下发生可控的位移,起到卸压和向深处转移二次应力的作用。

⑤二次衬砌通过增厚或加筋使其得到强化,并及时施加,达到对围岩施加高强度的支护,促使围岩稳定;对膨胀性软岩要加强治水,对其他类型的大变形隧道也是如此。

6.6.4 支护优化原理

(1)优化目标

引起围岩移动的各种力(包括重力、水作用力、膨胀力、构造应力、工程偏应力等),要由围岩和支护共同承担。用式(6.6.1)表示:

$$P_0 = P + T \tag{6.6.1}$$

式中:P_0——使隧道围岩移动的各种力的总和;

P——围岩承担的力;

T——支护力。

实现支护优化的目标是:$T \to \mathrm{Min}$,$P \to \mathrm{Max}$。由式(6.6.1)可见,两个目标是一致的。图

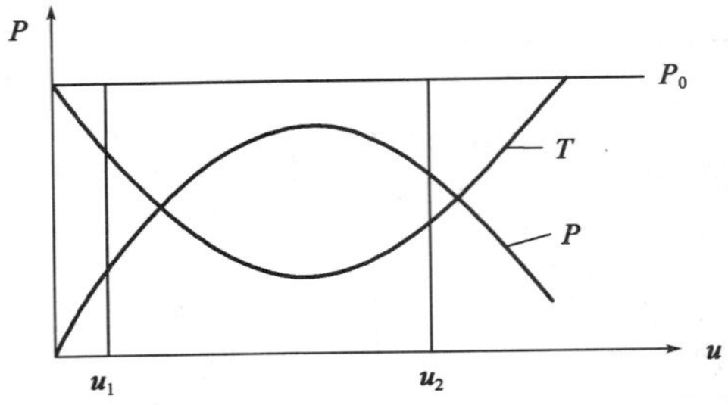

图 6.6.2 优化目标

6.6.2 表示了 P_0、P、T 的关系，当 T 取得最小值时 P 取得最大值，其力学意义在于围岩发挥了最多的承载力，支架受力最小。

图 6.6.2 表明：大变形隧道发生必要的位移时发挥围岩自承能力的技术途径，试图阻止围岩位移将导致支架受力过高，如图中 u_1 对应的点；错过了最佳支护时机，也将导致支架受力较高，如图中 u_2 对应的点。

(2)优化机理

工程中围岩承担的力 P 小于等于围岩的承载力，围岩承载力源于围岩的强度。提高承载力的途径即是提高围岩强度，通过在施工阶段采取恰当的工程措施，尽可能维持围岩的原始状态。技术途径包括强预支护、光面爆破、合理开挖顺序、治水等。

在一般隧道工程中，围岩承载力较高，引起围岩移动的力 P_0 较小，围岩位移较小，则容易实现围岩稳定。与此不同的是大变形隧道 P_0 很大，而围岩承载力很低，要充分发挥围岩自承能力就需要采取合理的技术途径。

静水压力状态下圆形隧道的应力分布如图 6.6.3 所示。隧道周边处于单向应力状态，切向应力是原岩应力的 2 倍。根据莫尔-库仑理论，当满足下式时周边进入塑性变形状态。

$$\sigma_\theta = 2P_0 \geqslant \sigma_c \tag{6.6.2}$$

式中：σ_θ——环向应力；

σ_c——围岩单轴抗压强度。

由式(6.6.2)可知，只要地应力达到抗压强度的 0.5 倍，围岩就进入塑性变形，这对于大变形隧道是容易满足的。因此大变形隧道开挖围岩必然出现塑性圈，在围岩内形成三个区，由围岩表面向深部依次是塑性软化区、塑性强化区和弹性区。

理论研究表明，塑性强化区和弹性区围岩构成了承载的主体。塑性强化区和弹性区位于围岩深处，一般不能对其进行支护加固。而塑性软化区是支护的对象，通过对软化区围岩进行加固或支护，提高其强度，使其达到稳定。软化区围岩再对强化区围岩实施作用，提高其径向压力，增大其围压，实现强化区围岩稳定，并使其成为主要的承载区之一。强化区对弹性区围岩具有支撑作用，增大了弹性区围压，提高了岩体屈服强度，促使弹性区的形成，并成为承载区。因此塑性软化区、强化区和弹性区是相互关联、相互影响、相互作用的整体。

出现塑性圈对于大变形隧道有两方面的作用：一是塑性圈的切向应力向围岩外部转移，降低浅部围岩的应力集中，外部围岩应力升高；二是塑性圈中的应力降低，减小作用于支架上的载荷。

因此支护优化的机理是通过使围岩发生可控的变形和可控的塑性圈，在围岩的深部形成稳定的承载区，降低支架荷载，实现围岩稳定。

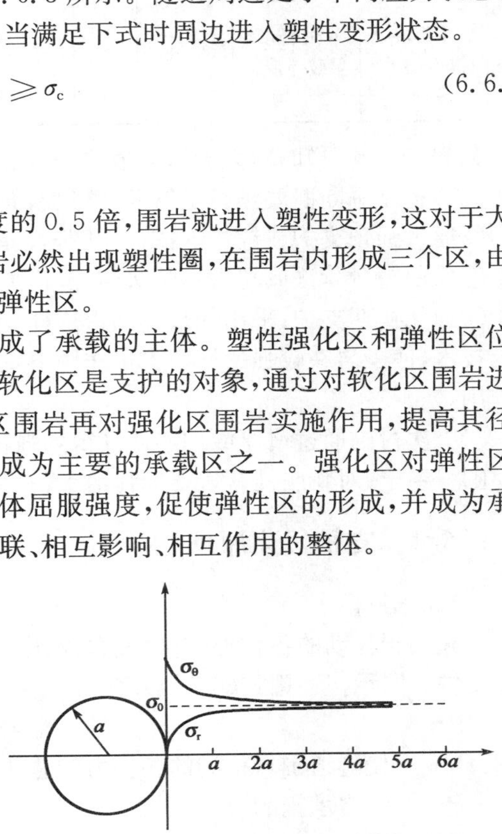

图 6.6.3 均匀应力场内圆形洞室围岩内应力分布理论曲线

6.6.5 高地应力下铁路隧道应用案例

1979年，某隧道通车后，因一段整体道床凸起30cm，造成行车中断。一位资深地质专家认为这是高地应力引起的，早晚要坏，建议另修一座隧道。吴成三根据自己多年的实践经验和国外的研究，建议加做强大仰拱成环，形成抗弯、抗扭性能强的整体结构。该方法被采纳后，隧道经过修整安全运营至今未发生问题。17年后该方法被吴成三加以改进，再次用于家竹箐隧道，又取得成功。

1996年，被称之为"天下第一险洞"的家竹箐隧道，是集"高地应力、大涌水、高瓦斯"于一身的施工"拦路虎"。高地应力引起的大变形地段坍塌不止，严重影响施工进度和人身安全。吴成三及时建议采用加仰拱成环措施(著名的"成环法")，画出成环的施工草图，标明钢筋直径，用以指导施工。照此施工后，大变形随即停止，附近几座隧道也采用此法，均获得了良好的效果。由于改变了施工方法，还减少计划使用的锚杆64 191延米，仅此一项就节省资金2 540万元。吴成三提出的"成环法"，解决了隧道变形的难题，使工程提前建成通车。

7 连拱隧道与小净距隧道受力独立性

7.1 隧道结构受力独立性概念及案例分析

7.1.1 隧道结构受力独立性概念

独立隧道、小净距隧道和连拱隧道，在我国公路建设中都获得了应用。在《公路隧道设计规范》(JTG D70—2004)中，提出公路隧道应设计为上、下行独立的双洞。独立式双洞的最小净距如表7.1.1所示。在桥隧相连、隧道相连和地形条件限制等特殊地段，当隧道净距不能满足如表7.1.1所示的最小净距时，可采用小净距隧道或连拱隧道。

独立式双洞的最小净距 表7.1.1

围岩级别(级)	Ⅰ	Ⅱ	Ⅲ	Ⅳ	Ⅴ	Ⅵ
最小净距(m)	1.0B	1.5B	2.0B	2.5B	3.5B	4.0B

注：B为隧道开挖断面的宽度。

独立式隧道由于距离较大，两个洞体施工后围岩形成的二次应力场不存在叠加现象，因此可以视为两个独立的隧道分别研究其稳定性。而连拱隧道、小净距隧道的两个洞体相距很近，隧道开挖后围岩的二次应力场相互叠加。由于隧道施工步骤繁杂，围岩多次扰动，导致衬砌结构内力分布更为复杂，这样在不良或复杂地质情况下，与独立式隧道相比连拱隧道、小净距隧道两个洞体围岩之间存在强烈的相互影响(特别是连拱隧道)，这时衬砌受力复杂、受力分析不明确，导致稳定性变差，用受力独立结构会更好。因此在隧道断面设计与施工技术方面如何采取措施，增强连拱隧道、小净距隧道两个洞体围岩和衬砌受力的独立性，减小相互影响是实现围岩稳定的重要思路。

连拱隧道常用施工方案为中导洞施工法施工，按传统的断面结构形式，由于左右洞施工和衬砌施工期间中墙顶部不密实，存在空隙，导致隧道围岩跨度增大，隧道围岩稳定性变差，左右洞结构受力不明确且相互影响。为了克服此类问题，应对连拱隧道的断面进行改进和优化，合理断面应尽可能确保中墙顶部围岩与中墙的整体性，实现连拱隧道两主洞受力的基本独立，尽可能保持围岩的原始状态，最大限度地发挥围岩的自承能力。小净距隧道常用CRD(交叉中墙法)工法施工，对中墙和基础采用加固措施，确保中墙和基础围岩强化与稳定，实现小净距隧道两主洞受力的基本独立，尽可能保持围岩的原始状态，最大限度地发挥围岩的自承能力。

7.1.2 未遵循受力独立性的案例分析

图7.1.1为某地下工程施工不当所引起街道地面连续塌陷，造成了巨大的经济损失和人员伤亡，给社会带来不良影响。

图 7.1.1　地下工程(相互间影响)施工不当引起街道地面连续塌陷

图 7.1.2 为某座两层窑洞发生坍塌，造成 26 人受伤，另有 5 人死亡。该事故应该引起连拱隧道和拱桥(特别是双曲拱桥)养护(甚至拆除)过程中对安全技术问题(受力独立性问题)的重视。

图 7.1.1、图 7.1.2 中出现安全事故的教训应引以为戒。受力独立性原理与德国著名桥梁专家莱昂哈特非常注重结构构造的思想相吻合。

图 7.1.2　窑洞坍塌事故现场

7.2　连拱隧道结构受力独立性的设计与施工

7.2.1　隧道跨度对围岩稳定作用分析

设围岩的初始地应力为 P_0，连续介质围岩的半径为 a，则圆形单拱隧道应力分布公式为：

$$\left.\begin{aligned}\sigma_r &= P_0\left(1-\frac{a^2}{r^2}\right)\\ \sigma_\theta &= P_0\left(1+\frac{a^2}{r^2}\right)\end{aligned}\right\} \tag{7.2.1}$$

深埋条件下，根据普氏冒落拱理论，碎裂介质中的连拱隧道围岩作用于衬砌顶部的压力为：

$$P_v = \frac{2a}{3a_1 f}(3a_1^2 - a^2) \tag{7.2.2}$$

式中：a_1——地下洞室拱跨度的一半；

r——岩土体重度；

f——岩石坚固性系数；

a——地下洞室底宽。

由式(7.2.1)和式(7.2.2)可见，不管单拱隧道还是连拱隧道，隧道围岩应力或结构受力的近似解析解均与跨度的平方成正比，这论证了通过改善连拱隧道设计与施工使中墙与其上下方围岩结合成整体，中墙起到减跨作用，增强了受力独立性，对基本维持围岩原始状态有重要作用。

7.2.2 传统断面

目前国内已建成的双连拱隧道很多采用了整体式曲中墙的断面形式，如图7.2.1所示，中墙厚度通常为1.8～2.0m。它的特点是中墙不仅与左右主洞拱部的初期支护相连接，还与左右洞的二次衬砌及防水层相连接。它的不足之处主要有以下四个方面。

(1)左右洞施工和衬砌施工期间中墙顶部不密实，有空隙，导致洞室围岩跨度增大，致使隧道两洞体围岩相互影响，独立性差。

(2)两主洞的拱部支撑在中墙上，其中一个洞体因偏压等原因产生的偏移会对另一个洞体内力产生影响，这种相互影响导致左右洞结构受力不独立，增大了结构设计的难度。

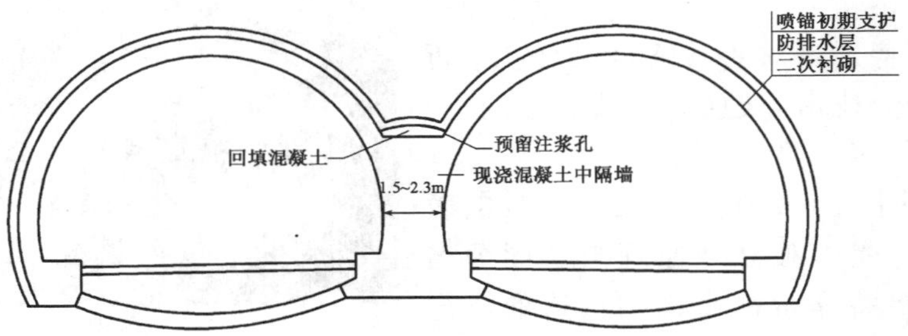

图7.2.1 传统断面示意图

(3)中墙与顶部注浆后易堵塞排水通道，这是导致中墙渗漏水的主要原因，对隧道耐久性和运行安全造成威胁。

(4)整体式曲中墙结构受力条件复杂，施工工序多，对围岩形成多次扰动，二次衬砌与中墙非同步施工，造成中墙与主洞二次衬砌之间常存在施工缝。

这种类型的结构存在的主要病害是衬砌开裂和渗漏水。中墙出现纵向或环向裂缝，中墙侧拱脚处渗漏水，若两侧拱部受力不均衡，可能会导致整个结构物破坏或留下严重病害。

飞鱼泽隧道长215m，最大埋深71m，为整体式双跨连拱结构。隧道所经地段为Ⅴ级围岩，地层岩性为三叠系中统鸟格组黄灰、深灰色泥质粉砂岩夹薄层深灰、灰黑色细砂岩及碎石土，受构造影响岩体破碎，呈碎石状，岩石风化强烈，多为强风化，局部弱风化，裂隙发育，地下水类型为基岩裂隙水。按原设计，隧道采用三导坑法施工，上行隧道应超前于下行隧道并且超前长度不得大于30m。实际施工过程中是先开挖施作上行线隧道且待其贯通二次衬砌做完后再开挖施作下行线隧道。从2004年11月，在下行线隧道开挖过程中，上行线隧道二次衬砌多处出现裂缝(图7.2.2)。施工单位的监控量测报告和检测单位的检测结论均表明短期内裂缝的发展已基本稳定。

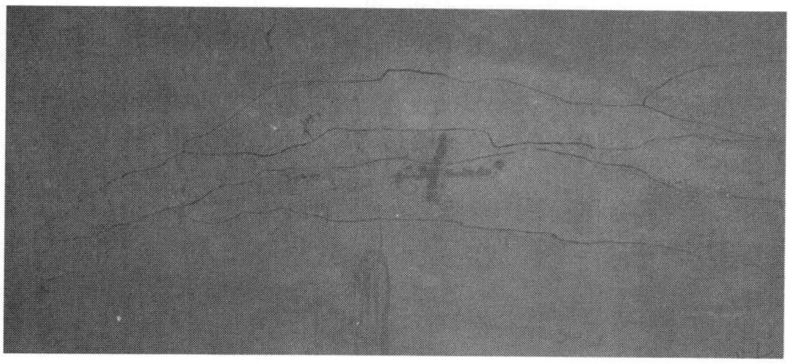

图7.2.2 二次衬砌裂缝分布

根据现场裂缝实际的分布情况将其沿纵横向分别展开并体现在图上，纵向即为隧道纵向(每5m一格)，横向为与纵向垂直的方向(分别以上下行线的拱顶为零点，沿隧道周向每5m一格)。通过裂缝展布图(图7.2.3)，可以看出，裂缝集中分布的区域为隧道上行线拱顶到中墙之间的拱脚位置，另外在隧道下行线中墙上还分布着一条纵向裂缝，裂缝分布情况横断面图如图7.2.4所示。

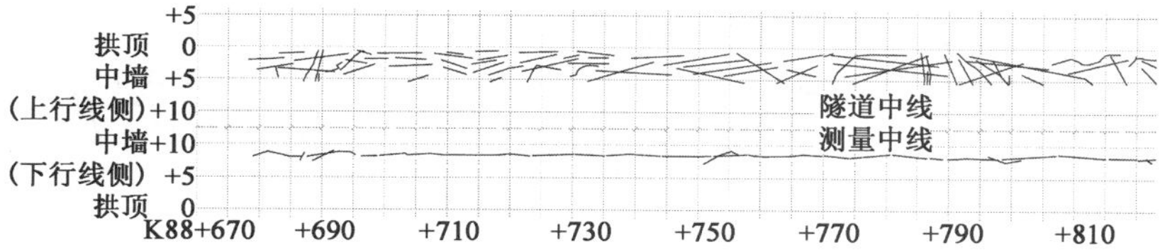

图7.2.3 裂缝展布图

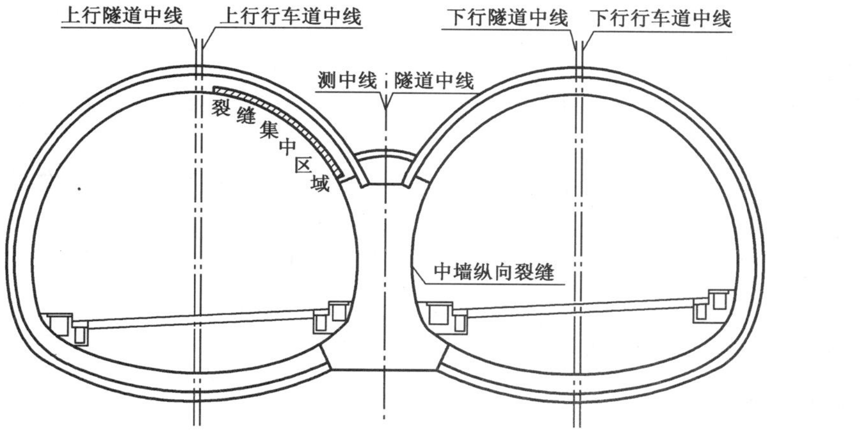

图7.2.4 裂缝集中区域图

实际上飞鱼泽隧道出现纵向分布裂缝的根本原因，是在不良地质条件下采用了不合理的整体式双跨连拱结构构造形式，不合理的先开挖施作上行线隧道且待其贯通二次衬砌做完后再开挖施作下行线隧道。

7.2.3 改进断面

复合式曲中墙结构是改进后的连拱隧道断面形式，如图 7.2.5 所示，左右洞的二次衬砌不搭靠在中墙上，而是独立成环，因此左右洞按单洞整体式断面施工。其优点有以下两点。

(1)将防水与结构设计统一考虑，衬砌防水效果更理想。

(2)在不削弱结构的条件下，将两侧二次衬砌各自独立成环，左右洞结构受力明确，相互影响少。

其缺点有以下三点。

(1)左右洞施工和衬砌施工期间中墙顶部不密实，有空隙，导致洞室围岩跨度增大，隧道两洞体围岩相互影响，受力独立性差。

(2)中墙施工较麻烦。

(3)中隔墙顶部注浆易堵塞土工布层排水通道，使防水效果达不到要求。

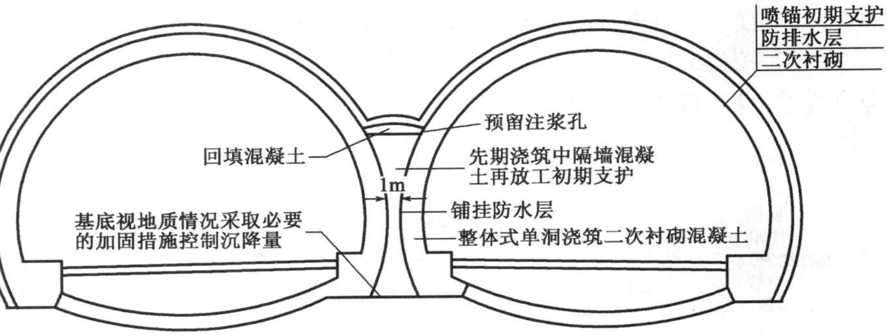

图 7.2.5 改进断面示意图

某高速公路九龙连拱隧道就是采用如图 7.2.5 所示的结构形式，隧道的二次衬砌为钢筋混凝土结构，发生了二次衬砌开裂。在隧道施工过程中，该隧道左洞拱腰(K6＋265～K6＋295)部分出现坍塌冒顶，塌方段围岩为Ⅳ～Ⅴ级。两洞上导洞相隔 50m，下台阶与上导洞相隔 30～40m，初期支护与二次衬砌距离 50～100m。左洞开裂部分山体存在断层破碎带，而右洞没有此类现象。

虽然在九龙连拱隧道施工中进行了隧道变形监测，量测收敛后再做二次衬砌，但应该引起注意的是，目前监控量测的精度只能解决围岩稳定与破坏问题，由于其精度偏低而不能解决结构(特别是二次衬砌)开裂问题(即刚度问题)。如果连拱隧道一次支护较强，让初期支护和围岩的变形自行调整并协调一致(其间也可采用注浆等工艺加固补强)，施工完成并稳定后再做二次衬砌结构的施工方法可较好地解决二次衬砌开裂问题。

7.2.4 优化断面

某连拱隧道位于一级公路(属某高速公路连接线)，是该路段控制工程。隧道岩性主要为粉砂岩、含砾砂岩、砾岩，局部夹泥岩，围岩类别为Ⅲ级或Ⅳ级围岩。测区内水文地质条件比较简单，地下水均为第四系孔隙水和基岩裂隙水，水量贫乏。本隧道工程地质条件复杂，节理裂隙很发育，岩层产状紊乱，并有 8 条断层破碎带，最大一条达 22m 宽。隧道顶上方 3m 处有一防空洞，地下水丰富且分布不均。

结合该连拱隧道对隧道断面进行了优化，如图 7.2.6 所示。施工时先施工中导洞，根据中导洞拱顶围岩情况用锚杆或小导管注浆加固中导洞拱顶围岩，然后再做钢筋混凝土中墙，中墙钢筋与加固导洞拱顶锚杆或小导管焊接成整体，这样达到减跨支护的作用，当围岩软弱时中墙采用扩大基础或基底注浆加固措施。使左右洞施工过程初期支护受力明确且相互影响减小，受力基本独立。

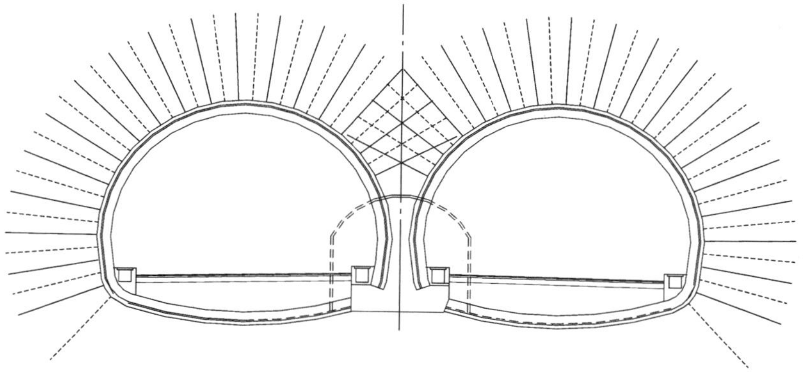

图 7.2.6 优化断面示意图

连拱隧道优化断面符合德国著名桥梁专家莱昂哈特非常注重结构构造的思想。他在《钢筋混凝土及预应力混凝土桥建筑原理》一书中强调："有关桥梁性能好的构造细节较之复杂的计算更为重要"，隧道好的构造细节对隧道的安全同样重要。

7.3 小净距隧道受力独立性设计与施工

7.3.1 小净距隧道施工的常用措施

土质或软弱松散围岩小净距隧道施工时中壁岩柱围岩经受多次扰动，其状态远比单独的洞室施工时大为恶化，因此施加在中壁岩柱的压力比另一侧要大得多。尤其是当两洞相邻的分部开挖同时通过某一尚未支护断面时，中壁岩柱极易形成楔形体态破坏，如不及时处理极易发生扰动塌方，如图 7.3.1 所示。常采取的工程措施有以下几个方面：

(1)应避免两洞同时同向开挖、若两洞同向开挖起码彼此要错开一段 $L \geqslant D$(D 为单洞开挖洞径)的距离外，还应注意：如果中壁岩柱形成的楔形体是土质或软弱松散围岩，则开挖外侧；如果中壁岩柱形成的楔形体是稳定土质或岩质围岩，则开挖内侧(图 7.3.1)；如果中壁岩柱形成的楔形体是稳定硬岩质围岩，则采用图 7.3.2 中导洞适度超前分部扩挖法施工。

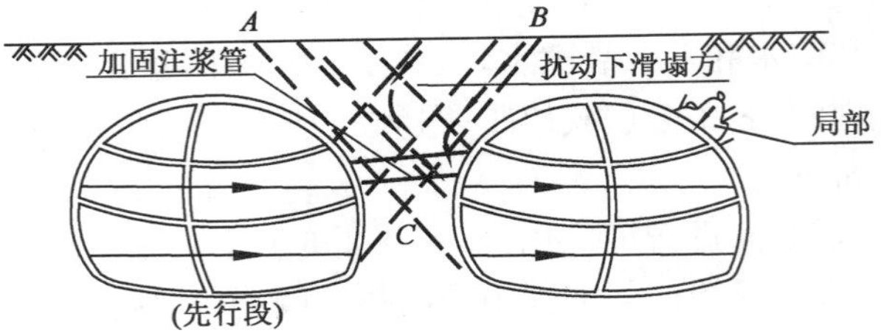

图 7.3.1　中壁岩柱加固

(2)在施工过程中应利用两洞先行开挖段,进行洞内注浆来加固此中壁岩柱及附近围岩,即要求两洞在先行开挖段进行第Ⅳ步序施工时,在围岩中安设 3～3.5m 后加固注浆。

(3)施工作业时要以快为主,即快开挖,快封闭,以赢得时间。

(4)在破碎围岩条件下,小净距隧道施工要采用正向单侧壁导洞法和上下台阶与正向单侧壁导洞组合法施工方案,两种施工方案的共同特点是可以尽可能早地对中壁岩柱进行支护加固,加固方案包括锚杆、注浆、对拉锚索等。

石质围岩小净距隧道施工时中壁岩柱围岩虽然经受了多次扰动,但其中壁岩柱破坏形态比土质或软弱松散围岩小净距隧道施工时好得多,如果采用中导洞适度超前分部扩挖法施工再进行洞内锚杆、注浆、对拉锚索等来加固中壁岩柱效果会更好(图 7.3.2)。

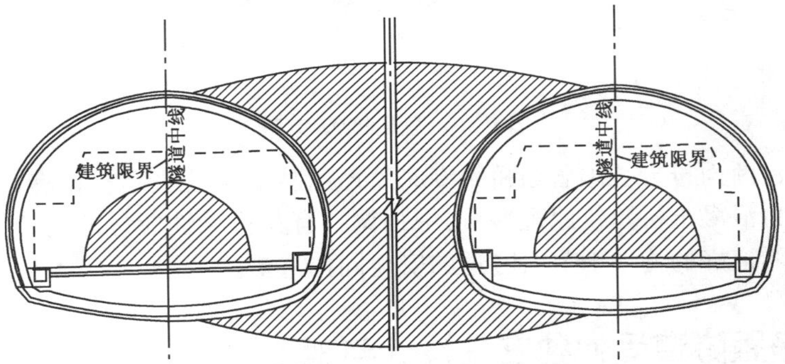

图 7.3.2　石质围岩小净距隧道中导洞适度超前分部扩挖再加固中壁岩柱施工法

因此在隧道施工中,并不介意采用什么理论和工法,而应根据具体隧道围岩地质的各方面综合条件,采用经济合理的设计和施工方法,甚至是多种方法的综合运用;但是隧道合理施工方法或多种施工方法的综合运用必须同时满足隧道合理工法判别原则。

7.3.2　小净距隧道仰拱的施工问题

某高速公路后塘隧道建设过程中,为了满足道路的选线要求,不得不采用小净距隧道的形式,在该小净距隧道的仰拱施工中发现存在一些问题,如图 7.3.3 所示是该隧道的仰拱施作情况。从图 7.3.3 中可以发现,护拱没有做到底且下台阶开挖后仰拱施作滞后,不能及时地形成一个封闭圈,不能充分发挥钢拱架的作用,无法提供足够的支护抗力来维持围岩的稳定,容易引发围岩失稳灾害。

小净距隧道洞口仰拱在进洞后应尽快做好,施工过程中应重点保护中夹岩柱,因为中夹岩是最容易发生破坏的部位，从某种意义上说，中夹岩的稳定决定了整个洞室的安全。小净距隧道两洞的开挖不仅影响两洞之间的岩体，中夹岩上方和下方一定区域内在开挖过程中也同样受到扰动。因此应做好仰拱，两洞锚杆应交叉，保证中夹岩上下部的稳定。

仰拱对隧道围岩的稳定性起着非常重要的作用，隧道开挖后，对于破碎围岩段，应及时做好钢拱架支护，钢拱架拱脚要放到底，杜绝悬空，仰拱要及时施作，封闭成环，形成刚性支护圈。在洞口段更应加强支护，因为洞口段处于复杂的应力状态，容易发生破坏。在某隧道的建设中，洞口就没有及时的施作仰拱，存在一定的安全隐患，如图 7.3.4 所示。

图 7.3.3　后塘隧道仰拱施作情况

图 7.3.4　某隧道洞口的支护结构

若不及时施作仰拱时，钢拱架的一个拱脚是处于悬空状态的，此时钢拱架的受力简图如图 7.3.5 所示。由于钢拱架右拱脚是悬空的，在围岩压力的作用下，钢拱架容易发生变形和偏转，如图 7.3.5 中虚线所示。这样就无法提供足够的支护抗力，容易引起围岩的失稳。所以，在破碎段小净距隧道施工时，要注意钢拱架和仰拱的施工质量，施工到位，且要及时迅速施工。

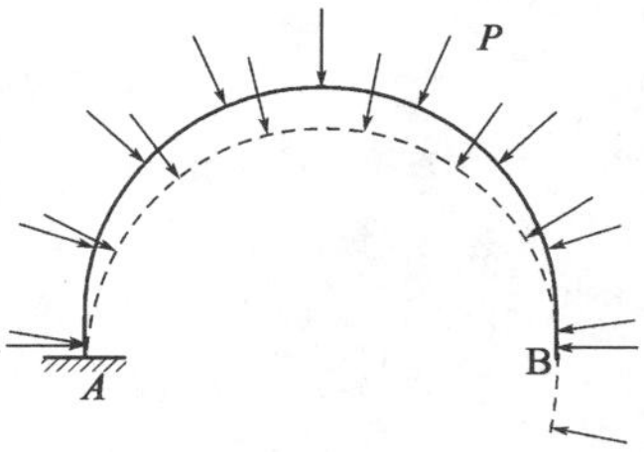

图 7.3.5　钢拱架受力简图

7.3.3　小净距隧道受力独立性的案例分析

在小净距隧道施工时，应注意两洞的相互影响，尽量使受力保持一定的独立性。目前在小净距隧道的开挖过程中，超前导洞预留光爆层法是比较常用的施工工法，具体的开挖顺序如图 7.3.6所示，这种工法适用于Ⅰ级、Ⅱ级、Ⅲ级围岩。Ⅰ级、Ⅱ级、Ⅲ级围岩自稳性好，适于全断面开挖，由于超前导洞临空面的存在，有效降低了二次扩挖的炸药消耗量，同时也降低了爆破对围岩特别是中壁岩柱的扰动。如图 7.3.7 所示是该工法在小净距隧道中的具体应用案例。

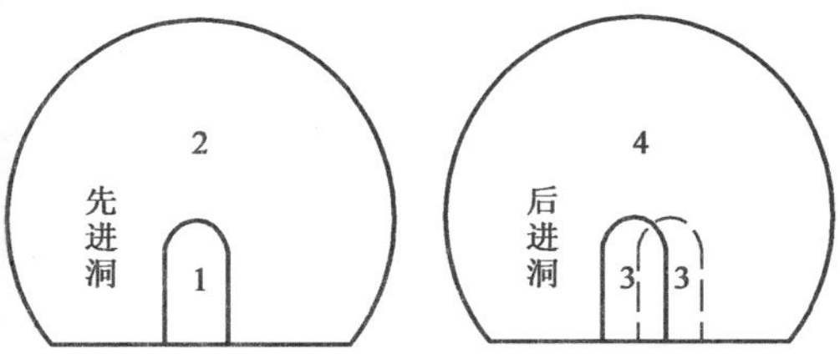

图 7.3.6　超前导洞法开挖小净距隧道示意图

在使用超前导洞预留光爆层开挖小净距隧道时，要注意导坑的位置。尤其是后进洞导坑的施作位置，应尽量远离中夹岩一定的距离，如图 7.3.6 虚线所示，这样施工可以减少爆破对中夹岩柱的影响。使用超前导洞法施工小净距隧道，当隧道较短时，可以先将一个隧洞打通，再施工另外一个隧洞。先进洞的支护和施工工法就相当于单洞的情况，后进洞开挖时应注意保护中夹岩，尽量减少对中夹岩柱的扰动。因为中夹岩的稳定直接影响小净距隧道的稳定。在以往许多小净距隧道破坏的工程实例中，很多都是由于中夹岩发生楔形体破坏所致，因此在后进导洞施工中超前导洞应远离中夹岩一定距离，并采用弱爆破，以减少对中夹岩的扰动，维持围岩的稳定。

图 7.3.7　超前导洞法开挖小净距隧道示意图

20 世纪 90 年代在还没有规范的情况下，宁波招宝山小净距隧道采用中导洞适度超前分部扩挖再加固中壁岩柱施工法成功修建（图 7.3.8），其主要原因是围岩强度较高，因此石质围岩小净距隧道采用中导洞适度超前分部扩挖再加固中壁岩柱的施工法是合适的。

图 7.3.8　宁波招宝山小净距隧道

因此小净距隧道受力独立性设计与施工的核心内容就是小净距隧道合理施工顺序，应该根据隧道围岩地质状况，选用合理施工顺序的一种或几种组合方法使得隧道“基本维持围岩原始状态”，有利于小净距隧道两个洞体受力独立。

8 地下工程建设的环境稳定性

地下工程并不是独立存在的，而是实践于环境之中和存在于环境之中，其所处的环境多种多样，如穿过坡积体，下穿高速公路，下穿城市已有建筑物等。其中，山体环境的稳定是越岭隧道稳定的基础，在地下工程结构的建设之前，必须确保其所处山体、坡体环境的稳定，最终达到地下工程结构与所处环境的协调平衡。

8.1 渗流场与围岩稳定的关系

地下水的赋存状态和运动对围岩稳定具有重要的意义。地下水的存在会对隧道工程的各个方面产生不良影响，一方面，地下水所产生的静水压力直接作用在衬砌上，当衬砌支承能力一定时，减小了衬砌对围岩的支承能力；另一方面，地下水与围岩相互作用影响围岩稳定。在天然应力状态下，地下水与周围岩土体形成动态力学平衡，当隧道开挖时，地下水的力学平衡被破坏。由于地下水的渗透，水压力的降低引起岩土体骨架压缩。地下水渗流冲刷软岩或进入软岩细微裂隙，引起岩体颗粒位移，使软岩产生软化或泥化，降低了岩体的强度。对于膨胀岩体，由于其具有吸水膨胀的特性，在地下水的作用下，会造成围岩与结构的破坏，如隧道洞周围岩膨胀突出和坍塌，由于膨胀压力作用而产生的支护结构破坏等。地下水对围岩中的软弱结构面也有一定的影响，地下水活动可以使软弱结构面上的物质软化或泥化，或地下水会将软弱结构面中的充填物带走或饱水等，从而降低结构面的抗剪强度，而影响岩体的整体强度和稳定性。当隧道穿过边仰坡时，水也是影响隧道边仰坡稳定性的重要因素，地表水渗入坡体内，一方面增加了坡体的质量，另一方面降低了岩土体的内摩擦力，对坡体的稳定是不利的。因此应综合采用“截、防、导、排”的综合排水措施，减小地表水对坡体的影响。对坡体范围内地表水集中的地方设排水沟排走地表水。对地下水，应以排为主，降低坡体的地下水位，减小渗水压力。

8.1.1 地下工程施工中由于地下水活动引起的工程问题

对于水下隧道或涌水量较大的软岩（土）隧道，地表的湖泊、河流、水库等水体，有时会渗透到隧道内并涌出，尤其是隧道和地表水体之间存在透水性高的未胶结堆积土层或存在裂隙密集带和断层破碎带等不良地质要素时，良好的地下水通道常引起隧道大量涌水、突水现象。而且地下水在渗流过程中还会带走细颗粒，使岩土的渗透性能逐渐提高，从而导致更大的危害。

因此，水下隧道或涌水量较大的软岩（土）隧道设计时，地下水处理是十分重要的内容。一般山岭隧道的地下水处理总是采用以排为主、排堵结合的方针。对于水下隧道或涌水量较大的软岩（土）隧道设计和施工则必须采取以堵为主、以排为辅的方针。

国内外大量的工程实践证明，水下隧道或涌水量较大的软岩（土）隧道开挖可能潜在许多不良的地质灾害，概括起来主要有以下几方面。

(1)裂隙水的活动使软弱围岩泥化、软化，而且降低围岩的强度和变形特性，使围岩质量显著降低。若围岩中含有具有一定水压差的地下水，则能产生潜蚀和管涌现象，严重时可导致围岩失稳。

(2)许多规模较大的断层或破碎带，虽然裂隙水量并不大，但水头很高，水压很大，经常发生塌方，甚至通天冒顶，从而影响施工安全。

(3)散体结构的岩(土)体，无论出现在水下隧道的什么部位，其稳定性都是很差的，如果地下水参与活动，往往导致连续破坏。

(4)水下隧道突出的问题就是涌水量大，涌水带的封堵加固处理困难，洞室围岩存在渗透稳定问题。

8.1.2 隧道渗水试验

工程实践表明，大量的隧道失稳事故均伴随岩体的渗水，围岩的渗水直接削弱了隧道结构的承载能力。通过渗水试验结果就清晰地说明这一点。试验装置如图 8.1.1 所示，模型的长×宽×高＝230cm×20cm×180cm。围岩模拟材料采用河砂。按以下步骤进行试验：①按试验方案构筑模拟岩体，静置 12h；②全断面一次开挖成隧道断面；③根据岩体或破碎带的渗水量，往岩体顶部或破碎带内注水，直至围岩破坏，同时描述岩体或破碎带的破坏过程。

图 8.1.1 模型的岩体渗水整体坍塌破坏

模型过水后的坍塌破坏状况见图 8.1.1。破碎围岩在开挖过程中存在局部坍塌。在岩体渗水过程中，拱顶方向的围岩应力快速升高，说明岩体结构受水的影响较大，当渗水面到达拱顶时，拱顶方向围岩压力急剧下降，与此同时，拱顶岩体发生坍塌冒顶，隧道围岩完全失稳。由此可见，在破碎软弱围岩条件下，隧道开挖超前支护是必不可少的，特别是当围岩处于饱水状态或有较丰富的地下水补给时，超前支护、控制围岩水体流失、小断面分部开挖与及时支护对保护围岩稳定是极为重要的。

8.1.3 地下水流失引发地层塌陷试验研究

(1)试验设计

试验装置由有机玻璃箱体和内筒组成，在内筒的上部对照图 8.1.2 布置压力盒传感器，用来记录排水过程中的顶部静水压力变化情况，同时在内筒的上部还开设一定数量的排水孔。装置的尺寸及传感器布置情况如图 8.1.2 所示。

地下水流失过程中，会携带围岩颗粒流出，导致地层塌陷。为了分析围岩颗粒流失对沉降效果的影响，本次试验共采用两种方式进行对比，第一种试验方式为颗粒流失试验，对隧道模型上部的排水孔不采取任何措施限制围岩颗粒的流失；第二种方式将采用透水材料覆盖排水孔的方式限制围岩颗粒的流失，仅允许地下水流失。

(2)颗粒流失试验结果

将压力盒传感器固定在相应位置后，将排水孔用柔性材料塞住。将整个内筒用细砂覆盖，覆盖的厚度如图 8.1.2 所示，然后向有机玻璃箱体内注水至一定的高度。

将数据记录仪调整好后，拔出排水孔的塞子开始排水，同时开始记录压力盒数据、水位下降和断面沉降等数据。

水位下降和断面沉降如图 8.1.3 所示。排水过程中围岩颗粒流失，地层发生显著塌陷。隧道顶部沉陷情况如图 8.1.4 所示，可以看到明显的漏斗形沉陷特征。

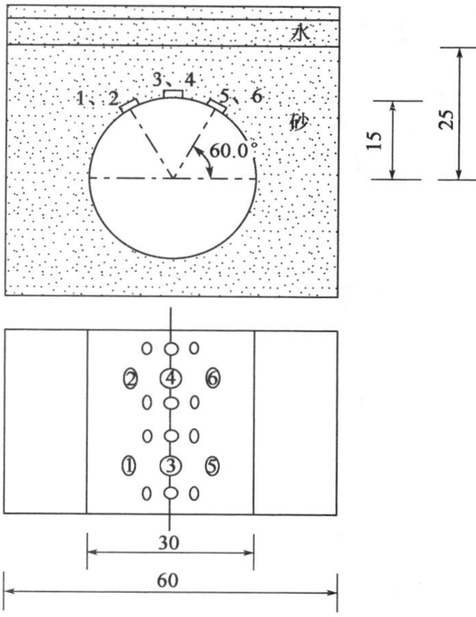

图 8.1.2 试验装置及压力盒传感器布置(尺寸单位:cm)
注:1～6 为压力盒编号

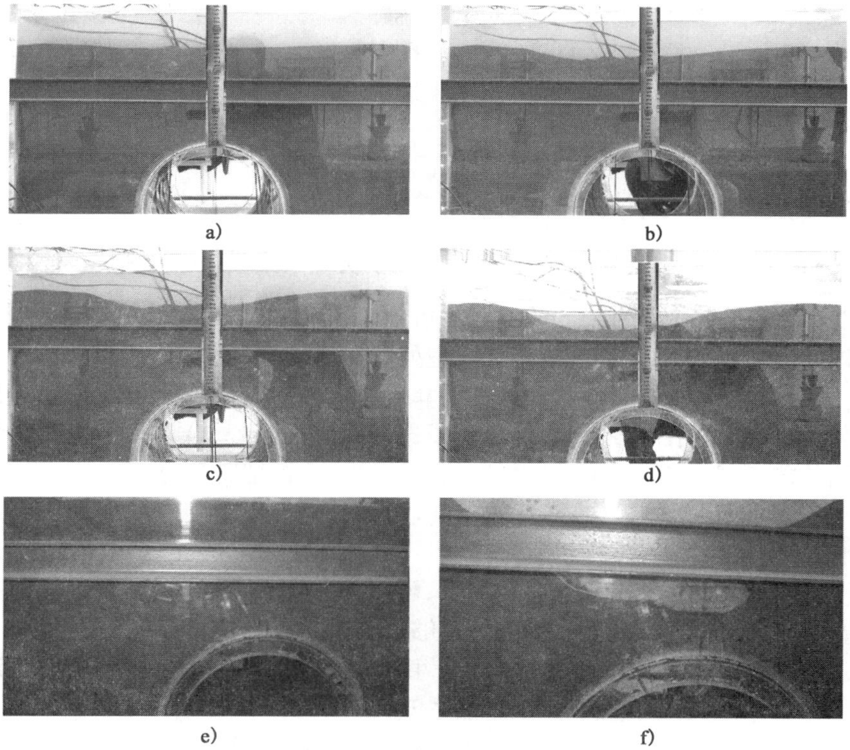

a)　b)　c)　d)　e)　f)

图 8.1.3 断面沉降情况

a)断面沉降(正面 42s)；b)断面沉降(正面 125s)；c)断面沉降(正面 217s)；d)断面沉降(正面 707s)；e)断面沉降(背面 908s)；f)断面沉降(背面 1270s)

图 8.1.4　隧道顶部塌陷情况

试验过程中压力盒数据变化情况如图 8.1.5 所示。由图可见，水压力在试验初期有明显变化，在 100s 后基本保持稳定。在试验中，水位不断下降，总压力处于减小的过程，水压力保持基本不变说明颗粒间有效应力不断减小，围岩稳定性变差。

(3)颗粒保持试验

用透水材料将排水孔覆盖好后，再将整个内筒用细砂覆盖，覆盖的厚度如图 8.1.2 所示，然后向有机玻璃箱体内注水至一定的高度，然后拔出排水孔的塞子开始排水。由于覆盖在排水孔上部的透水材料能够有效地阻止固态物质的流失，隧道顶部地层没有出现沉陷现象。

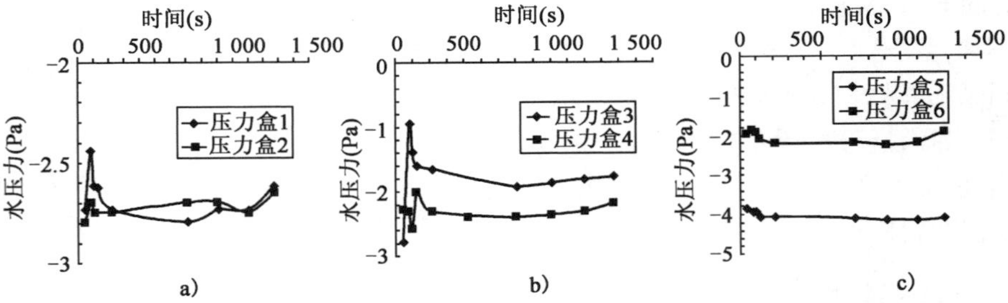

图 8.1.5　水压力变化规律

a)压力盒 1 与压力盒 2；b)压力盒 3 与压力盒 4；c)压力盒 5 与压力盒 6

(4)基本认识

在隧道开挖过程中，如果围岩含有大量的泥土等细碎固态物质，排水方式将严重影响隧道围岩的稳定形式，必须采取有效的措施防止固态物质的流失维持其稳定性。

8.1.4　渗流场与围岩相互作用的案例分析

(1)核废料处理借鉴中国古墓的放随葬品措施

将我国古墓葬和中低放射性废物陆地浅埋处置在选址、工程结构、设计原理和施工方法等方面进行类比分析。分析结果表明，我国古墓葬对中低放射性废物陆地浅埋处置是很好的参照。古墓及其随葬品长期保存的完好性说明了选择适宜的场址、合理的工程结构和良好的回填材料及科学的施工方法后，中低放射性废物陆地浅埋处置是安全的。

根据 IAEA(国际原子能机构)推荐的标准，中低放射性废物陆地浅埋场址应具有下述水文条件：①地表水少，地貌稳定，无洪水纪录，也不存在成为潮湿地带的可能性；②有足够厚的能阻止核素迁移的地质层，地下水与公用水系、可用岩层或断裂层阻断；③水文条件简单，可预测性好，并能保证核素在迁移到生物圈前有足够长的时间衰变到无害水平；④地下水位要比处置单元底板低几米，并无大幅度涨落的可能。由此可见，选择水文条件的核心是避开水的侵入。如图 8.1.6 所示是某处核废料库的地表景观。

中国古代墓葬也十分注意“避水”，下葬的最佳地点是“风水宝地”。这种所谓“宝地”既能防水，又能排水，可防水浸害棺椁。IAEA 推荐的核库选址标准要求，与中国古代的“风水宝地”所具有的条件，竟然惊人地一致！

出土完好女尸的长沙马王堆汉墓，就是选择在一个三级台地上。该台地为北东—南西方向延伸的椭圆形，长约500m，宽约230m，高出浏阳河平均水位15m。核专家认为，在类似这样的地方埋藏核废料会比别的地方更安全。

图8.1.6 某处核废料库地表景观

不只“风水宝地”是建核库的最佳场所，在甘熙《白下锁言》中所记的筑冢方法，也与核库的工程结构、设计理论和施工方法相当吻合。

(2)穿过溶洞隧道案例分析

1984年，某隧道在京广线下40m处穿过。该处岩溶发育富水，隧道掘进中突水冒泥阻碍施工，地面上塌陷，形成十几个大坑，危及京广线行车安全，铁路专家吸取某隧道排水的教训，吴成三认为排水造成了地面塌陷，对有压力的水应采取封闭，即“以堵为主”，提出预注浆形成帷幕堵水，再行掘进。注浆后，地面水位逐渐恢复，不再发生塌陷。该方法大胆打破了我国隧道工程中多年来“以排为主”的惯例，走出了隧道施工的一条新路。后来该方法被推广应用于大瑶山隧道、军都山隧道和花果山隧道等，都取得了满意的结果。

(3)广州市地铁1号线的经验

浅埋暗挖技术是适合富水地区修建城市地铁的主要施工技术之一，该工法的隧道设计应遵循防水设计优先于结构设计的原则，并把防水划分成若干单元，在充分考虑边界的条件下，因地制宜地确定合理的防排水措施，以节约投资和运营成本。

广州市地铁1号线的防水设计遵循了“排、堵、截、防”的原则，但管理者一味追求滴水不漏，不给水出路，全线又不分段截堵，导致全线的地下水在衬砌背后贯通. 在区间最低点形成高水压，将区间仰拱上抬30cm左右，造成开裂射水. 其错误的理念为：①防水板全包，将水堵在二次模筑之外，形成水环(图8.1.7)；②认为初期支护不会渗漏水，殊不知结构在长期运营下，

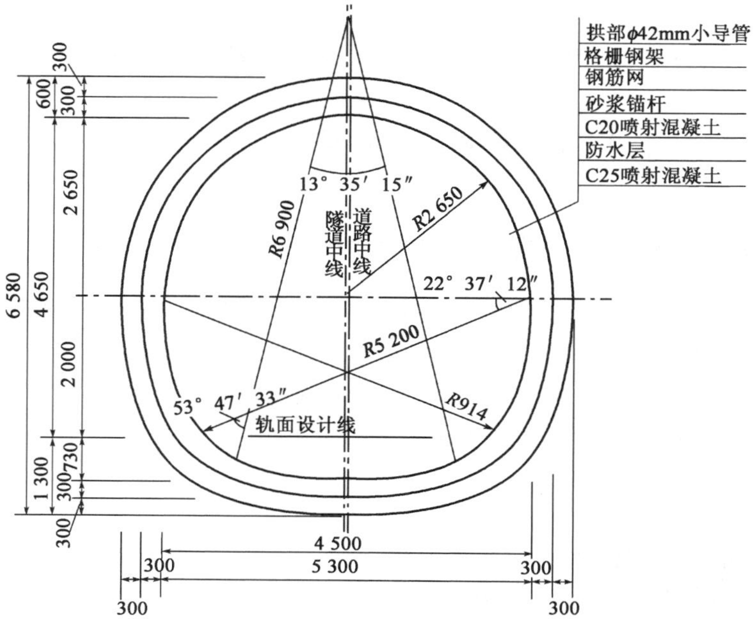

图8.1.7 广州市地铁1号线浅埋暗挖法施工典型断面图(尺寸单位：cm)

在施工后通过应力调整，开裂是必然的；③不设置水流入隧道的出路，从而在全线形成压力水头。后来经过处理，将二次模筑衬砌沿隧道纵向两边每 10m 钻一个排水孔，将防水板后的水引出，并通过自动卸载压力线来自动排水，做到卸压排放，效果较好。

广州市地铁 2 号线在吸取 1 号线的经验教训后，区间隧道部分采用半包(图 8.1.8)防水板方案，这样道床底部不产生水压力，也干燥无水，水从二次模筑边墙预留的小孔中流入边沟，效果明显好于 1 号线，所以这种方案是正确的。

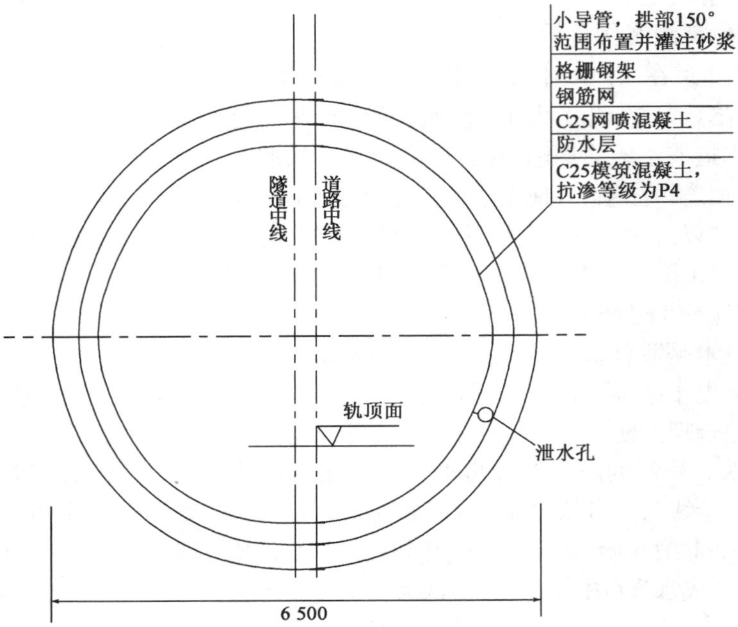

图 8.1.8 广州市地铁 2 号线浅埋暗挖法施工典型断面网(尺寸单位：mm)

8.2 应力场与地下洞室开挖的关系

8.2.1 洞室开挖对应力场环境的扰动作用

在天然条件下，任何岩体均处于一定的初始应力状态，岩体内任何一点的初始应力状态称为原岩应力，可以用垂直应力和水平应力表达：

$$\sigma_v = \sigma_{v0} + \gamma h, \sigma_h = N\sigma_v \tag{8.2.1}$$

式中：σ_{v0}——可以为零，也可以是其他常数值；

N——侧压力系数；

γ——岩体的重度；

h——上覆岩体的厚度。

由式(8.2.1)可知，岩体内的初始应力随深度而变化，对具有一定尺寸的地下洞室来说，其垂直剖面上各点的原岩应力大小是不相等的，即地下洞室在岩体内处于一种非均匀的初始应力场中。由开挖洞室引起洞周岩体应力状态重大变化的区域局限在洞周一定范围之内，通常此范围等于地下洞室横剖面中最大尺寸的 3～5 倍[图 8.2.1a)]，习惯上将此范围内的岩体称为“围岩”。如果洞室规模较小，在洞室的整个影响带内岩体的初始应力状态与洞中心处就比较接近，可按图 8.2.1b)所示的均匀应力场来简化围岩应力的计算。

在岩体内开挖地下洞室后，围岩变形的发展使某个方向原来处于紧密压缩状态，现在可能发生松胀，而另一个方向则可能挤压的程度更大。围岩应力重分布的主要特征是径向应力向自由表面方向逐渐减小，至洞壁处变为零；而切向应力的变化则有不同的情况，在一些部位越接近自由表面切向应力越大，并于洞壁达到最高值，即产生所谓压应力集中。在另一些部位，越接近自由表面切向应力越低，有时甚至于洞壁附近出现拉应力，即产生所谓拉应力集中。

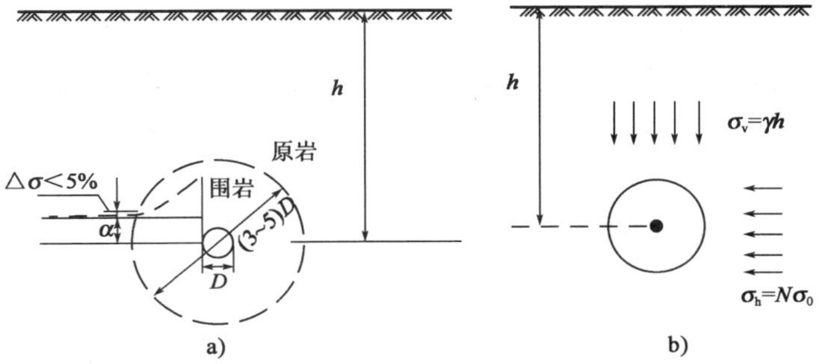

图 8.2.1　围岩及围岩应力场

对应均匀初始应力场条件下圆形洞室围岩应力，如图 8.2.1b)所示，取 $N=1$，则岩体初始应力为 $\sigma_v=\sigma_h=\sigma_0=\gamma h$。开挖一个半径为 a 的水平圆形断面洞室，采用极坐标方式计算洞室围岩应力(图 8.2.2)。按照弹性力学求解方法得：

$$\left.\begin{aligned}\sigma_r &= \sigma_0\left(1-\frac{a^2}{r^2}\right)\\ \sigma_\theta &= \sigma_0\left(1+\frac{a^2}{r^2}\right)\end{aligned}\right\}\tag{8.2.2}$$

在初始地应力场为静水式的岩体中开挖水平圆形洞室(图8.2.3)，由式(8.2.2)可知，围岩应力 σ_r 和 σ_θ 便与极角 θ 无关，而只是极径 r 的函数。依据式(8.2.2)作出 σ_r 和 σ_θ 与 r/a 的关系曲线如图 8.2.3 所示，可以看出，当 $r=a$ 时，即在洞壁上，$\sigma_r=0$ 为最小，而 $\sigma_\theta=2\sigma_0$ 为最大。随着 r 的增大，则 σ_r 逐渐增大，而 σ_θ 逐渐减小。

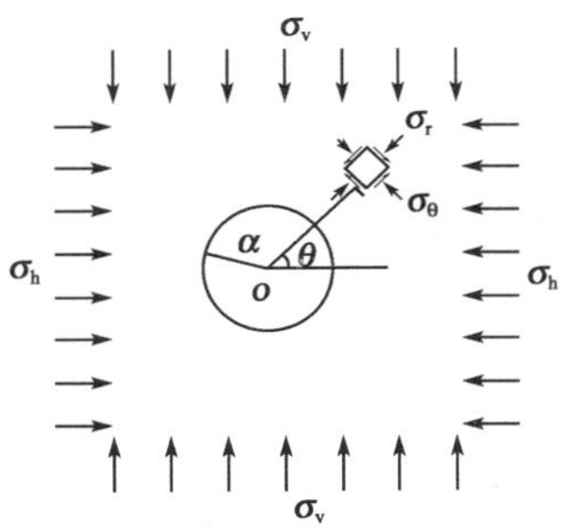

图 8.2.2　洞室围岩应力计算简图

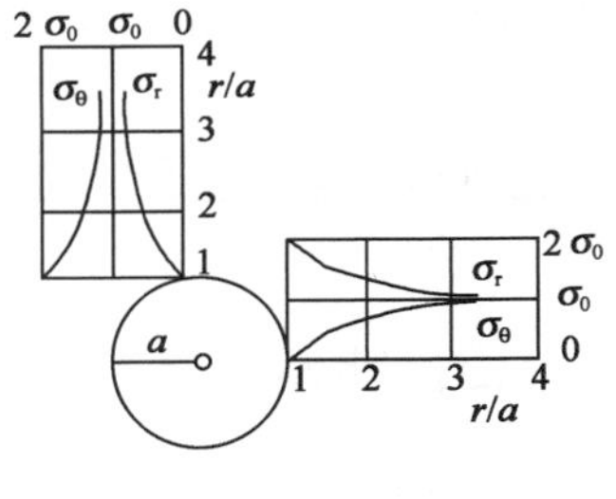

图 8.2.3　静水式地应力场圆形洞室的围岩

深埋条件下，根据普氏冒落拱理论，碎裂介质中的连拱隧道围岩作用于衬砌顶部的压力为：

$$P_{\mathrm{v}}=\frac{2a}{3a_1 f}(3a_1^2-a^2) \tag{8.2.3}$$

式中：a_1——地下洞室拱跨度的一半；

a——下洞室底宽。

由式(8.2.2)和式(8.2.3)可见：不管单拱隧道还是连拱隧道，隧道围岩应力或结构受力的范围近似解析解均与跨度的平方相关，这说明地下工程施工过程中二次应力影响区域大小随开挖断面不断增加而增大。同时，地下工程是随开挖面的推进，逐渐由三维应力状态转化为二维应力状态。因此，在较小的二次应力影响范围和基本保持三维应力状态下，及时对围岩进行支护加固，采用合理的开挖和支护方式是重要的。其核心思想是变大断面为中小断面或增设预支护，达到基本维持围岩原始状态，实现地下工程开挖过程中围岩与支护结构共同作用达到平衡状态稳定的结果。

隧道开挖后形成了新的临空面，围岩向洞内移动，应力重新调整，从而形成了二次应力。如果围岩的强度能满足二次应力的变化，则围岩是稳定的，否则必须进行支护。软弱围岩中开挖隧道，如果不对围岩进行适时支护，围岩就会发生破坏。围岩的破坏一般从围岩表面开始，逐渐向深部开展，依次形成塑性软化区、塑性强化区和弹性区。塑性强化区和弹性区是围岩承载的主体，塑性软化区是需要支护的对象。通过对软化区进行支护，第一可以提高其强度，有利于其自身的稳定；第二可以增大强化区围压，使强化区围岩的承载力得到提高。所以通过支护或加固软化区围岩，可以提高强化区围岩的强度，围岩的自承能力得以充分发挥，实现深部围岩的稳定，并使其成为主要承载区。

8.2.2 地下工程中应力重分布引起的问题

在环境稳定性差的岩土体中，隧道开挖会引起塑性区扩大，导致岩土体失稳。如隧道垂直于坡面进入洞和出洞时，工法选择不当容易引起洞口坍塌或者边坡失稳；当在坡积体中开挖隧道时，隧道两侧的荷载偏压使隧道的设计难度增大。

一些情况下，城市中修建的隧道多采用强支护，隧道结构本身强度很大，外界环境对隧道受力影响相对较小，而隧道开挖对环境扰动的限制较为严格，如在高速公路下开挖隧道和在城市中开挖地铁。这两种情况下，隧道开挖都要尽量维持岩土体的原有应力状态，特别注意地表沉降的控制，减少对既有公路和建筑物的影响。

8.3 山岭隧道在复杂应力环境下的稳定性问题

8.3.1 山岭隧道的复杂应力环境

山地丘陵地区往往存在复杂的地质结构和应力环境，如图 8.3.1 所示，隧道穿过褶皱地区的不同位置(位置 A、B、C)时，所处的应力环境将大不相同。

当隧道在褶皱的背斜中性面以上的位置(位置 A),隧道的受力状态如图 8.3.2a)所示,隧道在垂直方向受到压应力,而在水平方向受到拉应力,受力状态非常不利。当隧道在褶皱的向斜中性面以上的位置(位置 B)时,隧道的受力状态如图 8.3.2b)所示,与正常情况下的应力状态不同,隧道在水平方向上的应力大于甚至远大于垂直方向的应力。当隧道穿过褶皱的翼侧或者普通的没有褶皱结构的坡积体(位置 C)时,最大主应力的方向基本与坡面平行,最小主应力方向基本与坡面垂直。虽然公路隧道所处的应力环境复杂多变,但是其结构形式基本上只有马蹄形一种。

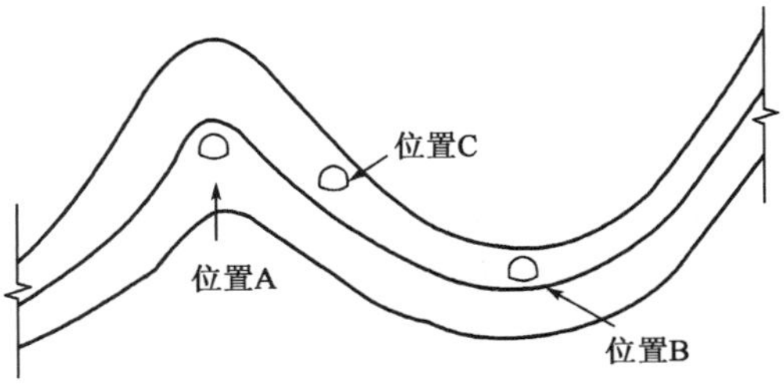

图 8.3.1 山岭隧道穿过位置示意图

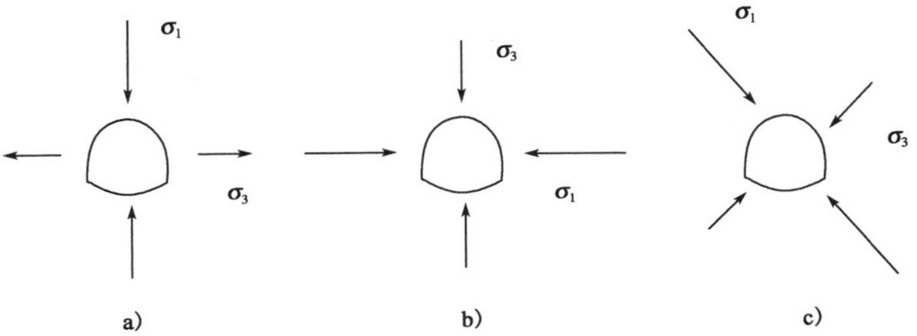

图 8.3.2 隧道处于不同位置时所处的地应力状态

8.3.2 复杂应力环境下隧道稳定的数值模拟

复杂应力环境下,如果按照规范设计施工山岭隧道将存在问题。作者建议将不同应力环境综合考虑,利用有限元数值模拟最大主应力在不同方向时、最大主应力与最小主应力的比值为不同时,隧道及其支护体系的受力情况,寻找隧道受力的最不利情况,并为山岭隧道结构的设计提出合理化建议。复杂应力环境下隧道受力数值模拟示意图见图 8.3.3。

因为在较破碎和较松散的围岩中应力场以自重应力为主,而在完整性比较好的围岩中构造应力才能发挥作用,所以这里按照Ⅲ级围岩来设计数值模拟试验。为了更真实地应岩石的变形特征,本构模型使用适合摩擦材料的摩尔-库伦弹塑性模型,力学参数如表 8.3.1 选取。隧道的几何断面按照《公路隧道设计规范》(JTG D70—2004)中 80km/h 情况的标准断面确定,衬砌材料为混凝土 C20,厚度为 300mm,弹性模量为 25.5GPa。关于围岩的几何尺寸,在隧道断面的上下左右各留出 3 倍隧道半径的距离,以便更好地反映出围岩和隧道相互作用的机理。模型设计完毕后,同时施加大小主应力 σ_1 和 σ_3,并控制 $\sigma_1=2\sigma_3=30\text{kPa}$,调整 θ 的大小以实现对复杂应力状态的模拟。当 θ 分别为 0°,45°,60°和 90°时,衬砌的受力图如图 8.3.4~图 8.3.7 所示。

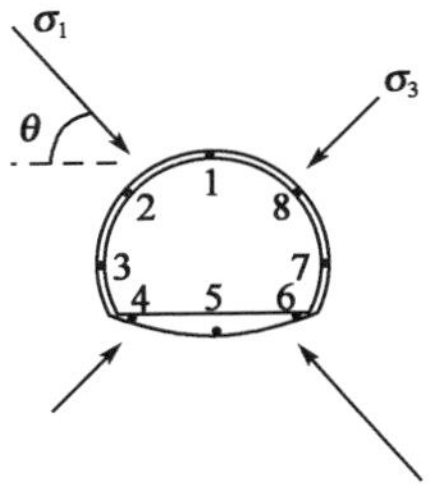

图 8.3.3 复杂应力环境下隧道受力数值模拟示意图

弹塑性分析的围岩力学参数表　　表 8.3.1

弹性模量(Pa)	泊松比	摩擦角(°)	剪胀角(°)	黏聚力(Pa)
12×10^{9}	0.3	35	20	6.9×10^{5}

从平面最大主应力图及节点平面最大应力图可看出，衬砌两帮处均出现一定范围的拉应力，所以衬砌两帮处应做好抗拉设计，且拱脚内侧出现一定范围的压应力，外侧出现一定范围的拉应力。从图 8.3.4 和图 8.3.7 对比可看出，衬砌顶部均收到压应力的作用，当竖直方向的应力大于水平方向时衬砌底部以受拉为主，反之则衬砌底部以受压为主。图 8.3.4 拱角处出现的压应力范围大于图 8.3.7。从图 8.3.5 和图 8.3.6 的对比看出应力与水平方向的夹角增大，衬砌受拉的范围增大，通过节点平面最大应力图可知，同一节点随应力水平方向的夹角增大所受拉压应力增大。隧道不同应力环境下观测点处衬砌最大主应力对比见图 8.3.8。

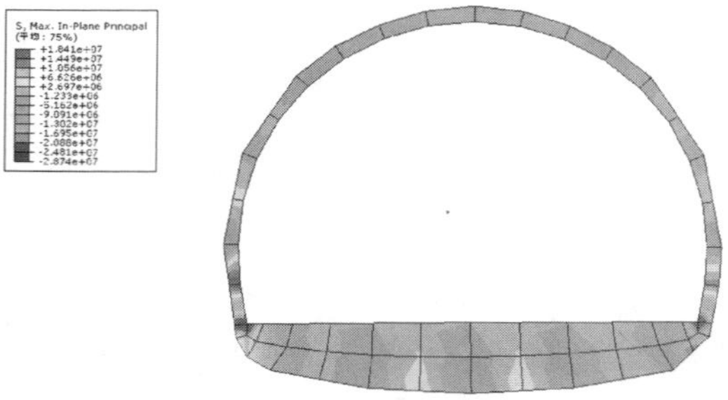

图 8.3.4　大主应力与水平面的夹角为 0°时衬砌的平面最大主应力云图

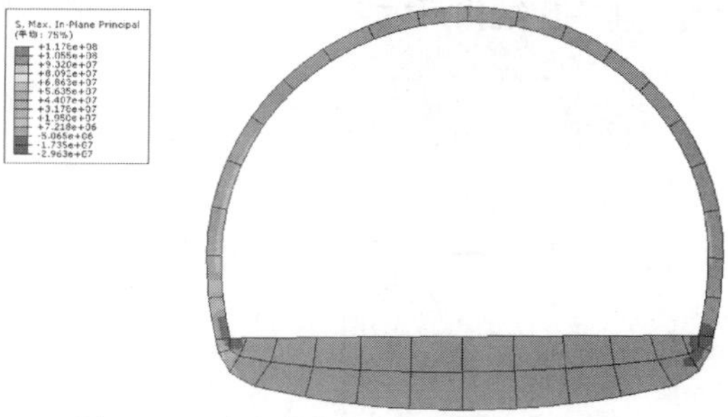

图 8.3.5　大主应力与水平面的夹角为 45°时衬砌的平面最大主应力云图

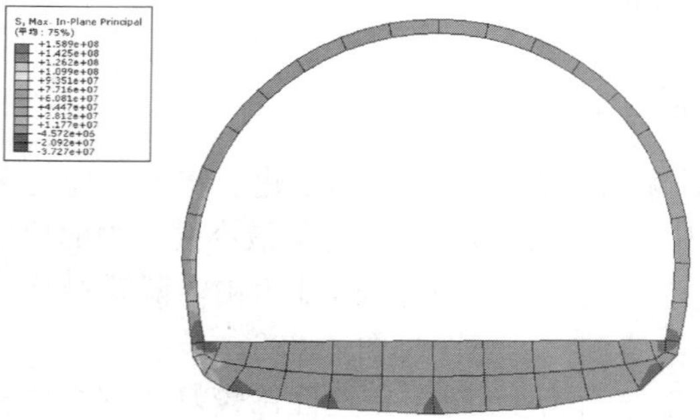

图 8.3.6　大主应力与水平面的夹角为 60°时衬砌的平面最大主应力云图

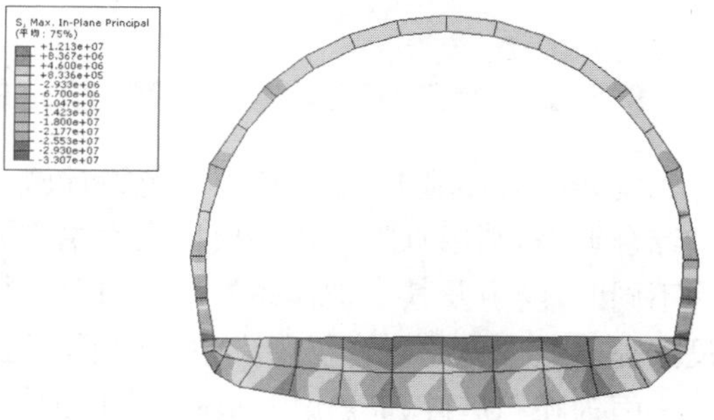

图 8.3.7　大主应力与水平面的夹角为 90°时衬砌的平面最大主应力云图

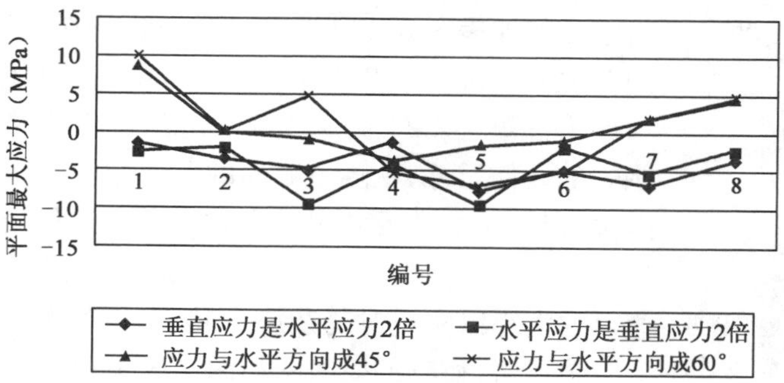

图 8.3.8　不同应力环境下观测点处衬砌最大主应力对比

8.4 山岭隧道施工对高地应力环境的扰动

岩爆是高地应力区的地下工程在开挖过程中或开挖完毕后，围岩因开挖卸荷发生脆性破坏而导致储存于岩体中的弹性应变能突然释放且产生爆裂松脱、剥落、弹射甚至抛掷现象的一种动力失稳地质灾害。其直接威胁人员、设备安全，影响工程进度，已成为地下工程的世界性难题之一。近几十年来，国内外在岩爆预测方面作了大量的研究工作，提出了一系列的理论和方法，如失稳理论、强度理论、能量理论、断裂损伤理论和突变理论等；并采用了数值分析方法、模糊数学综合评判方法、分形几何法和人工神经网络法等。岩爆预测的目的是为岩爆防治提供可能发生的位置、烈度等信息。然而，由于岩爆预测问题的复杂性，到目前为止还没有哪一种理论或方法能准确地预测岩爆，满足工程建设的需求。

以台缙高速公路苍岭隧道的岩爆预测研究为例，在宏观地质调查的基础上，结合地应力的现场实测，多种形式的岩石力学试验研究和三维有限元数值模拟多种方法和手段，综合分析评价了隧道工程区地应力和隧道沿线围岩应力的分布规律，并在此基础上根据已有的国内外多种岩爆判别准则，对隧道开挖岩爆发生的部位和等级进行综合分析和预测，从而为合理制定隧道的开挖支护方案提供依据。

8.4.1 工程概况及工程区地质条件

苍岭隧道位于浙江省仙居县与缙云县交界的括苍山脉中低山区。隧道为左右线设置，东西走向，其中左线里程桩号为 K94＋760～K102＋290，右线里程桩号为 K94＋760～K102＋340。单个隧道长度约 7.6km，隧道最大埋深约 768m，属深埋特长公路隧道，也是浙江省内目前在建的最长最深的公路隧道。

隧道工程区地貌主要以中低山、丘陵为主。隧道区地面高程为 190～1 077m，隧道线路高程为 239～370m，隧道埋深为 50～768m。苍岭隧道处于余姚—丽水大断裂与鹤溪—奉化大断裂所夹的断块内，为 NE，NEE 向断裂构造发育，卫星影像图反映清晰。隧道洞身主要穿过微风化和新鲜的熔结凝灰岩、角砾凝灰岩和钾长石花岗斑岩，局部穿过断裂带及岩相接触带。现场调查和钻探资料表明，在断层及其影响带内岩体裂隙发育，岩体破碎；在远离断层地段，岩体较为完整，岩质坚硬，强度较高。

8.4.2 工程区岩石力学性质研究

岩性是决定岩爆发生的一个重要因素。岩爆一般发生在完整性好，裂隙发育少，质地坚硬，岩性脆的岩体中。为了查明苍岭隧道围岩岩性及强度特征，同时给隧道围岩分类以及围岩的储能条件评价提供依据，给地应力数值反演分析提供岩体的物理力学参数，研究过程中进行了多种形式的岩石力学试验。

(1)岩石变形破坏全过程试验

岩爆的发生与岩体的储能条件有关。通过岩石变形破坏全过程试验可以对岩石的储能性进行正确的评价。如图 8.4.1 所示，岩石在加载至 σ_0(本次研究取峰值强度 R_b 的 70%)卸载，Φ_C 为卸载前聚集在岩石内部的总应变能；Φ_{ST} 是由于岩石产生塑性变形和内部产生微破裂而消耗的

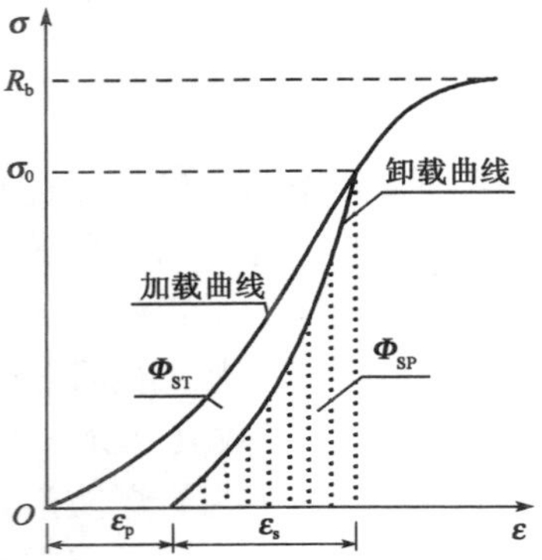

图 8.4.1　岩石试样能量计算示意图

能量；Φ_{SP}为卸载后仍然储存在岩石中的应变能。据此，波兰学者 Kidybinski 提出如下定义：

$$W_{ET}=\frac{\Phi_{SP}}{\Phi_{ST}} \tag{8.4.1}$$

式中：W_{ET}——弹性能量指数，也称为冲击倾向指数。

根据国内外现场试验与研究，W_{ET}值越大，围岩破坏时释放的冲击能量就越大。因此，其可较好地反映岩爆的可能性。波兰国家标准建议：

$$\left.\begin{array}{l} W_{ET}(\text{无岩爆})<2.0 \\ 2.0\leqslant W_{ET}<5(\text{出现中，低岩爆}) \\ W_{ET}\geqslant 5(\text{严重岩爆}) \end{array}\right\} \tag{8.4.2}$$

苍岭隧道围岩的主要岩性为熔结凝灰岩，伴有少量的花岗斑岩。选择钻孔中微风化和新鲜岩石试样进行岩石变形破坏全过程试验。按高径比 2∶1 的比例切取标准样。试验在 MTS815Teststar 程控伺服岩石力学试验系统上进行。试验初期采用轴向位移控制，速率为 0.1mm/min。当加载到约为峰值强度 R_b 的 70%时，进行卸载得到卸载曲线，再加载直至试件破坏，得到完整的应力－应变曲线。9 组试样中有 3 组由于试样存在微裂缝，使试样沿裂缝产生破坏。另有 2 组试样由于卸载过早，造成W_{ET}计算值偏小。剩余的 4 组试样计算得 W_{ET}为 2.17～26。按照能量判据，隧道区围岩具备了发生中低岩爆的储能条件。

(2)岩石单轴抗压强度试验

为了查明隧道区围岩的强度特征，为后面的岩爆预测提供强度参数。对工程区 13 个钻孔，共 140 个岩样进行了单轴抗压强度试验。表 8.4.1 为 2 种主要围岩的单轴抗压强度试验结果。

两种主要围岩单轴抗压强度试验值　　　　表 8.4.1

岩　样	单轴抗压强度(MPa)	
	天 然 岩 样	饱 和 岩 样
熔结凝灰岩	169.3	151.3
花岗斑岩	180.4	165.6

(3)钻孔波速测试和现场勘察

此次研究在地面工程地质调查、区域地质构造及隧道沿线地带线性构造的遥感解译、天然露头或人工露头的裂隙统计、裂隙间距计算、岩石强度试验、钻孔波速测试和岩石风化带厚度调查的基础上，将苍岭隧道全线分为 11 个工程地质段。为了合理评价这 11 个地质分段的围岩类别，同时，也为了给后面的地应力反演提供合理的物理力学参数。在隧道沿线进行了钻孔波速测试和现场勘察。结果表明：隧道区大部分围岩的岩体完整，纵波波速 v 值为 3.2～4.2km/s。根据《公路工程地质勘察规范》(JTG C20—2011)，可判断隧道区围岩以Ⅳ级为主，部分为Ⅴ级，断层破碎带为Ⅲ级。二郎山隧道岩爆统计结果表明：岩爆段围岩类别均为Ⅳ级、Ⅴ级，节理很发育的Ⅱ级、Ⅲ级围岩不会发生岩爆。

8.4.3 工程区地应力环境的综合研究

地应力是决定岩爆发生的另外一个重要因素。根据地应力研究，在分析区域构造应力场和临近工程地应力测量资料的基础上，结合工程区地应力的现场测试结果，并通过三维数值反演分析的方法，综合评价了隧道沿线围岩初始地应力场的分布规律。

(1)区域构造应力场环境和已有测试结果分析

工程区的初始应力场是受区域构造应力场控制的。研究工程区附近构造应力场环境和已有地应力测试资料可以掌握隧道区初始应力场的大致规律。

震源机制解是分析现今地壳构造应力场的重要依据之一，尤其是震源深度较大的强震活动的震源机制解参数，能较客观地反映地壳应力场的基本特征。图8.4.2为工程区以北震源机制解。通过对工程区附近震源机制的分析可知：工程区以北现今的构造主压应力方向总体表现为NEE向；工程区以南的则多呈NW向。因此，工程区的现今构造主压应力方向总体特征应表现为近EW向或NWW向。

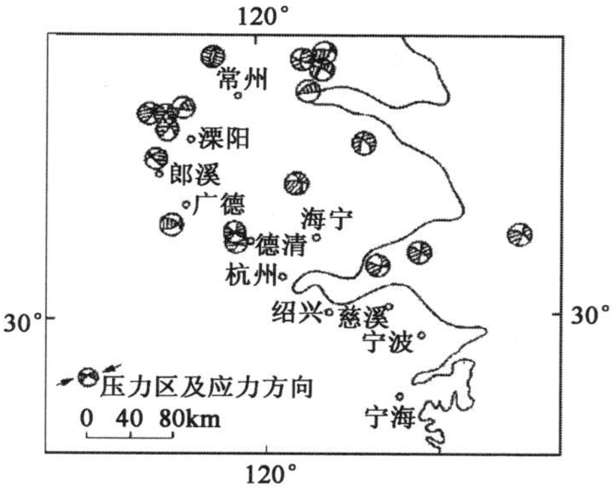

图8.4.2 工程区以北震源机制解

注：此图据国家地震局地质研究所《秦山三期核电站工程地震安全性评价报告》(1996年5月)

在此基础上，分析了工程区临近的浙江北部天荒坪抽水蓄能电站、工程区临近的金丽温高速公路缙云县新碧镇姓姚村高边坡地应力实测资料。结果表明：隧道工程区的最大主应力 σ_1 为17.9～27.3MPa。从已有测点的应力大小和方位看，该区地应力以自重应力场为主。

(2)初始地应力场的现场实测及结果分析

工程区采用水压致裂法进行了3个钻孔的地应力测量，各钻孔地应力测量结果具有以下特点：①最大水平主应力 σ_H 明显高于上覆岩体的质量，最小水平主应力 σ_h 也高于上覆岩体的质量；②水平主应力随深度的增加而迅速增大，各钻孔的水平主应力随深度增加的线性拟合结果见表8.4.2；③各钻孔实测最大主应力方向为NW30°～NW72°，表明测孔附近地应力以NW向挤压为主。

钻孔地应力测量水平主应力随深度增加的拟合结果 表8.4.2

钻孔编号	σ_H 和 σ_h 随深度 H 的变化	孔口高程(m)
CS1	$\sigma_H=0.0988H+3.1242$	401.30
	$\sigma_h=0.0544H+2.6940$	
CS2	$\sigma_H=0.0670H-0.0132$	612.13
	$\sigma_h=0.0350H+1.8100$	
CS3	$\sigma_H=0.1551H-0.1568$	393.60
	$\sigma_h=0.1020H-0.5481$	

注：1. σ_H 和 σ_h 分别为最大及最小水平主应力。

2. H 为测点埋深(m)。

(3)初始地应力场的三维有限元反演分析

根据工程区的地貌特点和地质构造特点，取隧道工程区 3km×8km 的一块长方形区域作为主要的计算区域，取高程 0.000m 为计算模型的底面。隧道区位于计算模型的中央，使隧道线路距模型的边界有足够大的距离，消除了模型的边界效应可能对结果产生的影响。计算过程中考虑了主要断层的影响。参考前面隧道区围岩力学性质研究结果，计算模型的计算参数如表 8.4.3 所示。

岩体物理力学参数 表 8.4.3

岩体类型	变形模量(MPa)	泊松比	重度(kN/m^3)
完整岩体	15 000	0.22	26.5
断层破碎带	8 000	0.26	24.0

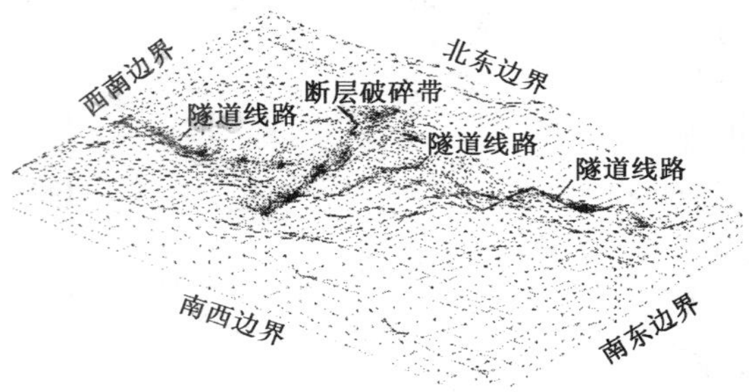

图 8.4.3 地应力场反演分析计算模型

计算模型采用 10 节点四面体单元，考虑到计算的规模较大，建立有限元模型时采用了不同的网格密度：在隧道附近网格密度较大，其他的地方网格相对稀疏。在断层和地应力测试孔附近对网格进行了加密。图 8.4.3 为有限元计算模型，模型共计单元数 183 665 个，节点数 261 159 个。

地应力场有限元反演分析的方法有直接调整边界条件法进行地应力场的反演分析。具体的反演分析过程分 3 步实施：①首先计算不同边界条件下隧道工程区域地应力场的变化方式，从而寻求最佳的边界条件类型；②然后在确定边界类型的基础上，通过不断改变边界力作用方式和大小量值，使计算区内已知点的计算应力和实测值达到最佳拟合；③最后通过适当改变模型边界力的大小，计算地应力实测值和计算值的平方差，找出方差值最小的模型边界条件。

按照反演出的计算模型边界条件，计算得出隧道沿线围岩的初始应力场。结果表明：隧道线路附近最大的水平主应力在隧道线路 K98+300～K100+200 段附近，最大水平主应力 σ_H 为 14.8～17.3MPa，最大的竖向应力 σ_V 为 13.0～17.3MPa。在隧道线路的大部分区域水平应力起主导作用，即最大主应力为水平应力，只是在隧道埋深最大的 K98+060～K100+440 段竖直方向的应力为最大主应力。计算得最大水平主应力方向约为 NW69°，与实测地应力方向的平均值一致。最大主应力方向和隧道线路方向的夹角为 6°～39°。

(4)隧道开挖后的围岩应力分析

利用反演出的初始应力场进一步分析隧道开挖后，隧道围岩应力的大小，为岩爆评价提供依据。计算分析中考虑了主应力方向和隧道线路走向夹角的影响。在进行开挖断面分析计算的时候按照弹性力学中的应力换算公式将主应力换算为垂直于隧道线路走向方向的水平应力(记为 σ_x)。

计算模型选取 50m×40m(高×宽)的断面按照平面应变问题作有限元分析。隧道断面尺寸按照设计图选取。模型的下边界和左边界施加位移光滑约束，右边界和上边界分别施加前面计算得到隧道沿线各段的初始应力值 σ_x 和 σ_y。通过单元的生成技术来实现隧道开挖模拟。模型的材料参数同表 8.4.3。

计算结果表明：在隧道开挖后，隧道开挖断面的围岩全部处于受压应力状态。随着隧道断面所处的初始应力场环境的变化和隧道埋深的不同，在隧道开挖断面的不同部位有不同程度的压应力集中。一般规律为：当初始应力场中的水平应力占主导地位时，最大压应力发生在隧道开挖断面的拱顶处；当初始应力场中的水平应力和竖向应力相当的时候，最大主压应力发生在隧道开挖断面的拱脚附近（图 8.4.4）。隧道全线的最大压应力 σ_1 的峰值为 59.5MPa，洞壁的切向应力最大值 σ_θ 为 48.9MPa。

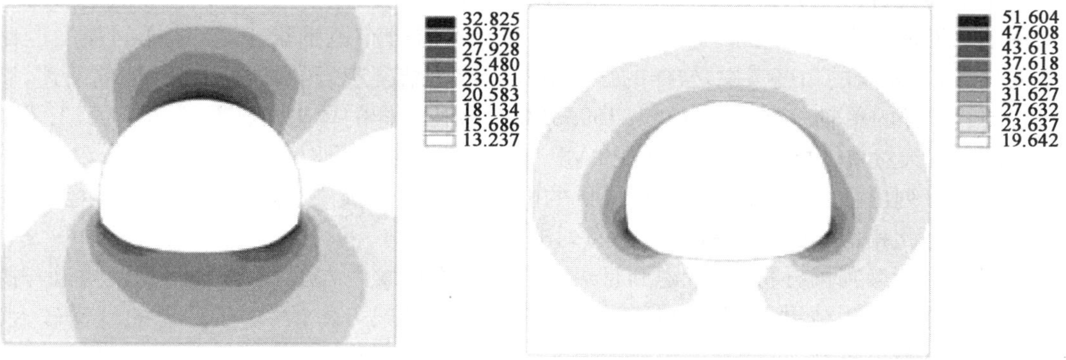

a)　　　　　　　　b)

图 8.4.4　不同地应力环境下隧道围岩应力 σ_1 分布比较（压应力为正，MPa）

a）$\sigma_x=14.1$MPa，$\sigma_y=7.1$MPa；b）$\sigma_x=15.0$MPa，$\sigma_y=16.7$MPa

8.4.4　岩爆的综合分析与预测

近几十年来，国内外学者在对岩爆形成机理和已发生岩爆的资料研究的基础上，提出了多种假设和判据。本次研究，主要选择了 4 种有代表性的判据，即能量判据、R_b/σ_1 判据、陶振宇判据及 Russenes 判据。分别对隧道各个洞段依次分析，然后在以上判据判断的基础上，综合评价了各个洞段岩爆发生的可能性和发生的强度。能量判据前面已经阐述过了，下面就 3 种判据做简单介绍。

（1）Russenes 判据

挪威的 Russenes 在 1974 年提出了一种很有影响的岩爆烈度分级方案，并应用有限元法和 Kirsch 方程计算洞壁最大切向应力 σ_θ。利用 σ_θ 与岩样单轴抗压强度 R_c 的比值判断岩爆烈度，即：

$$\left.\begin{array}{l}\sigma_\theta/R_c<0.20\text{（无岩爆）}\\0.20\leqslant\sigma_\theta/R_c<0.30\text{（弱岩爆）}\\0.30\leqslant\sigma_\theta/R_c<0.55\text{（中岩爆）}\\0.55\leqslant\sigma_\theta/R_c\text{（强岩爆）}\end{array}\right\}\quad(8.4.3)$$

（2）陶振宇判据

陶振宇判据为：

$$\left.\begin{array}{l} R_c/\sigma_1>14.5\text{(无岩爆)} \\ R_c/\sigma_1=14.5\sim14.5\text{(低岩爆)} \\ R_c/\sigma_1=5.5\sim2.5\text{(中岩爆)} \\ R_c/\sigma_1<2.5\text{(高岩爆)} \end{array}\right\} \quad (8.4.4)$$

(3)R_b/σ_1 判据

R_b/σ_1 判据为：

$$\left.\begin{array}{l} R_b/\sigma_1=3\sim6\text{(会发生岩爆)} \\ R_b/\sigma_1<3\text{(严重岩爆)} \end{array}\right\} \quad (8.4.5)$$

运用上面几种应力判据对岩爆进行预测过程中，各洞段的最大主应力 σ_1 和拱壁切向应力 σ_θ 采用前面有限元分析的结果。考虑到工程区花岗斑岩分布范围很小，且试样的强度也比熔结凝灰岩高，从安全的角度考虑，岩样的强度指标均取熔结凝灰岩的试样强度。如前所述，熔结凝灰岩天然岩样的单轴抗压强度 R_c 为 169.3MPa，饱和岩样的单轴抗压强度 R_b 为151.3MPa。实际分析中取天然单轴抗压强度 R_c 为 160MPa，取饱和单轴抗压强度 R_b 为 150MPa。

表 8.4.4 列出根据 Russenes 判据分析的隧道各段岩爆预测的结果。其余各个判据的具体分析过程与此相似，限于篇幅，没有一一列出。

根据各个岩爆判据分析，并考虑到Ⅲ级围岩一般不易发生岩爆，综合判断苍岭隧道开挖发生岩爆的可能性预测结果为：在公路隧道 K98＋637～K99＋638 段，由于隧道的埋深较大，同时构造应力水平也较高，可能有中等岩爆发生；在公路隧道 K97＋702～K98＋637 段以及 K99＋638～K100＋892 段可能有低岩爆活动。

隧道各段岩爆预测结果（据 Russenes 判据）　　表 8.4.4

公 路 里 程	R_c(MPa)	σ_θ(MPa)	σ_θ/R_c	岩爆发生与否
K96＋980～K97＋350	160	21.8	0.14	无岩爆
K97＋350～K97＋702	160	20.9	0.13	无岩爆
K97＋702～K98＋080	160	26.7	0.17	无岩爆
K98＋080～K98＋225	160	32.8	0.21	弱岩爆
K98＋225～K98＋425	160	38.6	0.24	弱岩爆
K98＋425～K98＋637	160	44.8	0.28	弱岩爆
K98＋637～K99＋638	160	50.9	0.32	中岩爆
K99＋638～K100＋127	160	44.8	0.28	弱岩爆
K100＋127～K100＋440	160	38.9	0.24	弱岩爆
K100＋440～K100＋892	160	32.8	0.21	弱岩爆
K100＋892～K101＋585	160	27.3	0.17	无岩爆
K101＋585～K102＋207	160	21.8	0.14	无岩爆
K102＋207～K102＋425	160	21.8	0.14	无岩爆

8.4.5 结语

对于苍岭隧道这样深埋特长隧道在开挖前进行岩爆预测研究是必要的。在已有的研究水平和研究成果的基础之上，从隧道围岩的岩体特征和隧道区初始应力场两方面着手，在宏观地质调查的基础上，通过地应力的现场实测，多种形式的岩石力学试验研究和三维有限元数值模拟多种方法和手段，对隧道工程区地应力和隧道沿线围岩应力的分布规律进行综合分析评价，并根据已有的国内外多种岩爆判别准则，对隧道开挖岩爆发生的部位和等级进行预测。这是一套实用的岩爆预测方法。

但是，岩爆预测问题极为复杂，影响岩爆发生的因素很多。应该指出，这样的岩爆预测研究仍具有不确定性，为了隧道的顺利建设，在隧道开挖施工过程中应加强监测、开展超前预报研究工作，并结合工程建设开展岩爆防治措施的研究工作。

8.5 山岭隧道施工对边坡环境稳定性的影响

在边坡中开挖隧道，除了要考虑隧道所处的复杂应力状态外，也要考虑洞室开挖对边坡本身稳定性的影响。作者建议通过建立二维有限元模型，模拟洞室与坡面平行的情况下，洞室开挖对边坡稳定性的影响，并寻找洞室开挖后边坡的变形特征，对在边坡中开挖隧道的进洞出洞方案给予合理化建议。

8.5.1 隧道施工对边坡稳定性的数值分析

基本的计算模型如图 8.5.1 所示，在隧道与坡面平行的情况下变换洞室距坡脚的距离 L，分别计算出洞室开挖引起的边坡变形情况。模型内部只选用一种围岩材料，材料参数按照取Ⅳ级围岩选取：弹性模量为 3.2GPa，泊松比为 0.32，密度为 2 200kg/m^3。因分析只考虑洞室开挖对边坡变形和稳定性的影响，故可以回避塑性区分布等较复杂的问题，这里只采用线弹性模型。按照《公路隧道设计规范》(JTG D70—2004)中的规定，选取 80km/h 典型断面考虑。

计算分析主要分为两个步骤，①计算边坡在自重应力下的变形作为初始值；②计算隧道全断面开挖后在最不利情况下边坡的变形。然后，第二步计算的结果减去自重应力引起的变形，最终得到的是隧道开挖的应力释放引起的边坡变形。通过调整隧道中心与坡脚处的距离，来分析开挖位置对边坡变形的影响。

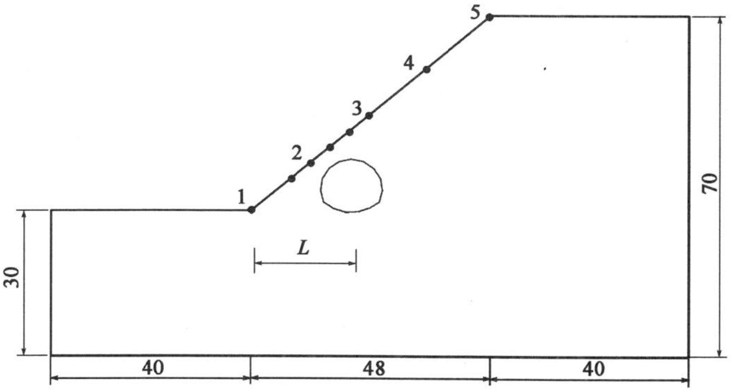

图 8.5.1 洞室与坡面平行计算示意图(尺寸单位：m)

因围岩弹性模量按照Ⅳ级围岩选取，较为坚硬，变形情况也相对比较小，在自重应力作用下，最大的顶部竖向位移也只有 13mm，坡脚处的竖向位移大致为 2mm。扣除重力场影响后边坡在竖直方向和水平方向的位移云图如图 8.5.2～图 8.5.5 所示。从竖直方向上的位移云图来看,隧道顶部均出现不同程度的下沉而隧道底部则出现不同程度的隆起。水平方向的位移以向右为主,开挖洞室距离坡脚越近,坡面的水平位移所受的影响越大。

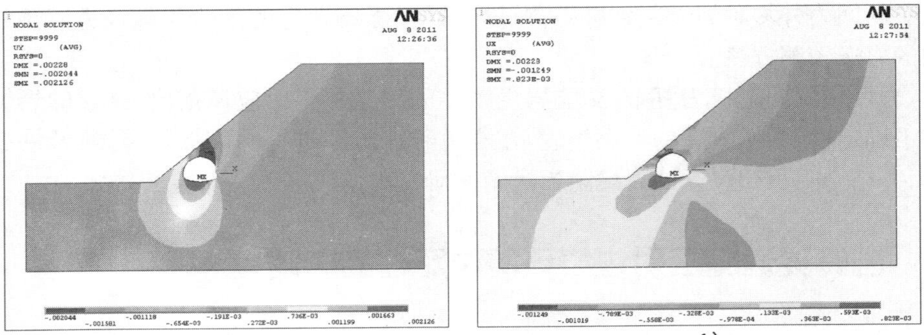

a)　　　　b)

图 8.5.2　距坡脚 15m 处开挖隧道时边坡的位移云图

a)竖直方向;b)水平方向

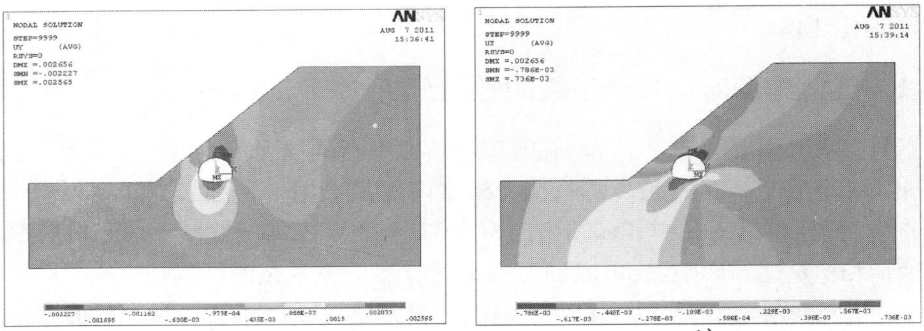

a)　　　　b)

图 8.5.3　距坡脚 20m 处开挖隧道时边坡的位移云图

a)竖直方向;b)水平方向

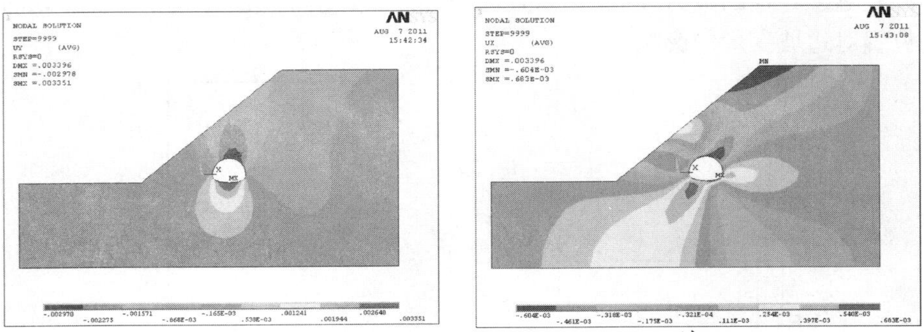

a)　　　　b)

图 8.5.4　距坡脚 30m 处开挖隧道时边坡的位移云图

a)竖直方向;b)水平方向

在斜坡上取五个点,等分整个斜坡,由下至上分别记为点 1、2、3、4、5,x 坐标分别距坡脚 0、12m、24m、36m、48m,并在隧道距坡面最近处(即 2 点附近)进行观测点加密,加密的点为距坡脚水平距离 8m、16m、20m 处,如图 8.5.1 所示在扣除自重应力的影响时,各点的竖直方向位移如图 8.5.6 所示,方向竖直向下为正。

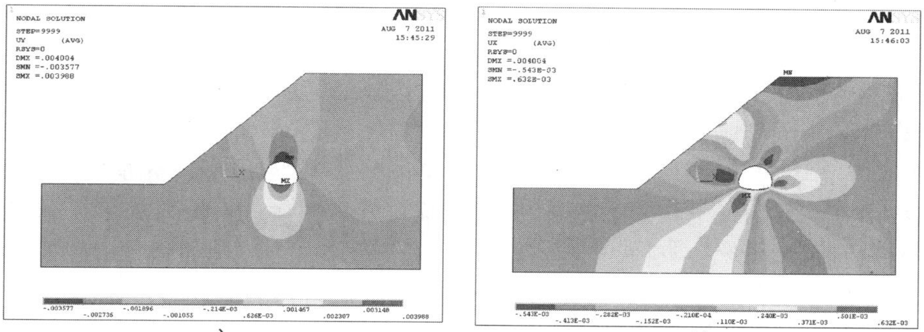

a) b)

图 8.5.5 距坡脚 50m 处开挖隧道时边坡的位移云图

a)竖直方向;b)水平方向

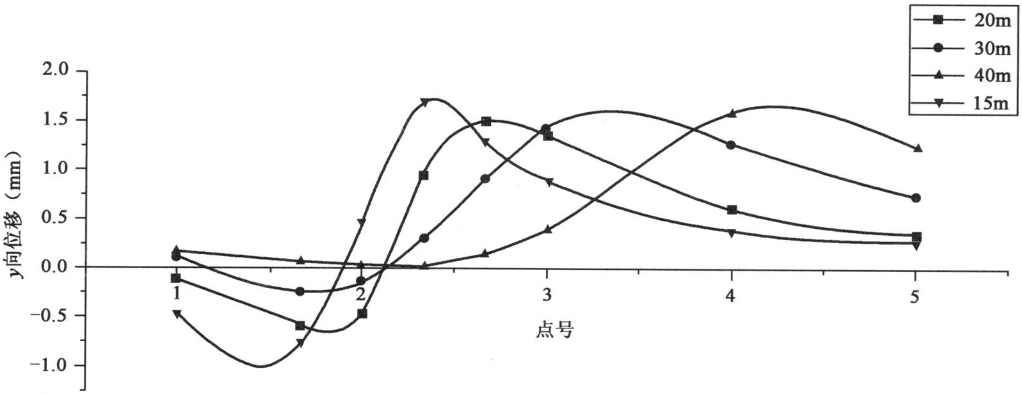

图 8.5.6 开挖位置对坡面竖直方向位移的影响

竖直方向上位移变化与隧道开挖的位置有关，一般是在其隧道拱顶或拱顶偏右的位置，竖直向位移最大，离坡脚越远，y 向位移最大值越居中，呈正常隧道顶部的位移变化，滑坡与隧道开挖之间的影响越小。

水平方向位移变化如图 8.5.7 所示，方向向左(即滑动面方向)为正。

水平方向上的位移总体来说没有 y 向的位移大，隧道中心离坡脚越近，影响越大。

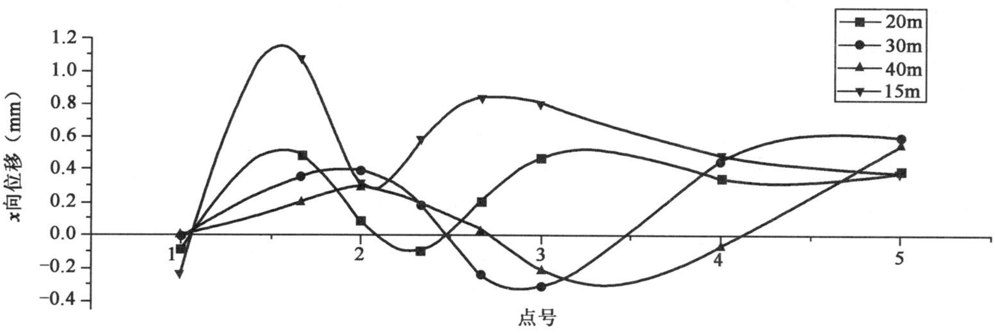

图 8.5.7 开挖位置对坡面水平方向位移的影响

8.5.2 隧道进洞出洞的案例分析

隧道坡积体问题主要有：①隧道进出洞口时对边坡稳定性的影响问题；②进洞后隧道开挖对边坡稳定性的影响问题；③边坡失稳对隧道支护结构的影响问题。边坡和隧道不是独立的个体，而是相互作用的，在处理这类问题时，应坚持的一个基本原则：首先加固边坡，待边坡稳定后再开挖隧道。在边坡上修建隧道时，最大的难点就是如何进行洞口施工。洞门做的是否牢固，是决定边坡稳定性的一个重要因素，因此处理好洞口的施作是很重要的。洞口开挖时，应考虑地层、周围环境条件，如地形、地质、地下水、降雨等条件，有时会发生滑坡、崩塌、偏压、地表下沉等，要求施工前认真核对设计图。在进行洞口的施工时，要注意使用超前支护措施，如超前锚杆，管棚等，首先给松散岩土体一定的预支护力再进行开挖，开挖后及时进行初期支护。变强爆破为弱爆破，减小爆破振动对上覆松散岩土体的扰动。变大断面为小断面，及时封闭成环，并组织好施工顺序，保护围岩，最大限度地减弱隧道施工对边坡的影响。

在进洞时，要注意削坡对边坡的影响，如果岩土体松散，会导致部分土体发生滑塌，此时不应立即将滑塌下来的土体移走，因为这样会导致坡体出现累进性破坏，造成“一塌再塌”的严重事故，所以应首先加固坡体，然后再进洞。

当隧道所在山体岩体破碎时，如果不注意采取超前支护措施，施工过程中每一步的力学平衡与变形没有相协调，这样在隧道开挖过程中往往会发生坡体的失稳破坏，导致隧道开挖无法成洞或衬砌结构的破坏，迫使进行山体边坡加固后再进行隧道围岩及结构的加固处理，不仅造成工期的延误，而且造成巨大的经济损失。

(1)进洞时削坡引起边坡失稳

随着高等级公路不断向山区、丘陵区、高原延伸，公路隧道逐渐增加，特别在隧道进出口开挖时，往往会遇到一些比较陡的边坡如图 8.5.8 所示。隧道的开挖改变了边坡的受力状态，极容易诱发滑坡，因此隧道的开挖和边坡的稳定性有一定的关联。洞口边坡的稳定性就直接决定着隧道洞口的稳定，很多隧道洞口边仰坡的切削，改变了原有自然斜坡的平衡状态，特别是在原有地质条件较差的地段，如堆积层、风化卸荷带等，若开挖的深度和设置的坡度不当，常产生崩塌、滑坡等地质灾害。解决现阶段隧道和边坡的相互作用问题，保证隧道和边坡的稳定显得越来越重要、越来越迫切。例如：兰州市山前坡下存在着普遍的切割坡脚、占地盖房现象，人为创造数米乃至 10m 高的黄土陡坎，严重破坏了斜坡的天然稳定性；大量不合理灌溉和生活用水由于没有完善的排水系统，长期渗入水敏性和湿陷性极强的黄土中，使坡体或地基软化，引起房屋开裂，使黄土斜坡的稳定性逐渐恶化；一旦遇较强降雨或振动，就会出现突发性的地质灾害。地质灾害既有“天灾”的原因，也是“人祸”的结果。

地质灾害“重在防，而不在治；重在先治，而不在后治”。在工程建设中，主动避开地质灾害多发区域——即防；无法避开，要对工程区周围的地质环境进行全面的勘察，在科学研究和论证的基础上，开展地质灾害评估，制定出科学合理的规划方案，对可能发生地质灾害的区域在灾害发生前就采取治理措施，然后再利用——即先治。

图 8.5.9 也是由于坡体的岩土体强度比较低，松散第四系覆盖层比较厚，在进洞时削坡引起的边坡的失稳破坏。

图 8.5.8 某隧道出口位于高陡边坡上

图 8.5.9 某隧道洞口发生的滑塌破坏

隧道边仰坡稳定性的影响因素有别于一般的边坡工程，主要包括地质因素和施工因素两方面。边坡体上部存在松散岩土体，如果不注意对坡体进行及时的加固，施工过程中每一步的力学平衡与变形没有相协调，往往会发生“一塌再塌”的累进性破坏。图 8.5.10 为某隧道进洞时由于削坡引起的边坡失稳破坏。

图 8.5.10 洞口削坡引起的边坡失稳破坏

(2)进洞处的断裂构造引起滑坡

某隧道滑坡位于隧道的北端进出口段，隧道左右两洞净宽各为 10.16m，两洞中心线间距 35m。采用上下导坑、二次衬砌紧跟施作的施工方法。右洞上导洞开挖掘进至 K85＋295 时，从拱部左侧突发涌水，水柱直径达 30cm，统计涌水量超过 10 000m^3。量测发现 K85＋288.50～K85＋294.50 段边墙初期支护变形突然加大，二次衬砌出现裂纹并有增多增大趋势。7d 后在山顶发现地表开裂，宽约 5～10cm，裂缝垂直错距约 20cm，此后观察发现裂缝在进一步扩大。

随后的地质勘察发现，该隧道进洞口一带处于一个多方向、多期次断裂活动的复杂地质构造条件，F1 从该隧道的右洞口通过(图 8.5.11)，断裂走向 15°～30°，倾向 105°～120°，倾角 80°～90°，走向北东 40°～60°，倾向南东，倾角 80°～85°。隧道洞口段岩体十分破碎，节理裂隙极为发育。隧道右线洞口 K85＋200～K85＋400 段地质剖面如图 8.5.12 所示。地表为厚约 2～4m 的含黏性土碎块石，结构松散。下部为 F1 和 F2 断裂破碎带，岩体呈角砾状松散结构，为Ⅴ级围岩。

该隧道洞口滑坡的发生发展是伴随隧道开挖而产生的，滑坡体积约为 24 万 m^3。滑坡与隧道开挖的关系极为密切，滑坡的纵向发育与隧道行进方向基本一致(图 8.5.13)，滑坡宽度范围包容了双隧道，并各向隧道轴线外扩 8～15m，两侧以小沟为边界。隧道进口滑坡的形成原因为：边坡岩体破碎，在具备临空条件下的自稳能力极差，隧道开挖能引起围岩产生大范围的松动变形，而且坡体富水性好，地下水集中向隧道内排泄，加速了滑坡的形成。同时，滑坡形成和发展过程中，又使隧道结构发生强烈破坏，并导致围岩坍塌。

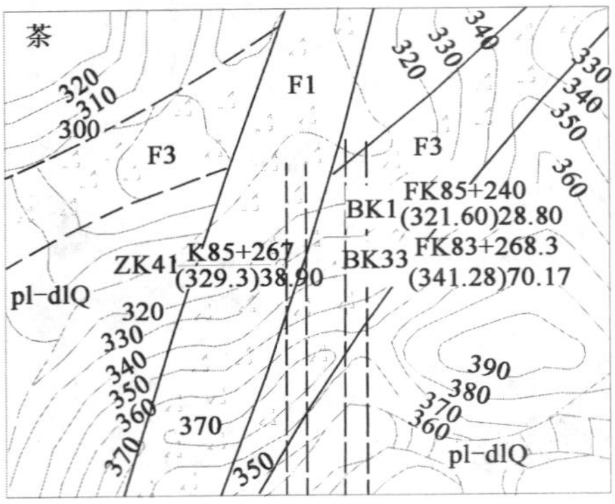

图 8.5.11　洞口区工程地质平面图

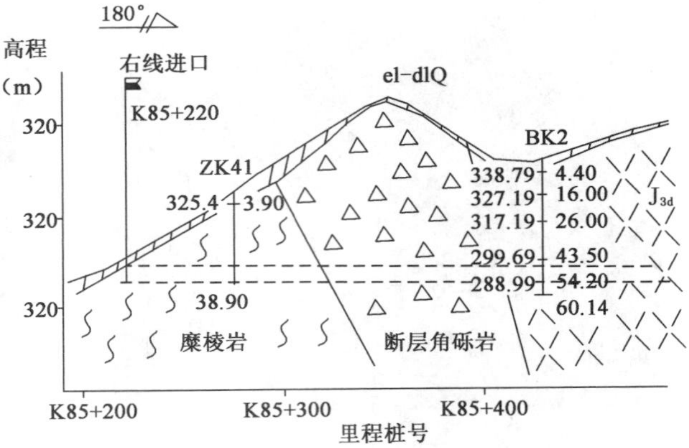

图 8.5.12　隧道右线进口段工程地质剖面

隧道开挖引起滑坡的基础是不良的地质环境条件，但一旦发生滑坡就再也无法通过隧道围岩加固措施达到隧道结构的安全稳定。因为需要实现平衡稳定的条件已经不再先于围岩的开挖卸载问题，在实现滑坡的平衡稳定前，任何围岩加固措施都无法达到预期的平衡稳定要求。因此，存在山体稳定问题区段进行隧道开挖时，必须在隧道开挖前确保山体稳定。

(3)出洞时隧道坍塌

某隧道出洞口边坡曾发生过一次典型的滑塌事故，引起了该隧道的塌方，严重影响了该隧道的正常建设。该隧道位于浙江中部中低山丘陵区，中间高，东西两端低，山顶海拔高程370.9m，地形自然坡度35°～40°，植被发育，山坡地层情况见图8.5.14。

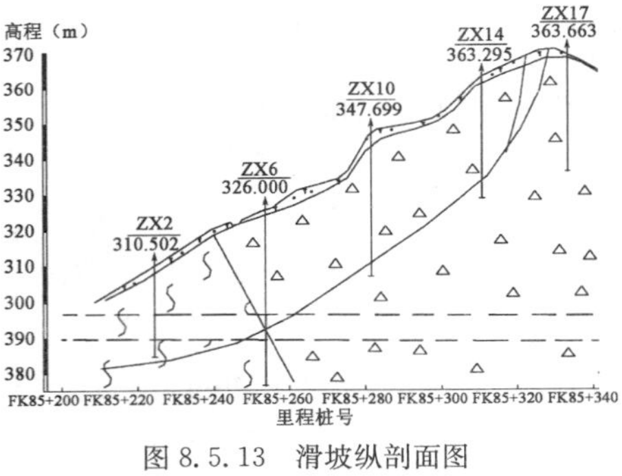

图 8.5.13　滑坡纵剖面图

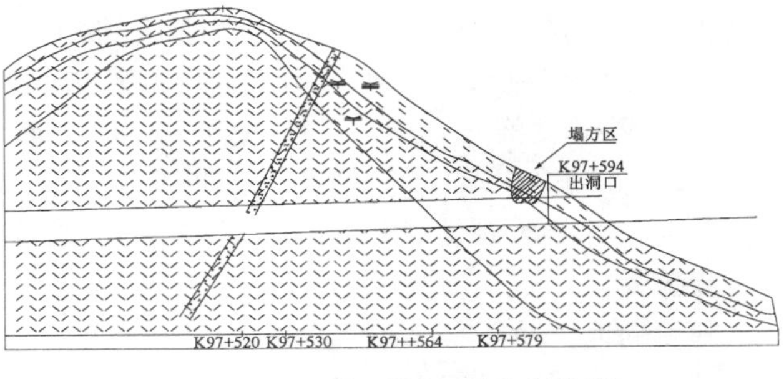

图 8.5.14　山坡地形和工程地质剖面图

图 8.5.15　塌陷坑位置示意图

该隧道右洞由进口向出口方向开挖至K97+585处发生塌方事故。本段隧道洞顶埋深5～16m，3倍洞径内围岩主要为全、强风化层，围岩稳定性差。根据地表的地貌现象可知塌方处地表为陡坡地形，塌方处洞顶埋深较浅，约11m。该段为全-强风化凝灰岩，风化裂隙极发育，岩石破碎，呈角(砾)碎(石)状，结构松散，围岩稳定性差，塌陷坑下部距洞顶约0.5m，如图8.5.15所示。

从该边坡的地质情况看，边坡上基本是松散的土体，下面为较破碎的基岩。隧道发生塌方的季节正好处于雨季，降雨的影响对坡体上覆第四系覆盖层产生了不良影响。在降雨过程中，雨水从两个方面对坡体产生影响：对边坡土体，降雨入渗起加载作用，即降雨使浅层土体中的孔隙水压力和含水率大幅度增大，重度变大，渗透压力增大；降雨改变边坡土体的力学性能，土体由于吸水软化和基质吸力减小而造成抗剪强度下降，强度降低，导致其黏聚力下降。边坡土体的自重增加和强度降低这两个不利因素在降雨过程中同时影响边坡的稳定性。降雨入渗造成水平应力和竖向应力的比值接近极限值，从而使得土体有可能沿裂隙面局部破坏。因此在这种比较陡的边坡上开挖隧道，如未能及时支护和保证施工过程中每一步的力学平衡与变形协调，极容易引起隧道上方岩土体的滑塌。

从施工角度看，在发生塌方时本工程排水沟已修好，但未及时进行混凝土浇筑，自 2006 年 4 月 12 日连续几日降雨(小到中雨)。如果是暴雨，则来不及在沟内汇集，会沿排水沟流走；但几日以来，由于持续降雨，而降雨强度较小，山体上部的降水就会流入排水沟内积聚，然后沿裂隙下渗，使下部岩土体变的松软。经调查，排水沟上侧并无裂缝，说明不是大面积滑塌。排水沟没有起到及时排走地表水的作用，反而使地表水汇集，促使雨水下渗。雨水渗入土体，使土体饱和度增加，强度降低，且增大了坡体岩土体的含水率，动水压力增大，降低了岩土体的稳定性；另外未能保证洞口围岩在施工过程中每一步的力学平衡与变形协调，引起隧道洞口上方岩土体的滑塌。

8.5.3　坡积体中修建隧道的有关问题

山体稳定是越岭隧道稳定的基础。在进行隧道开挖设计时，不仅要分析隧道围岩的变形破坏情况，而且也要重视隧道所在山体的稳定问题。对于隧道洞口仰坡及傍山隧道的洞体，局部的围岩松弛破坏，可能改变边坡的应力场环境和水文地质环境，从而引起边坡的变形和破坏。边坡的不稳定会直接导致隧道结构的破坏，图 8.5.16 为某小净距隧道两洞口底部软弱围岩没有处理到位导致隧道底板和衬砌开裂现象。许多隧道出现了隧道失稳和山体滑坡的地质灾害。此类问题属于边坡和隧道的相互作用问题。

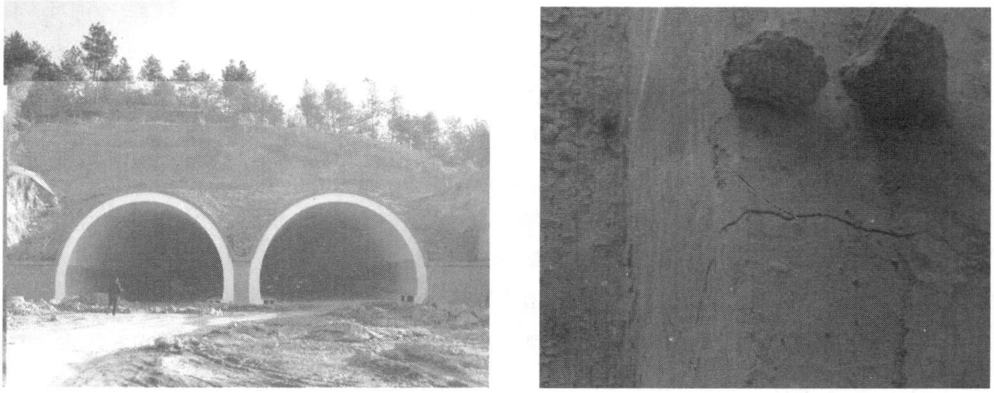

图 8.5.16　两洞口底部软弱围岩没有处理到位导致隧道底板和衬砌开裂现象

一般情况下，地震对隧道的危害相对较小，特别是山体地形对称、岩体完整性好等地形地质条件下的隧道破坏比较少(图 8.5.17)。但通过地震断裂带和山体地形偏压的隧道洞段通常会发生破坏。

a)

b)

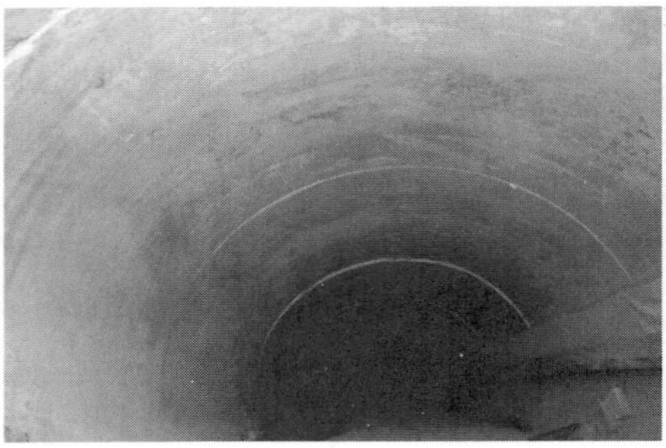

c)

d)

图 8.5.17　某隧道进口(山体地形对称)[a),b)]与出口(山体地形偏压)[c),d)]衬砌对比

为了避免隧道开挖引起隧道和所在边坡的失稳破坏,对所在边坡岩体结构特征及稳定性应进行全面的评价。当潜在滑移面稳定性安全度较低时,首先必须加固山体,确保山体稳定后,再进行隧道施工。为了更清晰地说明问题,下面我们以某隧道洞口边坡与隧道围岩稳定的关系为例进一步说明。

在有条件的情况下,减载压坡应是优先考虑的加固措施,有效控制后边仰坡的变形也就能减缓。对于浅埋段,可以采用反压护拱的施工方法,如图 8.5.18 所示。我们在治理边仰坡时,其工程的重点是斜坡的前缘,只要前缘稳定了,不发生累进性破坏,后面的坡体就会稳定下来。抗滑桩是治坡工程中最常用的工程措施,它能有效地从局部改变滑坡体的受力平衡,阻止滑坡体变形的延展,图 8.5.19 是某隧道进口中使用抗滑桩来加固隧道边仰坡,保证了边坡的稳定和洞室的安全施工。

明洞作为一种防御的工程处理措施,在隧道边仰坡中也经常使用。因为通过施工明洞,可以减少边坡对隧道的影响。宝成线南段 37 座隧道有 29 座洞口接长明洞;枝柳线圆八段有 1/3 的隧道洞口作了延长;襄渝线达渝段 40 座隧道,亦因洞口施工引起崩塌滑坡,42 个洞口延长或接长明洞,增设挡墙。通过施作明洞来穿越不稳定的边仰坡地段是一种比较好的施工处理措施。

(1)控制断面尺寸维持坡积体稳定

隧道施工开挖不仅影响坡脚还影响边坡深部。隧道断面跨度与高度是决定仰坡稳定性的一个基本因素,隧道跨度和高度越大,岩体二次应力分布的影响范围就越大。

在隧道施工过程中,爆破振动会使岩体的稳定性降低,甚至引起边仰坡岩体的失稳倒塌,因此应最大限度降低对岩体的扰动。在开挖时,应尽量采用小断面开挖,并做到步步封闭成环，最好不要用全断面法开挖。图 8.5.20 就是在某隧道开挖过程中使用 CD 工法来变大断面开挖为小断面开挖，保障了边仰坡的稳定性。

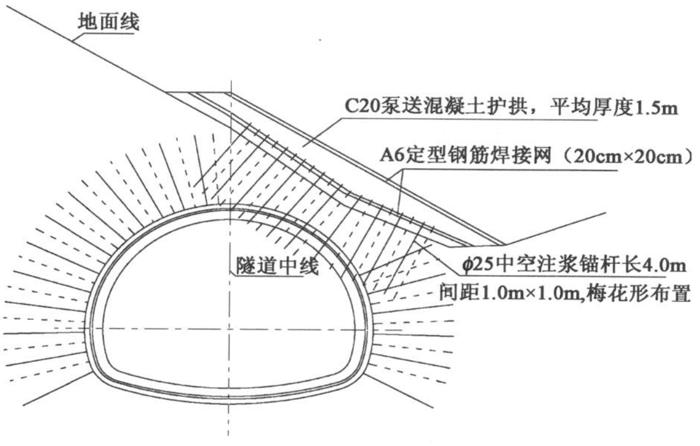

图 8.5.18　浅埋暗挖段反压护拱法

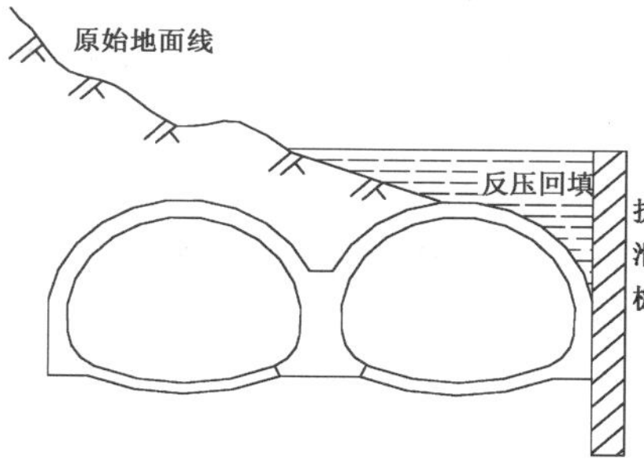

图 8.5.19　某隧道进口立面图

(2)松散坡积体中的半明半暗式开挖

图 8.5.21 为一工程案例。根据地质调查勘探及现场开挖揭示的地质情况，判定隧道地质条件复杂，根据实际情况及地质勘测设计报告表明，隧道进口缓坡地形，坡度 25°～35°。坡体上部为残坡积土含黏性土碎石、含碎石粉质黏土，揭露厚度较大，厚度约 12.5～20.5m，欠稳定，表层分布大量滚石，粒径最大约 2.0m；下部为全-强风化凝灰岩，厚度约 5.8～7.6m。隧道围岩为残坡积土及全-强风化凝灰岩，岩石节理裂隙发育，整体稳定性差，易产生坍塌、掉块，属 V 级围岩。图 8.5.21是隧道开挖出的残坡积碎石土，与坡体表面残坡积土相比，其密实性和稳定性相对较好。地下水为松散土层孔隙水及基岩裂隙水，水文地质条件一般。洞口前缘开挖形成临空面后，上部土体在雨水等作用下处理不当易产生滑坡等灾害。隧道洞身主要为微风化凝灰岩，并存在 F2、F3 断层，地下水为基岩裂隙水，水文地质条件简单。但洞口段为含碎石粉质黏土，K3＋885 处隧道围岩剖面见图 8.5.22。

图 8.5.20　某隧道中使用 CD 工法开挖隧道

图 8.5.21　残坡积体上部松动而下部较紧密情况

隧道半明半暗段初步拟定如下施工方案(图 8.5.23)。

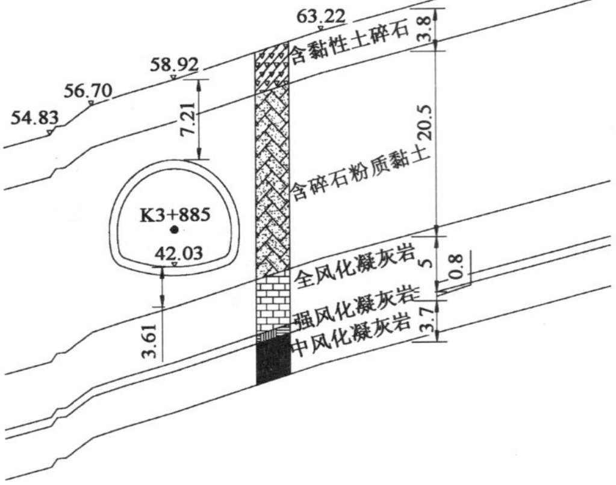

图 8.5.22　K3＋885 处隧道围岩剖面(高程单位:m)

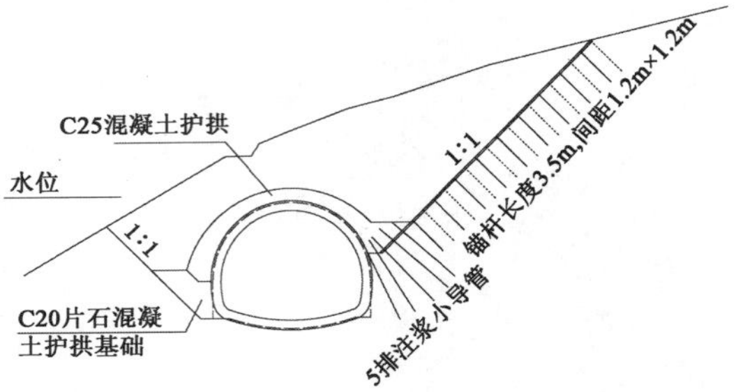

图 8.5.23　半明半暗段断面

第一步:进行半明部分开挖。左侧开挖边坡 1:1,右侧边坡设置一级,坡率 1:1。开挖时全长 23m 范围内都预留核心土以便护拱施工。开挖后,对右侧边坡进行锚杆护坡加固,锚杆长度 3.5m,间距 1.2m×1.2m。

第二步:施作护拱基础。全长 23m 范围内左侧按照相应图纸设置 C20 片石混凝土基础,整体一次性浇筑完成,不设置沉降缝、伸缩缝。

第三步:施作 C25 钢筋混凝土护拱及拱顶回填。护拱钢筋骨架采用环向 ϕ22 Ⅱ级钢筋,纵向 ϕ18 Ⅱ级钢筋,纵横间距都是 30cm,上下两层布置。右侧护拱拱脚设置 6m 长 $\phi42\times4$ 注浆小导管,设置 5 排,纵向间距为 0.67m,梅花形布置,尾部埋入混凝土中 1.0m。待护拱强度达到要求后回填拱顶 C20 片石混凝土及拱顶土石。

第四步:进行半暗部分开挖。在隧道护拱的保护下,开挖隧道核心土部分。护拱范围内(包括左侧护拱基础范围)不设置中空注浆锚杆;护拱范围以外,按设计图纸要求施工锚杆。其余初期支护(工字钢、钢筋网、喷射混凝土)全断面施工。具体为:钢拱架采用 16 号工字钢,间距取 1m(设计间距为 0.5～1.0m),设置一层钢筋网,喷射混凝土厚度为 25cm。

第五步:仰拱及时开挖施工,仰拱片石混凝土回填。

根据专家提出对护拱拱脚进行加固的意见,结合实际情况,采用如下加固方案:采用 $\phi121\times8$ 的钢管桩,每根长度 10m,埋入护拱混凝土内 1m,设置 1 列,纵向间距 0.5m/根,护拱底宽 1m,钢管桩横向距离右侧坡脚 0.3m,距离护拱底左侧宽度为 0.7m。设置段落为 K3＋852～K3＋873 段,共设置 43 根,合计 430m。钢管桩钻孔直径为 140mm,钢管桩管内注水泥净浆,水灰比 0.6,桩前端 7m 范围打注浆孔,孔间距 15cm×15cm,梅花形布置,桩尾 3m 范围无孔,图 8.5.24 为钢管桩加固施工图,隧道洞口段成功修建如图 8.5.25 所示。

半明半暗段隧道施工按照初步施工方案逐步进行半明部分开挖、基础及护拱设置、拱顶回填、核心土开挖、仰拱开挖及回填等数值计算,对半明半暗段隧道施工期间边坡稳定性进行分析评价,得到以下几点结论。

①如按原施工方案进行,则在核心土开挖后临时支护设置前,右侧坡体可能发生滑动,应

采取措施防止发生危险。

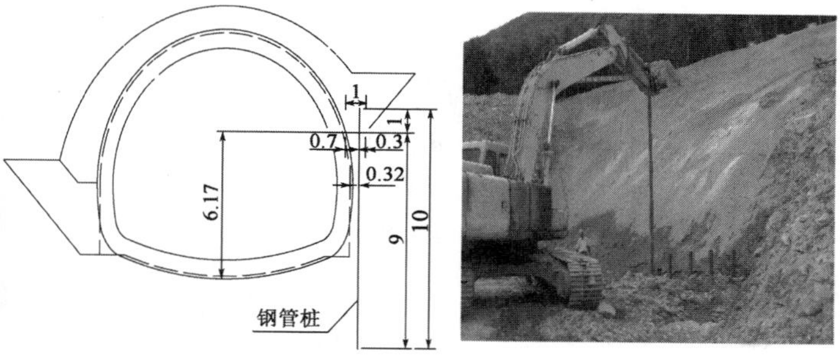

图 8.5.24　钢管桩加固施工图(尺寸单位:m)

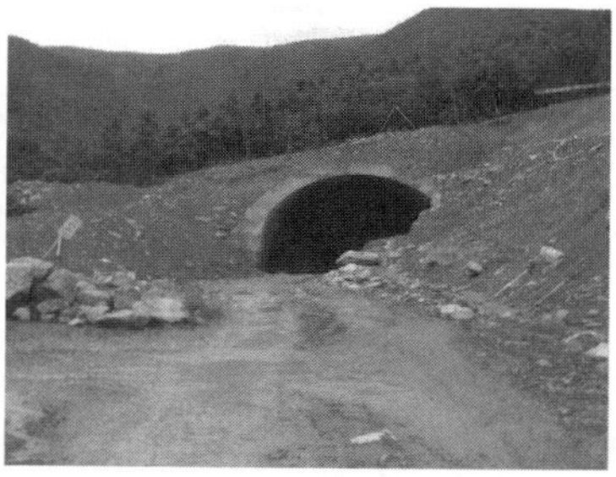

图 8.5.25　隧道洞口段成功修建

②为防止核心土开挖引起右侧坡体滑动,在隧道右侧打设抗滑桩,经计算分析,效果良好,加设抗滑桩可以有效控制右侧坡体滑动。该方案对类似工程有一定的参考价值。

8.6　浅埋暗挖法施工城市隧道的环境稳定

随着城市地面交通的日益拥堵,大量的工程项目投向了城市地铁、地下隧道等地下工程领域。杭州地区目前正在进行地铁 1 号线的施工,其土质情况、城市类别等在长三角地区比较具有代表性。故选择杭州地区的一个地下隧道工程开挖作为模拟对象,采用浅埋暗挖法的施工工艺。

本书研究的主要内容就是不同位置、不同大小的隧道衬砌背后空洞为衬砌稳定性以及隧道变形的影响。隧道模型将从实际出发,模拟实际施工工法,并在隧道拱顶、拱底、拱腰、拱脚以及拱底侧面 5 个不同位置设立相同大小的空洞,通过与无空洞时隧道应力地表沉降等的对比得出我们的分析结论。另外,还要对每个位置的空洞进行不同大小情况下的模拟,对比分析在这些情况下初期支护上弯矩、剪力等的变化。

众多文献表明,空洞越大,对衬砌以及周围环境的影响也越大,故在不同位置设立空洞进行比较时,要将空洞大小保持一致。刘海京等通过研究发现空洞的几何形状对衬砌围岩压力重分布影响不明显。为使模拟效果更加明显,本次模拟的空洞取到了半径从 0.1～1.25m 不同大小的半圆形空洞。

各个位置的空洞分布图如图 8.6.1 所示(半径 0.5m 空洞)。

8.6.1　模型材料参数的选定

为了有效表征实际工程,本文选取合理的计算参数,包括隧道断面、围岩、初期支护及二次衬砌的材料参数等。

(1)隧道断面

在实际工程中,隧道的洞径大小尺寸根据开挖方式、车道数量等因素各不相同:杭州地铁 1 号线采取全线盾构施工,单车道形式,实际宽度为 6m 左右,而正在施工的钱塘江过江隧道的宽度就达到了 11m 以上。

根据《公路隧道施工技术规范》(JTG F60—2009),选取 v=80km/h 两车道隧道标准断面，如图 8.6.2 所示。

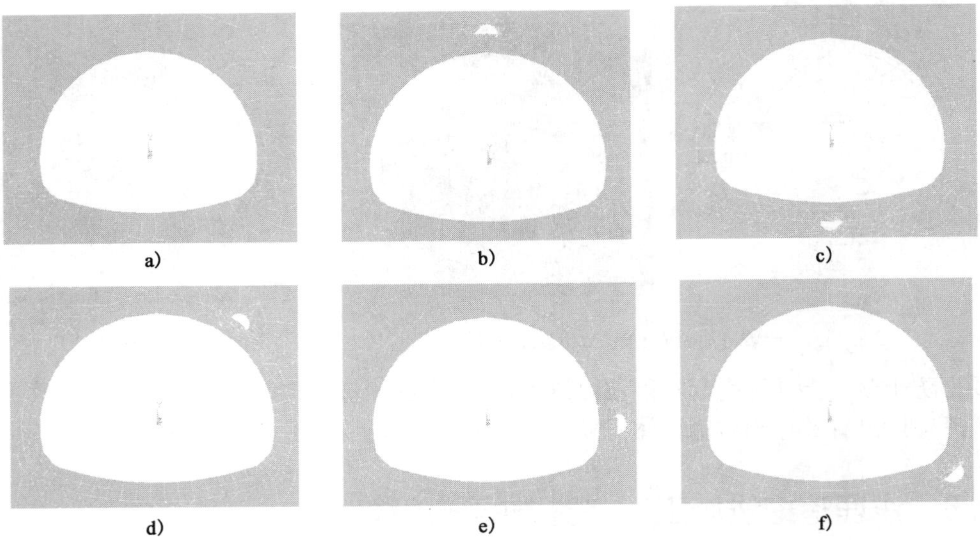

图 8.6.1　模拟各空洞位置分布图

a)无空洞；b)拱顶空洞；c)拱底空洞；d)拱腰空洞；e)拱脚空洞；f)拱底侧空洞

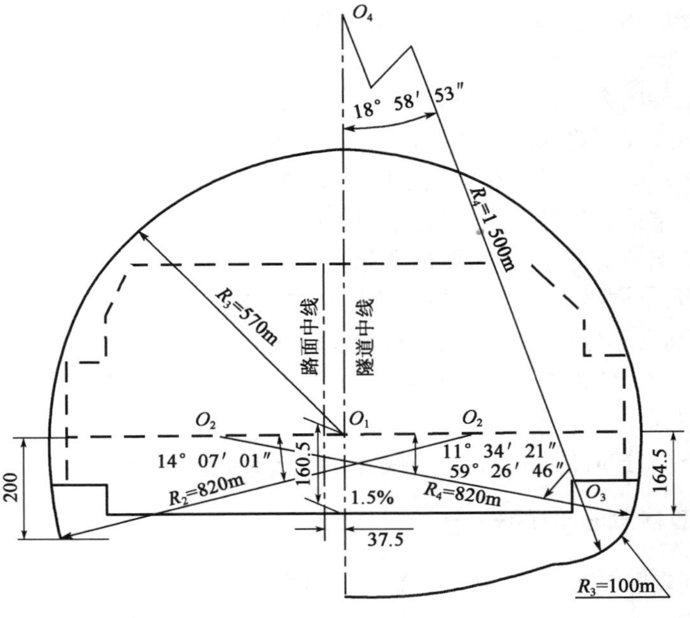

图 8.6.2　v=80km/h 两车道隧道标准断面(尺寸单位：cm)

在上述的实际工程环境与规范的指导下，本隧道拟模拟一个二维的，净宽为 11.3m 的城市浅埋暗挖隧道，其主要技术标准如下。

①设计车辆荷载：公路Ⅰ级。

②设计车速：80km/h。

③地震设防烈度：6 度。

④隧道建筑界限：10.5m×5.65m。

⑤行车方式：双向隧道，单向行驶。

(2)围岩

为使研究更具实用性和合理性，本次模拟参照杭州地铁 1 号线某段岩土工程地质勘察报告来设定相关参数。杭州市地处钱塘江下游北岸，在地理环境上属长江三角洲区域杭嘉湖平原的西南部，地形地貌复杂。杭州的土体以软弱土层为主，这也给地铁隧道等地下工程的施工带来许多技术上的挑战。

就地铁沿线所经过的区域，主要为两种地貌形态：一为临钱塘江的冲海积平原，属钱塘江河口相冲海积堆积的粉性土及砂性土地区，由于堆积年代及固结条件不同，性质不一，竖向由松散至中密状变化，厚度一般在 20m 左右；其下为海陆交互相沉积的淤泥质软土及黏性土；地面下深约 40～50m 为古钱塘江河床堆积的圆砾层，中密到密实状态，底部基岩埋深一般在地表下 50～65m。另一种为海陆交互相沉积的黏性土地区，主要集中在杭州老城区即艮山门站至中河路站一带及萧山市心路区段，地层软硬交替，一般上部 20m 左右均以软黏性土为主，下部基岩埋深约在地面下 40～45m。

杭州典型土层的物理力学性质指标如表 8.6.1 所示。

杭州地区典型土层物理力学性质指标* 　　表 8.6.1

土层名称	层厚 (m)	含水率 w (%)	重度 γ (kN/m^3)	黏聚力 c (kPa)	内摩擦角 φ (°)
淤泥质粉质黏土	6～18	37～65	16～18	9～23	4～10
粉质黏土	3～7	21～33	19～20	25～60	20～22
淤泥质黏土	2～10	40～49	17～18	13～25	7～13
黏土	3～12	22～32	19～20	20～70	14～27

* 注：数据来源：寇秉厚. 杭州市区地质概况及工程地质、水文地质条件//深基坑支护工程实例. 中国建筑工业出版社，1996:14～278。

本次模拟的是城市浅埋隧道，以杭州地区为例，0～12m 的埋深一般可以认为是浅埋隧道，12～18m 为中埋，18m 以上便可算是深埋隧道。根据实际工程情况，拟采取模拟埋深为 15m，即掌子面中心至路面的距离为 15m。故在此区域，我们选择粉质黏土层作为我们主要的开挖断面，并参照上述数据作为我们隧道围岩的数据标准，根据地质勘察报告，此类围岩土石类别为硬土，土石强度等级为Ⅲ级。研究中，对 35m 以上的土体采用均一土质进行模拟，即均为粉质黏土层。

(3)初期支护与二次衬砌

隧道衬砌设计一般是根据工程地质、水文地质、围岩类别和施工因素，类比类似公路隧道的设计经验并进行结构验算后综合确定的。本隧道洞门采用 C25 钢筋混凝土模筑衬砌，洞身采用曲墙复合式衬砌并根据具体情况采用锚喷网措施。初期支护采用的是厚度为 20cm 的 C20 喷射混凝土，二次衬砌使用带仰拱的厚度为 50cm 的 C30 模筑混凝土。具体参数及配筋如表 8.6.2 所示。

初期支护和二次衬砌设计参数 表 8.6.2

初期支护	喷射混凝土	C20,厚度 20cm
	中空注浆型锚杆	直径 25cm,长度 3.0m@1.0m
	钢筋网	直径 8mm,间距 25cm×25cm
	钢拱架	14 号工字钢,间距 1.2m
二次衬砌	模筑混凝土	C30,厚度 50cm,带仰拱
	钢筋配置	经结构计算后确定

通过上述的材料参数的设计,可以得到整体模型中用于结构分析所需的围岩、初期支护以及二次衬砌的材料参数如表 8.6.3 所示。

模型材料参数表 表 8.6.3

材料类型	弹性模量(MPa)	泊松比 υ	密度 ρ(kg/m³)	黏聚力 c(kPa)	内摩擦角 ϕ(°)
围岩(粉质黏土)	20	0.35	2.0×10^3	50	21
初期支护	21.0×10^3	0.18	2.5×10^3		
二次衬砌	100	0.25	2.5×10^3		

这里需要说明的是二次衬砌的弹性模量之所以只取到 100MPa,是因为在开挖过程中,二次衬砌混凝土的成型并不是瞬间完成的,而是需要一定的固结时间,在这段时间中,上层土体将完成一部分沉降。为还原这一部分的顶部沉降带来的影响,特将二次衬砌的弹性模量缩小,以模拟其在未完全固结时围岩及初期支护的变形及应力情况。

(4)边界条件的确定

在数值模拟中,都要切取岩体的某一部分建立数值计算模型,用一定的边界条件去代替原始介质的连续状态,这种替代方式的合理与否将决定计算结果的正确性。因此,确定数值计算模型的边界条件是数值分析的重要内容。当模型边界条件和实际情况不同时,就会因为计算模型边界条件的误差而导致计算结果的误差,这种计算误差称为边界效应。在数值计算中,边界效应通常难以避免,所应考虑的应该是如何使边界效应控制在允许误差范围内。

连续介质的静力学模型的边界条件主要包括应力边界、位移边界以及混合边界三种类型。在岩土工程的数值模拟中,模型的下部边界条件通常简化为位移边界条件,即在 x 方向上可以运动、在 y 方向上为固定的铰支;模型的左右边界通常也简化为 y 方向上可以运动、x 方向上固定铰支的位移边界条件。而在模型顶部,情况视具体而定,对于城市地下工程,通常都要施加地面荷载,故顶部将作为应力边界。

所以在计算时,围岩和二次衬砌采用 plane42 平面四节点等参单元模拟,初期支护采用 beam3 梁单元。根据地质勘察报告,下部基岩埋深约在地面下 40~45m,是本次模拟的一个关键层,可以近似认为 y 方向上固定铰支,故本隧道将距隧道中心以下 20m 处作为 y 方向的固定面;因该模拟主要研究隧道的变形破坏情况,左右的模型边界可以取的适当近一些,故左右各设 20m 围岩层,用来模拟土体侧压力的作用,可以认为除此之外的岩土体不再受该隧道的作用影响。上边界取自地表,为位移自由边,左右边界水平位移为零,下边界竖向位移为零。围岩满足 Druger-Prager 屈服准则。

在受力分布上，对隧道模型而言，由于土体本身有固结，在开挖过程中会产生一定的应力释放，支护后又会产生应力重分布，故首先要有整个土体的初始地应力场。在隧道面未开挖之前，对整体施加重力作用，得到其初始应力场，再进行断面的开挖，随后进行初期衬砌的支护，最后施做二次衬砌。考虑到本隧道模拟的是城市浅埋隧道，上表面作为应力边界，必须有地面人群车辆荷载等的施加。根据文献资料，拟取该荷载大小为 25kN/m，均匀地分布在地表。最后得到的断面尺寸形式及边界情况如图 8.6.3 所示。

(5)施工工法模拟

在实际施工中，是对已有土体进行开挖，其后采取锚杆和喷射混凝土为主要支护手段进行及时的支护，以维护和利用围岩自身承载能力为基点，控制围岩的变形和松弛，使围岩成为支护体系的组成部分，并通过对围岩和支护的量测、控制来指导隧道和地下工程的设计和施工。

这期间就有开挖土体应力释放并在支护之后围岩产生应力重分布的情况出现。为实现这一施工过程的模拟，在 ANSYS 中我们必须采用单元生死法的方法进行操作。在 ANSYS 中，单元的生死功能是通过修改单元刚度的方式实现的。为了达到让单元死掉的效果，ANSYS 程序并不是真正去杀“死”单元，而是通过给单元刚度乘以一个很小的系数，此系数系统默认为 1.0e－6。在荷载向量中，与被杀死单元相联系的单元荷载也被设置为 0，当然其质量、阻尼等一切对计算有影响的参数都会被设置为 0。而且，当单元死掉时，其应变也被设置为零，所以在后处理中，所有被杀死的单元其内力都为零，即使是被设置初始应变的单元也是同样的结果。

通过上述方法，就可以在最初的完整土层的情况下，将开挖面土体单元杀死，从而周围土体会产生其应力重分布的过程，从而达到对施工过程的合理模拟。同时，对于初期支护，采用的是厚度为 20cm 的 beam3 梁单元，在开挖之前将其杀死，保证整个土体的完整性，在开挖面土体被杀死后将其激活，模拟土体开挖后立即进行喷锚支护的过程。采用梁单元的另一个目的是可以将初期支护所受的剪力、弯矩等输出，作为结果的参考之一。在这之后施作二次衬砌，考虑其在未完全固结时的受力情况。

在本次模拟中，还需模拟隧道衬砌周围空洞的形成，我们考虑在此过程中的空洞是由超挖而产生的，故其产生时间应与掌子面开挖同步，所以我们在杀死开挖断面单元的同时，杀死空洞中的单元，可以很好地模拟施工工法(图 8.6.4)。

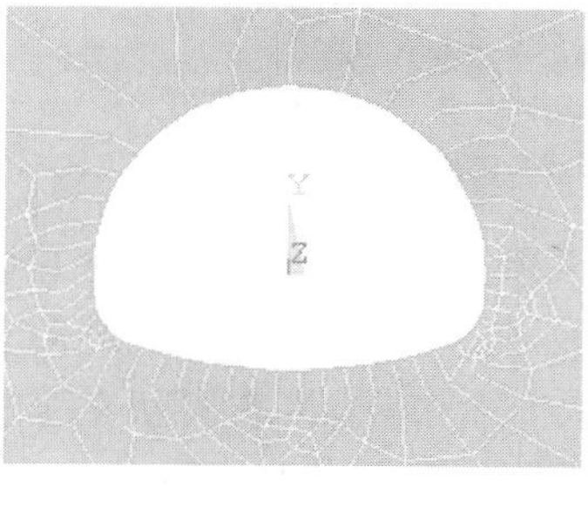

图 8.6.3　基本隧道模型图

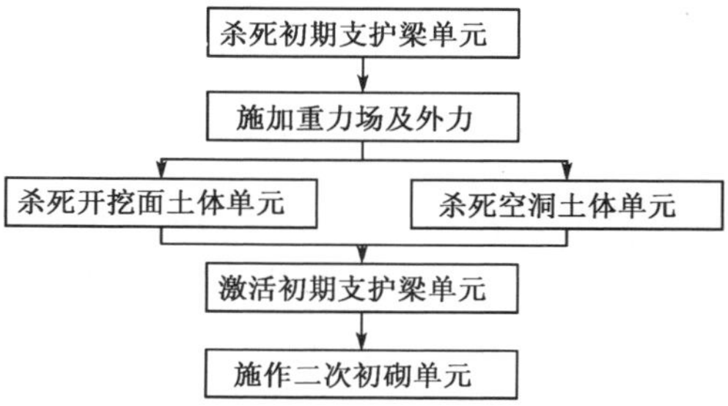

图 8.6.4　施工工法模拟图

在建立有限元模型，完成边界条件、受力情况等的施加之后，进入求解模块，通过不同情况下的空洞分布得到如下的一些结果。

8.6.2 不同位置空洞对地表沉降影响

城市浅埋隧道的首要控制任务就是控制地表沉降量，沉降量过大，会引起隧道周围建筑下陷，邻近的地下管线、燃气管道等也会相应变形，甚至造成管线断裂、漏水等。典型案例如：上海某区间隧道浦西联络通道冻结法失效，大量泥沙涌入，引起隧道受损及周边地区严重地面沉降，多幢建筑物严重倾斜；南京某区间隧道因过量沉降引起煤气爆燃；北京地铁施工曾引发多次大面积地面塌陷。

1969 年 Peck 提出隧道上方地面沉降槽的形状可用正态分布曲线（图 8.6.5）表示，并且认为地表沉降槽的体积应等于地层损失的体积。

当隧道衬砌背后出现空洞时，围岩土体受力受到影响，从而会造成受力不均，在此情况下，地面沉降位移大小也会产生一定的变化。不同大小、不同位置的空洞所产生的影响也各不相同。空洞的存在，既可能造成土体或衬砌向空洞内崩塌，也可能在固结完全成型的土体或者围岩等级较高的岩体中，由于空洞自身的拱状形式而对土体产生一定程度上的支撑作用。

空洞位置、大小都是影响地表沉降的重要原因，本次主要讨论不同空洞位置对地表沉降影响。总的来说，隧道衬砌背后不同部位出现空洞，均对地表的沉降产生一定的影响；当空洞较小时（小于 0.5m）对其影响不大，随着空洞直径的增大，对其地表沉降的影响也随之增大。为使结果更为明显，特选取空洞大小最大，即空洞半径达到 1.25m 时进行讨论，讨论空洞出现在 5 个不同位置时的沉降情况。

本次研究模拟的是在自重应力场以及地面人群车辆荷载作用下，围岩的整体沉降情况，故整体沉降量有明显的分层现象出现，地表处沉降最大。当拱顶出现空洞时，其整体 y 方向位移如图 8.6.6 所示。

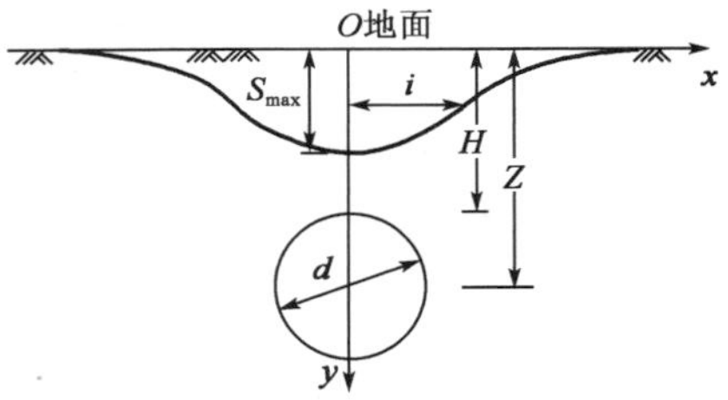

图 8.6.5 隧道上方地面沉降槽形状图

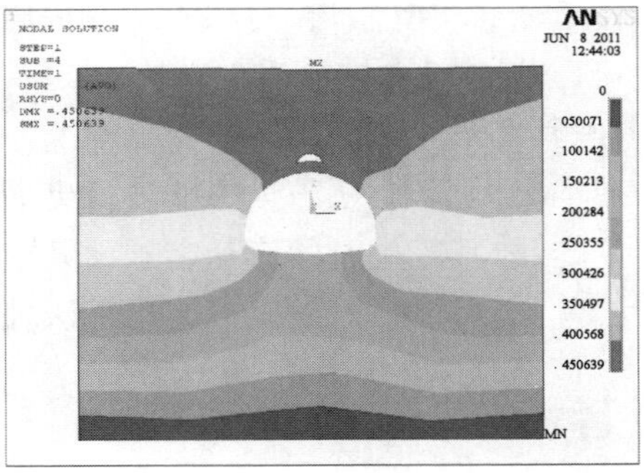

图 8.6.6 拱顶空洞时整体 y 方向位移图

可以看到，在拱顶出现空洞时，地表沉降最大量出现在拱顶正上方位置，一部分是由于隧道开挖引起的拱顶上部土体沉降，还有一部分是由于空洞的存在导致土体向空洞挤压，产生一定量的沉降，最大沉降量为 45.06mm。将地表上每隔 4m 取一个节点，将它们从左至右进行编号，一共 11 个节点，分别输出其 y 方向位移大小，观察其沉降变化趋势如图 8.6.7 所示，其位移曲线基本符合 Peck 提出的上方地面沉降槽的形状（正态分布曲线）。

同样，分别在拱底、拱脚、拱腰以及拱底右侧各设置一个半径大小为 1.25m 的空洞，通过对这些不同位置上的空洞进行上述相同的处理，可以得到如图 8.6.8 所示地表位移大小对比图。

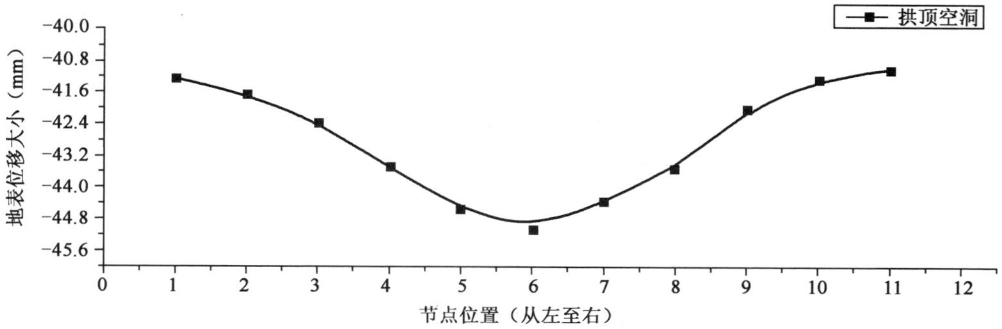

图 8.6.7 拱顶出现空洞时各点地表沉降大小

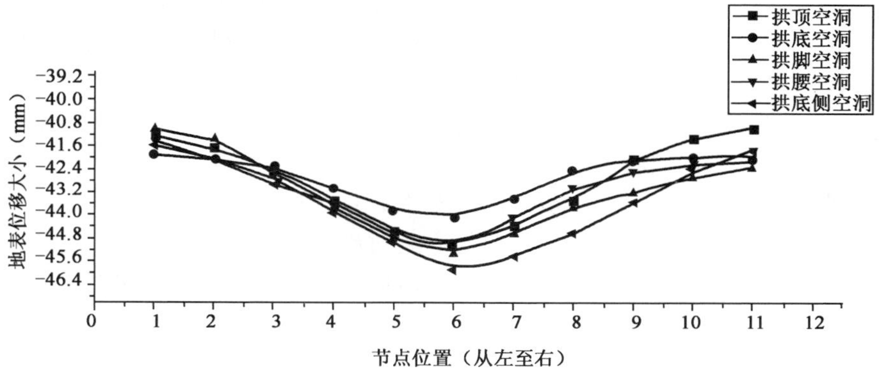

图 8.6.8 不同位置空洞下地表沉降大小对比图

由图 8.6.8 可以得到不同位置空洞下地表位移大小的一些结论分析。

(1)地表 y 方向位移都满足离隧道中心越近，沉降量越大，基本满足 Peck 提出的上方地面沉降槽的形状正态分布曲线；并且在有空洞的一侧地表沉降相对较大。

(2)当空洞出现在拱底时，地表沉降变化最小，说明拱底空洞对地表沉降影响并不大；所以可以认为开发轻质充填材料，使其重度小于水，实现洞顶的密实充填，控制浅埋隧道的地面沉降变形的方法是可行的。

(3)当空洞出现在拱顶、拱腰以及拱脚时，由于空洞的受压变形，导致空洞上方地表沉降量较大；其中在拱顶、拱腰空洞中，由于空洞成拱，给已固结成型的土体一定的支持力，有空洞一侧沉降变化较大；在拱脚空洞出现时，空洞在上部土体的作用下，变形较为明显，对地表沉降影响也更大。

(4)当空洞出现在右侧拱底时，产生的地表沉降最大，这从此时的隧道周围 y 方向变形(图 8.6.9)中可以清楚地看到：空洞由于衬砌的挤压已经出现明显的变形，此时隧道整体有向右倾斜

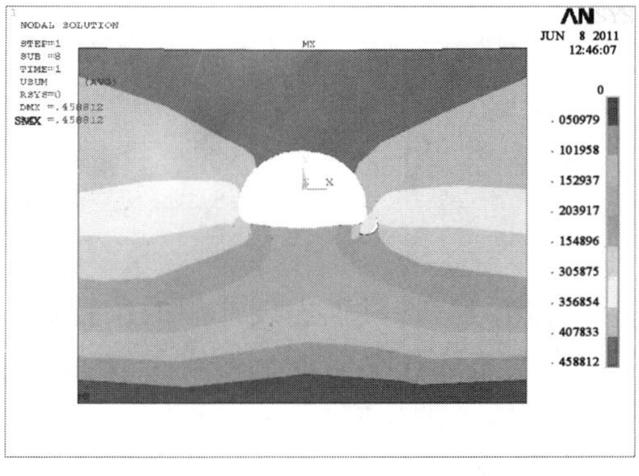

图 8.6.9 拱底侧空洞时整体 y 方向位移图

的趋势。这说明当空洞出现在这一位置时，相对较为危险。

综上我们可以得到，在围岩是土质的隧道中，当空洞出现在隧道侧向时，由于土体自身压力的作用，变形相对较大，对地表沉降影响也较大，尤其是拱底侧向空洞，容易造成隧道向一个方向倾斜。当空洞出现在拱底正下方时，由于衬砌的刚度较大，起到一定的支撑作用，从而空洞形状变形相对较小，对地表沉降影响也较小。

8.6.3　拱顶不同大小空洞对初期支护内力的影响

由图 1 所示的隧道病害类型中，我们可以得到，除去地表沉降，衬砌裂损也是隧道病害中非常常见的问题之一。衬砌结构与围岩结合得不紧密是恶化衬砌受力条件、造成围岩进一步松动、进而造成衬砌裂损的一个重要原因。

一般来说，衬砌作为隧道内主要的支护结构起着调整开挖面四周围岩应力场和位移场的作用。空洞的出现使得开挖轮廓线发生变化，这显然将直接影响到围岩的二次应力场和位移场；同时在衬砌施作以后，由于在空洞段衬砌与围岩间没有任何相互作用力，使得空洞的存在将直接影响到围岩三次应力场和衬砌内应力场的分布，从而导致衬砌与围岩内出现不同于施作衬砌后接触状态为密实理想状态的应力集中。

由于衬砌背后空洞的存在，衬砌与围岩的接触就不够充分，从而在力的传递上出现了间断。所以往往背后有空洞的部分衬砌受力会与周边衬砌不同，甚至与所受应力方向相反。图 8.6.10a)是隧道周围无空洞时在重力场和地面人群车辆荷载作用下的初期支护弯矩图，图 8.6.10b)是存在半径大小为 1.0m 的拱顶空洞时初期支护弯矩图。

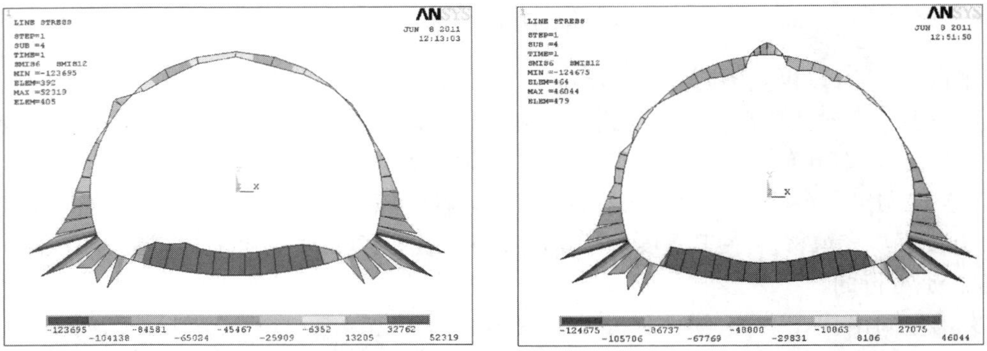

a)　　　　　　　　　　　　　　　　b)

图 8.6.10　无空洞和出现拱顶空洞时初期支护弯矩对比图

a)无空洞时；b)有拱顶空洞时

可以看到，在拱顶出现空洞的位置，弯矩出现了较大的变化，由原来的内侧受拉变成了外部受拉，弯矩的作用方向上发生了改变。这样就会出现一些抗压能力强的材料在某些时候要被迫承受较大的拉应力，从而未能充分利用材料特性，也容易造成衬砌裂损等破坏。

为此，本次的模拟将从拱顶位置不同大小的空洞对不同位置初期支护的内力影响上进行讨论，分析上述不同情况下衬砌弯矩、剪力、轴力及围岩压力的变化情况。

8.6.4 拱顶空洞对拱顶应力情况影响

目前用于隧道衬砌与围岩间空隙充填的材料主要是水泥砂浆，其重度远大于水，注浆充填过程中会发生下沉，而把水挤压到洞顶，其结果在洞顶产生大量空洞。在隧道开挖过程中，拱顶也是最不易控制并最有可能出现超挖的部位，所以，在众多位置的空洞中，拱顶空洞最容易出现。

当拱顶存在不同大小的空洞时，由图 8.6.10 可以看到，其衬砌内侧受压，外侧受拉，这样在拱顶空洞位置，会产生拉应力。拉应力的存在，会使一些抗压能力强的材料在某些时候要被迫承受较大的拉应力，从而未能充分利用材料特性，极易造成衬砌裂损等破坏，所以对于拱顶，拉应力应该作为主要的应力研究对象。

随着空洞大小的不断增大，拱顶拉应力的大小也在不断变化，与此同时其应力集中现象也会随之产生。我们以无空洞时的拱顶拉应力为基准，将不同大小的空洞下拱顶拉应力的大小除以该基准拉应力，探讨拱顶应力集中系数的变化规律。

分别取拱顶空洞半径大小为 0.1m、0.25m、0.5m、0.75m、1.0m、1.25m 时的空洞进行计算分析，得到其拱顶拉应力大小，分别进行计算，得到其应力集中系数为 1.16、1.69、3.90、4.26、3.89、3.73，结果如图 8.6.11 所示。

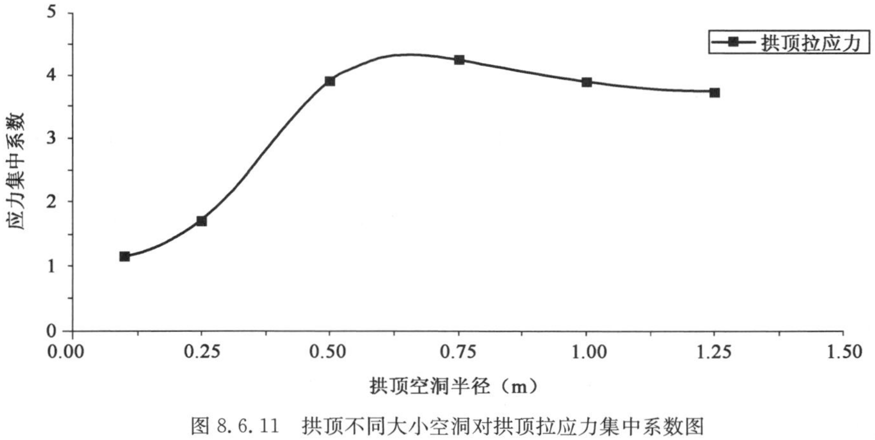

图 8.6.11 拱顶不同大小空洞对拱顶拉应力集中系数图

由图 8.6.11 我们可以看到，随着空洞大小的不断增大，拱顶拉应力的大小整体上也呈一个上升的趋势，并且在后来趋于稳定。当空洞半径达到 0.75m 时，拱顶拉应力达到最大值。这些都说明，较大范围的空洞会对拱顶产生较大的应力集中，是造成衬砌内侧受压、外侧受拉开裂的主要原因。当拱顶的空洞范围较大时，将会对衬砌结构的受力状态产生较大不利影响，严重时将导致衬砌拱顶部位的混凝土受拉破坏。

8.6.5 拱顶空洞对拱腰拱脚应力情况影响

拱顶空洞的存在，不仅会对拱顶造成应力集中，同样，对于相邻的拱脚和拱腰位置，也会有不同程度上应力增大的现象出现。由于模拟中未考虑不同位置空洞联合作用时的情况，故拱顶出现空洞时，认为拱脚和拱腰位置衬砌和围岩接触密实，不会产生应力方向上的改变。所以，对于这些位置的应力分析，应将剪应力作为主要的应力研究对象，考虑其剪应力的大小变化，我们可以得到如图 8.6.12 所示剪应力变化图。

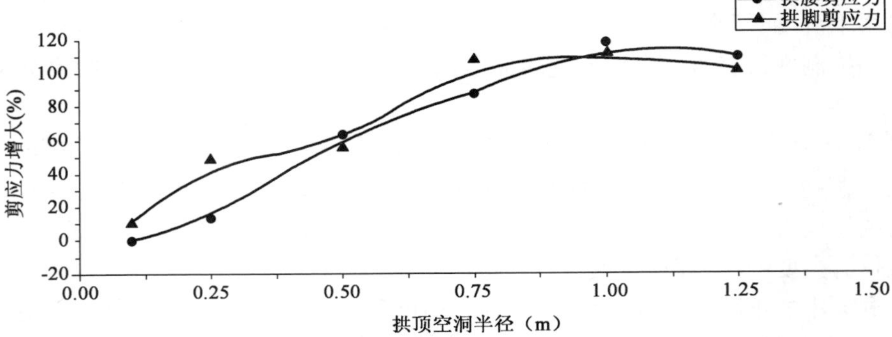

图 8.6.12　拱脚、拱腰剪应力变化系数图

由图 8.6.12 可得，拱腰剪应力随空洞的增大而不断增大，空洞较小时变化幅度较大；而对于拱脚，其剪应力在拱顶空洞为 0.75m 时达到最大，之后趋于稳定。但是相比与拱顶拉应力的应力集中现象，拱脚、拱腰的剪应力变化较小。

通过上述的情况分析，我们可以认为，当空洞较小时，空洞大小的改变会造成比较明显的应力集中现象，不论是拱顶拉应力还是拱腰、拱脚剪应力；当空洞达到一定规模后，上述部位应力变化不再明显。

除去空洞对拱顶、拱脚、拱腰等固定位置的应力影响外，在衬砌与围岩的接触点上会产生更加明显的应力集中现象。在接触点上，往往会由于急剧的变形、边界条件的变化、受力分布的不均等产生较大的受力变化以及整体变形。如图 8.6.13 所示，当存在拱脚空洞时，空洞两端的衬砌与围岩接触点剪应力明显比周围的要大，甚至差几个数量级。这对初期支护、包括二次衬砌，都会产生比较大的影响，严重时将引起破坏。

8.6.6　拱顶空洞对衬砌剪力影响

对于拱形隧道，其剪力及拉压应力的最大值往往出现在拱脚位置，当拱顶出现空洞时，对这些数值的变化影响并不大。但是其对应的拱顶剪力将出现较大的变化，如图 8.6.14 所示。

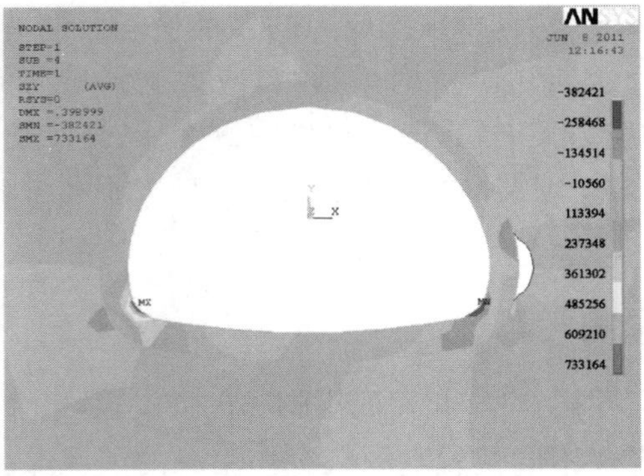

图 8.6.13　存在拱脚空洞时衬砌与围岩接触点剪应力图

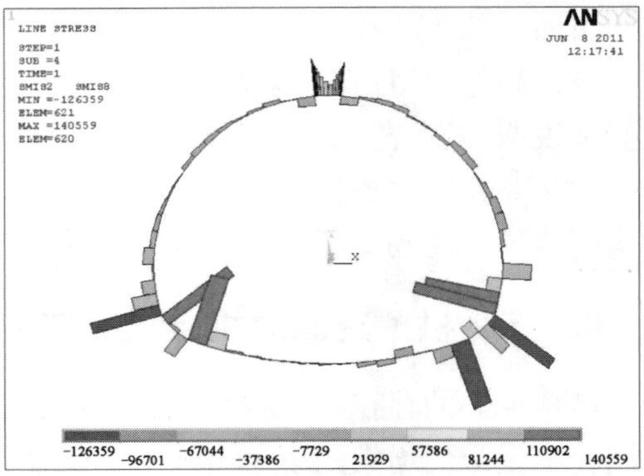

图 8.6.14　拱顶出现 0.5m 空洞时剪力分布图

在图 8.6.14 中，拱顶位置的剪力出现了较大幅度的增加，可以看到，在衬砌与围岩接触点上，剪力较大，但总体上未超过拱脚处的剪力最大值。在保持衬砌整体混凝土强度一致的情况下，不会造成剪切破坏，但仍然需要给予重视以防止裂缝的出现。

通过对初期支护各内力大小的分析对比，我们可以大致得到以下几点结论。

(1)在衬砌施作后，由于在空洞段衬砌与围岩间没有任何相互作用力，使得空洞的存在将直接影响到围岩三次应力场和衬砌内应力场的分布。

(2)由于施工及材料等原因，拱顶空洞在实际工程中出现的情况较多，它的存在会造成拱顶处产生较大的拉应力，这就会使一些抗压能力强的材料在某些时候要被迫承受较大的拉应力，从而未能充分利用材料特性，极其容易造成衬砌裂损等破坏。

(3)拱腰以上围岩与衬砌不均匀的点接触产生应力集中是造成拱顶衬砌内侧受压、外侧受拉开裂的主要原因。

(4)在一定范围内，空洞半径越大，应力集中现象越明显，越容易造成拱顶衬砌内侧受压、外侧受拉开裂，拱脚以及拱腰的剪应力变化也越明显，但当其大小达到一定程度后，应力随空洞大小变化不再明显。

(5)较大范围的空洞尤其是在毗邻的大范围空洞影响下，围岩与衬砌的点接触造成应力集中比较大，容易造成衬砌开裂漏水等病害。

8.6.7 不同位置空洞对围岩塑性变形的影响

塑性变形就是岩土体在一定的条件下，在外力的作用下产生形变，当施加的外力撤除或消失后也无法恢复原状。而塑性区是指隧道开挖后应力状态达到屈服应力的岩体的区域，可根据屈服函数 f 进行判断。当单元的屈服函数 $f>0$ 时，则认为该单元岩体已产生屈服破坏。

在 8.6.3～8.6.6 的应力集中分析中我们看到了空洞的出现对衬砌、对围岩，尤其是对衬砌与围岩的接触点位置有较大的应力集中现象，随之带来的就是应变的过大，从而会导致围岩塑性变形的出现，严重时会产生围岩的屈服破坏。取 5 个不同位置出现半径为 1.25m 的空洞情况进行讨论。当空洞出现在拱顶和拱底时，围岩塑性变形如图 8.6.15 所示。

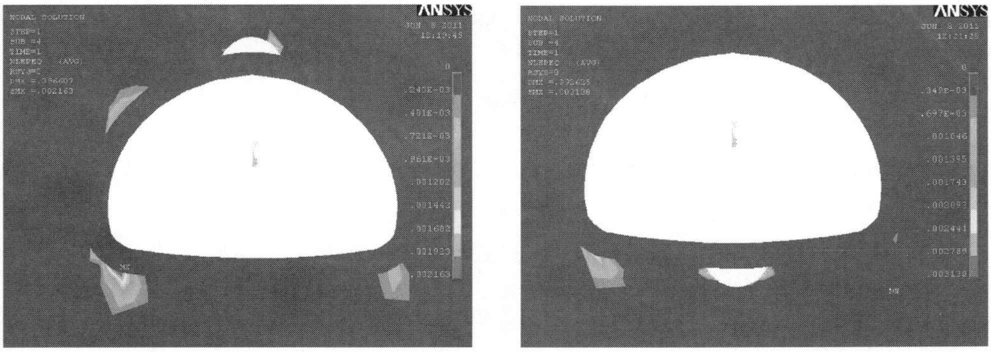

a)　　b)

图 8.6.15　拱顶、拱底空洞对围岩塑性变形图

a)拱顶空洞；b)拱底空洞

可以看到,此时虽然有少量的塑性变形,但多集中在拱脚位置,空洞周围尽管存在一定量的塑性变形,但其影响并不明显,可以认为在这两种情况下,空洞周围岩体所受应力相对较小。

而当空洞出现在拱腰、拱脚以及拱底右侧时,如图 8.6.16 所示,其空洞周围均产生了比较大的塑性变形,其量值是上述拱顶拱底空洞时塑性变形的 10 倍以上。这说明出现在侧向的空洞更容易造成土体的变形,引起围岩与衬砌接触点上较大的应力集中,从而导致塑性区的开展。当塑性变形过大时,就容易造成围岩的屈服破坏,影响隧道整体的稳定性。

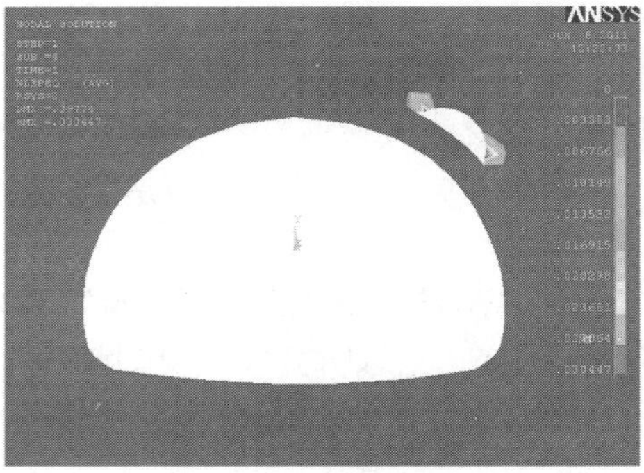

a)

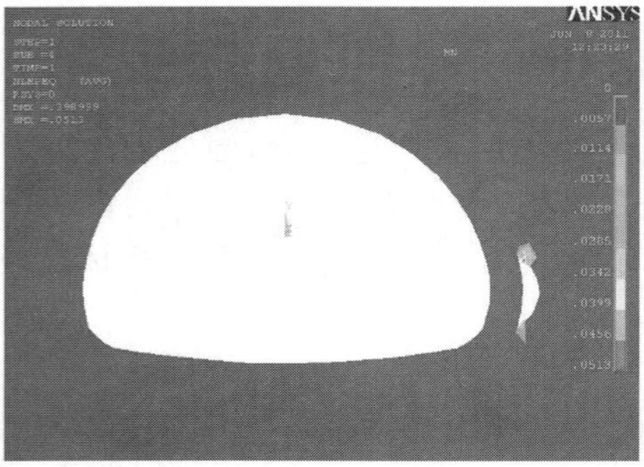

b)

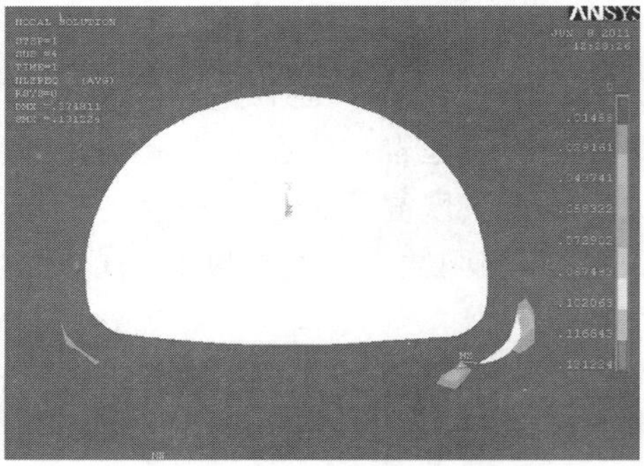

c)

图 8.6.16 不同位置空洞对围岩塑性变形图

a)拱腰空洞;b)拱底空洞;c)拱底侧空洞

9 盾构隧道的稳定平衡

盾构法施工常用的盾构机类型有网格挤压式盾构机、土压平衡盾构机、泥水平衡盾构机等，目前国内软土盾构隧道施工用得最多的就是土压平衡盾构机及泥水平衡盾构机，因此本章研究采用土压平衡盾构机及泥水平衡盾构机施工全过程的平衡与稳定。

9.1 盾构机选型

盾构机是现代工业发展的产物，自 1845 年首台敞开式盾构机诞生以来，随着材料与机械制造业的发展，盾构机在机械化、智能化程度方面有了很大的提高。目前国内常用的盾构机主要有三种：用于全断面硬岩地层的 TBM(Tunnel Boring Machine)，复合地层中的土压平衡盾构机，软弱地层中的泥水平衡盾构机。应基于某类地层特性，选用相应的盾构机。因此，盾构机相对于复杂多变的地层，具有一定的局限性。

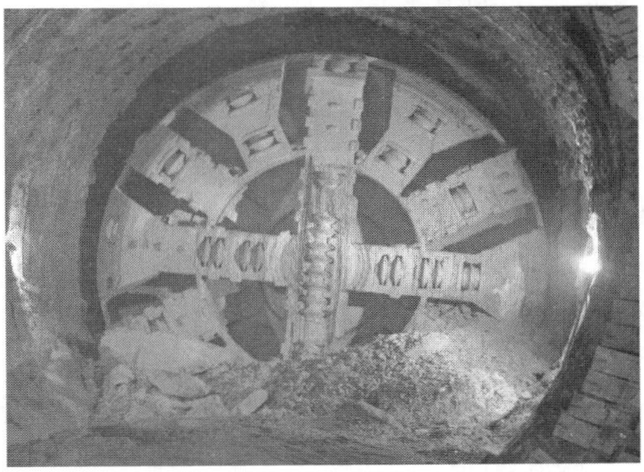

图 9.1.1　常见复合地层中的盾构刀盘及刀具配置

盾构法是合理充分地运用盾构机的功能，在地层中构筑隧道的一种工法。盾构机部分设备的配置有一定的针对性，而盾构开挖的地层具有复杂、多变性。如：高水压、高渗透性砂层，适宜采用泥水平衡盾构机；在岩石地层施工时通常采用配备破岩滚刀的土压平衡盾构机，如图 9.1.1～图 9.1.2所示。

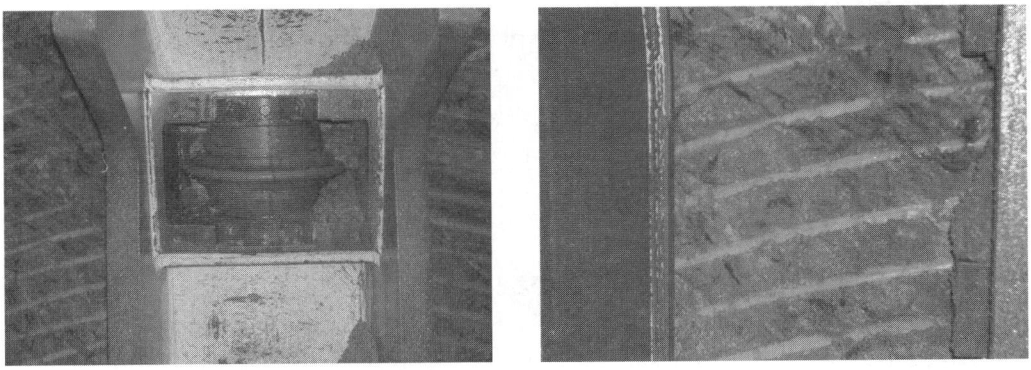

图 9.1.2　盾构盘形滚刀及其在开挖面上的运行轨迹

一般来说针对某一盾构施工区间，所使用的盾构机是固定的，要使盾构完全适应于区间内变化的各类地层，难度较大。通常情况下，必须采用辅助工法，将地层及地层中的障碍物预先进行处理，使得地层适应盾构施工。如：盾构机拼装管片通过矿山法开挖岩层段、挖孔或爆破处理地下孤石（球状微风化体）、对建筑物的桩基进行托换处理。

因此，盾构法施工的原理虽相同，但若盾构机类型不一样，施工效果差异也会较大。如注浆管外置与内置，盾壳对土体的扰动就不一样。

盾构机选型以保持开挖面的稳定为基本前提。根据盾构施工中平衡切削面土体压力的介质不同，可将国内目前常用的盾构机分为土压平衡盾构机、泥水平衡盾构机。

土压平衡盾构机工作原理：刀盘切削开挖面土体，进入土仓，利用对仓内具有塑流性的或加入添加剂改良成具有塑流性的土砂，作为平衡开挖面土层压力的传力介质，以维持开挖面的土体稳定平衡。

作为传力介质的土砂与盾构机刀盘共同作用，将盾构机千斤顶的推力转化为作用在开挖面上的压应力，以维持开挖面的土压及水压平衡，从而保持开挖面土体的稳定平衡。具有塑流性的土砂通过螺旋机的有控输出，使土仓内形成带压的密封系统。

泥水平衡盾构机的工作原理：通过往土仓（泥水室）内注入含渣量小的带压泥浆，作为传力介质，以平衡开挖面土体压力，维持开挖面的土体稳定平衡。

通过泵送系统，注入土仓内的泥浆将盾构机刀盘切削下来的土砂携带排出。通过调节注入泥浆泵与排渣泵的流量及压力，达到保压与排渣作用。

与土压平衡盾构相比，泥水平衡盾构能更好地保持开挖面的稳定平衡。主要体现在：①泥水作为传力与携渣介质，能使盾构开挖面均匀承受支护应力。②泥水室通过泵送系统及泥浆处理系统进行排渣，其密封与保压效果优于土压平衡盾构机的土仓内形成的带压密封系统。

土压、泥水平衡盾构机适用的地层：盾构机选型的关键是根据地层情况，采用土压或泥水压来平衡压力，并考虑刀具配置及刀盘结构。例如，对于直径大于 11m 的盾构机或渗透性大、高承压水的土层，断面大控制精度就高，也就容易控制，建议采用泥水平衡盾构机；软土与硬土中盾构机选型差别的关键在于刀盘和轴承（扭矩），如遇硬土需增设滚刀。泥水平衡盾构机比土压平衡盾构机能更好地平衡开挖面水土压力和控制开挖量，因此，在高液性指数的富水砂层中应采用泥水平衡盾构机，如穿越江河的隧道。

目前，采用土压盾构机还是泥水盾构机，分界并不太明确，国内除了几条过江隧道与小部分城市地铁盾构隧道工程采用泥水平衡盾构机外，其余大多采用土压平衡盾构机。此节可参考《中国隧道及地下工程修建技术》（王梦恕）。在盾构机的实际选型中，除了考虑设备相对于地质特性的适应性及可行性外，由于盾构设备造价高，还得注重设备的经济成本分析。

9.2 盾构隧道的稳定平衡与环境协调性

盾构法隧道施工，主要包括四道工序，即开挖控制（保头）、管片拼装、注浆填充（护尾）、施工量测。而我们通常所说的“保头护尾”，就是开挖控制和注浆填充工序中应注重的方面。

9.2.1 盾构隧道施工全过程平衡与稳定

无论土压平衡盾构机还是泥水平衡盾构机，都需要保持开挖土体的稳定，即在盾构土仓内以加注的泥浆或切削的土砂为介质，建立压力，以此来平衡开挖面所释放的土压及水压，从而保持开挖面土体的稳定（图 9.2.1～图 9.2.2）。

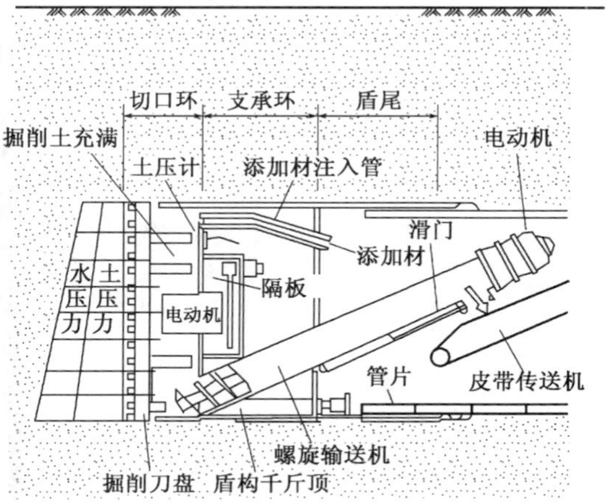

图 9.2.1 土压平衡盾构开挖面稳定示意图

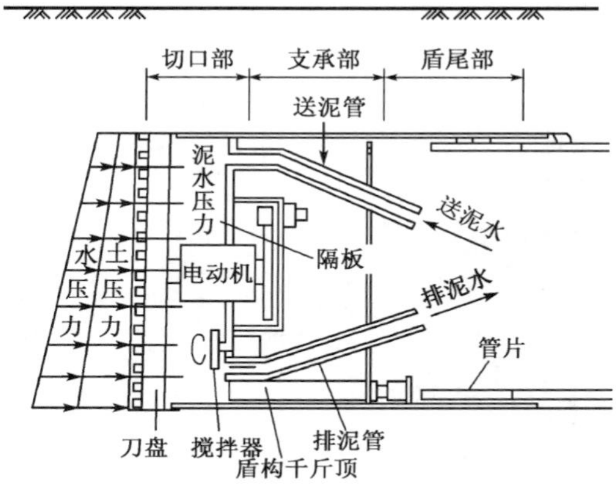

图 9.2.2 泥水平衡盾构开挖面稳定示意图

盾尾为避免泥水如及周围水土由管片与盾壳内面间的空隙进入隧道内，采取多道弹性钢丝刷加密封油脂相结合的方式进行密封。因此盾构机通过前部封闭的土仓与盾尾刷加油脂腔的密封结构，在盾构隧道与周边水土间形成了一个平衡的封闭空间（图 9.2.3），从而保护盾构隧道的掘进施工。

无论土压平衡盾构机或泥水平衡盾构机，由于盾壳厚度与盾尾间隙而导致管片与土体间存在空隙，因此必须采用同步或其他方式注浆充填空隙。

软土盾构隧道管片（必要时加现浇混凝土内衬）衬砌结构需要承受全部的水压及周边土压（图 9.2.4），因此隧道衬砌结构对周边水土压力的支护实际上属于强支护的范围，必须满足结构强度、刚度及稳定性的要求。由于城市盾构隧道相对山岭隧道而言一般埋深较浅，因此其上部土荷载的大小通常根据土的性质及覆土厚度 H 与盾构直径 D 的关系来确定。当上部为塑

图 9.2.3 盾构隧道掘进施工与周围水土平衡关系图

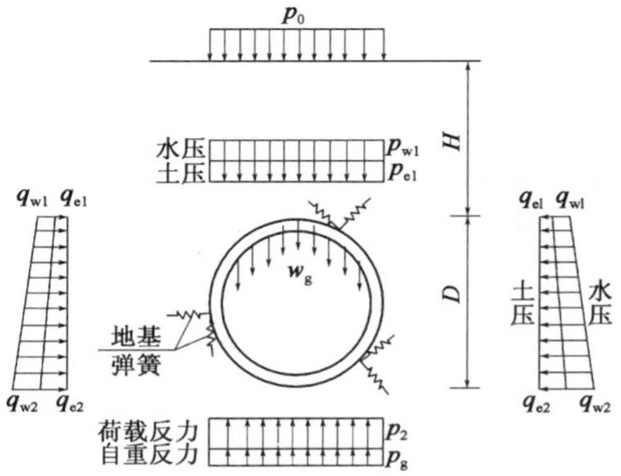

图 9.2.4 盾构隧道荷载系统示意图

性黏土时，则全计算覆土荷载；当上部为砂土时，设计中当 H/D 大于 2 时，按松弛荷载理论考虑上部两倍的覆土荷载，当 H/D 不大于 2 时，按全覆土厚度考虑土荷载。

就盾构隧道施工而言，保持开挖面土体的稳定是至关重要的，即“护头”，这就需要根据隧道的水文地质情况，适时调整盾构机土仓或泥水仓内的压力，并保持平衡，使开挖面土体稳定。

泥水式盾构机的开挖面稳定机理为(图 9.2.2)：①在开挖面处形成一层难透水的泥膜；②随着泥浆向土体渗透，泥浆中的细颗粒成分进入土体的空隙中，增加了土体的强度；③调节流体输送泵(或气体压力泵)的转数，给泥水仓内的泥浆施加压力，可控制开挖面的土压及水压，某大型泥水盾构的施工控制状态见图 9.2.5。因此对于泥水盾构机，必须根据盾构掘进的水文地质条件，合理确定泥浆的相对密度、黏度等参数，以保持开挖的泥水稳定压力与开挖面土体的稳定平衡。

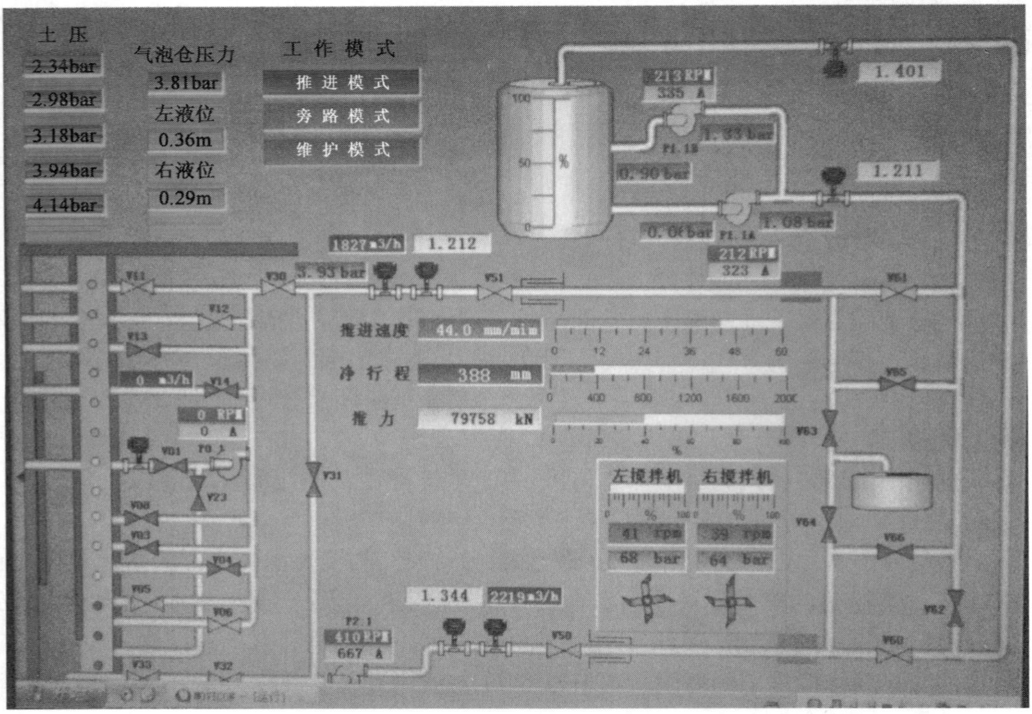

图 9.2.5 某大型泥水盾构的施工控制示意图

土压式(加泥式)盾构机的开挖面稳定机理为：①根据隧道掘进地层性质，通过刀盘及搅拌叶片强制搅拌已开挖的土砂(或加入添加剂改良成有塑性流动性及止水性的泥土)；②将泥土充满土仓室及螺旋输送机内部，利用盾构机千斤顶的推力传递至刀盘或土仓并对泥土施压，保持开挖面的土压及水压平衡，从而保持开挖面土体的稳定。

盾构隧道施工中，由于盾尾密封失效引起的事故后果很严重，特别是在水下施工或穿越重要的建(构)筑物施工时，有时是灾难性的，因此“护尾”以保持盾尾的密封性、使得盾尾土体及隧道管片的稳定平衡也极为重要。通常可利用油脂充满盾尾刷间的油脂腔，并产生一定的密封压力，以平衡盾尾部的水土压力(图 9.2.6)。

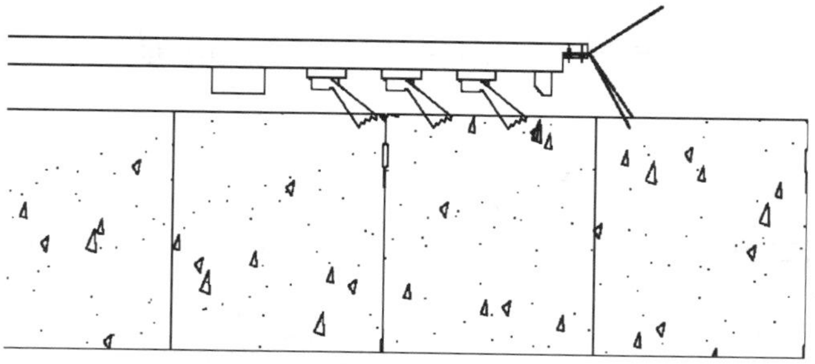

图 9.2.6 油脂平衡盾尾水土压力示意图

由于盾构隧道施工是在不停的掘进过程中的，一定范围内盾构隧道的平衡与稳定实际上是一个动态的平衡与稳定。必须靠盾构机各系统有效的运转（泥土加压或泥水加压、千斤顶系统加压、螺旋机或排渣泵的出土量控制、盾尾油脂系统等）来综合保持盾构施工全过程处于稳定平衡状态。因此从施工实际而言，盾构隧道稳定平衡问题是一个多因素影响的极值点失稳的问题，保持稳定平衡须控制多方面的因素，但同时要防止支护结构体系局部分支点失稳，避免因局部失稳引起整体失稳问题。

9.2.2 盾构隧道施工的环境协调性

盾构隧道施工中，如果仅是“保头护尾”，则只是保证了盾构隧道自身施工阶段的平衡与稳定，而隧道施工也不应对周边环境造成不良影响，因此盾构隧道施工中必须考虑与周围环境的协调性，保护隧道周边环境。正如正常人依靠两条腿平稳走路一般，盾构隧道施工中的平衡稳定性及环境协调性就是保证施工安全的两条腿。

盾构隧道施工的环境协调性主要表现在盾构隧道施工对周围土体的变形影响及建（构）筑物的沉降、倾斜影响。当隧道线形、盾构外径、覆土厚度等外在条件随隧道实施方案稳定后，隧道对周围环境影响的协调性主要体现在施工过程中，如开挖面的稳定性不足引起开挖面坍塌，施工漏水引起地下水位降低、盾构的推力过大致使开挖面隆起、盾构的超挖、盾构施工对周围土体过大的扰动等；此外盾构机通过后的尾部空隙所涉及的同步注浆材料、注浆压力、衬砌的变形、二次注浆的范围、材料、压力以及衬砌的漏水等，都会引起盾构机通过后隧道周围土体的变形或建（构）筑物的不均匀沉降或倾斜。

盾构隧道邻近建（构）筑物的基础施工时，盾构切口面的过大推力引起建（构）筑物基础的附加应力会对建（构）筑物产生影响，如图9.2.7所示为盾构施工与建（构）筑物基础的关系。

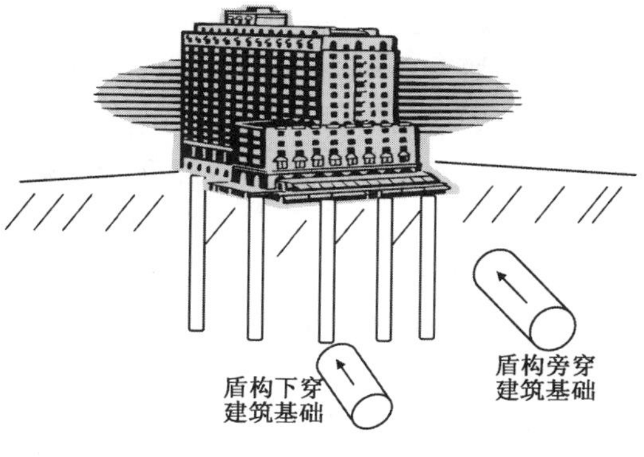

图 9.2.7 盾构隧道与建（构）筑物基础的下穿、旁穿关系

盾构隧道施工对周围建（构）筑物的影响，主要表现为建（构）筑物的不均匀沉降及倾斜。盾构隧道施工引起周围土体的变形，势必会影响上部建（构）筑物的沉降或隆起，当沉降表现

为不均匀沉降时，建（构）筑物会产生倾斜甚至结构体会产生开裂，严重时将危及建（构）筑物的正常使用。盾构机在推进过程中所引起的地表沉降变形，根据始发段实测资料大致可分为五个阶段，如图 9.2.8 所示。

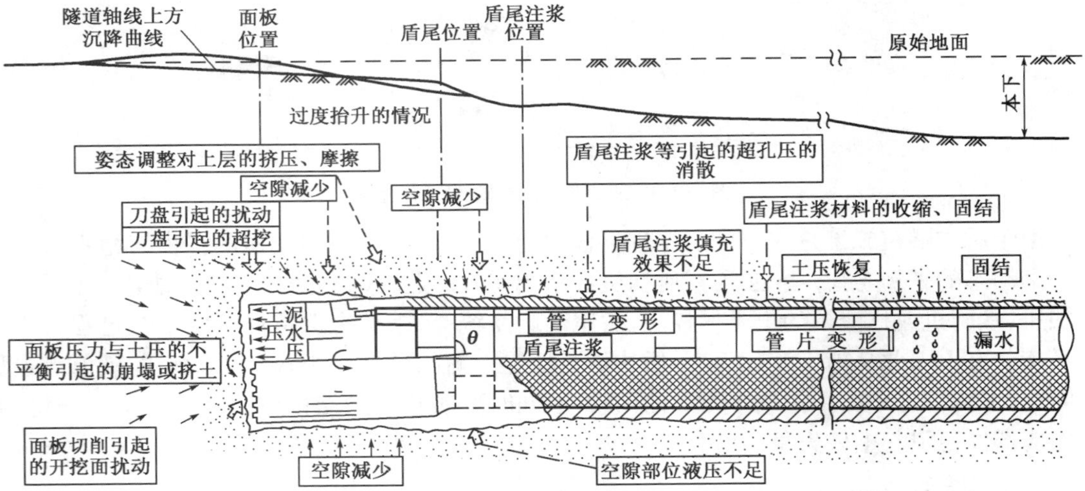

图 9.2.8 地表沉降变形的主要原因、变化趋势概要图

第一阶段：先行沉降。即盾构机到达前的地层移动，主要由于盾构机推进对前方土体的挤压或由开挖所造成的地层松弛在开挖面前方产生滑裂面以及地下水位下降使地层有效应力增加引发的固结沉降。

第二阶段：开挖面前的沉降或隆起。当盾构切口达到时，开挖面的平衡状态彻底被破坏，需要土仓压力来平衡，但它始终不可能代替被开挖的土体，土仓压力的波动将引起开挖面的应力释放并对土体产生挤压作用，当设置的抵抗压力不足时，开挖面产生主动土压力，土体向盾构方向移动，产生土体损失，从而引发地层沉降；反之，产生被动土压力，盾构前方土体有上拱趋势，当抵抗压力设置过大时，将引发地表隆起。

第三阶段：盾构机通过时的沉降。盾构机支撑刚体与地层摩擦阻力造成对周围地层的扰动影响，盾构外壳与土层之间形成剪切滑动面，剪切滑动面附近土层中将产生剪切应力，引起土体变形。加之为了减弱这种作用，刀盘的开挖半径要略大于盾体，这就造成了盾构与土层之间存在一定的空隙。

第四阶段：盾尾间隙沉降。由于盾构掘进机的外径大于管片外径，盾尾通过后，在地层中遗留下来的建筑空隙就急需同步注浆充填。但是往往盾尾同步注浆未能及时充填建筑空隙，或是注浆量、注浆压力、注浆部位、浆液配合比和材料方面不适当，使建筑空隙中的浆液不能及时形成环箍，盾尾脱出后，无支撑能力的软土在不能自稳的情况下就很快自行充填入建筑空隙，造成土层应力释放。除此之外，在注浆过程中会有大量的浆液渗入地层之中。这期间是控制扰动程度的重要阶段。

第五阶段：后续沉降阶段。盾尾脱出一段时间后，扰动的原因主要有土层的固结沉降、地基土的徐变及管片的变形等。

9.2.3 保证盾构机开挖稳定平衡的控制方法及辅助措施

在软土中开挖隧道就像在豆腐中打洞，晃动过大豆腐就会散。土体原始结构破坏后，力学指标急剧降低，土体变形难以控制。所以盾构施工过程中要注意尽量减少对土体结构的扰动和基本维持土体原始状态，以减少工后沉降和其他工程风险。依据盾构施工对地层变形各阶段的影响，采取相应的控制方法和辅助措施，减小对周边环境的影响。

1)控制盾构正面压力

通过盾构机各系统有效的运转(泥土加压或泥水加压、千斤顶系统加压、螺旋机或排渣泵的出土量控制等)来维持开挖面的平衡稳定。盾构机推力太大会造成前方土体的隆起，推进力太小容易引起前方土体的沉陷，因此盾构推力需要与开挖面的水土压力严格对应。水土压力按照松散荷载理论计算，对于黏性土采用水土合算、对于砂性土采用水土分算的计算方法。地层土性不同，正面压力的控制也要适当调整：如前方地层软弱，正面压力应稍大于计算得到的静止水土压力，防止地层塌陷；如前方地层为自承能力较好的硬塑态黏土，正面压力应稍小于静止水土压力，从而有利于发挥土层自承能力、提高设备开挖效率，否则设备与土层摩擦产生高温高热，容易使土体产生硬化、板结或产生泥饼，不利于开挖和出土。

另外，可建立开挖面压力信息反馈系统，根据测量得到的真实压力值及时调整推力。土压平衡盾构机的正面压力波动颇大，尤其是在拼装阶段，因此可在盾构机上安装正面压力补偿装置实现管片拼装阶段的压力控制。

2)盾尾同步注浆和二次注浆

盾构推进施工中，“盾壳”对挖掘出的还未衬砌的隧道段起着临时支护的作用，管片拼装(衬砌)等作业在盾壳的掩护下进行，当管片拼装成环后，管片脱出“盾壳”，由于管片外径小于“盾壳”外径，故在管片外表面与地层间将形成一道空隙。盾构在自稳性好的地层中施工时，此空隙形成后，地层不会发生坍塌。因为城市地铁施工所对应的土质条件多为自立性差的软黏土层和松散有崩坍危险的含水率高的砂性地层，空隙如不采用有效的介质填充，管片脱离盾壳后，得不到有效的支承与约束，管片在自重力的作用下，将会发生椭变、破损，影响成型隧道的质量，同时势必造成地层变形，进而对邻近的地中构造物产生破坏性的影响。

盾构推进中的同步注浆是充填土体与管片圆环间的建筑间隙和减少后期变形的主要手段，也是盾构推进施工中的一道重要工序。浆液压注应做到及时、均匀、足量，以确保其建筑空隙得到及时和足量的充填，从而将地表变形和管片偏移控制到最小，并防止管片接缝渗漏水。同步浆液可以迅速、均匀地填充到盾尾间隙的各个部位，使施工对土体扰动减少到最小。盾构施工中的管片背后注浆可起到如下作用：一是防止地层变形(主要出现在层隙处)；二是提高隧道的抗渗性；三是确保管片衬砌的早期稳定性。可以说管片背后注浆的好坏是影响地层变形的主要因素。

依据浆液的分布状态，注浆可分为：充填注浆、渗透注浆、劈裂渗透注浆、挤密注浆。选择的浆液必须与“砂土层为渗透注入、黏土层为劈裂注入”的机理相吻合。但是注浆压力不宜过大，注浆压力的选择既要满足填充型又要尽量减少对土体结构的扰动。

为了更好地实现壁后注入浆液的目的，注浆浆液必须迅速、确实地充填盾尾间隙，为此对注入浆液的特性提出下列要求：①充填性好，且不流窜到盾尾空隙以外的其他区域；②浆液流动性好，离析少；③浆液注入时应具备不受地下水稀释的特性；④材料分离少，以便能长距离压送；⑤壁后注浆填充后，希望早期强度能均匀，其数值与原状土的强度相当；⑥浆液硬化后的体积收缩率和渗透系数要小；⑦无公害，价格便宜。综上所述，壁后注浆的必要条件由充填性、限定范围、凝固强度三要素组成。

(1)单液浆液

由于水泥的水化反应非常缓慢，因此，注入时浆液的流动性好，以利于充填。由于单液型浆液在注入时是没有自立性的流体，所以是具有非常平缓的倾斜充填，形成后注浆液顺次推进先注的浆液，使浆液逐渐充填到前方的形态。因此，浆液易流失到盾尾空隙之外的其他部分，而应该注入的区域，特别是管片背面的顶端部位却难以充填到，加上浆液受地下水的稀释，致使早期强度下降。

对地层的自稳性，建议参考其液性指数，用以判断地层的软硬状态。液性指数≤0，坚硬；0<液性指数≤0.25，硬塑；0.25<液性指数≤0.75，可塑；0.75<液性指数≤1，软塑；液性指数>1，流塑。液性指数与土的类别及含水率有关，同一种土，含水率越大则液性指数越大，土质越软。

当前盾构同步注浆施工采用的液浆分为硬性浆液与惰性浆液，两种浆液的使用情况，通常是对于液性指数≤0.25的地层，采用硬性浆液，浆液的固结强度与地层强度相似；液性指数>0.25的地层，采用惰性浆液，有效填充管片背面的间隙。

有些专家建议采用石灰石膏和磨细粉煤灰作为胶凝材料加上细砂和其他活性材料配制厚浆型单液浆，其中细砂的含量要大于900 kg/m^3，以达到更好地控制沉降的目的。

在本章第9.2.4节中将详细探讨同步注浆效果的试验研究。

(2)水玻璃类双液型浆液

把A液(水泥类)和B液(水玻璃类作硬化剂)两种浆液混合，则变成胶态溶液，混合液的黏性随时间的增长而增长，随后进入流动态固结区，继而经过可塑态固结区达到凝固区。化学凝胶时间越长，水玻璃浓度越低，这种维持流动性的凝固态和可塑态的物理凝胶时间就越长。

盾构法施工地面变形控制，对管片背面空隙注浆填充施工，应根据不同的地层，有针对性地采用不同配合比的浆液，使浆液的性质与地层土体强度接近，有效地控制地面变形及成型隧道的稳定性。

对采用惰性浆液的地层中，建议通过管片二次注入双液浆，双液浆在同步注入的惰性浆液中固结后，呈有一定强度的浆脉状分布，起骨架作用，加强成型隧道管片外周的环箍效果，增强管片的受力稳定性。第9.2.5节将对双液浆二次补注工法进行详细叙述。

3)保持盾尾和盾构管片的密封性能，防止漏水，减少对土体扰动

盾尾密封结构由多道盾尾刷及充填期间的油脂共同组成，以抵抗外部的水土压力及同步注浆压力等，通常根据盾尾可能遇到的最大水土压力及每道油脂腔的抗压能力来决定盾尾刷及油脂腔的道数，如图9.2.9所示。

只有盾尾良好的密封性能，才能抵抗住盾尾的水土压力、注浆压力等，防止水土从盾尾间隙中渗入隧道。否则，将产生以下严重后果：一是隧道进泥水，淹没部分盾构设备；二是常期的盾尾渗漏，造成尾刷密封功能破坏，影响盾构正常施工；三是渗漏造成浆液或土体损失，地层发

图 9.2.9 完好的盾尾刷与磨损的盾尾刷对比

生空间位移失稳，引起地表过大不均匀变形；四是管片周边土松弛圈扩大，土体坍落拱高度变大，可能超过管片设计承载值，引起管片开裂破坏。

另外要严格控制管片的成型质量，管片破损后应及时补漏，防止地层中水分流失、加大工后的沉降变形、破坏土体原有结构、进一步加大沉降。

4）常用辅助措施

保持盾构隧道施工中自身动态稳定平衡的措施概括说就是“保头护尾”，环境变形协调就是要控制土体及建构筑物的变形，除了合理选用盾构机施工参数（切口面压力、注浆压力及数量、掘进数度、油脂消耗与补给量等）保持隧道的稳定平衡外，常用的辅助措施如下。

（1）盾构始发终到阶段，对于不能自稳及透水性地层，盾构切口面难以有效建立稳定平衡，可采取高压旋喷法、搅拌法、注浆法及冷冻法加固土体，并可以辅助降水降低水压力，起到两方面的作用：一是提高围护结构破除后，洞门范围内土体的稳定；二是避免由于始发阶段盾构土仓内没能充填，土体侧压力没能平衡，易造成土体失稳。对大型泥水盾构机终到时，也可以采取工作井内充满泥水的方法，辅助盾构切口面的泥水压力平衡，实现水中进度（洞）。

（2）浅覆土地段，可以进行土体加固或增加覆土厚度。

（3）采用强化盾构的周边地基、强化既有建（构）筑物的基础及隔断伴随盾构的掘进所产生的地基变形等措施来降低既有建（构）筑物的变形。

（4）根据监控量测结果，必要时对地表及建（构）筑物进行跟踪注浆。

9.2.4 盾构同步注浆填充效果研究

盾构隧道施工的优势在于施工期间对城市正常功能影响最小，能够安全、快速地完成隧道建设，它已成为城市地铁隧道及越江隧道等工程建设应用最多的施工方法。盾构隧道施工对地层构成扰动，引起地表沉降和地层移动，会导致地表建筑物或分布于地层中管线的开裂与变形，引发环境地质灾害。引起地层位移的因素很多，其中盾尾建筑间隙是重要原因。因此采用盾尾同步注浆技术，将浆液注入到盾尾间隙之中主动控制地层位移，成为盾构隧道施工重要的技术环节和措施。

壁后注浆完成后，随着浆液的逐渐硬化，浆液体积发生收缩，浆液水分流失，导致注浆层与土层之间存在一定的间隙。存在的间隙为地层移动提供了空间，间隙越大，地层移动就越明显。一般可以采用二次注浆、改善浆液配合比等措施来减小管片与地层间的间隙。本节采用室内模型试验方法，对管片与地层间的间隙分布进行了探讨，比较了不分散砂浆与普通砂浆的填充效果，并分析了二次注浆的可行性。同时采用有限元方法，分析了管片与地层间的间隙对地层移动的影响。

1)注浆间隙分布试验研究

试验用模型箱结构尺寸如图 9.2.10a)所示，模型长度为 600mm，高度为 650mm，厚度为 350mm。在模型箱内布置两个同心圆桶，两个圆桶的间隙为 45mm。在模型箱的正面设置 4 个注浆孔，注浆孔与注浆管连接，用于对圆桶间隙注浆，如图 9.2.10b)所示。在外侧桶上布置了直径为 2mm 的小孔，浆液可以透过小孔向地层内渗入，以模拟工程中的实际情况。

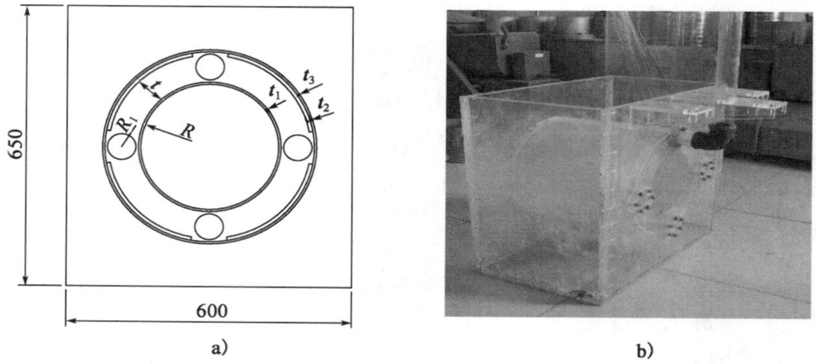

图 9.2.10　模型箱图(尺寸单位：mm)

a)结构图；b)模型箱

浆液分为两种，一种是普通惰性浆液，一种是水下不分散砂浆。普通浆液配比如表 9.2.1 所示，不分散砂浆是在普通砂浆中加入了不分散剂，不分散剂掺入量为固体成分的千分之一。

普通砂浆配合比(单位：g)　　表 9.2.1

水　泥	粉　煤　灰	膨　润　土	砂	水
150	300	60	600	325

(1)普通砂浆注浆试验

在模型箱中填满中砂，并注满水。按表 9.2.1 普通砂浆配合比所示的配合比称料，搅拌均匀后测定砂浆稠度，两次测定的稠度平均值为 11.13 cm。在注浆试验过程中，浆液不间断的注入模型箱圆桶的间隙中，直至完全充满间隙。注浆结束后模型静置 24h，模型箱正面(固定注浆管一侧)的浆液充满间隙，背面间隙的顶部出现了月牙形空隙，如图 9.2.11 所示。空隙中部高度最大，达到了间隙总厚度的 1/3，约为 15mm。

从图 9.2.12 中可见，浆液存在向围岩内渗入的现象，最大渗入深度达到了 7cm，在注浆工程中即存在渗入现象。

(2)二次注浆试验

从内筒内壁向上述月牙形空隙内注入浆液。浆液由水泥、水玻璃、石膏组成，并向其中添加了红色染料。注浆后浆液充填情况如图 9.2.13 所示。将模型拆开后可以观察到二次注浆

a)

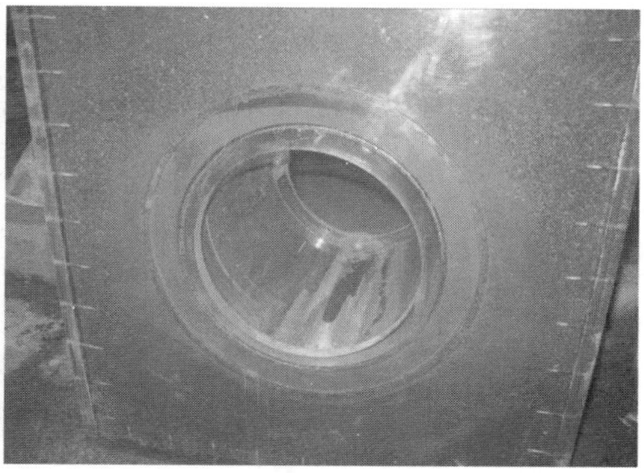

b)

图 9.2.11 注浆 24h 后的情况

a)正面情况;b)背面顶部空隙

体的范围,如图 9.2.14 所示,其范围也是月牙形空隙的范围。从图 9.2.14 可见,月牙形范围占模型厚度的 2/5 左右。

(3)不分散砂浆注浆试验

为了对水下不分散砂浆的充填效果开展研究,进行了不分散砂浆的注浆试验。水下不分散砂浆的稠度为 11.8 cm,试验过程与普通砂浆相同。注浆结束后静置模型 24h,模型的正面与背面砂浆仍然饱满,如图 9.2.15 所示。由图9.2.15 可见,不分散浆液向地层内的渗入深度远小于普通砂浆。试验说明不分散砂浆的充填性能优于普通砂浆,原因是水下不分散剂有良好的保水性能,减少了砂浆硬化过程中的泌水和体积收缩。

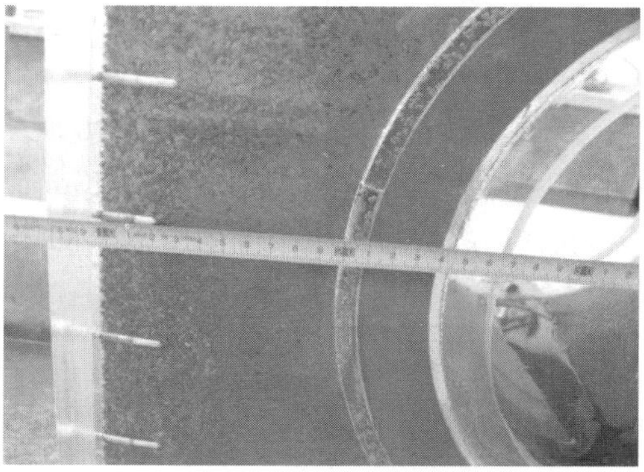

图 9.2.12 渗入深度

图 9.2.13 二次注浆体

图 9.2.14 二次注浆试验

2)注浆空隙对地层移动的影响

从上述注浆模型试验结果可见,注入普通砂浆时由于浆液水分流失和硬化时体积收缩,导

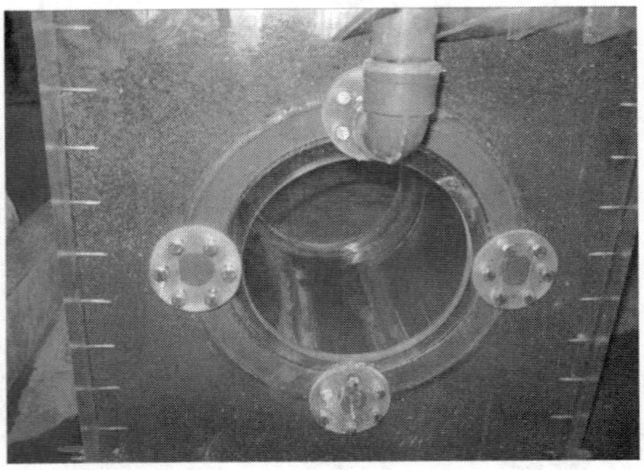
a)

b)

图 9.2.15　不分散砂浆注浆模型

a)正面;b)背面

致在浆体顶部出现空隙,这为地层移动提供了空间,采用有限元方法分析空隙对地层移动的影响以及对管片变形的影响。

(1)模型结构

模型基本的几何参数如图 9.2.16 所示。盾构隧道内径为 6m,管片厚度为 0.45m,管片外建筑间隙为 0.15m。模型宽度取为 48m,高度为 25m,隧道埋深为 7m。

根据顶部壁后注浆空隙高度的不同,分别对三个算例进行计算。洞顶空隙的几何参数见图 9.2.17,三个算例的空隙参数见表 9.2.2,模型各种材料的力学参数见表 9.2.3。

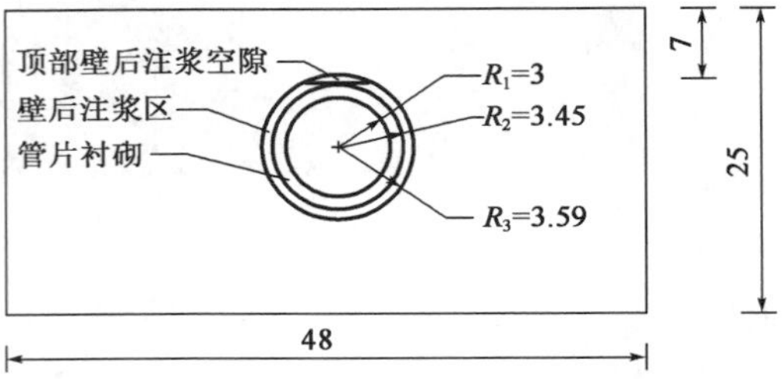

图 9.2.16　模型几何参数图(尺寸单位:m)

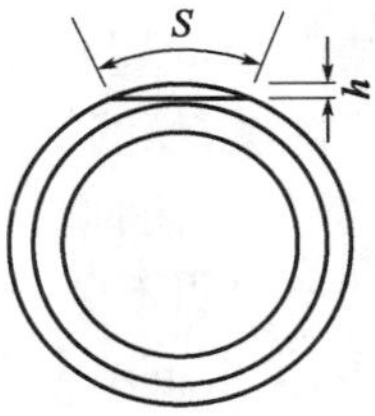

图 9.2.17　洞顶注浆空隙参数

算　例　表　　表 9.2.2

算　　例	空隙最大厚度 h(cm)	空隙弧长 S(cm)	圆心角(°)
1	2	75.82	12
2	4	107.28	17
3	7	142.02	23

材 料 参 数 表　　表 9.2.3

材　　料	弹性模量(kN/m²)	泊松比	黏结力(kN/m²)	内摩擦角(°)
土体	10 000	0.29	160	20
管片衬砌	3.25×10^6	0.2	—	—
注浆材料	10 000	0.29	160	20

(2)计算结果

管片上方空隙为地层位移提供了有利条件，地层竖向位移方向向下，有填充空隙的趋势，竖向位移云图见图 9.2.18。地表沉降后的弯曲形态见图 9.2.19。

由图 9.2.18 和图 9.2.19 可见，地表沉降宽度三个算例分别为 6.4m、9.6m 和 12.8m，表明地表发生明显沉降的范围与空隙高度呈正相关。三个算例地表最大沉降位移分别为0.589 mm、1.204mm、2.133mm，与空隙高度亦是正相关。

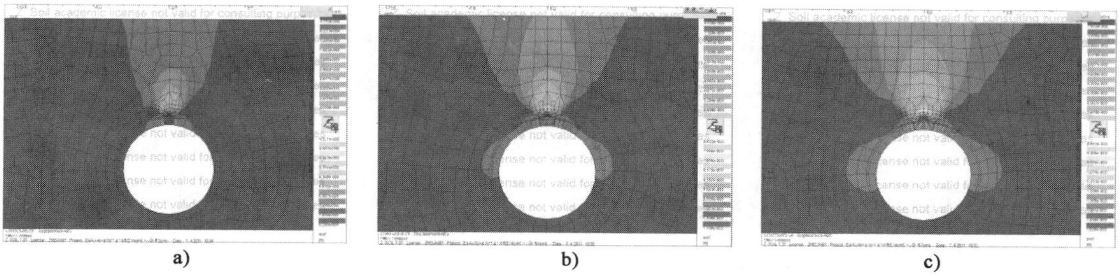

图 9.2.18　沉降区变形云图

a)算例 1；b)算例 2；c)算例 3

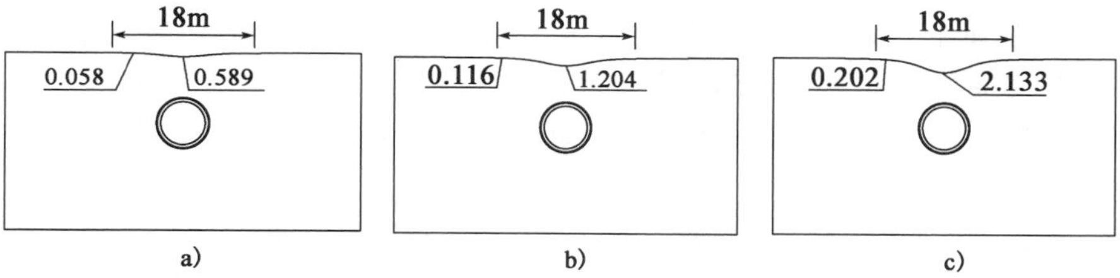

图 9.2.19　地表沉降后的形态(尺寸单位：mm)

a)算例 1；b)算例 2；c)算例 3

三个算例的管片上方地层沉降位移分布见图 9.2.20。由图 9.2.20 可见，随着向管片的趋近，地表下沉位移迅速增大。

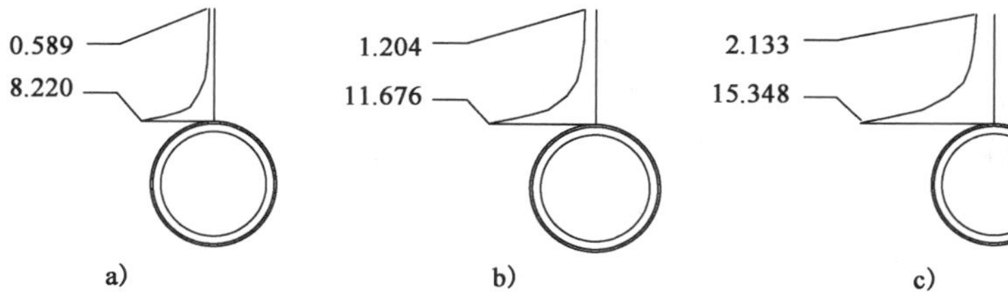

图 9.2.20　管片上方地层沉降分布(尺寸单位：mm)

a)算例 1；b)算例 2；c)算例 3

由于顶部出现空隙，所以在侧压力的作用下，管片发生竖向伸长变形，变形后管片形状如图 9.2.21 所示。管片顶部的变形量比底部要大许多，这是顶部存在空隙所致。

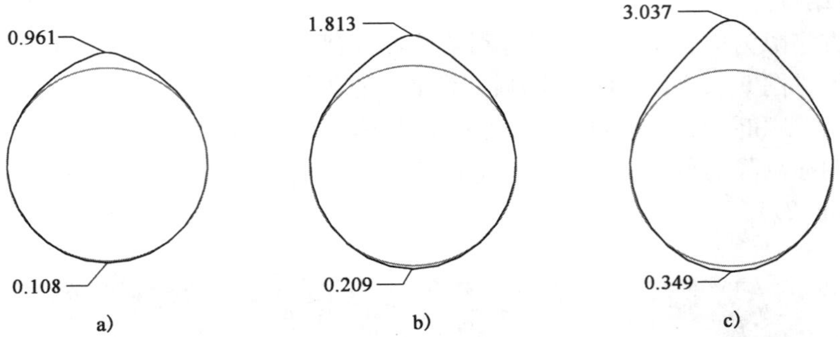

图 9.2.21 管片衬砌变形(尺寸单位:mm)
a)算例 1;b)算例 2;c)算例 3

9.2.5 双液浆二次补注工法研究

通常,依据浆液的可塑状态保持的时间可将浆液分成两种:可塑态浆液(可塑状态保持时间长达 5～30mm 的浆液)和固结型浆液(凝胶时间大于 30s 的为早期强度极低的缓凝固结型,凝胶时间小于 20s 约为早期强度高的瞬凝固结型)。管片注浆,采用可塑态浆液,随着注入范围的扩大,浆液依次压入,尽管注入压力低,但浆液仍能作大范围的充填。由于是可塑态固结,逐渐向前移动,直到完全充填盾尾空隙,并且由于浆液的黏性非常高,所以很难向周围土体中扩渗,此种浆液可有效的充填到上部的限定范围。盾构施工中,同步注浆通常采用单液浆,在地下水丰富的情况下,浆液难以达到较好的充填性、限域性、凝固强度,因此,对地层填充的效果不甚理想。

采用双液浆二次补注工法,不损失流动性、仅在限定范围内注浆的方法,即在双液型浆液中添加短凝和可塑性成分,使限域注入成为现实。当浆液充填尾隙后,希望浆液能尽早固结且强度能与围岩土体强度接近。因此,对双液型浆液的早期强度规定 1h 后抗压强度的大致目标为 0.1MPa,如早凝型浆液的凝胶时间过短,注入还没结束,浆液便失去了流动性,导致充填效果不好。

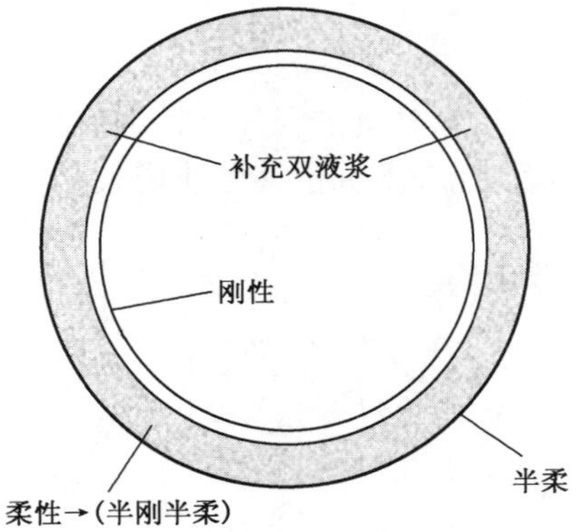

图 9.2.22 盾构断面补充双液浆示意图

从变形是否协调来看(图 9.2.22),相对而言管片为刚性材料、土体为半柔性材料。惰性浆液的初期强度较低,属于柔性材料,刚度不协调容易造成盾构管片不稳定或土体变形不协调。双液浆初期强度较高,相当于半刚半柔性材料,容易使体系达到平衡稳定、变形协调。

盾构同步注浆后每隔几环加注双液浆,形成类似于水桶箍的浆脉骨架,有利于铰接管片均衡受力,提高铰接管片受力的稳定性,也可通过整体施加预应力来提高稳定性,而理论分析解决不了稳定性问题。因为成型盾构隧道的平衡与不平衡受力、及隧道是否均匀受径向水土压力的约束情况,与有、无箍的空木桶受力原理相类似。将有箍、无箍空木桶水平放倒后,在桶上部施加竖直向下力,桶承受荷载的大小明显不同,此模型可用来模拟隧道周边受不平衡力的情况。桶箍对桶产生的径向约束力，可比作隧道在地层中受到的均匀水土压力。相对地无箍木桶，可比作隧道外周无均匀约束力，受力后的变形不能协调，类似于局部受力。通过调整桶箍的紧固程度，来调整桶周所受约束力的大小。由于木桶外周箍的约束作用，使得桶体变形受到限制，每块木板形成整体，各木板接触侧面及连接榫共同提供反力，使得木桶的受力稳定且变形协调，能承受较高压力。无箍木桶每块木板没有箍的约束，没能产生预压应力；且每块木板的变形没能约束限制，一旦单块木板受力产生不协调变形，脱离整体，木桶的整体受力平衡体系就被破坏。以竖向拼装成环的管片见图 9.2.23，管片类型为：内径5.5m，外径 6.2m，长度 1.2m，厚度 0.35m）为例，单环管片自重 19.3t，上半部管片自重即达到9.65t，如下半部管片没有有效的地径向支撑力以约束管片的整体变形，即便是管片仅受上部管片的自重力影响，也会导致管片难以竖向成环。

当盾构机通过重要管线及建筑物时，为控制地面变形及对建（构）筑物的影响，通常采用通过管片进行二次补注掺加一定 B 液的浆液，通过调节浆液的凝固时间，可较好的充填盾尾间隙，并控制地面变形。单液型与双液型浆液填充控制地面变形效果对比如图 9.2.24 所示。

图 9.2.23　软弱地层铰接管片稳定性分析图

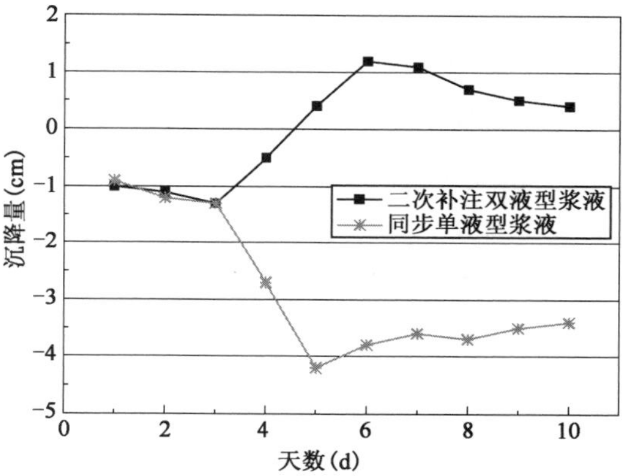

图 9.2.24　单环单液型与双液型浆液填充控制地面变形效果对比

软弱地层开挖后形成塌落空间，改变了地层原始状态稳定性和受力状况，要基本保持地层原始状态受力和变形状况，必须提供预支护或及时同步充填强度和刚度比原状土大的材料，才能达到完全充填和固化等要求，更能有利于控制地层变形。对于相对稳定无承压水环境的地层，也可采用混凝土输送泵同步输送类似砂浆、密度约为原状土、可泵性好的细砂混合物填充盾壳和盾尾空隙。另外，对于渗透系数小的淤泥质土或黏性土等地层，在盾构通过一定距离后容易产生失水固结，这时应该通过管片补充注浆，以消除地层固结影响。这样才能保持结构与土体共同作用的平衡稳定性，以满足受力平衡与变形协调状态的稳定性要求。

例如：某区间盾构施工，其黏土层与管片之间同步注入惰性浆液填充，形成平衡系统，由于浆液本身很难固结，有次突然发生因钢管片预留孔击穿造成浆液损失，地面产生沉降。管片背面填充惰性浆液后，虽然可形成平衡体系，但不是稳定体系，如果惰性浆液中水泥用量达到 100～150kg/m^3，再加注水玻璃形成类似于水桶箍的浆脉骨架，就可以形成平衡稳定体系，同时也能控制地面沉降。2011 年 1 月 19 日晚，盾构掘进 456 环，该过程中第 454 环钢管片预留孔突然漏浆，发现是预留孔堵头被冲掉，如图9.2.25所示。虽然施工人员立即采取措施予以封闭，但造成同步注入浆液的损失，漏浆发生后次日早晨测得地面第435环至第460环对应地面的单次沉降值超限，累计沉降最大值为23.47mm。后对漏浆影响区域进行了二次补浆，地面变形得以稳定控制。

图9.2.25 软弱地层注双液浆控制地层变形分析图

9.2.6 地铁盾构进、出洞漏水原因分析和预防措施

根据盾构施工的过程，可将盾构施工划分为盾构机现场组装、盾构出洞施工、盾构正常掘进施工、盾构进洞施工、盾构机解体吊出五个施工阶段。而在这五个阶段中，最易发生事故的是盾构进、出洞的施工，特别是盾构在富水性砂层中的进、出洞施工，更是我们控制的重点。现根据某市区的工程地质特点，结合多次盾构进出洞施工的经验，就盾构始发进出洞施工环节控制进行探讨。

1)某市工程地质、水文地质情况

(1)工程地质情况

某市区的大部分盾构隧道所处地层有：$③_3$ 层砂质粉土、$③_4$ 层砂质粉土、$③_5$ 层砂质粉土夹粉砂、$③_6$ 层粉砂夹砂质粉土和$③_7$ 层砂质粉土，如秋涛路站～城站站区间隧道盾构范围内的土层有$③_3$ 层粉砂、$③_5$ 层砂质粉土夹粉砂、$③_6$ 层砂质粉土夹粉砂、$③_7$ 层砂质粉土、$③_8$ 层砂质粉土、$⑥_1$ 层淤泥质粉质黏土、$⑦_1$ 层粉质黏土、$⑦_2$ 层粉质黏土和$⑧_1$ 层粉质黏土。隧道盾构施工范围内③层粉土、粉砂振动易液化，易坍塌变形，在地下水作用下易产生流沙；$⑥_1$ 层淤泥质粉质黏土具高压缩性、低强度、弱透水性、高灵敏度等特点，易产生流变和触变现象，易导致开挖面失稳或形成圆弧滑动；$⑦_1$ 层、$⑦_2$ 层粉质黏土，为软塑～可塑状，弱透水性，中等压缩性，$⑧_1$ 层粉质黏土，软塑状，弱透水性，中等偏高压缩性，工程性质较差。

根据《铁路工程地质勘察规范》(TB 10012—2001)附录E铁路隧道围岩分级标准，本工程区开挖深度内围岩类别为Ⅵ级，土石可挖性分级为Ⅰ级松土。

(2)水文地质情况

某市区在建盾构隧道工程场地地下水类型主要是第四纪松散岩类孔隙水，根据地下水的含水介质、赋存条件、水理性质和水力特征，可划分为孔隙潜水和孔隙承压水两大类，现以红九盾构区间地下水分布情况为例进行说明。

潜水：场地浅层地下水属孔隙性潜水，主要赋存于表层填土及$③_2$～$③_8$ 层粉土、粉砂中，由大气降水和地表水径流补给，地下水位随季节变化。勘探期间测得钻孔静止水位埋深0.5～2.2m，相应高程3.72～4.98m。根据区域水文地质资料，浅层地下水水位年变幅为1.0～2.0m，多年平均高水位埋深约0.5～1.0m，建议抗浮设防水位取高程5.0m。根据某市类似工程经验及场地环境，地下水流速较小，对隧道施工影响不大。

微承压水：$③_7$ 层淤泥质粉质黏土夹粉土，透水性差；$③_8$ 层砂质粉土夹粉砂，在$③_7$ 层之下，具有微承压性。九堡站勘察时现场对③$_8$层进行微承压水头测试，用铁制套管隔离上部潜水后，③$_8$层水位在1h后埋深为5.40m，4h后埋深为4.30m，24h后埋深为2.20m（高程3.64m），与潜水位相同，③$_8$层微承压含水层与上部潜水层连通，不具承压性质。

第一承压水：主要分布于⑥$_3$层粉砂夹砂质粉土层，水量较小，隔水层为上部的⑥$_1$、⑥$_2$层淤泥质土和黏土层。红普路站勘察时实测第一承压水头埋深在地表下6.10m，相应高程为－0.49m；九堡站勘察时实测第一承压水头埋深在地表下7.80m，相应高程为－1.96m。

第二承压水：主要分布于深部的⑫$_4$层圆砾中，水量较丰富，隔水层为上部的淤泥质土和黏土层（⑥、⑧层）。

红普路站和九堡站的测试资料，实测⑫$_4$圆砾层承压水头埋深，各孔测试成果见表9.2.4。

承压水头测试结果表　　表9.2.4

测试孔号	位　置	承压水埋深(m)	对应高程(m)
Z1hpl-13	红普路站	8.80	－3.64
Z1jb-09	九堡站	9.24	－3.27

2）盾构进出洞端头井地层处理

盾构进、出洞施工，在各项准备工作具备后，即开始破除洞门圈内的围护结构，以除去围护结构中盾构机不能切削的钢筋。在围护结构破除过程中，及盾体未完全进、出洞门时，为保持盾构进出洞的端头井附近土体的原始状态，而避免开挖面出现不平衡压力导致发生漏水、涌沙、甚至坍塌事故，必须采用特殊加固措施以平衡不利压力，确保盾构进出洞的端头井附近土体基本维持原始状态。通常采用以下措施，对盾构进出洞端头井进行处理，如图9.2.26所示。

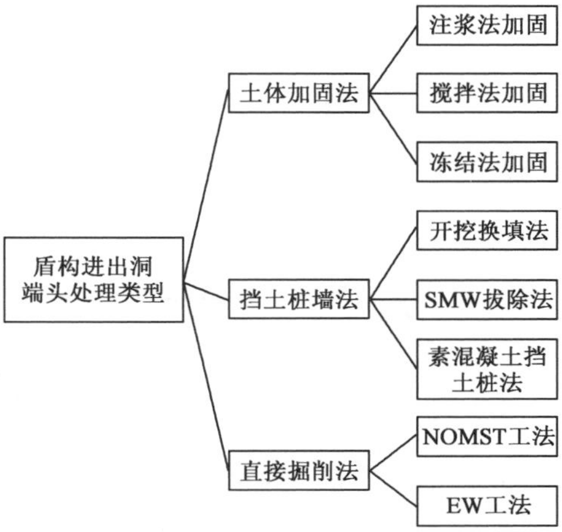

图9.2.26　盾构进出洞端头处理类型图

土体加固法，是采取加固措施对盾构进出洞端头地层进行处理，以提高开洞门圈内开挖面地层的自稳能力及止水效果，常用的处理方法有高压喷射注浆法、搅拌法、冻结法、并辅以降水施工，此方法适用于具高压缩性、低强度、弱透水性、高灵敏度、工程性质较差土层。

挡土桩墙法，在盾构工作井洞圈围护结构后设置一道能承受水土压力、保持洞圈开挖面的稳定性且盾构刀盘能直接切削的挡土桩墙，通常可采用洞圈外土体换填法、SMW挡土桩法、素混凝土挡桩墙法。此工法常用于不透水性好、有一定的自稳能力的土层。

直接掘削法，是盾构刀盘直接切削盾构洞圈内围护结构的工法。如NOMST工法，其特点是进出洞门墙体材料较特殊，刀盘可直接切削，而不损坏刀具。该工法作业简单，安全可靠性好。EW工法的原理是通过电蚀手段，把挡土墙的芯材工字钢腐蚀掉，给盾构直接掘削带来方便，优点与NOSMT工法相同，但这两种工法造价较高，国内盾构法施工中较少采用。

因此，盾构进出洞施工容易发生漏水、漏沙情况的地层中，通常是采用土体加固方法来处理。

(1)注浆法加固施工

高压喷射注浆法，是用高压旋转的喷嘴将水泥浆喷入土层与土体混合，形成连续搭接的水泥加固体。高压喷射注浆法适用于处理淤泥、淤泥质土、流塑、软塑或可塑黏性土、粉土、砂土、黄土、素填土和碎石土等的加固及防渗施工。高压喷射注浆法的注浆形式分为旋喷注浆、摆喷注浆和定喷注浆等3种类别。根据工程需要和机具设备条件，可分别采用单管法、二管法和三管法，加固体形状可分为圆柱状、扇形块状、壁状和板状。

①施工工艺

高压旋喷桩施工工艺流程，如图9.2.27所示。

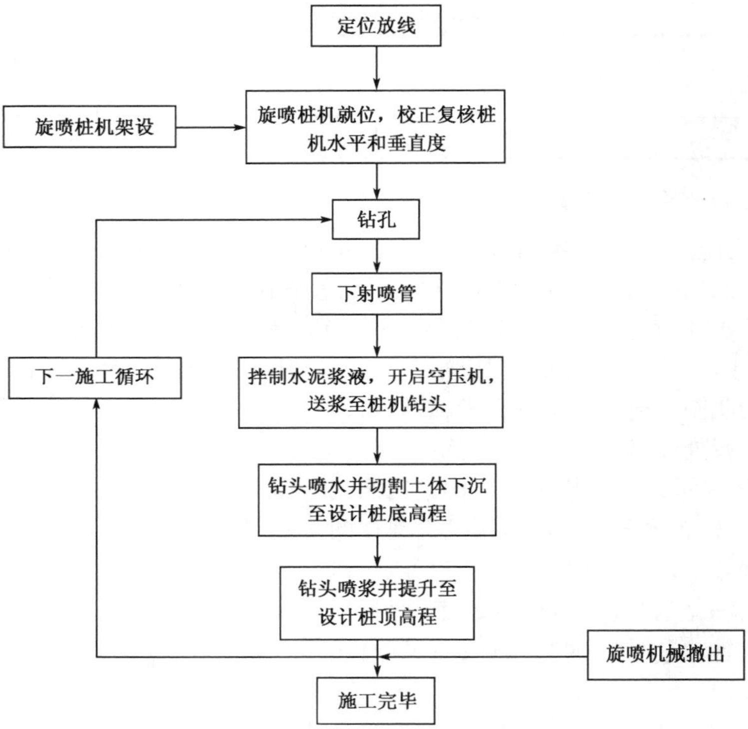

图9.2.27　高压旋喷桩施工工艺流程图

先在土层中钻一个孔(可以垂直也可以倾斜、水平甚至向上)，把含有高压喷射头的管子放入需加固土壤的深度处，用高压(20～40MPa)浆流或水流去冲切土壤颗粒，改变其原有结构，与注入的泥浆颗粒重新组合排列，形成新的凝结体。一般来说，压力越大其冲击力越大，土体加固半径越大；土体强度越差，切割土体半径越大。从高压喷射形式来说可以分为最常用的旋转喷射，有一定喷射角度的摆动喷射，以及向一个方向不动的定向喷射。

从高压喷射的方法来说可以分为：单管法、二重管法和三重管法，分别叙述如下。

单管法：仅为一个喷嘴，喷嘴里喷出较稀的水泥浆，水泥浆压力＞20MPa，不断地喷射旋转并逐渐提升，在需加固的土体中形成一定直径的圆柱状加固体。此法设备简单，不足之处就是加固土体范围相对小，对加固深层土体来说，适应性不强，因为要加固17.0m以下的土体，钻孔会比较密集。

二重管法：与单管法不同处为喷嘴处有一个同轴双重喷嘴，喷嘴中间喷出水泥浆，喷嘴的周围喷出高压空气，由于周围高压空气的助喷作用，使中间的高压泥浆流能更有效的切割土体，使加固土体直径比单管法明显加大。喷射浆液压力＞20MPa，喷射高压空气≥0.7MPa。

三重管法：喷嘴处为三重喷嘴，同轴喷嘴的中心喷口喷射34～40MPa的高压水，同轴喷嘴的周围喷出高压空气，大大提高切割破坏土体的能力，同时喷进去的高压水沿着钻孔冒出地面，并带出需加固土体的部分颗粒；在同轴喷嘴下方10～35cm设有专门用来注入水泥浆的喷嘴，水泥浆的压力仅为1～3MPa，因为水泥浆注入机理是在被高压水破坏后的无强度土体中与土颗粒重新组合排列形成加固体。

高压旋喷桩施工现场情况如图9.2.28所示。

图9.2.28 三重管高压旋喷注浆加固施工图

②高压旋喷注浆施工参数

水压力：通常为34～40MPa；水流量：通常为80～120L/min；喷嘴孔径：2～3mm（与水量配合）；注浆压力：双管20～25MPa、三管1～3MPa；浆液流量：双重管50～120L/min，三重管50～120L/min，流量涉及到每分钟能进入土体的浆量，进浆量与压力、喷嘴孔径成正比；浆液密度：1.6～1.7g/cm^3；空气压强：通常为0.7MPa；风量：双管1～2m^3/min、三管0.5～2m^3/min；提升速度：双管10～20cm/min、三管7～14cm/min；旋转速度：双管10～20r/min、三管11～18r/min。

先设定土体加固水泥含量，再设定加固体直径，每米要用多少水泥，按水灰比计算出每立方米水泥用量，再按水泥浆流量计算出提升速度。如在设定水压等参数后其直径未达到设计要求，应对水泥掺量或提升速度重新调整，直至满足设计要求。通常的旋喷直径如表9.2.5所示。

各种注浆法加固直径 表9.2.5

土质		旋喷直径平均值(m)		
		单管法	双管法	三管法
黏性土	0＜N＜10	0.5～0.7	0.8～1.2	2.0～2.2
	10＜N＜20	0.4～0.6	0.7～1.1	1.6～2.0
	20＜N＜30	0.3～0.5	0.6～0.8	1.2～1.6

续上表

土质		旋喷直径平均值(m)		
		单管法	双管法	三管法
砂性土	$0<N<10$	0.6～1.0	1.0～1.4	1.8～2.0
	$10<N<20$	0.5～0.8	0.9～1.2	1.4～1.8
	$20<N<30$	0.4～0.8	0.8～1.2	1.0～1.4

需要浆量计算：

$$Q=\pi R^2 \cdot K_1 H_1+\pi R_1^2 \cdot K_2 H_2 \tag{9.2.1}$$

式中：R——注浆半径；

H_1——未旋喷长度；

K_1——未旋喷范围土的填充率，$K_1=0.5\sim0.75$；

R_1——旋喷体半径，按表 9.2.5 定取；

H_2——旋喷体长度；

K_2——填充率，$K_2=0.75\sim0.9$。

(2)三轴搅拌加固施工

根据区间工程地质、水文地质条件，结合洞门周边环境状况，常采用三轴深层搅拌桩、高压旋喷桩相接合的工艺对地层进行加固，并结合井点降水施工，降低洞门端头的地下水位，以提高盾构进出端头地层的稳定性，各道施工工序实施情况如下。

三轴搅拌桩施工在基坑土方开挖前进行，由于盾构进出洞端头为砂质粉土层，自立性差，因此将洞门端头的土层分为强、弱加固区实施搅拌加固。将洞门及其四周 3m、长度 9m 范围内的土层定为强加固区，其他区域为弱加固区，强弱加固区划分如图 9.2.29 所示。加固所用水泥为 32.5 级普通硅酸盐水泥，强加固区水泥掺量为 20%，弱加固区水泥掺量控制在 5%～7%。

①施工设备

三轴搅拌桩施工所需设备：三轴搅拌桩机、主机(步履式)、环保型水泥自动搅拌注浆站(含存浆桶、压浆泵、灰浆搅拌机等设备)、空压机、经纬仪、水准仪。

另外，施工往往需要设备满足以下要求：

a. 搅拌驱动电机具有工作电流显示；

b. 具有桩架垂直度调整功能；

c. 主卷扬机具有无级调速功能；

d. 采用电机驱动的主卷扬机应有电机工作电流显示，采用液压驱动的主卷扬机应有油压显示；

e. 桩架立柱下部搅拌轴应有定位导向装置；

f. 在搅拌深度超过 20m 时，须在搅拌轴中部位置的立柱导向架上安装移动式定位导向装置。

②施工工艺流程

三轴深层搅拌桩施工工艺流程，如图 9.2.30 所示。

另外，在施工准备过程中还应注意以下事项：

a. 施工场地必须平整，清除表层硬物和地下障碍物，场地满足机械行走要求；

b. 要有施工组织设计，包括平面布置、设备材料堆放、配电供水、施工顺序、技术质量安全技术措施等；

c. 对测量放样复核、有监理验收签证；

d. 要通过成桩试验，确定搅拌机头的下沉及提升速度、水泥浆液水灰比等参数。

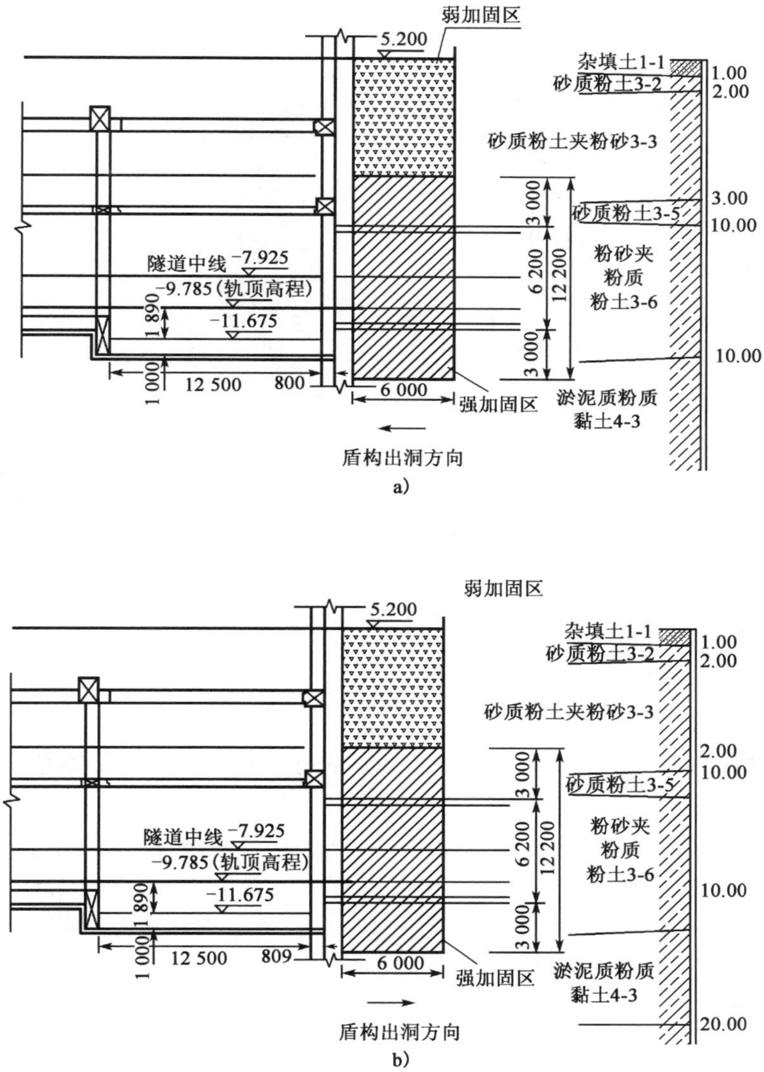

图 9.2.29　端头加固地质剖面图（尺寸单位：mm，高程单位：mm）

a）进洞加固剖面图；b）出洞加固剖面图

③施工技术指标及注意事项：

桩机就位对中偏差≤20mm，立柱导向架垂直度偏差≤1/250。

搅拌头下沉速度在 0.5～1m/min 范围内，提升速度在 1～2m/min 范围内。

浆液泵送量应与搅拌机头的下沉或提升速度相匹配，以保证搅拌桩中水泥含量的均匀性。

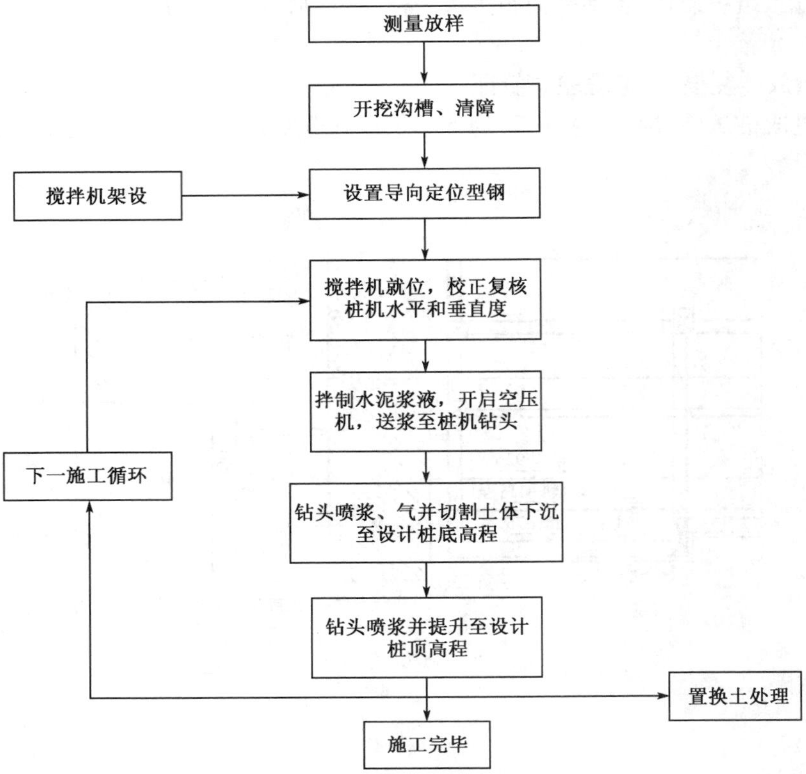

图 9.2.30　三轴深层搅拌桩施工工艺流程图

常用浆液水灰比控制在 1.5～2.0。水泥用量应严格控制，每台班测量水泥浆液密度不少于 3 次，并填写成桩记录表。

三轴水泥搅拌桩桩位定位偏差应小于 1cm。成桩后桩中心偏位不得超过 50mm，桩身垂直偏差应符合设计要求 $L/200$（L 为桩长）。

三轴水泥搅拌桩在下沉和提升过程中均应注入水泥浆液，同时严格控制下沉和提升速度，下沉搅拌速度一般在 0.5～1m/min，提升搅拌速度一般在 1.0～2.0m/min，在桩底部分重复搅拌 1min 注浆，提升速度减慢，避免出现真空负压、孔壁塌方等现象引起周边地基沉降。施工地基加固三轴搅拌桩时，如未采用全断面套打的形式，施工速度需要适当放缓以确保搅拌均匀性（水灰比要放大至 1.8～2.0，以保证充足浆量）。图 9.2.31 为搅拌桩现场施工图。

施工中每天抽取一幅桩，每幅桩做三块 7.07cm×7.07cm×7.07cm 试块，试样宜取自最后一次搅拌头提升出来的附于钻头上的土。试块制作好后进行编号、记录、养护，到龄期后随机抽取若干组送实验室做抗压强度试验，确保 28d 龄期无侧限抗压强度达到设计要求。

三轴搅拌桩施工顺序采用单侧挤压式（顺打施工），具体如图 9.2.32 所示。

④三轴搅拌桩质量控制措施

水泥流量、注浆压力采用人工控制，严格控制每桶搅拌桶的水泥用量及液面高度，用水量采取总量控制，并用密度仪随时检查水泥浆的密度。

图 9.2.31　三轴搅拌桩现场施工图

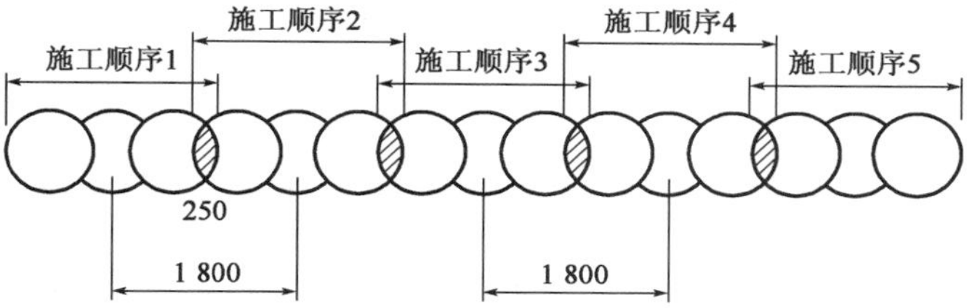

图 9.2.32　三轴搅拌桩施工顺序采用单侧挤压式(顺打施工)(尺寸单位:mm)

土方能继续注浆,等一定时间后恢复向上提升搅拌,以防断桩发生。

设计水泥掺入比,确保水泥土强度,降低土体置换率,减轻施工时环境的扰动影响。水灰比可根据现场实际情况调整,本工程中根据实际情况,水灰比控制在 1～1.5。

⑤加固地层抽芯检查及洞门水平探孔的实施

主要是检验水泥土搅拌桩的桩身强度。采用的方法是:浆液试块强度试验(28d 无侧限抗压强度),或钻取桩芯强度试验。取芯数量为单桩总数的 2%,并不少于 3 根。每根沿不同深度、不同土层处取芯不少于 5 组,每组 3 件试块。用 Φ110mm 钻头连续钻取全桩长范围内的桩芯,并立即封闭及时做强度试验。

搅拌加固工法加固土体的效果好坏,重点还在于施工时的过程控制,如注浆量与下沉、提升速度的匹配,供浆的均匀性,尤其是垂直度,不能因为两根桩套接时造成左右偏差而形成搭接间隙,从而造成盾构机进出洞的风险点。

为对端头土体加固效果及隔水效果进行检验,在洞门围护结构破除前施打水平探孔,穿过围护结构及高压旋喷加固体,通过观察探孔内水流情况检验加固效果的好坏及洞门破除后围护结构后土体的稳定性。

(3)盾构机进、出洞端头井降水施工

①降水目标及原理

降水是为了降低洞门附近土层的含水率,减少坑外土体对洞门的土压力,降低发生漏水、流沙的可能性,防止始发推进过程中土体不稳定造成的坍塌。同时加固洞门附近的土体,增加洞门加固区的抗渗水能力,减少始发过程中地表的过量沉降。

井点降水原理就是土中的水流向钻孔孔壁，通过填入井口中的中细砂层，再通过滤网及井壁上的孔洞流入井底，流入井底的水用潜水泵泵出地面，土体中水不断流入井内，流入井内的水再泵出地面，土体中水越来越少，水位不断下降，从而达到降水目的。

②降水井数量

降水井数量按单井有效抽水面积为 a 的经验值来确定，而经验值根据场地潜水含水层的特性及隧道四周的平面形状来确定。单井有效抽水面积 a 的经验值为一般为 150～250m^2，根据地层透水性较好及隧道四周地下水降深的特点来确定降水井的数量，本工程中取 200m^2。

降水井数量的布置：

$$n = A/a \tag{9.2.2}$$

式中：n——井数(口)；

A——降水总面积(m^2)；

a——单井有效抽水面积(m^2)。

本工程在盾构机出洞端头设降水井 6 口，另在加固体中设水位观测孔 1 个，用来测量加固土体中的水位。

③降水井的构造与设计要求

井口：应高于地面以上 0.50m，以防止地表污水渗入井内。井口建造材料一般采用优质黏土，其厚度不小于 2.00m。

井壁管：降水井一般采用焊接钢管，也可采用 PVC 管，井壁管直径可按设计抽水量以及抽水泵容量控制。

过滤器(滤水管)：降水井分段设计，所有滤水管外均包两层 60 目的尼龙网，滤水管的直径与井壁管的直径相同。

沉淀管：防止过滤器因井内沉砂堵塞而影响进水，沉淀管接在滤水管底部，直径与滤水管相同，沉淀管底口须用铁板或其他材料封死。

填滤料(中粗砂)：降水井从井底向上至地表以下 2.00m 均围填中粗砂。

填黏性土封孔：在黏土或滤砂的围填面以上采用优质黏土填至地表并夯实，并做好井口管外的封闭工作。

④成孔成井施工工艺

成孔施工采用正循环回转钻进泥浆护壁的成孔工艺及下井壁管、滤水管，围填滤料、黏性土等成井工艺，其流程如下：测放井位→埋设护口管→安装钻机→钻孔→清孔换浆→下井管→填滤料(中粗砂)→洗井→试抽→排水。

降水井(图 9.2.33)完成后，须每天对水位进行测量并进行记录，以监控降水效果是否达到了设计要求，并防止因过度抽水导致地面出现大的沉降等。

(4)冻结法加固施工

在地面条件允许的情况下，一般采用垂直冷冻进行人工地层冻结加固，即在槽壁外侧地面布置一定数量的垂直冻结孔，进行冻结加固。

①冻结范围及冻结孔的布置

采用垂直局部冻结法时，为达到盾构机安全顺利出洞的目标，根据地质特征、洞圈埋深情

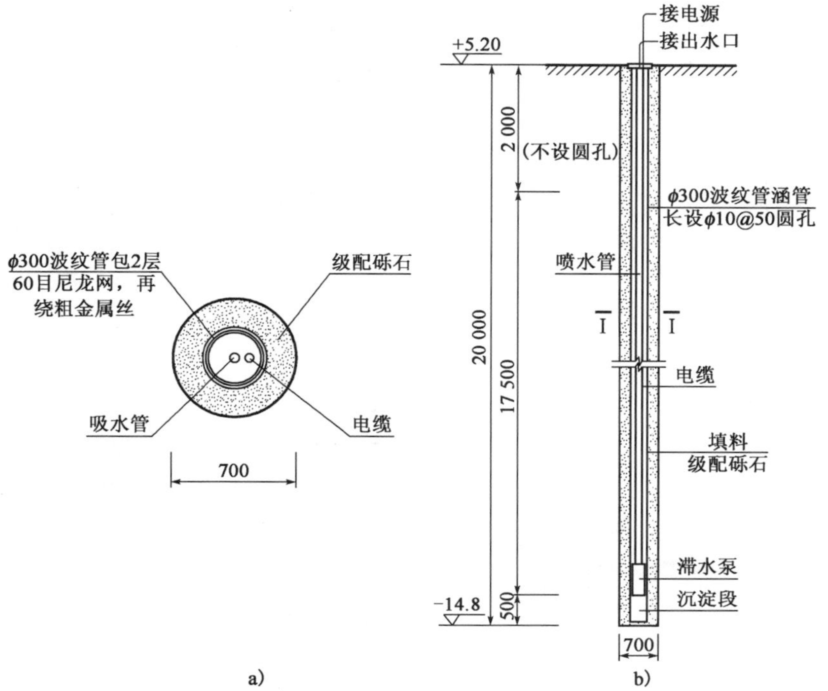

图 9.2.33 降水井剖面图(尺寸单位：mm，高程单位：m)

a)I-I 剖面；b)管井详图

况，在围护结构壁外侧施工一定排数的冻结钻孔，孔间距、排间距经计算确定，冻结孔采用梅花布置，冻结孔深度至盾构机进、出洞圈顶、底板的距离经计算确定；需设置一定数量的测温孔。以在富水砂层中埋深约 11m 的 ϕ6 340 盾构机施工为例，单线隧道盾构机出洞垂直冻结孔施工，冻结孔平面、立面分布如图 9.2.34、图 9.2.35 所示。

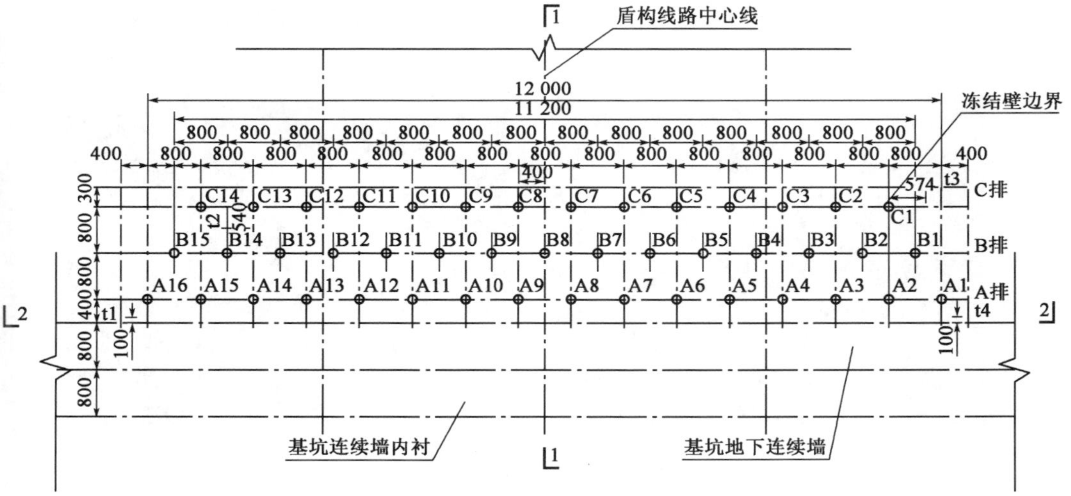

图 9.2.34 冻结管平面布置图(尺寸单位：mm)

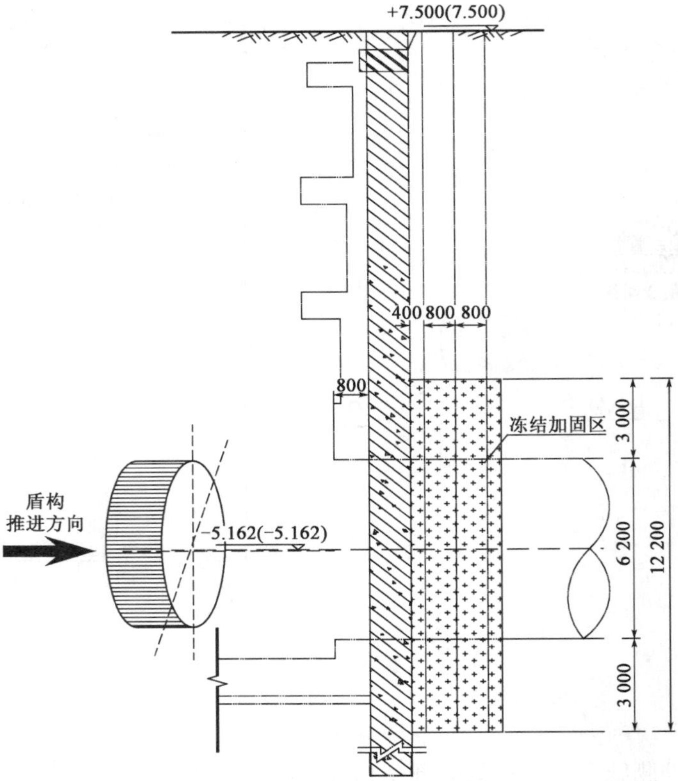

图 9.2.35　冻结效果立面图(尺寸单位:mm,高程单位:m)

②冻结施工设备材料

冻结管是冻结法的主要材料之一,针对某市的情况,一般选用 ϕ127mm×4.5mm 20 号低碳钢无缝管,采用外管箍焊接连接;供液管采用 ϕ48mm×4.5mm 无缝钢管,测温管 φ60mm。冻结管的现场布置情况如图 9.2.36 所示。

图 9.2.36　冻结管布设及严密性检测

虽然施工的设备材料需要根据施工方案、施工进度要求、现场实际情况有所调整,但一般情况下可按照表 9.2.6 选取。

垂直冷冻工法设备材料一览表　　表 9.2.6

编　号	项　目	单　位	数　量	备　注
一	主要设备			
1	冷冻机 W-YSLGF300Ⅱ型	台	2	其中备用1台
2	IS150-125-315 水泵	台	2	盐水泵,1台备用
3	IS125-100-215C	台	2	清水泵,1台备用
4	真空泵(或抽氟机)	台	1	
5	经纬仪	台	1	
6	测温仪	台	1	
7	NBL-50 冷却塔	台	2	
8	XY-2 钻机	台	2	
9	电焊机	台	2	
二	主要材料			
1	ϕ159mm×6mm 无缝钢管	t	5	
2	ϕ127mm×4.5mm 无缝钢管	t	12	冻结管
3	ϕ45mm×3mm 无缝钢管	t	5	
4	高压胶管	m	800	耐压 0.8MPa
5	冷冻机油	kg	500	N46
6	氟利昂 R22	kg	500	
7	氯化钙	t	10	
8	$1\frac{1}{2}$阀门	只	100	
9	8″阀门	只	20	
10	保温材料	m^2	300	

③冻结施工主要参数的确定

a. 冻结壁有效厚度经设计确定,冻结壁设计平均温度应低于－10℃,积极期盐水温度为－28 ～－30℃;

b. 冻结孔最大偏斜值应满足规范值,避免冻结体强度不均匀;

c. 盾构机出洞加固冻结孔最大终孔间距为 1.2m,偏斜过大影响冻结时需补孔;

d. 积极冻结时间根据冻结体温度及冻圈的发展确定;

e. 盾构机出洞加固冻土墙交圈时间为 18～25d;

f. 单孔盐水流量为 5～6m^3;

g. 冻土发展速度为 2.8cm/d。

根据以上参数选定,当冻结孔最大间距处交圈时,冻土墙与槽壁完全胶结。

④拔管方案

利用人工局部解冻的方案进行拔管,具体方法如下:利用热盐水在冻结器里循环,使冻结管周围的冻土融化达到 50～100mm 时,开始拔管。

用一只容量 2m^3 左右的盐水箱储存盐水,用 15～45kW 的电热丝对盐水进行加热。利用

流量为 $10m^3/h$ 的盐水泵循环盐水，先用 30～40℃的盐水循环 5min 左右，然后用 60～80℃的盐水循环 15min 左右，当回路盐水温度上升到 25～30℃时，即可进行边循环边试拔。

首先用两个 10t 千斤顶进行试拔，当拔起 0.5m 左右时，便可停止循环热盐水，用压缩空气将管内盐水排出，然后用吊车快速拔出冻结管。拔管时应注意冻结管与挂钩要成一线，冻结管不能蹩劲，拔管时要常转动冻结管，冻结管不能硬拔，拔不动时要继续循环热盐水解冻，直至拔起冻结管到设计长度，拔管施工图见图 9.2.37。

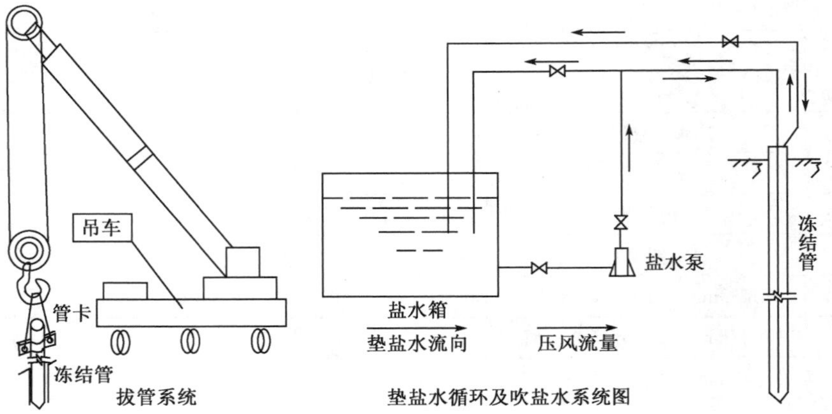

图 9.2.37　冻结管拔管施工图

⑤监测内容

冷冻法一旦失效，危害极大，尤其在富水砂层中极易造成流沙和地面塌陷。为保证冻结法施工安全和施工质量，施工期间应进行下列监测。

a. 冻土的发展速度及冻结壁的平均温度，冻结孔去回路温度；

b. 冷却循环水进出水温度；

c. 盐水泵工作压力；

d. 冷冻机吸排气温度；

e. 制冷系统冷凝压力；

f. 冷冻机吸排气压力；

g. 制冷系统汽化压力；

h. 土层中的水、土压力；

i. 槽壁与冻土接合面的温度；

j. 冻结壁对槽壁的冻胀压力；

k. 冻结地面的冻胀及融沉(位移)；

l. 冻胀的影响范围(槽壁变形)。

施工结束后应重点监测融沉变形。融沉变形主要是由冻土融化时疏水固结引起的，滞后于冻土的融化，冻土融化时的沉降量与冻土厚度、融沉土的特性、冻土的体积有关。根据施工经验和土工试验，冻土融化后，其地层高程可能略低于原始地层的高程。为减少融沉量，除冻结施工中应尽量减少冻土体积外，解冻后，根据地面沉降观测，若地面沉降超出规范值，可在隧道内或旁通道地面进行适当的跟踪注浆，以减少融沉对周围环境的影响。

3)盾构机进出洞施工

(1)盾构机进出洞圈围护结构破除

洞圈内围护结构破除前，盾构机出洞口加固的土体，须达到设计所要求的强度、渗透性、自立性等技术指标后，方可开始洞口凿除工作(加固后的土体，其无侧限抗压强度 q_u 不小于1MPa，渗透系数≤1.0×10^{-8} cm/s)。洞门破除工作应秉承工序明确、工作连续、施工快捷的原则。

洞口槽壁混凝土为粉碎性凿除，采用人工高压风镐。洞门凿除分两阶段进行：第一阶段在始发井土体加固检验合格，盾构机组装调试好和其他始发准备完成前完成；第二阶段在外层混凝土凿除并洞门安全无渗水的工况下快速进行。

洞门凿除采用从上到下分区凿除，首先将开挖面地下连续墙钢筋凿出裸露并用氧焊切割掉，然后继续凿至迎土面钢筋外露为止。若剩余墙体稳定，无明显漏砂漏水，则再将余下的钢筋割掉。打穿剩余部分连续墙的混凝土，并检查确定无钢筋。

(2)盾构机出洞施工

盾构机出洞掘进施工，常采用两种方式：一种是负环管片全环拼装出洞；另一种是部分负环半环，部分全环管片出洞方式(图 9.2.38)。两种方式相比，负环管片全环拼装的施工有利于控制盾构机姿态，全部推进千斤顶都能起到推进作用；部分负环半环方式出洞，由于盾构机只有下半部千斤顶作用，盾构机姿态易往上抬头，且盾构机只能提供较少的推力，但能较早提供利用盾构工作井进行垂直运输的条件，提高施工效率。盾构机出洞施工流程，如图 9.2.39 所示。

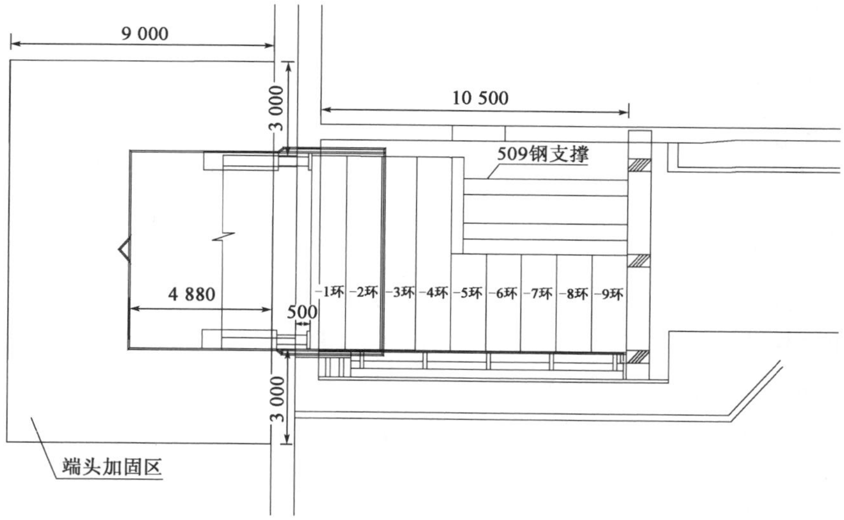

图 9.2.38 部分负环半环、部分全环管片出洞方式(尺寸单位：mm)

(3)盾构机进洞施工

盾构机进洞施工，是指盾构机进入接收工作，进、上接收架的施工过程。盾构到达的施工流程如图 9.2.40 所示。

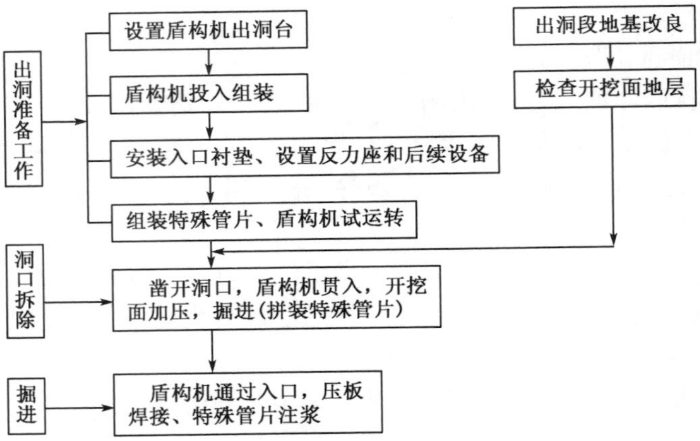

图 9.2.39　盾构机出洞施工流程

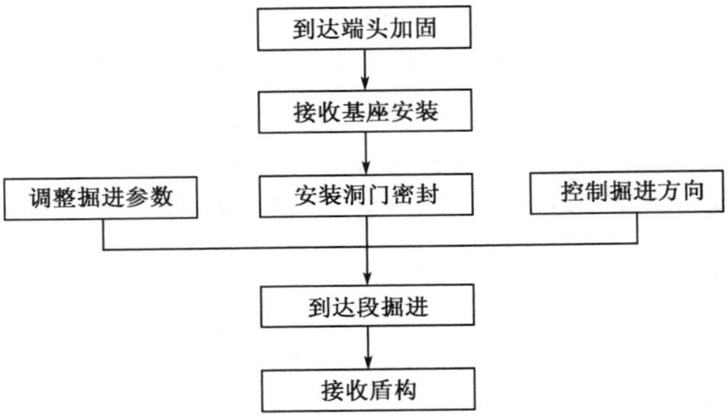

图 9.2.40　盾构到达施工流程

(4)洞圈封闭

盾构机始发出洞，在采用橡胶帘布板与扇形板密封外，为避免注浆填充洞圈施工时浆液渗漏，常采用双快水泥(硫铝酸盐系列水泥)对洞圈进行密封处理。利用同步注浆机或双液注浆机，对洞圈进行注浆填充。

盾构机进洞时，橡胶帘布板与管片接触后，收紧扇形板上的锁紧钢丝绳，使橡胶板与管片背面密贴，并用双快水泥密封后，多次注入双液浆进行填充，对洞圈进行封堵。

4)盾构机进、出洞漏水的分析和对策

盾构机在富水性地层中施工时，由于盾构机进、出洞端头地层处理、盾构机进出洞施工，及施工组织等各环节出现问题，均有可能导致发生漏水、漏砂事故。事故发生后，将造成端头水土流失，地面产生过大的沉降甚至塌陷，造成周边建(构)筑物及管线破坏。如事态得不到有效控制，可能导致盾构机出洞时被淹没。

当盾构机出洞一段距离或盾构机进洞后，若洞门密封不好将导致漏水漏砂事故发生，进而造成隧道管片周边局部水土流失，约束管片成环的地层压力不能对称地作用在管片上，导致成型管片径向变形过大，甚至洞口段隧道破坏，盾构机被淹埋。应从以下各个环节检查并分析漏水原因，及时采取针对性措施。

(1)盾构机进、出洞土体加固施工环节

①洞门端头地质勘探不详细、或土工试验不标准,导致据此地层性质编制的地层处理技术方案针对性不强,处理后的端头洞门地层达不到盾构机进、出洞要求的强度、渗透性、均匀性要求。

②施工质量控制与检测

对于地层处理常用高压旋喷法、水泥土搅拌法、冻结法等工法,钻孔的垂直度是重要控制参数。规范要求钻孔垂直度须小于1%以避免相邻桩体在地层中产生“开裤衩”现象,但如果偏差达1.5%,当加固深度达30m时,又假设一根桩向左偏、另一根桩向右偏,就会形成$2\times 30m\times 1.5\%=0.9m$的漏处理开衩区,使得整个加固体不密实。

地层加固体的均匀性是盾构洞门端头处理的重要控制指标。确保搅拌、旋喷的均匀性,不得有断层、断桩,而形成加固死角,以免整个加固区没能起到隔水作用。因此地层加固处理的现场管理中,搅拌杆、旋喷杆的垂直度、供浆泵的压力恒定、泵送的连续性,是控制的重点。

在对加固效果的检测方面,对高压旋喷桩、水泥土搅拌桩,必须现场钻孔取样,并做抗压、抗渗试验,以查验桩体的均匀性。特别是样芯要密封送检,才能保证土工试验参数的真实性。

冷冻加固质量,可以通过测温孔的量测温度来检测。测温孔打在两个冻结孔之间和冻结体外侧,以此测温判断冻结柱是否交圈,并推算冻结体强度。冻结体的加固质量,重要的是控制冻结孔钻孔孔位偏差,避免整个冻结体在冻结孔间距大的位置形成强度薄弱区域,导致冻结体达不到承受地下水土压力的强度要求。

(2)盾构机进、出洞施工环节

①盾构机摆放位置,若相对于洞门偏差过大,将导致盾构机进出洞时破坏洞门密封装置;

②盾构施工环节,由于施工组织不到位,如洞门破除速度太慢,没能合理控制好盾构掘进工期与洞门破除工期的协调;

③超挖刀开挖量的大小不合理,导致盾构机通过加固区的时间太长,没能及时封堵洞圈空隙,或超挖位置不合理,形成漏水通道;

④对降水井的管理不到位,降水过程不连续,地下水位没能降到设定的位置,如无备用发电机导致降水施工暂停等。

(3)应急处理措施环节

盾构机进、出洞漏水、漏砂事故,主要是由于地下水的影响造成的,因此,在应急处理措施方面,主要是采取防、排、截、堵的施工措施,控制地下水位。常见的紧急状态及处理方法如下。

①充分认识地层中水的存在状态,端头地层处理加固质量差、存在漏洞,造成加固体与围护体有渗流通道。处理方法是采用辅助降水措施;

②由于注浆压力破坏了堵漏体;加固体封堵不密实,存在很大漏洞,当凿除洞门混凝土时瞬即发生漏水。因为凿除洞门混凝土,采用的洞门封闭失效,又没有其他防水措施跟上。处理方法是建立应急体系,成立应急组织,配备相应的人员、设备、物资,发生漏水事故时,尽快处理,避免事态扩大。

9.3 盾构隧道稳定平衡案例分析1

右线隧道盾构机水平姿态发生异常,整体向左漂移的现象,采用盾构机向右纠偏施工措施和左线补充双液浆使惰性浆液固化以利于传力，保持左右平衡，姿态控制才达到目标。具体情况如下。

9.3.1 盾构机姿态发生突变段周边情况

盾构穿越地层自下而上分别为⑦$_2$粉质黏土、④$_3$淤泥质粉质黏土夹粉土、③$_6$砂质粉土，盾构开挖断面底部2/3断面为⑦$_2$土层，其余部分为④$_3$土层、③$_6$砂质粉土。

隧道埋深15.8～16m，线路纵坡为由2.5%向0.5%过渡，平面为直线。从205环至223环，左、右隧道净距由5.2m渐变至4.8m。盾构机推进速度、出土量、同步注浆量等施工参数及管片质量均无异常。地面沉降控制良好，单次沉降控制在±3mm/次，累计沉降最大值＜10mm。

9.3.2 盾构机姿态突变情况

盾构机推进从200环至223环间，盾构机水平姿态从－44mm（向左）渐变至－115mm。盾构推进至223环（管理行程420mm），停机4h后开始推进，盾构机水平姿态发生整体左移现象。其中盾头突变67mm，盾中突变55mm，盾尾突变42mm。

盾构推进231环完成且管片拼装完成后，盾构机水平姿态发生整体左移现象。其中盾头突变15mm，盾中突变14mm，盾尾突变13mm。

9.3.3 可能的原因分析

自查情况如下。

（1）测站点、后视点、棱镜经检查未发现破坏、移动情况。

（2）盾构机千斤顶推力左大右小，上大下小，总推力为2 000～2 200t，符合盾构右转、向下调整姿态的要求。

（3）每环出土量为38～39m^3，注浆量为3.5m^3，土压设定值为0.22～0.23MPa，地面沉降良好。

（4）220环、222环管片9点位有局部破损现象，220环与221环间错台8mm，221环与222环间错台7mm，较前段相比，错台量偏大。

针对性原因分析：

（1）根据测量结果可以推断，自动导向测量基本不存在测量错误。测量结果具有参考性。

（2）根据《地铁设计规范》（GB 50157—2003）10.1.10节可知，平行隧道间的净距不宜小于隧道外轮廓直径。现左、右线隧道净距为4.8m，小于隧道外径（6.2m），可能会对右线的推进施工造成盾体漂移的隐患。

（3）左线隧道已推进至528环，左线隧道推进过程中存在土体扰动，土体比较松散，且由于同步注浆浆液为惰性浆液，固结时间比较长，成型管片与土体间不够密实。因此右线推进时盾体左侧侧向土压力小于右侧侧向土压力。从而导致盾构机推进或推进完成后盾体整体漂移的现象。

（4）在220～230环段，在管片两侧3点、9点位置贴泥饼，观察管片位移变化情况，管片右侧的泥饼开裂情况与左侧相比，规律性地呈现隧道向左位移现象。

9.3.4 采取的技术措施

根据以上原因分析，制定了相对应的技术措施，具体如下。

(1)在盾尾后 10 环管片 3 点、9 点位做测量点，继续观察管片位移变化情况。

(2)盾构机推进速度控制在 10～20mm/min。

(3)重新分配千斤顶四个区域的推力值，使得左边大于右边，同时辅以管片选型，使隧道线形与盾构机姿态趋向一致。

9.3.5 注浆

左线补充双液浆使惰性浆液固化以利于传力，保持左右平衡(图 9.3.1)。采用不平衡注浆，增大左侧同步注浆量。

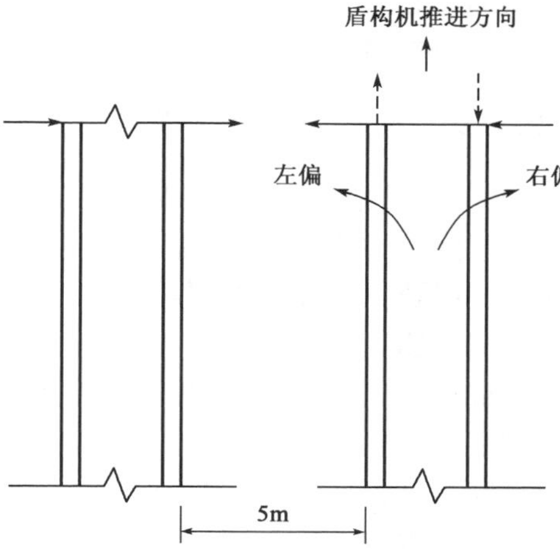

图 9.3.1 注浆控制双线平衡平面示意图

9.4 盾构隧道稳定平衡案例分析 2

9.4.1 开挖面的稳定平衡

如前所述，开挖面的稳定是盾构隧道安全施工中“保头护尾”的关键所在之一，开挖面不稳会造成开挖面坍塌、隆起，危及隧道施工及周围地表环境的安全。保持开挖面稳定，关键在于合理控制盾构机切口面的压力，并与水土压力平衡。理论上来说，切口面上盾构机推力与水土的静止压力完全一致是最好的，当盾构机推力通过刀盘产生的压应力等于静止土压力时，将会对周边产生较小的附加应力。但实际上做到这一点是很难的，由于静止水土压力是一个瞬态值，盾构隧道施工是一个保持动态平衡的过程，因此实际控制盾构机切口面平衡水土压力的值，是一个在环境协调变形允许下的稳定平衡范围值。对土压平衡盾构机和泥水平衡盾构机，其范围分别如下。

土压平衡盾构机主要适用于透水性小及水压力小的黏性土、粉土、粉砂地层，一般考虑水土压力合算：切口面水土合算主动土压力＋20kPa＜切口面盾构机土仓压力＜切口面水土合算被动土压力－20kPa。

泥水平衡盾构机主要用于透水性大或水压高的中粗砂、砾石等地层，一般考虑水土压力分算：切口面土浮重度主动土压力＋切口面静止水压力＋20kPa＜切口面盾构机泥水仓压力＜切口面土浮重度被动土压力＋切口面静止水压力－20kPa。

但实际施工中，由于地层的不均匀性及地下水位波动的影响，多以监控量测值为依据调节施工参数，达到有效控制施工效果的目的。

盾构隧道开挖面压力控制难度较大，主要体现在盾构机进出洞段、浅覆土段、填土砂土等土层不密实地段或地表及周围建筑物环境控制严格的地段等几方面。如某地地铁盾构隧道施工时，穿越土层密实性较差地段，施工中由于开挖面土仓压力控制过小造成坍塌。这主要是由于地层土体损失，土仓压力过小，出土过量所致(图 9.4.1)。因此上述地段施工时必须加以高度重视，严格控制好泥土(泥水)仓的压力。

9.4.2 盾尾密封的稳定平衡

盾尾密封的稳定平衡由多道盾尾刷及充填其间的油脂共同组成，以抵抗盾尾外部的水土压力及同步注浆压力等，通常根据盾尾可能遇到的最大水土压力及每道油脂腔的抗压能力和耐久性来决定盾尾刷及油脂腔的道数，保证密封系统功能正常，能够承受尾部压力，并防止水土从盾尾间隙中渗入隧道。否则，将产生以下几方面后果：一是严重时隧道进泥水，淹没部分盾构设备；二是常期的盾尾渗漏，造成尾刷密封功能破坏，影响盾构机正常施工；三是渗漏造成浆液或土体损失，地层发生空间位移失稳，引起地表过大不均匀变形；四是管片周边土松弛圈扩大，土体坍落拱高度变大，可能超过管片设计承载值。这样只有抵抗住盾尾的水土压力、注浆压力等，"护尾"成功，才能在盾构机壳体保护下进行管片拼装等作业。由于盾构机掘进，盾尾密封必须在盾尾油脂的消耗与补充中建立对尾部水土压力的平衡，否则一旦盾尾密封平衡失效，盾尾的泥水进入隧道内，会严重危及隧道的施工。某大型水底盾构隧道在施工中，即出现了盾尾大量泥水浆液击破盾尾密封进入盾构隧道内、导致盾构隧道停止施工的现象，如图 9.4.2 所示。

图 9.4.1 开挖面压力控制过小引起坍塌

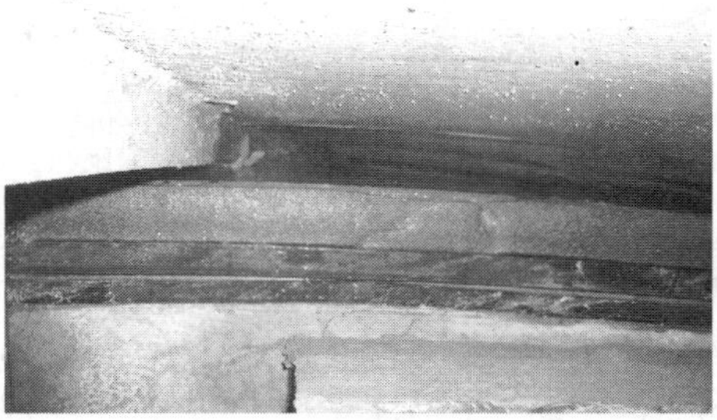

图 9.4.2 盾尾密封失效

分析该隧道盾尾密封失效的原因，主要是盾构姿态控制不好，致使盾尾空隙大小不一，盾构机掘进中盾尾油脂的实际消耗量比预估算的油脂消耗量大，油脂供应不足，油脂抵抗外部泥水及同步注浆压力的能力下降，原有油脂与外部水土压力的稳定平衡关系被破坏，同步注浆的浆液进入油脂腔固结了盾尾刷，导致盾尾刷丧失弹性，进一步降低了盾尾密封的稳定平衡能力，最终导致大量泥水经盾尾密封系统进入盾构隧道内。

为了重新建立盾尾密封系统的稳定平衡状态，该隧道采用盾尾冷冻法工艺(图 9.4.3)，在盾尾形成一道临时封堵泥水压力的冻土环，在冻土环保护下，拆卸管片检查、更换了受损的盾尾刷，增补了一道盾尾刷及新的注脂系统，补充油脂后重新拼装管片。

9.4.3 地表变形控制

盾构机掘进施工中，必然会对周围环境造成影响，关键在于影响程度应在允许范围内。目前国内盾构隧道施工对地表控制的一般标准是：地表下沉不大于 30mm，地表隆起不大于

10mm。实际的控制值较难控制，年代久远的建（构）筑物或管道，难以确定变形允许值。所以，应根据建（构）筑物的重要程度，采取施工措施及其辅助措施，以不影响其正常的使用功能为控制标准，满足隧道施工环境协调性。

从盾构施工对地基变形影响的阶段来看，盾构施工对地基变形影响较大的阶段是第二、第四阶段，即盾构开挖面阶段和盾尾空隙注浆阶段。在地基土第二变形阶段，开挖面的压力在稳定平衡的条件下，必须根据地表隆沉变形情况适时调整泥土（泥水）仓的压力，从而控制第二阶段地基土的变形值。压力过小变形过大，甚至会引发地表坍塌。如广佛地铁位于桂城南桂东路与南海大道交界处工地，盾构施工时路面出现 $10m^2$ 左右地陷，深度平均 1m 左右，最深处近 2m，出现此情况后地表及时回填土石，调整盾构切口面的支护力，重新建立平衡状态，稳定地表变形，如图 9.4.4 所示。而在地基土第四变形阶段，盾尾空隙的存在造成地层损失（但地层损失在盾尾密封功能好的情况下，是由于出土超量所引起的），地基土地应力重分布过程中会造成变形，因此盾构施工必须进行同步注浆，采用适当的浆液填充盾构机通过后地层与隧道衬砌管片间的空隙。注浆量通常为理论空隙量的 120%～180%，因为有部分浆液可能渗透或劈裂进入土体内。对于沉降控制严格的地段，必要时必须通过衬砌管片中预留的二次注浆孔，对土体进行二次注浆。注浆过程中应控制注浆压力，避免压力过大致浆液劈裂地层土体产生冒顶。如某地铁工程二次注浆过程中，浆液压力过大劈裂击穿土体，浆液从地表冒出（图9.4.5）。该情况在水底隧道中严禁发生，否则可能会造成江水涌入隧道的严重后果。

图 9.4.3 盾尾密封失效冷冻法治理

图 9.4.4 地表变形过大引起的坍塌

9.4.4 建（构）筑物变形控制

盾构隧道施工时尤其要注意临近建（构）筑物的变形控制，包括沉降和倾斜。如某地铁盾构隧道施工时，对隧道上部的房屋建筑造成不均匀沉降引起倾斜（图 9.4.6），这就是盾构施工过程中对土层的稳定平衡控制不好造成的隧道施工与周围环境的不协调。

控制盾构隧道施工时临近建（构）筑物的变形，首要是加强对临近建（构）筑物的监控量测，及时反馈监测数据，以便调整盾构施工参数（盾构机切口面压力、盾构机姿态、同步注浆量及压力、二次补注浆量），必要时还得在地表建筑物处采取地表跟踪注浆。对于在设计分析阶段就得出盾构隧道施工对临近建（构）筑物造成较大变形影响的地段，预先应采取土体加固、隔离施工影响或隔断施工影响的措施。

杭州地铁 1 号线 5 号盾构机从杭州市出租车服务管理中心大楼［图 9.4.7a)］及艮山门货场铁路［图 9.4.7b)］下方穿越，管理中心大楼下设置有小方桩，桩底部距离隧道顶部 1～2m，盾构隧道施工时严格控制切口面压力平衡，加强监控量测，最终沉降量未超过 3cm，房屋倾斜量未超过 0.3%，盾构隧道安全通过管理中心大楼。过艮山门货场铁路时，由于穿越动车组通行的沪杭正线，轨顶沉降要求很高，因此预先对隧道顶部的铁路路基采取了注浆加固，并预留跟踪注浆管，根据盾构隧道施工时铁路路基的沉降情况，及时调整盾构施工参数并在路基土体补充注浆液，控制轨顶变形，盾构隧道施工安全顺利的通过该地段。

图 9.4.5 注浆压力过大引起的地表喷浆

图 9.4.6 盾构施工造成房屋倾斜

a)

b)

图 9.4.7 杭州地铁 1 号线 5 号盾构机下穿既有构筑物

a)出租车服务大楼；b)艮山门铁路货场

9.5 盾构隧道稳定平衡案例分析 3

9.5.1 工程概况

杭州市地铁 1 号线 7、8 号盾构机城湖区间为双线单圆盾构区间，隧道设计起止里程为右线：K11＋202.932～K12＋316.763，区间全长为 1 113.831m；左线：K11＋202.932～K12＋316.763，区间全长为 1 113.831m。平面最小半径 R＝450m，剖面最大坡度 2.5%，隧道顶埋深 11.2～17.5m。施工采用两台 ϕ6 340mm 土压平衡盾构机，分别为 7 号、8 号盾构机。

区间线路位于某市中心城区，区间沿城区大道向西穿行，下穿安乐桥、中河高架及涌金立交桥、柴垛桥。道路两侧建(构)筑物密集,地面道路交通繁忙,道路下桩基密布,工程环境复杂,如图 9.5.1 ~ 图 9.5.3 所示。

图 9.5.1 城湖区间地面交通状况

(1)地质情况

本段区间沿线地质构造和地层为河口相冲海积堆积的粉性土及砂性土地区,由于堆积年代及固结条件不同,性质不一,竖向由松散至中密状态变化,厚度一般在 20m 左右;其下为海陆交互相沉积的淤泥质软土及黏性土,地面下深 40～45m 为古钱塘江河床堆积的圆砾层,中密～密实状态,底部基岩埋深一般在地面下 55～63m。

图 9.5.2 隧道线路穿越的涌金立交桥

本段区间盾构机主要穿越的土层为:③$_6$ 层粉砂夹砂质粉土;④$_2$ 层淤泥质粉质黏土;⑤层粉质黏土;⑦$_2$ 粉质黏土层;⑧$_1$ 粉质黏土;⑧$_2$ 含砂粉质黏土。其中,杭州火车站出洞段处于③$_3$、③$_6$ 粉砂夹砂质粉土层中;湖滨站进洞段处于⑦$_2$ 粉质黏土层。

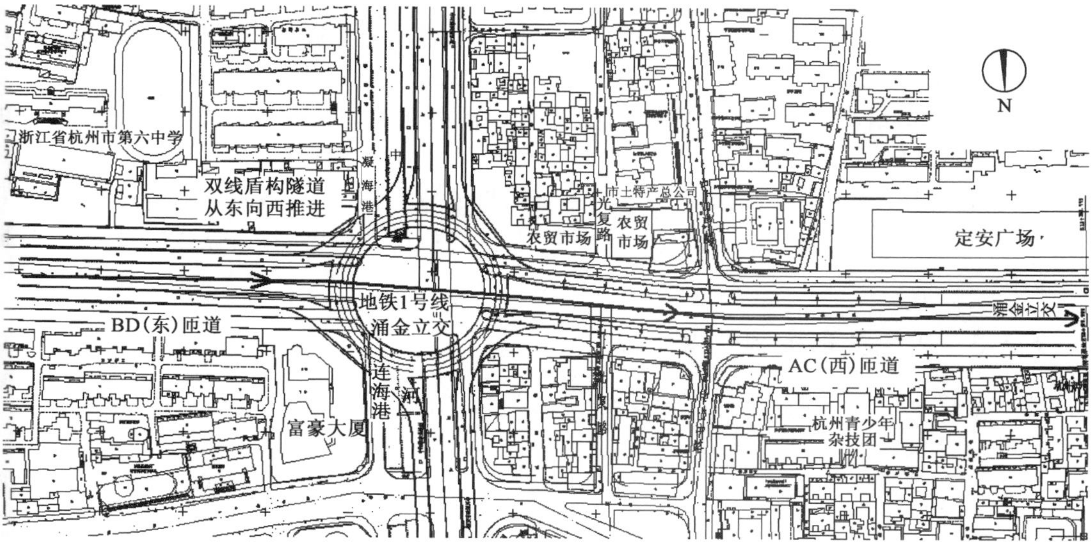

图 9.5.3 城湖区间隧道线路走向及与建(构)筑物关系平面图

(2)水文地质情况

浅层潜水:沿线浅部地下水属潜水类型,主要赋存于上部①层填土及③大层粉土、粉砂中,补给来源主要为大气降水及地表水,并与河塘呈互为补给关系,其静止水位一般在地下0.85~2.4m,并随季节性变化。对混凝土结构无腐蚀性,对钢筋混凝土结构中钢筋在长期浸水作用下无腐蚀性,对钢结构具弱腐蚀性。

承压水:沿线承压含水层主要分布于深部的⑫层细砂、砾砂层中,隔水层为上部的淤泥质土和黏土层(④、⑦、⑧、⑨、⑩、⑪层),承压含水层顶板高程为−28.51~−24.63m。

9.5.2 施工中地面变形控制措施

为有效控制地面变形,减小对周边环境的影响,保护沿线建(构)筑物,根据盾构施工的特点,主要采取了以下几方面的施工措施。

(1)采用信息法施工原理,依据地面变形监测结构,调节土仓压力,控制出土量。

根据土压平衡盾构机的施工原理、盾构施工地层性质,刀盘切削土砂进入土仓后,对其进行塑流性改良,使其均匀填充土仓及螺旋输送机内部,盾构机千斤顶的推力对泥土施压,作用在盾构开挖面,保持开挖面水土压力平衡,从而保持开挖面的稳定。

(2)加强管片注浆施工,严格实施同步注浆及二次补注浆、并保持浆液质量。

软弱地层开挖后形成塌落空间,改变了地层原始状态稳定性和受力状况,通过及时注入与土体相对密度相近、且有一定强度的砂浆,对管片周边土体及时形成有效填充支撑,达到完全充填和固化的要求。浆液固化后对管片起到环箍作用,提高成环管片承载力,控制管片突变,保持结构与土体共同作用的平衡稳定性,有效控制地层变形。

(3)保持盾尾良好的密封性能,避免盾尾渗漏。

盾尾密封是由三道盾尾刷及充填其间的油脂共同组成,以抵抗盾尾外部的水土压力及同步注浆压力等,通常根据盾尾可能遇到的最大水土压力及每道油脂腔的抗压能力来决定盾尾刷及油脂腔的道数。盾尾密封能抵抗住水土压力,防止浆液流失。

此外,合理选取管片,控制盾构机的姿态,保持均匀的盾尾间隙,合理的调节密封油脂的用量,避免砂浆从间隙较大的一侧渗入尾刷固结,从而造成盾尾密封性能的破坏。

(4)及时调节盾构机姿态,使盾构机姿态保持良好状态,避免对周边土体造成过大的扰动。

盾构机推进过程中,以盾构机自动导向系统测得的数据为参照,将盾体前后中心点差值、盾构中心线与隧道中心线的差值控制在较小范围内,尽量使得盾体划过轨迹线与盾构开挖限界重合。

9.5.3 地面变形控制效果比较

选取全线中的5个断面进行比较,7号、8号盾构机在5个断面的地面变形见图9.5.4~图9.5.8与表9.5.1。

从以上两条隧道选取的5个断面的变形情况可以看出,7号盾构机的变形量比8号盾构机大。

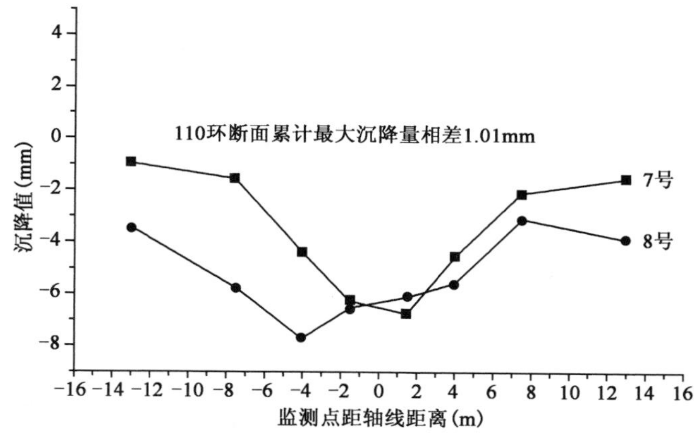

图 9.5.4　7号、8号盾构机 110 环对应地面变形对比情况

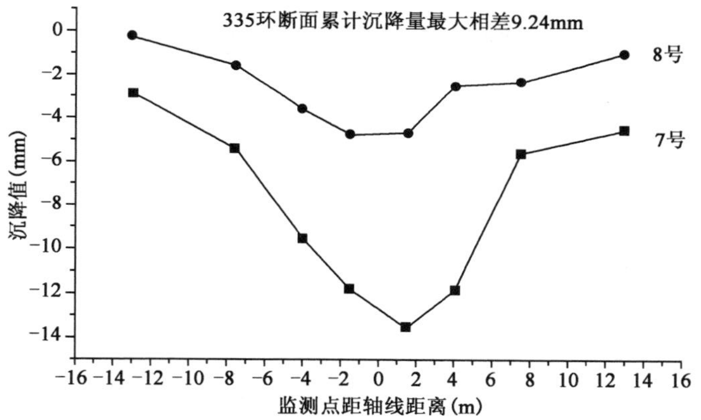

图 9.5.5　7号、8号盾构机 335 环对应地面变形对比情况

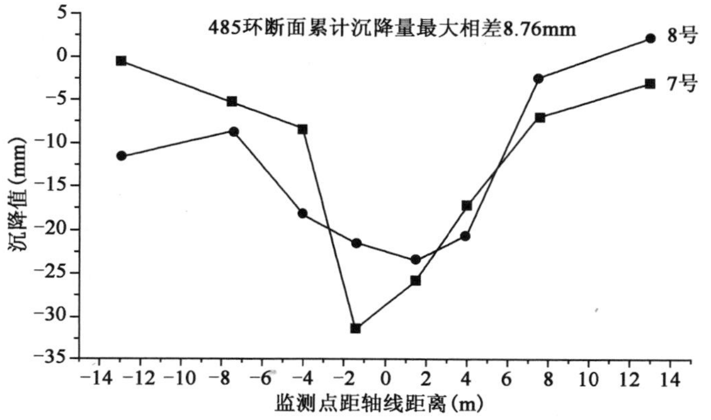

图 9.5.6　7号、8号盾构机 485 环对应地面变形对比情况

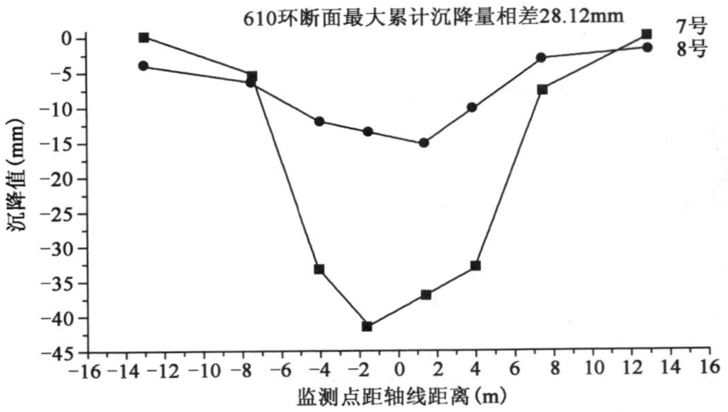

图 9.5.7　7 号、8 号盾构机 610 环对应地面变形对比情况

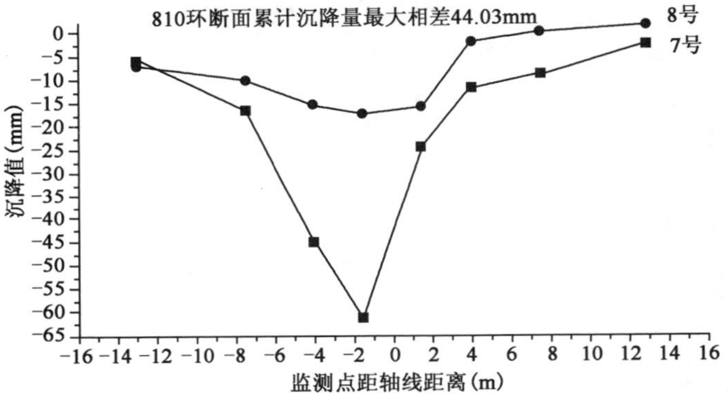

图 9.5.8　7 号、8 号盾构机 810 环对应地面变形对比情况

7 号、8 号盾构机地面最大沉降量对比　　表 9.5.1

环　号	区 间 线 路	最大沉降量(mm)	环　号	区 间 线 路	最大沉降量(mm)
110 环	7 号盾构区间	−7.71	335 环	7 号盾构区间	−13.62
	8 号盾构区间	−6.75		8 号盾构区间	−4.87
485 环	7 号盾构区间	−25.83	610 环	7 号盾构区间	−41.41
	8 号盾构区间	−23.47		8 号盾构区间	−15.2
810 环	7 号盾构区间	−61.27			
	8 号盾构区间	−17.24			

9.5.4　7 号、8 号盾构机施工参数比较

7 号、8 号盾构机施工参数见表 9.5.2。

7号、8号盾构机施工参数　　表9.5.2

序号	项　目		内　容
1	施工参数	7号盾构机	土压力控制0.30～0.35MPa，刀盘扭矩控制为60%～80%，推力为2 600～2 900t，出土量超出理论量较大
		8号盾构机	土压力控制0.22～0.28MPa，加泡沫剂后推进时会有虚压产生，总推力为1 500～2 000kN，刀盘扭矩控制为30%～50%，即1 500～2 500kN·m，出土量与理论出土量相近
2	管片拼装	7号盾构机	依据设计线路特征，采用按排布图管片施工，需不断的进行贴纸纠偏，推进过程中管片破裂、漏水普遍
		8号盾构机	依据盾构机的实际姿态，采用管片选型进行拼装，能较好的控制盾尾间隙，管片拼装质量好
3	注浆填充	7号盾构机	注浆量为6～7m^3，在注浆过程中多次发生漏浆情况，地面沉降量较大，如图9.5.9所示
		8号盾构机	盾构注浆量为2～3m^3，盾尾密封性能好，无漏浆情况；且每隔5环，对管片进行二次补注双液浆(图9.5.10)有效地填充并控制地面沉降

图9.5.9　7号盾构机对应地面变形情况

图9.5.10　8号盾构机进洞与隧道内补注双液浆施工

9.5.5　7号盾构机姿态异常对同步注浆量及盾构机进洞的影响

从图 9.5.11 中可以看出，盾体运行的轨迹线所包络的面积大于盾构机的开挖面积，当盾体前后中心线偏差值达到 150mm 时，造成注浆量大于理论量 0.876m^3；由于盾体中线与盾构开挖面形成较大夹角，导致盾构机推进过程中对土体的扰动较大，对地面变形控制不利；由于盾体与开挖面形成的夹角，盾构机受到的土体摩擦力较大，相应盾构机推力也将增加。特别是在土体的液性指数小于 0.25 的地层中，盾构机推力增大的幅度尤为明显。

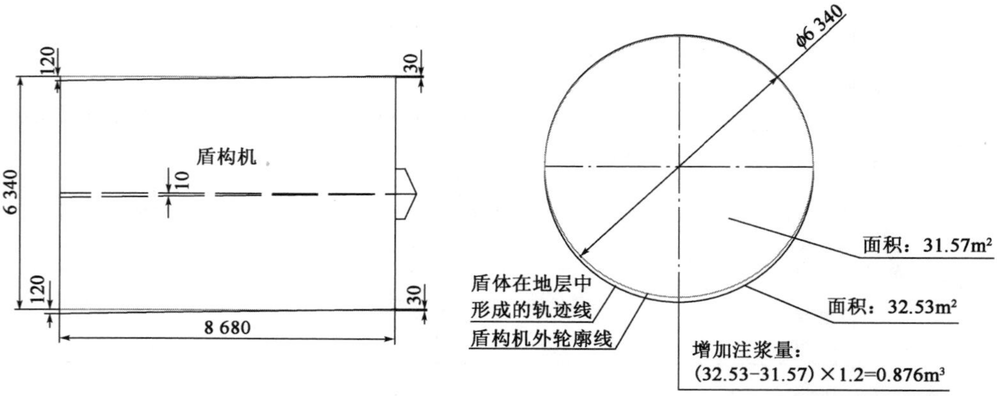

图 9.5.11　7号盾构机姿态与施工参数关系图解(尺寸单位：mm)

某区间盾构工程，盾构机进洞施工过程中，垂直值前后点相差达到 150mm，前点对进洞洞门中心相差较小，盾构机到达进洞加固区后，盾构机推力达到约 3 600t(而 8 号盾构机推力只有 500t)，盾构机无推进速度，当人工破除端头围护结构后，以盾构机的最大推力推进，但盾构机仍不能前进。

由于盾构机姿态不理想，盾构机外围受到有一定强度的加固体约束，导致较大的摩阻力，阻碍盾构机的前进，如图 9.5.12～图 9.5.13 所示。

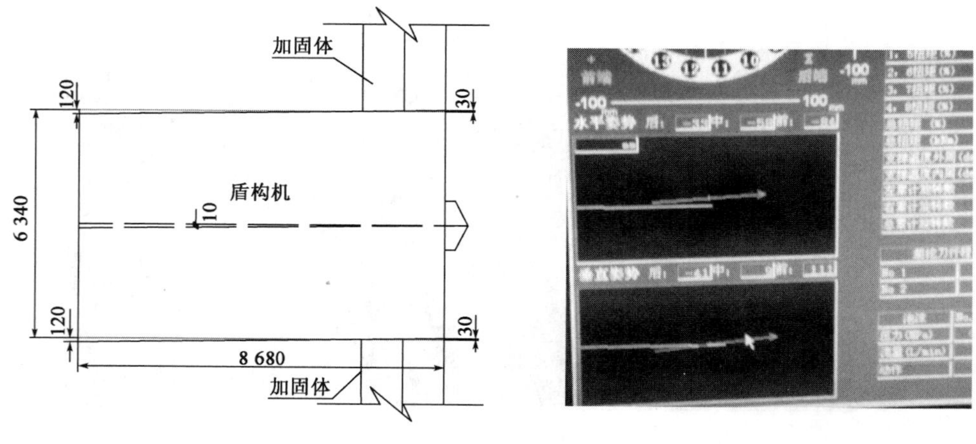

图 9.5.12　7号盾构机在加固体中的姿态图(尺寸单位：mm)

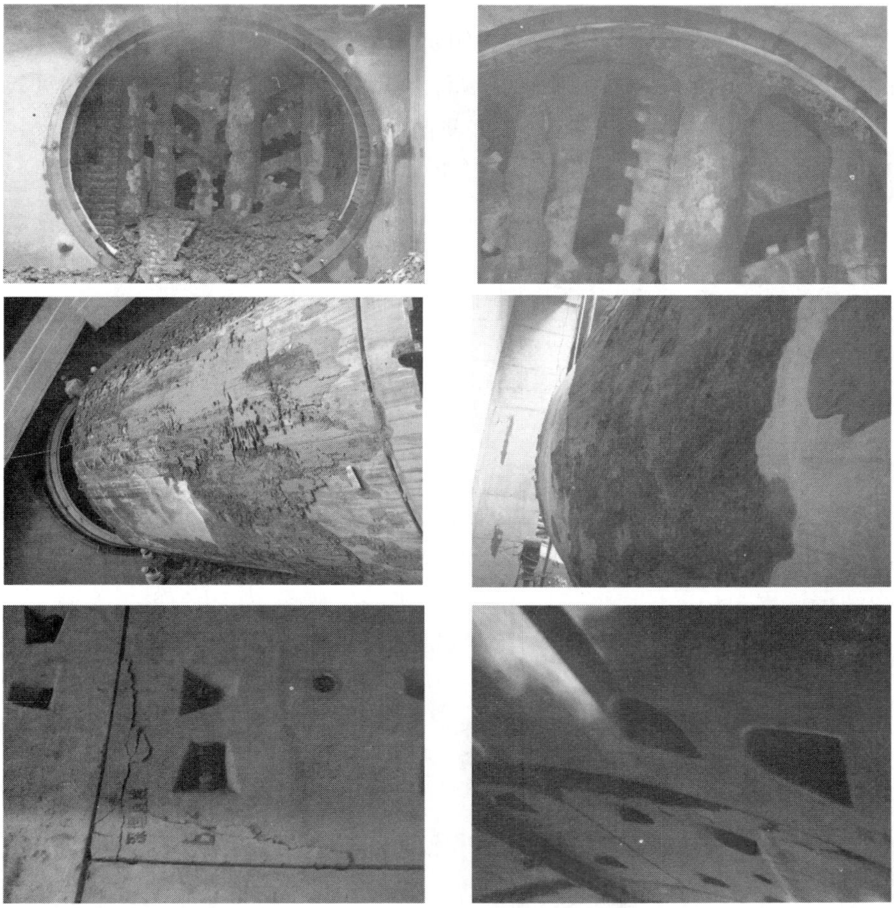

图 9.5.13　7 号盾构机进洞施工图

9.6　盾构隧道稳定平衡案例分析 4

9.6.1　工程概况

某中等埋深土压平衡式盾构机在站间推进过程中，出现盾头带动整体上浮的情况，其行进轴线轨迹如图 9.6.1 所示。盾构机为 ϕ6 340mm 加泥式土压平衡盾构机，盾长 8.0m，盾构顶部埋深为 12m。

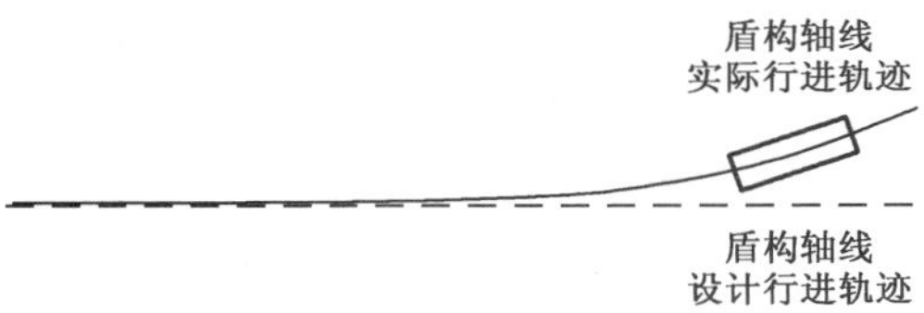

图 9.6.1　盾构行进轨迹偏移示意图

上浮处潜水静止水位一般深 0.90～2.30m，高程 3.86～5.06m，并随季节性变化。潜水主要接受大气降水和侧向径流补给，并以蒸发和侧向径流为主要排泄方式，潜水年水位变幅 1.0～2.0m。盾构机出现上浮时，所经过的地层为③$_{61}$、③$_{7}$ 和⑥$_{1}$，其土层类型、标准贯入试验和静力触探的指标如表 9.6.1 所示。盾构机掘进断面的上半部为相对较硬的③$_{61}$、③$_{7}$，下半部为相对较软的⑥$_{1}$、③$_{7}$ 砂质粉土夹淤泥质粉质黏土，具有干强度低、韧性低等特性，⑥$_{2}$ 淤泥质黏土为饱和、流塑状，具有高灵敏度、高压缩性、低强度、弱透水性的特性，易产生蠕变和触变现象。

盾构开挖面经过土层参数　　表 9.6.1

土　　层	标准贯入(次)	静力触探		水平机床系数(MPa/m)
		锥尖阻力(kPa)	侧摩阻力(kPa)	
③$_{61}$砂质粉土夹粉砂	14	6 500	80	26
③$_{7}$砂质粉土、淤泥质粉质黏土	4	1 600	25	9
⑥$_{1}$淤泥质粉质黏土	2	900	18.0	7.5

在每次纠偏过程中均出现成型隧道管片大小不一的碎裂，如图 9.6.2 所示。从现场碎裂的情况来看，主要集中在管片内弧面的后部，特别是隧道上半部与后一环封顶块相接部位(L_1 或 L_2)；部分碎裂出现在隧道腰部纵缝之间。

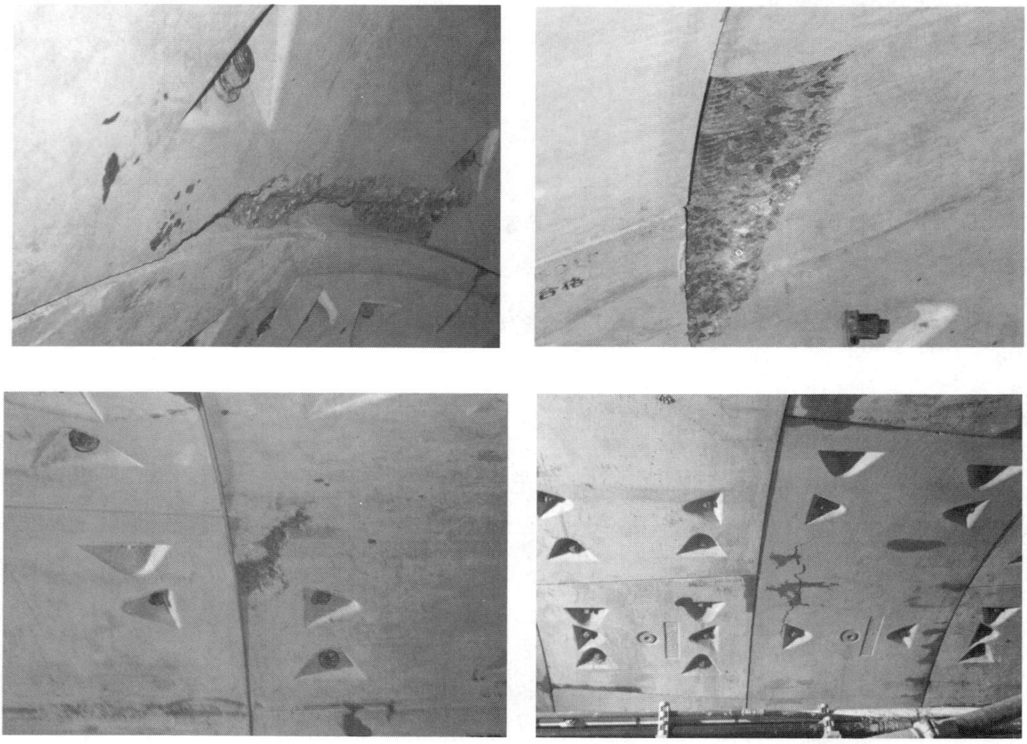

图 9.6.2　管片碎裂情况

9.6.2 机位状态及力学平衡分析

千斤顶的推力简化为盾头顶部的 F_1 和底部的 F_2；$F_{土1}$ 和 $F_{土2}$ 为开挖面土体反力；F_3 为机体对机头的弹性约束力，当机头上浮时阻止上浮，当机头下压时阻止下压。另外盾构机还同时受到周围土体浮力的影响，盾构质量 $W_{盾}=280\text{t}$，同体积土体质量 $W_{土}=430\text{t}$，因此盾构机受到的浮力 W 为 150t。F_4 为地层上硬下软会延时填充上部空隙而不产生阻止上浮的阻力，$F_4\approx 0$；F_5 为地层上硬下软及时填充下部空隙而产生的向上推力。

机位上浮稳定平衡状态条件有：

$$F_1+F_2=F_{土1}+F_{土2} \tag{9.6.1}$$

（容易满足）

$$F_3+F_4+F_5+W_{盾}=0 \tag{9.6.2}$$

另外盾构还同时受到周围土体浮力的影响，盾构质量 $W_{后}=435.5\text{t}$，同体积土体质量 $W_{土}=577\text{t}$，因此盾构受到的浮力为 141.5t。

（因不利变形空间和浮力 $W_{盾}-W_{土}=-141.5\text{t}$，只有同步增加 F_4 才能满足）

$$F_1D_1-F_{土1}D_1+F_3D_2-F_2D_1-F_2D_2+F_{土2}D_2=0 \tag{9.6.3}$$

（增加 F_1 或减少 F_2 才能满足）

开挖面土体均匀的情况下 $F_1=F_2$，盾头受到土体反力 $F_{土1}=F_{土2}$，盾构机可以平稳地沿设计轨迹前进。但当开挖面遇到如图 9.6.3 所示上硬下软的瞬间，如仍然以 $F_1=F_2$ 的状态推进，则盾头不再处于稳定平衡状态。假设开挖面土体在受到 $F_1=F_2$ 的瞬间，在开挖面上部和下部产生相等的微小位移 δ，土体反力 $F_{土}=\delta\times K_x$（水平机床系数）。因上部土层硬下部土层软，亦即基床系数较大，故上部土体反力大于下部 $F_{土1}>F_{土2}$（土压盾构机头压力不同），致使在设计前进轨迹上的合力矩不平衡（图 9.6.3），渐渐形成下部超挖、上部欠挖的情况。

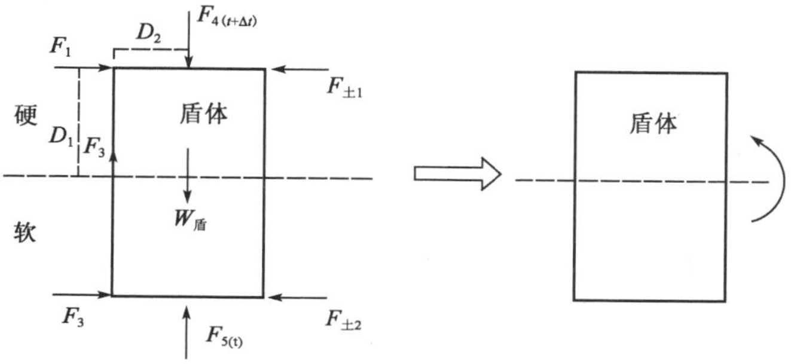

图 9.6.3 盾构机位状态力学分析示意图

9.6.3 调整方案

理论调整方案：第一步，利用式（9.6.2）给盾构机壳体同步注密度大于上硬土层重度的硬性浆液，消除 $F_{4(t+\Delta t)}$ 中时差 $\Delta t\to 0$，基本控制盾构壳体位置；第二步，同时利用式（9.6.3）增加 F_1 或减少 F_2 调整盾构机壳体位置逐渐到盾构轴线设计行进轨迹。

实际调整方案：开始采用改变管片结构和增加千斤顶推力 F_1，或加注惰性浆液，由于浆液稀而形成不了压力 F_4，阻止机头上浮效果不明显，还会产生上部管片破损，并使管片结构变形，只好采用注双液浆固定，改善管片结构受力状态。

(1)按式(9.6.2)稳定平衡，在机位盾壳上部同步注密度大于2的浆液，保证F_4下压力，使得方程(9.6.2)稳定平衡，确保机位按设计轨迹行进；但注浆机功能问题不能满足要求。

(2)按式(9.6.3)稳定平衡，可以用增大F_1、减小F_2来实现盾构机的力矩平衡，同时实现增大开挖面上半部的开挖量、减小下半部的开挖量。如果$F_2/F_1 \approx 1$，则情况类似初始状态，盾构头部继续上抬。如果$F_2/F_1 \approx 0$，头部向下调整过快则出现图9.6.4方案1中的情况，管片上部受到强烈挤压破碎。所以需要根据开挖面的土层分布情况和土层水平基床系数计算得到F_2/F_1值。③和⑥$_1$层所占开挖面面积相等时，$F_2/F_1=0.3 \sim 0.83$，F_2/F_1值位于0.3～0.83即可以使盾构机较平稳地调整到设计埋深(图9.6.4方案2)。

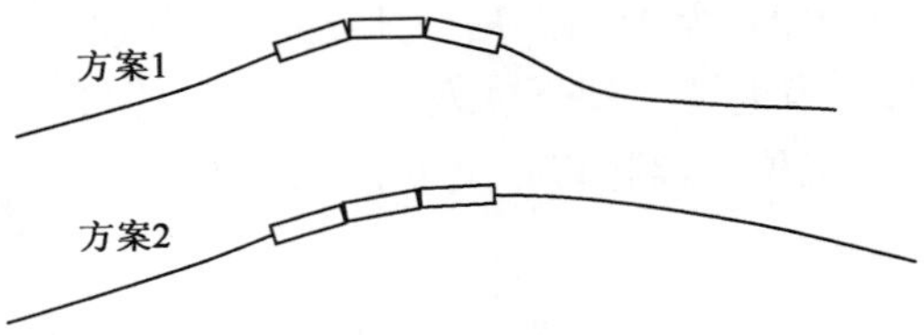

图9.6.4　盾构机行进轨迹调整示意图

9.7　盾构隧道稳定平衡案例分析5

本文介绍杭州庆春路过江隧道盾构机下穿钱塘江防洪堤防时，运用稳定平衡综合技术的案例。

9.7.1　工程概况

(1)工程位置

杭州庆春路过江隧道工程采用两台盾构机施工，两台盾构机均从江南盾构工作井始发，向北掘进穿过钱塘江后，到达北岸盾构工作井拆卸吊出。管片外径11.3m，管片内径10.3m，管片厚度50cm，环宽2.0m。盾构隧道在里程K4＋200处两次穿越江南钱塘江防洪堤，里程K2＋150处两次穿越江北钱塘江防洪堤。盾构隧道与防洪堤平面关系基本呈90°角正交。江南段盾构隧道顶部距钱塘江防洪堤基底15.2m，江北段盾构隧道顶部距钱塘江防洪堤基底15.3m。

(2)工程地质概况

盾构在穿越钱江南北防洪堤范围主要为④层淤泥质黏土层、⑤$_1$粉质黏土层、⑤$_2$粉质黏土层、⑥层黏土层。

(3)钱塘江防洪堤结构概况

庆春路过江隧道穿越北岸临江城市防洪堤为杭州市市区防洪确保线。杭州市城市防洪堤工程建成于1998年，堤顶高程为11m(含挡浪墙顶)，按500年一遇标准设计，堤角按100年一遇标准设计，堤塘结构是在原围堤基础上改建为重力式混凝土挡墙，如图9.7.1所示。

隧道南岸防洪堤为钱江确保线海塘，是杭州市滨江区及萧绍平原的防洪屏障，按50年一遇标准设计，但目前堤顶高程已超过设计标准。标准堤塘建设于2002年竣工，堤塘结构为带有平台的复合式斜坡，堤顶铺有沥青路面，宽7m，外侧设有挡浪墙，挡浪墙顶高程为11.17m，外坡侧改建为带有2m宽平台的复合式混凝土灌砌块石护坡，堤脚设有钢筋混凝土护坦及小沉井防冲刷保护，详见图9.7.2。

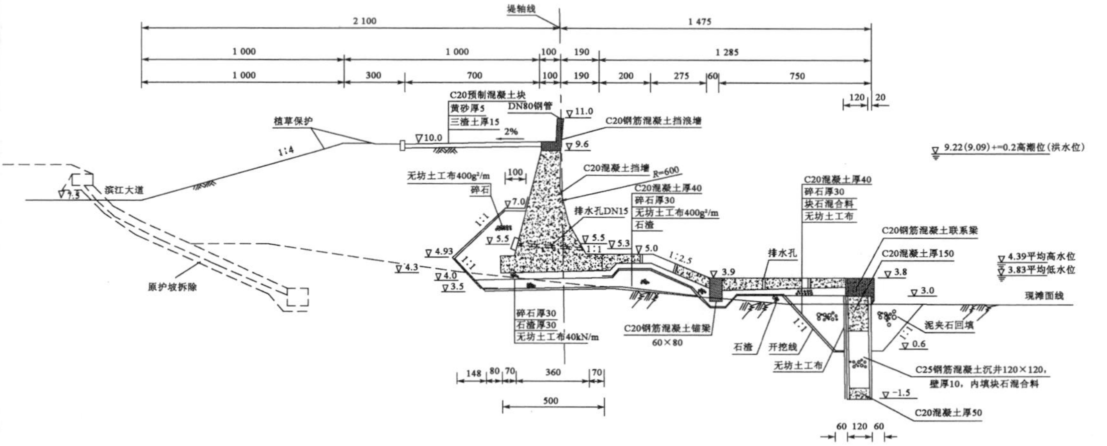

图 9.7.1 庆春路越江隧道附近钱塘江北岸海塘断面结构图(尺寸单位：cm，高程单位：m)

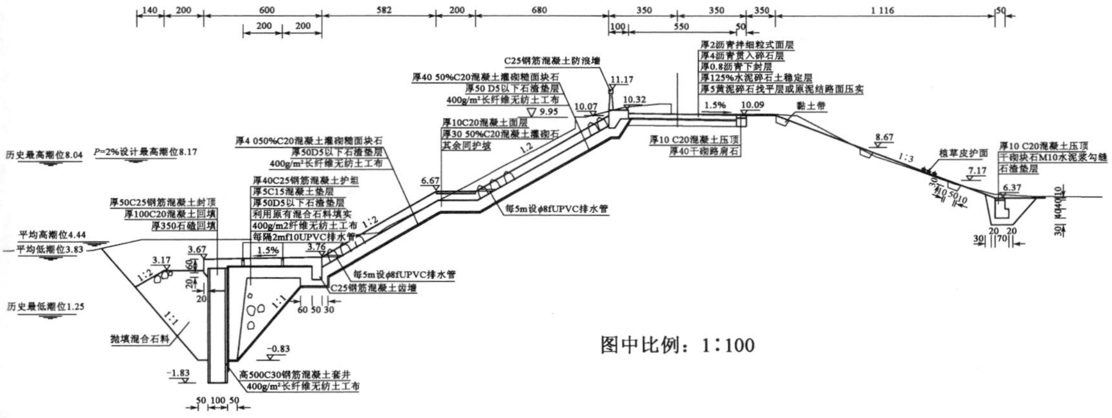

图 9.7.2 庆春路越江隧道附近钱塘江南岸海塘断面结构图(尺寸单位：cm，高程单位：m)

9.7.2 盾构施工对钱塘江防洪堤的影响分析

影响分析通常采用有限元分析及经验公式分析，本次采用经验公式分析。根据防洪评价报告提出的堤塘监控指标为：北岸不均匀沉降斜率控制值为 0.1%，最大沉降量控制值为 2cm；南岸不均匀沉降斜率控制值为 0.2%，最大沉降量控制值为 3cm。

(1)水平影响范围

采用经验公式对盾构隧道施工影响范围及地表沉降分布规律进行预测，进而确定对钱塘江防洪堤的影响范围。

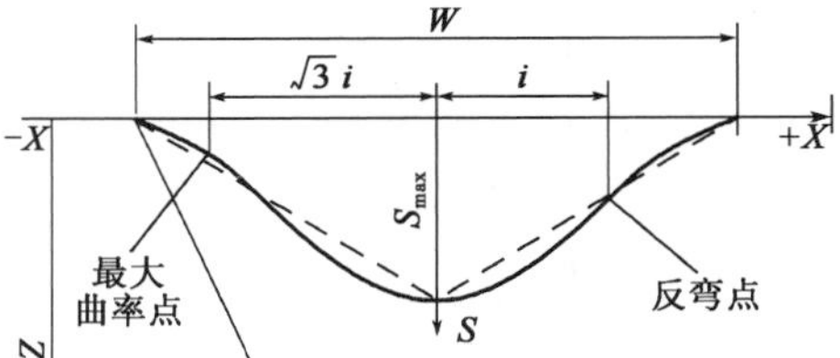

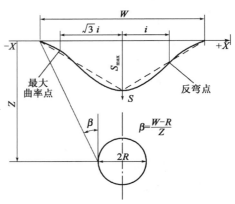

图 9.7.3 Peck 沉降曲线图

目前，工程实践中实用的经验公式是 Peck 公式(Peck，1969 年)和一系列修正的 Peck 公式。Peck

假定施工引起的地面沉降是在不排水的情况下发生的，所以沉降槽体积等于地层损失的体积。地层损失在隧道长度上是均匀分布的。地面沉降的横向分布类似正态分布曲线，如图 9.7.3 所示。

$$\text{Peck 公式为：}S(x)=S_{\max}\exp\left(-\frac{x^2}{2\cdot i^2}\right) \tag{9.7.1}$$

式中：$S(x)$——距离隧道中线 x 处的地面沉陷量；

x——距离隧道中线的距离；

$S_{\max}$——隧道中线的最大地面沉降量；

i——沉陷槽的宽度系数。

最大沉降量采用式(9.7.2)估算：

$$S_{\max}=\frac{V_s}{\sqrt{2\pi}\cdot i}\approx\frac{V_s}{2.5\cdot i} \tag{9.7.2}$$

式中：V_s——沉陷槽容积(等于盾构施工引起的地层损失)；

i——沉陷槽的宽度系数，即沉陷曲线反弯点的横坐标，i 可由公式或查 Peck 图表得到。

$$i=\frac{z}{\sqrt{2\pi}\cdot\tan\left(45-\frac{\varphi}{2}\right)} \tag{9.7.3}$$

式中：z——隧道埋深；

φ——隧道覆土有效内摩擦角。

根据经验，地面横向沉陷槽宽度 $W/2\approx2.5i$。

根据 Peck 公式估算得：地表沉陷槽宽度最大为 25.0～38.0m，从两侧向中间均匀沉降。

(2)垂直方向沉降影响

地表沉降是一个长时间的蠕变过程，而非瞬时发生的，一般来说在黏性土地层，地表沉降稳定的时间需要 2 个月。针对盾构机对地层的影响没有通用的计算公式，但在多年的盾构施工过程中，以国内的冲积、洪积地基为对象，总结出覆土厚度(H)/盾构直径(D)与地面中央沉降量的关系(图 9.7.4)。通过对多个盾构施工工程、多个观测点的观测，分不同的地基类型，不同的盾构机型归纳得出黏性土和砂性土的一般趋势。从图 9.7.4 中可以看出，当 H/D 小于 1.0 时，沉降量较大，而当 H/D 变大时，地表沉降变小，曲线也趋于平缓。

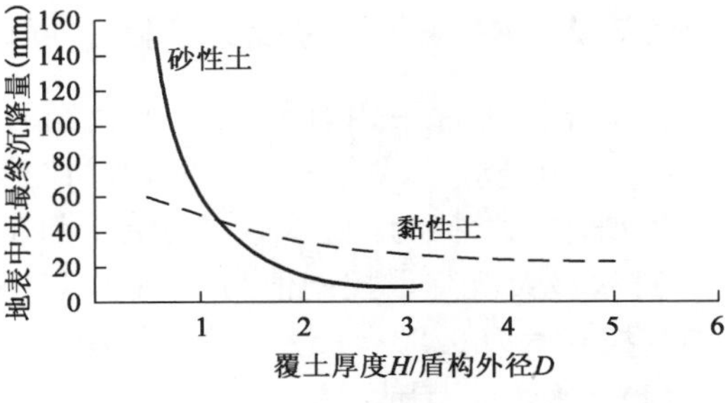

图 9.7.4 H/D 与地表中央最终沉降关系图

盾构机下穿两岸防洪堤所处地层均为黏性土，受 H/D 值影响较大。本工程采用的盾构机直径 D 为 11.68m，江南段 H 为 15.2m，江北段 H 为 15.3m，H/D 均为 1.3；由于东西线相距 60m，在正常施工情况下两次穿越相互影响较小。

9.7.3 盾构下穿钱塘江防洪堤施工

1)参数采集及沉降监测

(1)在施工前对防洪堤情况进行详细调查,确定其施工影响范围内的结构沉降、开裂情况,并与下穿过程中的沉降量进行比较,指导施工。

(2)试推进段

在下穿防洪堤前50m设立试验推进区,设置相应深度的土体垂直及水平位移监测点、地下水位及水压监测点,自始至终监测深层监测点的变化状况,主要摸索施工工艺中不同施工参数对盾构顶端上部的深度范围内地层的扰动影响,摸索不同盾构推进速度和泥水压力及盾构注浆工艺(同步注浆、二次注浆)对地层的影响。精确测定地层的变形与盾构机泥水压力设定值、盾构掘进速度的实际值,并采用数理统计的原理,找出上述参数之间的关联。通过模拟推进,测得采集盾构下穿防洪堤前的最优施工参数,指导施工。

(3)加强监控量测

监测范围为隧道中心线两侧各50m范围,沉降监测点沿堤线方向设5排(每5m设1个监测点);在防浪墙顶设1排水平位移监测点,组成监测网。在下穿防洪堤过程中连续监测并及时优化调整各类施工参数。

监测频率:第一月,2次/d;以后逐步减少到1～7d检测1次;出现异常情况加密监测频率。

监测时间为3个月。

(4)沉降控制

地面沉降控制主要包括盾构前方沉降、盾构通过时沉降和固结沉降控制。盾构切口前方的沉降,主要由切口泥水压力和推进速度控制;为使切口泥水能更好地支护正面土体,施工时严格控制泥水指标等施工参数。盾构通过时的沉降主要由同步注浆控制,固结沉降主要由同步注浆和壁后二次注浆进行控制。

在盾构实际推进过程中,根据地面沉降情况,适时对压浆量、压浆部位和注浆压力等施工参数进行调整。在施工中,必要时进行补注浆,有效控制后期沉降,进行信息化动态施工管理。

根据地面荷载的情况,及时重新计算泥水平衡设定值,并根据地面隆陷值加以调整,使盾构快速均匀推进,尽量缩短穿越时间,防止超挖和欠挖,以减少对土体的扰动,最大限度减少地层损失,将沉降控制在最小范围内,满足沉降要求。

2)施工保障措施

(1)加快推进速度,快速通过钱塘江防洪大堤段。

(2)控制好泥水仓压力、调整泥浆黏度和密度,避免掌子面失稳,加强泥水循环系统控制和泥浆管理,适当减少出渣量。

(3)保证同步注浆系统工作正常,适当加大注浆量。

(4)做好地表注浆准备工作,当大堤沉降超过其允许值,立即进行地表注浆。

(5)盾构机通过后根据地面沉降情况,选择是否进行管片壁后二次注浆,确保防洪大堤不会发生二次沉降。

(6)盾构穿越大堤施工时避开汛期穿越。

3)备选辅助及应急施工措施

(1)防洪堤地基加固

施工过程中,在地面做好地基加固注浆的准备工作,根据沉降情况适时施作地面动态跟踪注浆,直至稳定状态。注浆量视实际情况而定,以确保沉降量控制在规定范围之内。

(2)在盾构施工中如果出现沉降较大引起防洪大堤出现裂纹,应第一时间通知防洪大堤管理部门,启动应急预案措施:在裂纹处堤身灌注水泥浆;对破损的混凝土结构进行修复;对堤塘外坡抛填钢筋石笼。

施工情况:杭州庆春路隧道已于2010年12月顺利试通车,盾构穿越大堤的沉降值在防洪评价报告规定的限制内。

9.8 盾构隧道平衡稳定案例分析6

9.8.1 概述

根据地下轨道交通的设计要求,需要在相邻的隧道之间设置联络通道来确保防灾救援及排水要求。目前常用的隧道联络通道的施工方法有:冷冻法加固,洞内开挖;地面加固,洞内开挖;顶管法施工等。冷冻法加固,洞内开挖的施工方法因具有冻土帷幕止水性好、强度较高、对周围环境无污染的优点,得到广泛的应用,如上海地铁联络通道、广州地铁联络通道和南京地铁联络通道的施工等。但冷冻法的施工成本很高,一座联络通道的造价在280万元～350万元之间。且冻结法不能达到永久改良土体的目的;冻融引起的后期沉降较大,持续时间较长。一旦冷冻法失效,后果严重,如上海地铁4号线因管理失误致使冻结失效最后引起流沙的严重事故。

红普路站—九堡站区间的联络通道所在位置处隧道埋深较浅,路面情况具备进行加固及降临水的条件,且与冷冻法施工相比,采用地面加固能节省资金,对土体的加固持久;另外采用地层加固施工在时间方面不影响盾构隧道的施工。考虑到已有的搅拌桩土体永久性加固施工的成功案例,且相对单轴与双轴搅拌,三轴搅拌更有效率,于是决定对该联络通道采用三轴搅拌桩联合降水施工方法来保证土体的稳定。本文介绍了该工法的可行性,具体施工方案以及实施效果,可以为类似工程提供重要参考。

9.8.2 工程概况

杭州地铁1号线红普路站—九堡站区间(桩号K25＋982.83～K27＋066.78),右线全长1 085.26m,左线全长1 044.55m,基本呈东西走向,为地下双线单圆盾构隧道,隧道外径6.2m,设计使用年限100年。为防灾救援及排水的要求,需要在站间桩号K26＋500.00处设置联络通道1个,具体位置见图9.8.1。通道处轴线间距12.064m,结构覆土厚度8.5～9m,最深处距地表13.7m。

(1)地质概况

根据钻孔揭露的地层结构、岩性特征、埋藏条件及物理力学性质,结合静力触探曲线和红

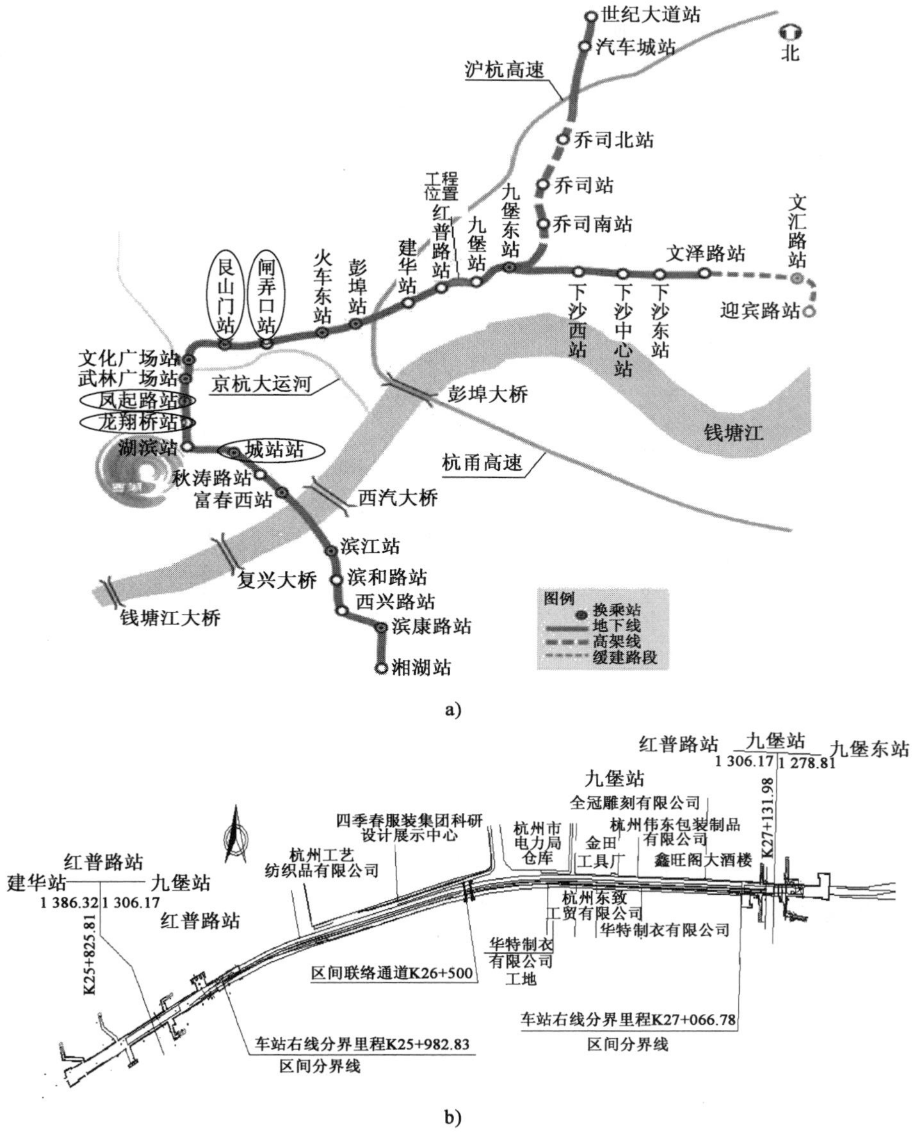

图 9.8.1 联络通道位置

普路站、九堡站详勘地质资料，本工程第四系地层厚度为 55m 左右，勘探深度内主要为第四系冲海相、海相及河流相沉积物。

联络通道周围土质为砂质粉土，含水率高，处理不当容易产生流沙等不良地质灾害。如图 9.8.2 所示，联络通道自上而下所处土层为：砂质粉土夹粉砂，全场分布，层厚为 1.90～8.10m；砂质粉土，全场分布，层厚 0.70～3.40m；粉砂夹砂质粉土，全场分布，层厚 1.4～11.0m；淤泥质粉质黏土，全场分布，层厚 2.90～9.80m。

(2)联络通道设计概况

联络通道采用新奥法施工，采用复合式衬砌结构，初期支护与二次衬砌之间设置防水层，

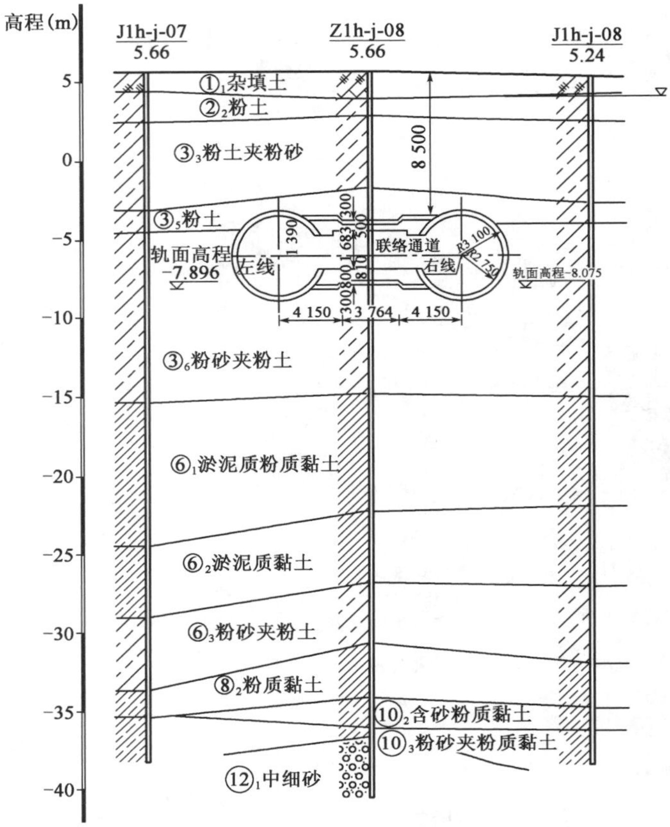

图 9.8.2 联络通道加固区地质剖面图(尺寸单位:mm,高程单位:m)

其工程结构由两个与隧道相交的喇叭口、通道等组成,联络通道加固区各土层物理力学指标如表 9.8.1 所示,具体结构如图 9.8.3 所示。

联络通道的设计参数如下:

初期支护:格栅拱+钢筋网+喷射混凝土(厚度 300mm)。

二次衬砌:C30 模筑防水混凝土(厚度 450mm)。

为保证施工期间土体的稳定,需事先对通道周围土体进行地层加固和降水。

联络通道加固区各土层物理力学指标 表 9.8.1

层号	岩土名称	含水率	天然重度	土粒相对密度	孔隙比	三轴 UU		三轴 CU				固结快剪(峰值)	
						黏聚力	内摩擦角	黏聚力	内摩擦角	黏聚力	内摩擦角	黏聚力	内摩擦角
		W	γ	G_5	l	c	φ	c	φ	c'	φ'	c	φ
		%	kN/m	—	—	kPa	°	kPa	°	kPa	°	kPa	°
①1	杂填土		17.0										
①2	素填土		17.5									5.0	20.0
③2	砂质粉土	29.2	18.80	2.70	0.819			25.0	26.2	18.0	27.5	5.0	27.5

续上表

层号	岩土名称	含水率	天然重度	土粒相对密度	孔隙比	三轴 UU		三轴 CU				固结快剪(峰值)	
						黏聚力	内摩擦角	黏聚力	内摩擦角	黏聚力	内摩擦角	黏聚力	内摩擦角
		W	γ	G_5	l	c	φ	c	φ	c'	φ'	c	φ
		%	kN/m	—	—	kPa	°	kPa	°	kPa	°	kPa	°
③$_3$	砂质粉土	28.0	18.91	2.70	0.792			29.0	29.5	14.0	30.0	4.0	30.0
③$_5$	砂质粉土	25.7	19.11	2.69	0.741			26.0	28.0	16.0	28.5	4.8	28.0
③$_6$	粉砂夹砂质粉土	25.8	19.11	2.69	0.735			33.0	29.8	14.0	30.5	4.0	30.5
③$_7$	淤泥质粉质黏夹粉土	34.5	17.99	2.71	0.985	28.0	1.7	17.0	19.5	13.5	28.0	17.5	12.0
③$_8$	砂质粉土夹粉砂	27.0	18.72	2.70	0.796			29.0	28.5	15.0	30.0	5.0	29.9
④$_5$	淤泥质粉质黏土	41.7	17.44	2.73	1.186	27.0	0.5	15.0	17.8	2.5	27.2	17.0	9.5
⑥$_1$	淤泥质粉质黏土	40.4	17.43	2.73	1.160	29	0.7	17.0	17.9	2.5	27.8	18.0	10.0
⑥$_2$	淤泥质粉质黏土	43.4	17.12	2.74	1.246	28	0.6	17.0	18.0	4.0	28.3	19.0	10.5
⑥$_3$	粉砂夹砂质粉土	25.2	18.75	2.69	0.768			26.0	26.0	15.0	28.0	5.0	28.5
⑦$_2$	粉质黏土	34.9	18.53	2.74	0.957	60	0.5	28.0	22.0	20.0	31.0	36.0	13.9
⑧$_1$	淤泥质黏土	34.9	18.24	2.72	0.930	33	0.5	15.0	17.5	9.0	27.5	20.0	11.0
⑧$_2$	黏土	29.5	18.79	2.72	0.843	46	0.4	23.0	20.0	10.0	28.5	20.0	13.5
⑩$_2$	粉质黏土	25.7	19.1	2.7	0.7							17.5	16.0
⑩$_3$	粉砂夹砂质粉土	25.1	19.0	2.7	0.8							14.5	26.5
⑪$_1$	圆砾			2.66									

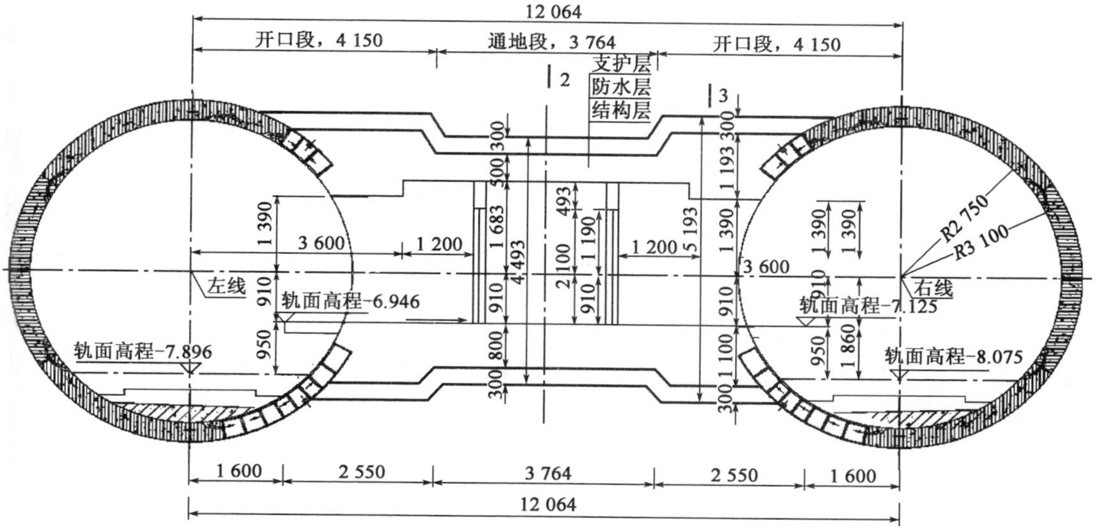

图 9.8.3 联络通道断面图(尺寸单位:mm,高程单位:m)

9.8.3 三轴搅拌桩联合降水的施工

根据联络通道的设计方案，先行在地面对土体利用三轴搅拌桩进行加固，根据施工深度布置降水，为联络通道的施工创造有利条件，然后在隧道内以暗挖方式为主体，以“新奥法”施工理论为指导，运用短段掘衬技术，按工程结构特点分区分层分工序施工建造联络通道。

(1)三轴搅拌桩加固施工方案

为确保施工过程中开挖土体有一定的自承力和自承时间，为新奥法开挖方案的实现创造前提条件，同时也可以减少降水产生的沉降对已建成的盾构隧道和周围建筑的影响。

杭州地铁1号线8号盾构隧道联络通道加固选择采用三轴搅拌工法加固，根据联络通道上方和周边土体的荷载情况，将联络通道设计位置周边土体分为三个区进行加固。加固区的平面图和立面图分别如图9.8.4和图9.8.5所示，Ⅰ区(弱加固区)水泥掺量10%；Ⅱ区(强加固区)水泥掺量20%，无侧限抗压强度 q_u 为1.2～1.5MPa；Ⅲ区(强加固区)水泥掺量20%，无侧限抗压强度 q_u 为1.2～1.5MPa，且保证桩底进入⑥$_1$ 隔水层3.5m(图纸要求)；桩径 ϕ850mm，搭接250mm。这样设计既可以满足施工需要，又可以进一步节省造价。

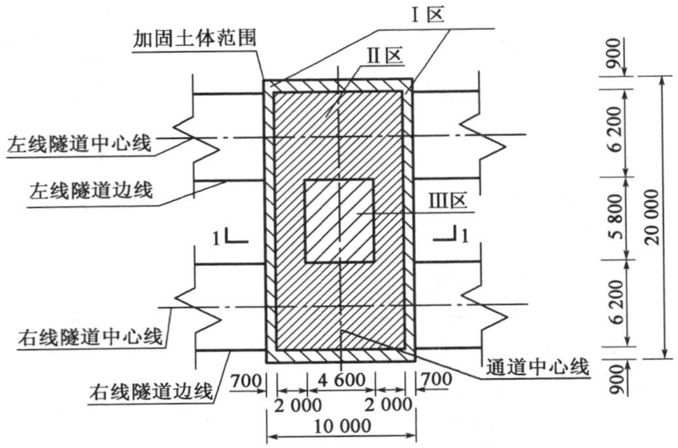

图9.8.4 联络通道加固平面图

(尺寸单位:mm)

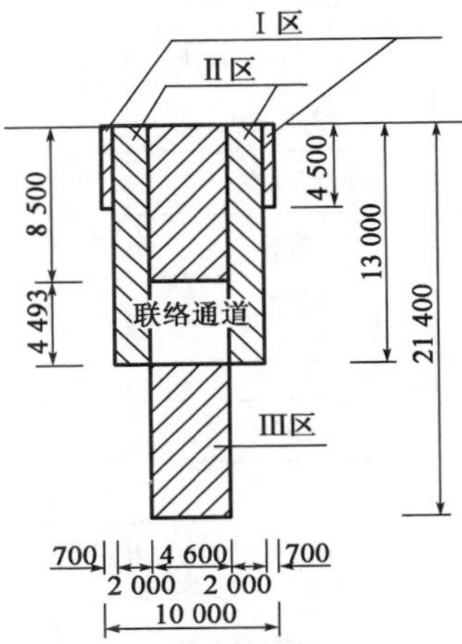

图9.8.5 联络通道加固1-1剖面图

(尺寸单位:mm)

为确保Ⅲ区形成隔水帷幕，需使桩与桩之间形成有效搭接，因此应尽可能在Ⅲ区采用套打一孔法施工，由于工艺原因不能套打的部位由一排变成三排施工以确保桩体的隔渗功能。

(2)施工技术参数

影响搅拌桩强度及抗渗性能的主要因素有：地基土层性质、水泥用量、搅拌水泥土的均匀性、施工深度等。对于特定土层条件，主要是控制好水泥用量及水灰比，确保一定的泵送压力，合理选择下沉与提升速度，使得形成的桩体满足设计所规定的强度和抗渗要求，从而保证加固后土体的稳定性。施工中须加强下述各主要施工参数的控制：

水泥掺入比：Ⅰ区(弱加固区)为10%；Ⅱ区及Ⅲ区(强加固区)为20%。

注浆流量：150～250L/min/每台。钻杆在下沉和提升时均需注入水泥浆液。

浆液配合比：水:水泥=1.5～2.0。水泥采用强度等级32.5的普通硅酸盐水泥。

泵送压力：1.5～2.5MPa。

速度控制：下沉 1.0m/min；提升 1.5～2m/min。钻杆下沉与提升速度必须满足搅拌桩水泥浆设计注入量的必需时间。在钻杆下沉与提升过程中，按照技术交底要求均匀、连续的注入拌制好的水泥浆液，钻杆提升完毕时，设计水泥浆液全部注完，搅拌桩施工结束。

桩长：Ⅰ区(弱加固区)为 4.5m；Ⅱ区(强加固区)为 13m；Ⅲ区(强加固区)为 21.4m。

(3)主要施工技术措施

选择合理的施工加固顺序，其加固顺序为：结合三轴搅拌桩施工工艺，为满足场地要求，先沿隧道纵向施工左线隧道加固区左侧 7 排，然后沿隧道纵向施工右线隧道加固区右侧 5 排，最后沿隧道横向施工 16 排完成整个加固区的加固工作。

为保证三轴搅拌桩加固的连续性和接头的施工质量，水泥搅拌桩采用单侧挤压式连接式的搭接，确保搅拌桩之间的搭接质量，进一步达到加固的作用。桩与桩搭接时间不应大于 24h；如超过 24h，则在第二根桩施工时增加注浆量 20%，同时减慢提升速度。且为确保Ⅲ区的隔水帷幕作用，Ⅲ区加固采用跳槽式双孔全套复搅式施工，如图 9.8.6 所示。Ⅰ、Ⅱ区采用单侧挤压式施工。

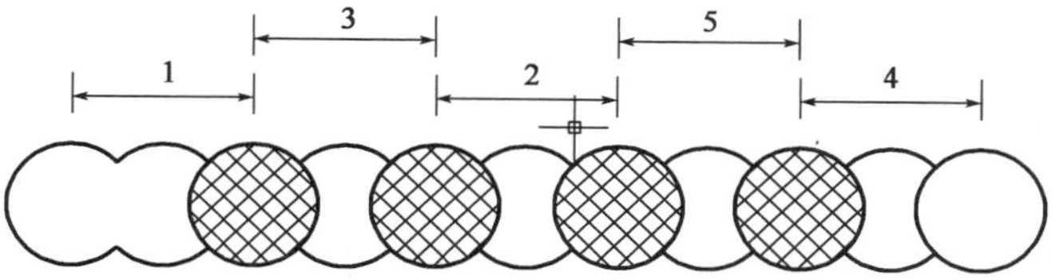

图 9.8.6　Ⅲ区三轴搅拌桩施工顺序图

(4)降水措施

在降水之前，首先在通过管片上预留的注浆孔进行二次注浆，以防止地下水通过管片壁后的空隙形成渗流通道而影响降水效果。以右线管片为例(图 9.8.7)，第 443 环至第 446 环的红色网格为联络通道的预留钢管片，在预留管片所在环和其前后各两环范围内的每片管片(即第 441 环至第 448 环)采用三个注浆孔注浆，而第 440 环和第 449 环因距离施工位置较远，只在每片管片中央的注浆孔注浆。注浆总量达到 50t，以确保管片背后的密水性。

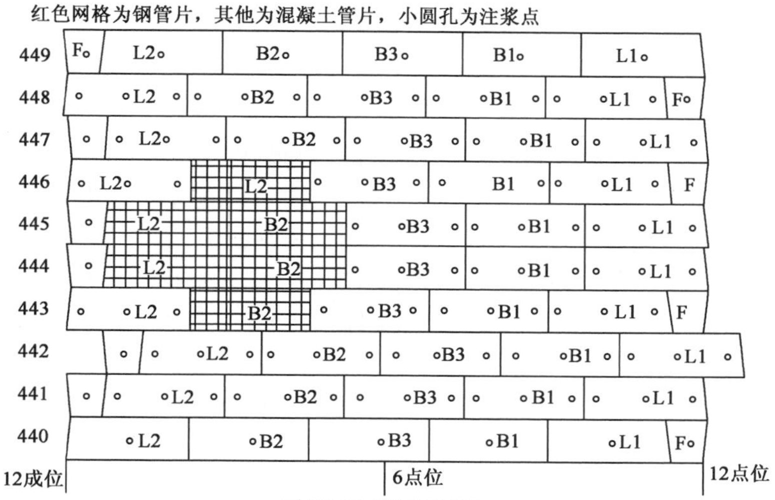

图 9.8.7　注浆孔分布图

在壁后注浆之后打入了1～8号共八个水井进行降水处理，如图9.8.8所示。由于场地限制，沿着加固区外缘与左右线垂直的方向布置了3对水井，其中沿左、右线内侧分别为7、8号水井和3、4号水井，因联络通道的施工从右线开始，故在右线的右侧增加了5、6号水井以确保开挖的顺利进行。同时，沿隧道的平行方向因没有隧道阻隔地下水，渗流场梯度较平，考虑到抽水机的功率和场地限制，在距加固区较远处布置了1、2号水井，以确保降水深度。

降水施工法需注意两点：一是必须在通道结构强度达75%之前不能停止降水，而且保证降水到位；二是对环境影响，即不能引起附近建筑物的过大沉降(或差异沉降)和马路下管道过大的差异沉降。因此必须采取实际的措施如下：

①降水实行现场24h值班制，确保供电，时刻监视水位变化；

②布置周围环境的观测工作，包括地面沉降观测(降水区域外30～40m)和建筑物沉降观测(对建筑物东西南北四面都要设观测点)，并作好记录，发现有异常情况可以及时处理。

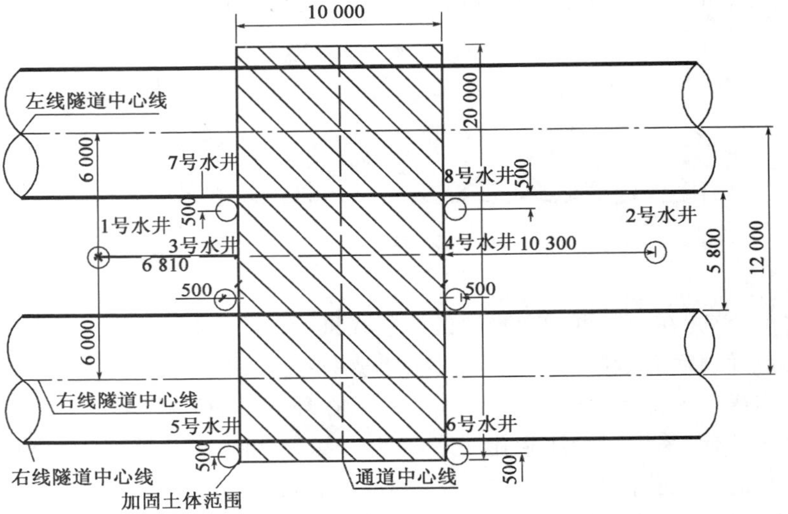

图9.8.8　8号盾构隧道联络通道降水井平面布置图(尺寸单位：mm)

9.8.4 施工效果

此次三轴搅拌桩联合降水的施工取得了良好的效果(图9.8.9)，提高了土体加固区的强度和抗渗性，保证了土体的稳定性，从而确保了联络通道的开挖、衬砌以及最后工程的顺利完工(图9.8.10)。该工程的总造价为100万元左右，比冻结法施工低20%。

杭州地铁是杭州市具重要意义的特大型市政工程。红普路站—九堡站区间的联络通道所连通的隧道埋深较浅，路面情况具备进行加固条件，且场地附近无重要建筑物，具备降水的条件，所以采用地面加固联合降水的施工方法。地铁1号线8号盾构隧道联络通道首先采用三轴搅拌桩对施工区域进行分区加固，符合实际工程特点，但在饱和粉砂地层中单独利用加固无法取得隔水效果。随后通过隧道盾构管片中预留的注浆孔注浆，切断地下水渗流通道以确保降水效果；之后设置水井降水，为联络通道的施工创造了条件。由于加固区土体的变形模量增大，使得降水产生的固结沉降能够控制在允许范围之内。

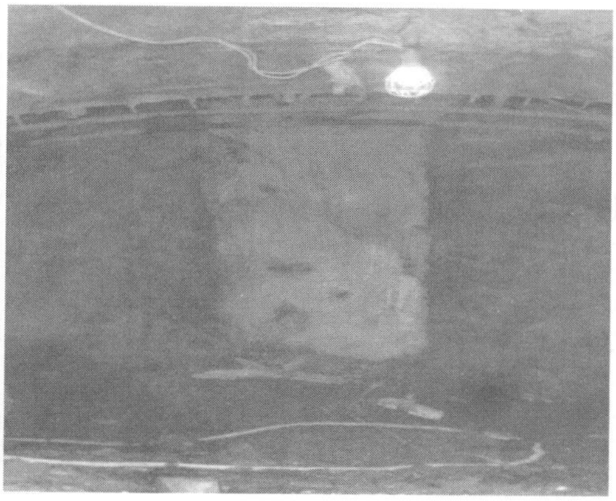

图 9.8.9 搅拌桩加固效果图

图 9.8.10 通道二次衬砌施工图

与冷冻法相比，采用三轴搅拌桩联合井点降水施工来保证联络通道土体的稳定性，不但能使土体得到永久性的加固，而且还节省资金，同时也不会影响盾构隧道的施工，从而获得了较好的社会与经济效益。

10 基坑工程的稳定平衡

10.1 基坑工程的稳定平衡与环境协调性

10.1.1 基坑工程稳定平衡的表现形式

无论是有支挡围护结构的基坑还是放坡开挖无支挡结构的基坑，首要满足基坑的平衡与稳定。而基坑工程的平衡与稳定是一个动态的过程，即随着基坑开挖土方，支挡围护结构提供的支护力必须能适应增加的水土压力，或者随着放坡开挖，边坡土体自身的抗滑力必须大于其逐步产生的下滑力，如抗滑力不足，则必须随着边坡开挖打设土钉、锚索结合降水，以稳定边坡，山岭隧道路堑洞口也是作为基坑工程的一种情况。

基坑围护形式的选择，必须根据基坑开挖深度、地质情况、场地条件、环境条件以及施工条件，通过多方案比选确定，所采用的围护结构应安全可靠、技术可行、施工方便、经济合理，代表性基坑维护结构如图 10.1.1 所示。我国常用的基坑围护结构形式有土钉墙、钻孔桩(或咬合桩)、地下连续墙、搅拌桩、SMW 等多种结构形式。围护结构自身的挡土墙体及支撑系统，包括基坑宽度大而设置的立柱，首先自身必须是具有强大水土支护能力的整体稳定结构体系，具有抵抗水土倾覆、滑移的能力，这一点也符合山岭隧道强预支护原理；其次还必须具有止水、防管涌、突涌、防坑底土体隆起的能力。因此，基坑工程的稳定平衡是个要满足基坑围护结构体系受力平衡与基坑内外水、土受力平衡的多因素作用下极值点稳定平衡问题，但同时要防止支护结构体系局部分支点失稳，避免因局部失稳而引起整体失稳问题。

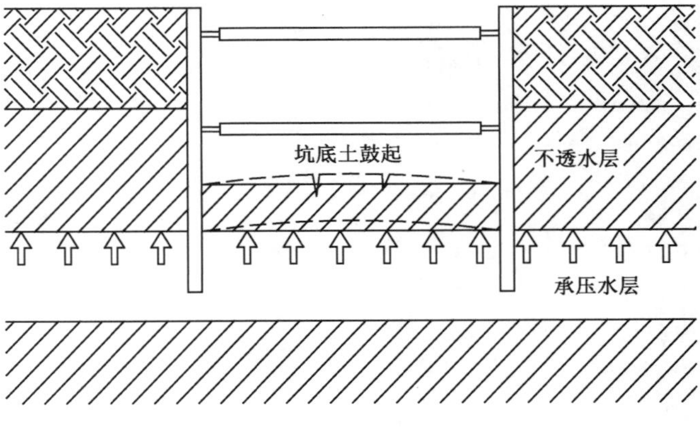

图 10.1.1 基坑围护结构示意图

10.1.2 基坑工程环境协调性的表现形式

基坑施工中，只保证基坑围护体系自身施工的平衡与稳定是不够的，基坑施工也不应对周边环境造成不良影响，因此基坑施工中必须考虑与周围环境的协调性，保护周边环境的安全。

基坑施工的环境协调性主要表现在基坑施工对地表的变形影响及建(构)筑物的沉降、倾斜影响。基坑围护结构自身变形过大、坑内土体隆起过大、基坑围护结构漏水、坑内外土体降水等，会造成基坑外地表沉降、建(构)筑物的沉降，当建筑物的沉降为不均匀沉降时，还会造成建(构)筑物倾斜甚至倒塌。

正如正常人依靠两条腿平稳走路一般，基坑施工中的平衡稳定性理论及环境协调性理论就是保证施工安全的两条腿。而施工中的监控量测即如同人的眼睛和耳朵，将施工信息及时反馈，从而保证基坑施工及时调整施工参数及采取施工措施，合理的利用这“两条腿”安全走路。

10.2 基坑工程失稳典型案例分析

10.2.1 基坑工程问题调查

目前城市地铁车站或地下车库等工程建设中，大部分工程进展顺利、质量安全良好，但也存在部分工程失效或出现安全事故的问题。调查发现的基本现象：凡是地下基坑开挖工艺与支护结构合理，使得围岩与支护结构共同作用受力平衡状态处于稳定，则工程进展顺利、质量安全良好；大量破坏现象的发生均是由于不满足整体稳定平衡。如图 10.2.1 所示，由于在建地下车库边墙失稳，并受堆填土侧向力作用，PHC 管柱抗侧倾能力低导致房屋倒塌；图 10.2.2所示的在建地下基坑开挖工艺与支护结构合理，保证了附近房屋的稳定与安全。

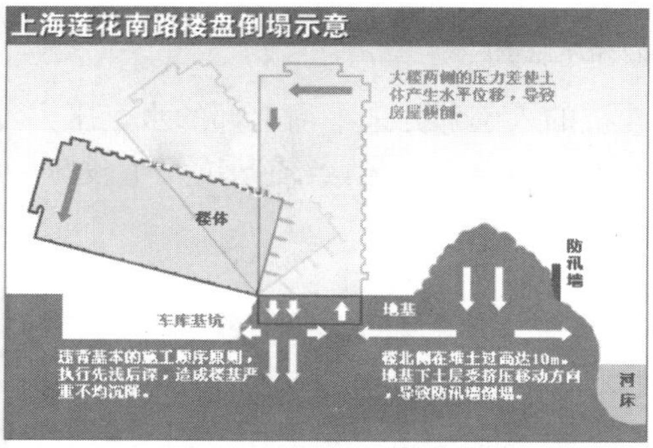

图 10.2.1 基坑开挖导致房屋倒塌

图 10.2.2 合理开挖支护保证附近房屋稳定与安全

10.2.2 支护能力不足

某顶进工程工作坑基坑，位于既有铁路线边缘，基坑深 5～6m，采用 Φ800mm 钻孔桩作为围护结构，桩间采用搅拌桩止水。由于顶进箱涵结构预制空间的需要，围护结构没有设置横向内支撑，属于悬臂围护结构，仅在桩顶设置有联系冠梁，如图 10.2.3 所示。基坑周边土体从上至下为填土、淤泥、粉质黏土及深部的粉质黏土夹砂混碎石。

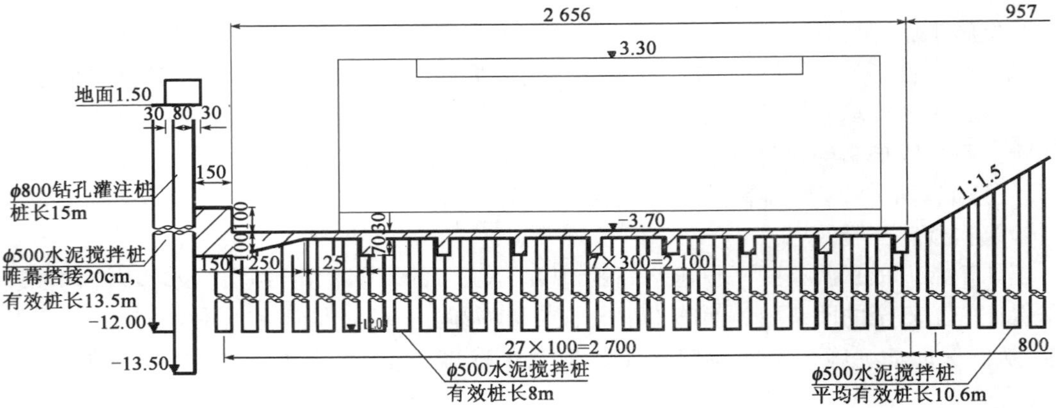

图 10.2.3　基坑围护结构设计图(尺寸单位:cm,高程单位:m)

该基坑在箱涵预制过程中,钻孔排桩向基坑内变形过大,冠梁断裂,钻孔排桩向坑内发生倾斜倒塌,见图 10.2.4。

图 10.2.4　基坑冠梁断裂及钻孔桩倒塌

分析其事故原因,即为淤泥质土地层内仅靠钻孔桩的入土部分来平衡上部的水土压力,没有设置支撑或拉锚结构,仅靠顶部冠梁提供的协调变形受力能力不足,致使基坑发生破坏。此类基坑应在顶部冠梁外设置拉锚结构。

10.2.3　围护结构失稳

某明挖隧道,基坑深约 12m,基坑土体从上至下依次为黏土、淤泥质粉质黏土、粉质黏土,基坑围护结构采用 SMW 工法桩围护,ϕ609mm 钢管支撑,坑底土体采用搅拌桩抽条加固。

该基坑在施工中出现地表沉降过大,SMW 工法桩外倾过大,坑内土体隆起过大及支撑掉落的事故,见图 10.2.5。

事后分析其原因,该基坑地质条件差,坑底土体加固效果差,SMW 变形过大,支撑轴力出现松弛后未及时附加轴力,坑底隆起过大致使围护结构体系失稳。此类事故出现后,应及时往基坑内回填土,临时建立基坑新的稳定平衡状态,避免事态进一步扩大,以待研究采取基坑修复措施。

此外基坑内降水不足引发坑内管涌造成基坑外地表塌陷、围护结构施工质量不佳引起墙壁渗漏水造成地面塌陷、坑内土体隆起过大造成基坑周边建筑物沉降、倾斜甚至倒塌、基坑降水引起的周围地表沉降、管线破坏，建筑物沉降倾斜的案例较多，不再一一举例分析。

图 10.2.5 基坑事故状况

10.2.4 某深基坑大面积塌陷问题

某深基坑发生大面积塌陷事故：塌陷坑长度约 75m，深度约 16m，宽约 20m，如图10.2.6所示。事故原因经分析初步判定，主要是：①基坑底部没有或没做好预加固层导致突涌或突出变形，导致深基坑底部平衡状态不稳定(图 10.2.6、图 10.2.9)。②该段采用的是平面支护体系，并且顶层钢管支护随着基坑开挖受力状态会发生突变，属于分支点失稳，会引起整体失稳破坏(即使平面支护也要设柔性连接防止钢管塌落而伤人(图 10.2.6)；而图 10.2.7 不是空间支护体系(力矩不平衡、支撑垮塌)，因此不能使基坑保持“基本维持围岩原始状态”达到围岩与支护系统共同作用实现稳定平衡(三维力与变形状态)；两者共同致使基坑塌陷。③基坑整体开挖不利于维持基坑稳定的平衡状态(图 10.2.7)应该引以为戒；如果施工工期合理，也可采用台阶法开挖，逐段封底、逐段推进施工(图 10.2.8)，也可维持基坑稳定，防止坍塌事故发生。④该深基坑发生了大面积塌陷，支护体系发生了破坏(图 10.2.5)，基坑边墙失稳(图 10.2.7)，主要是由于岩土与支撑体系共同作用不稳定所引起的。该施工段主要为软土，软土中支撑体系容易发生转动失稳，其转动点位于底部，因此B点是量测的关键点(图 10.2.9)，而非 A 点。而现场以 A 点的监测结果来指导施工，所以监测工作不到位。如果周边地面发生变形开裂后(变位最大值约 30cm，时间约 40d)施工中及时增加底部支撑，或者如果有一道底部支撑(图 10.2.9)，就有利于支撑体系的稳定平衡，即使发生小部分突涌，也不会引发两侧岩土体滑动，造成大面积坍塌事故。该深基坑发生塌陷事故关键是没有控制底部突涌和支护稳定。

专家提出了该在建深基坑工程必须遵循的三点原则：①基坑的开挖必须分层、分段，且开挖暴露时间不宜过长，每次分层开挖控制在 3m，分段开挖保证在 15～20m；②基坑必须先支撑后开挖，并把握好支撑的细节，基坑的变形要求在受控的状态；③注意在雨天环境下基坑的及时排水，完工后要立即加固混凝土，确保基坑不变形。这三点原则基本符合基坑与支护系统受力平衡状态稳定性要求。

a)

b)

图 10.2.6 深基坑塌陷现场与支护体系破坏情况

a)

b)

图 10.2.7 破坏前后部分支护体系情况

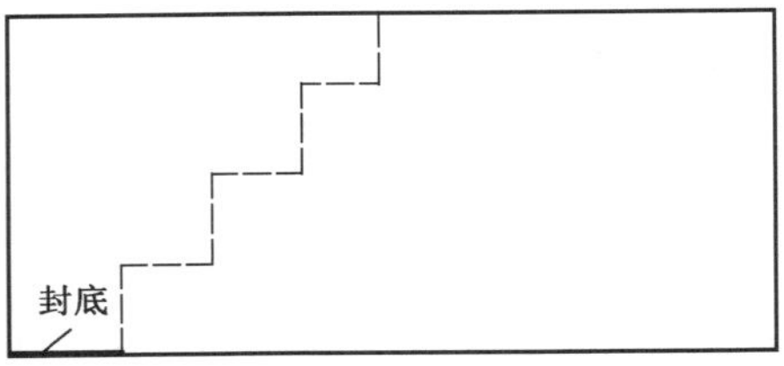

图 10.2.8 台阶法开挖,逐段封底

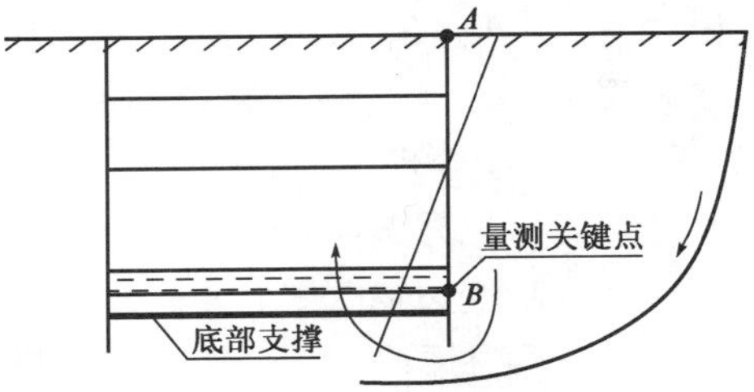

图 10.2.9 深基坑失稳机制分析示意图

10.3 平衡稳定理论在基坑工程中的应用

10.3.1 庆春路过江隧道江南基坑工程

杭州庆春路过江隧道江南明挖暗埋段基坑初步设计为地下连续墙围护,其典型断面见图 10.3.1。结合稳定平衡研究的阶段成果,考虑到基坑工程属于临时工程,保持基坑的稳定平衡及周围环境变形的协调性,即可确保基坑施工安全。基于此对基坑工程围护结构进行了优化设计,优化了基坑降水及施工方法,从而优化了工程造价,加快了工程进度。

1）工程概况

（1）工程位置

本次设计范围为庆春路隧道江南（萧山侧）明挖段基坑围护方案设计，主线设计里程桩号（以左线计）为 LK3＋132.723～LK3＋440，共 307.277m；A 匝道 399.45m、B 匝道 403.928m。江南明挖段接萧山侧市心路，主线于滨江一路交叉口南侧预留与钱江世纪城综合地下空间开发系统的接口，A 匝道接规划公园东路，B 匝道接规划公园西路，江南段现为荒地。隧道江南明挖结构下穿二线大堤，大堤宽约 6m，位于 B 匝道里程约 BK0＋275～BK0＋281 段。该段结构施工期间，为了保证大堤安全，大堤需临时改移。基坑设计平面图见图 10.3.1。

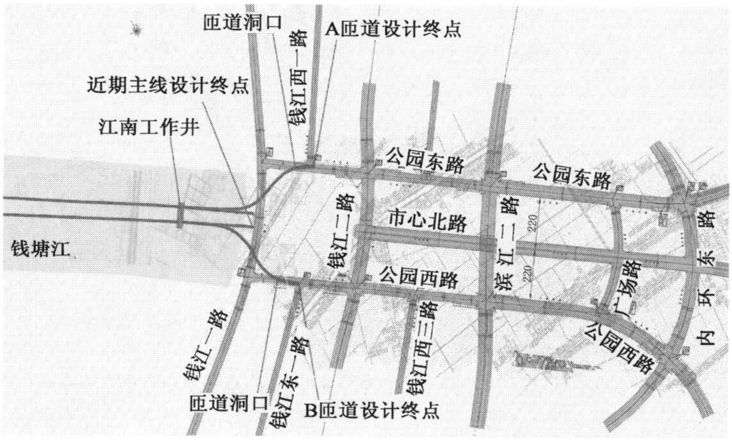

图 10.3.1　基坑设计平面图

（2）工程地质概况

①工程地质

根据庆春路隧道详勘报告，本项目所在地区主要为钱塘江冲海积平原。江南明挖段穿越的地层主要为填土层、砂质粉土层、淤泥质粉质黏土层、粉质黏土层，地质剖面图见图 10.3.2。

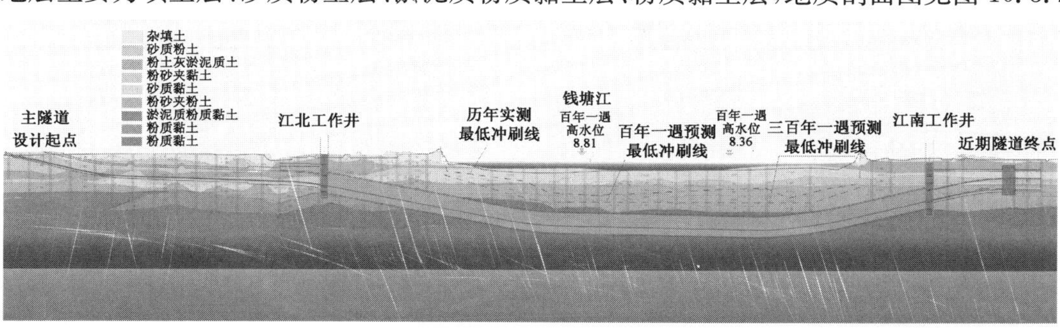

图 10.3.2　钱江隧道地质剖面图（高程单位：m）

②水文地质

根据隧道钻探结果：沿线钻探深度以浅地下水主要可分为第四系松散岩类孔隙潜水、孔隙承压水和基岩类孔隙裂隙水三大类。孔隙承压水主要赋存于下部⑦层砂土和⑧层圆砾、卵石层内，相对于高程约为－2.58m。

地下水对混凝土无腐蚀性，对混凝土中钢筋无腐蚀性，对钢结构有弱～中腐蚀性。

③地震

根据隧道详勘资料：按《建筑抗震设计规范》(GB 50011—2010)和《公路工程抗震设计规范》(JTJ 004—1989)采用标准贯入试验法对深度20m范围粉、砂性土层进行液化判别。判定结果表明：场地浅部地基土层在地震烈度为7度时，沿线场地2－2层、3－2层部分会产生轻微～中等液化，江南土层不液化。

2)主要设计原则

(1)基坑设计应满足安全可靠、经济合理、施工便利的要求。

(2)根据周围环境条件、基坑开挖深度、支护结构功能等确定基坑工程等级，并按相应要求进行设计；应根据不同工程段的设计要求，分段采用合理的支护体系。

(3)根据基坑围护结构及工程地质、水文地质条件合理选择控制地下水位的方法。

(4)基坑工程设计安全系数由基本安全系数和附加安全系数的乘积组成，以确保基坑的平衡状态为稳定平衡。

(5)支护结构应进行强度、变形、坑内外土体稳定性、围护墙抗渗等验算。当兼作上部建筑的基础时，尚应进行垂直承载力、地基变形和稳定性计算。

3)保持基坑整体稳定性的要求条件

(1)围护结构及支撑形式

江南基坑段为农田，基坑具备放坡开挖的条件，设计尽量采用放坡开挖。在各种围护结构形式中，SMW工法、钢板桩具有经济、施工工序简单的特点，该工法在华东地区使用较为广泛，结合地层条件，对于基坑深度较深的江南明挖段基坑，设计采用先放坡开挖15.5m后再采用SMW桩或H型钢的围护结构形式。

结合工程的具体情况，LK3＋145.426～LK3＋240(东主线94.574m)、RK3＋142.954～RK3＋220(西主线77.046m)段基坑顶先用1∶1.0坡度放坡15.5m后再采用垂直支护，支撑均采用ϕ609mm、δ＝16mm钢管，具体情况见表10.3.1。

江南明挖段基坑维护结构型式表　　表10.3.1

里　　程	基坑深度(m)	基坑宽度(m)	支护类型
LK3＋132.723～LK3＋145.426 RK3＋130.254～RK3＋142.954	25.4～24.3	10.9～11.7	放坡开挖＋1 200mm厚连续墙
LK3＋145.426～LK3＋240 RK3＋142.954～RK3＋220	24.3～18.6	11.7～15.0	放坡开挖＋Φ850 水泥土搅拌桩＋H型钢(插二跳一)
LK3＋240～LK3＋363.923 RK3＋220～RK3＋316.897	18.6～17.3	15.0～24.6	放坡开挖＋H型钢 (700×300×13×24)
LK3＋363.923～LK3＋440 RK3＋316.897～RK3＋434.084	17.3～17.0	24.6～10.5	全放坡开挖，坡面锚喷网防护
AK0＋150.55～AK0＋550 BK0＋114.072～BK0＋518	17.0～1.0	16.5～10.2	全放坡开挖，坡面锚喷网防护

(2)基坑安全等级及变形控制

江南明挖段周边地势开阔，基坑附近无建筑物，基坑深度h为1.0～25.4m。根据规范及基坑周围环境条件确定基坑的安全等级为：基坑深度大于或等于13m时为一级；基坑深度小于13m且大于或等于8m时为二级；基坑深度小于8m时为三级，水平位移应参照表10.3.2来控制。基坑设计安全系数参照表10.3.3。

围护结构水平位置控制表　　表10.3.2

里程范围	基坑等级	重要性系数	围护结构最大水平位移(mm)
AK0+390～AK0+550 BK0+354～BK0+518	三级	0.9	
AK0+300～AK0+390 BK0+264～BK0+354	二级	1.0	100
LK3+132.723～LK3+440 AK0+150.55～AK0+300 BK0+114.072～BK0+264	一级	1.1	40

基坑设计安全系数表　　表10.3.3

基坑等级	基底抗隆起	墙底抗隆起	抗管涌	基底抗突涌	抗倾覆稳定性
一级基坑	1.8	1.8	1.5	1.2	1.2
二级基坑	1.8	1.8	1.5	1.2	1.1
三级基坑	1.7	1.7	1.5	1.1	1.05

4)稳定性计算及处理措施

(1)计算原则

①钢支撑、冠梁结构

按平面应力问题，采用均质弹簧弹性支点杆系有限元法计算。根据围护结构计算分析获得的支撑荷载，作为冠梁与围护墙之间相互作用的初始荷载进行输入，并采用水平均质弹簧来模拟冠梁与围护墙之间的变形协调作用来分析钢支撑、冠梁体系结构的受力、变形。

②围护墙结构

围护墙结构仅作为施工阶段使用，不参与使用阶段受力，计算按“先变形、后支撑”的原则，模拟施工开挖、支撑全过程分工况进行结构计算。对黏性土和粉土采用水土合算，砂性土采用水土分算。

③荷载及组合

荷载取值及其分项系数按《建筑结构荷载规范》(GB 50009—2001)和建筑基坑的使用要求确定，除以下注明外，其余均按有关规范规定进行取用。

a.侧向水、土压力：施工阶段水土压力按朗金土压力计算，地下水位以上采用水土合算；地下水位以下，黏性土采用水土合算，砂性土采用水土分算。

b.地面超载：基坑开挖及回筑阶段按20kPa考虑，盾构施工阶段按30kPa考虑。

(2)具体围护结构计算

LK3＋146.923～LK3＋240段基坑开挖深度为21.9～18.6m，先放坡15.5m，再采用Φ850水泥土搅拌桩＋H型钢(插二跳一)作围护结构。计算选基坑开挖深度为21.9m处进行计算分析。先采用理正深基坑分析计算软件 5.5 计算分三级放坡，再采用同济启明星深基坑分析计算软件 FRWS4.0 计算放坡后，采用 $\Phi 850$ 水泥土搅拌桩＋H 型钢（插二跳一），代表性计算模型和附加荷载图如图 10.3.3、图 10.3.4 所示。

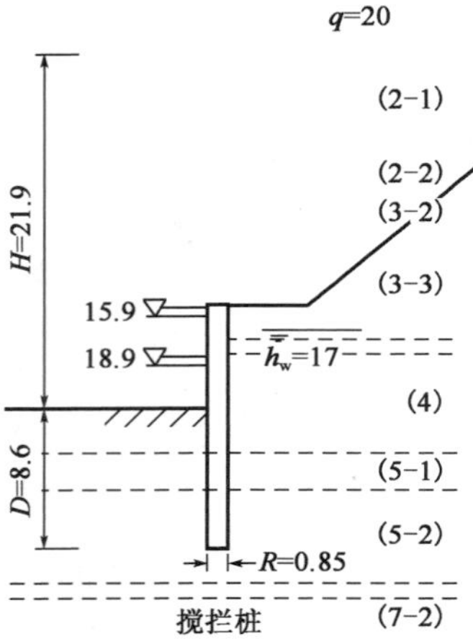

图 10.3.3 计算模型（尺寸单位：m）

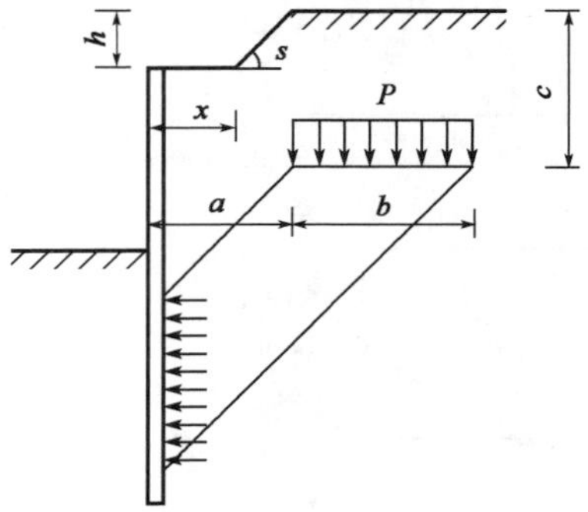

图 10.3.4 附加荷载图

计算结果：墙底抗隆起 $K=2.18$，抗倾覆稳定性 $K_c=1.46$，抗管涌 $K=3.18$，最大位移 21.9mm。计算结果表明围护结构受力合理，各项安全系数均满足要求。

（3）围护结构及支撑布置图

江南明挖段基坑根据深度不同分别设置 1～4 道支撑，均为钢管支撑，维护结构的代表剖面如图 10.3.5 所示，围护结构及支撑内力如表 10.3.4、表 10.3.5 所示。

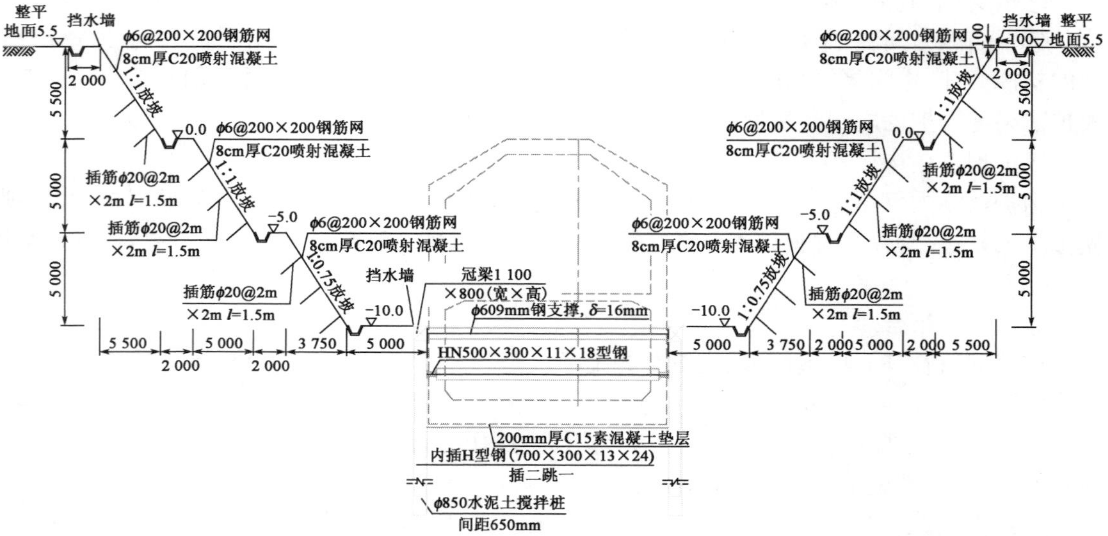

图 10.3.5 围护结构代表截面纵断面图（尺寸单位：mm）

（4）支撑设计轴力及预加轴力

围护结构及支撑内力(一)(单位:kN)　　　表 10.3.4

支护范围	支撑道数	第一道	第二道	第三道	第四道
LK3+133.923～LK3+145.426	设计轴力	350	15 00	1 350	600
	预加轴力	210	900	800	350
RK3+131.454～RK3+142.954	设计轴力	300	1 600	1 350	600
	预加轴力	180	950	800	350
LK3+145.426～LK3+146.923	设计轴力	750	3 000(双拼)	1 700	
	预加轴力	450	1 800	1 050	
RK3+142.954～RK3+144.454	设计轴力	700	3 700(双拼)	1 400	
	预加轴力	450	2 250	850	
LK3+146.923～LK3+181	设计轴力	750	3 450(双拼)		
	预加轴力	450	2 100		

围护结构及支撑内力(二)(单位:kN)　　　表 10.3.5

支护范围	支撑道数	第一道	第二道	第三道
RK3+144.454～RK3+164	设计轴力	700	3 400(双拼)	
	预加轴力	450	2 050	
LK0+181～LK0+198	设计轴力	1 300		
	预加轴力	800		
RK3+164～RK3+195.53	设计轴力	1 300		
	预加轴力	800		
LK3+198～LK3+240	设计轴力	700		
	预加轴力	400		
RK3+195.53～RK3+220	设计轴力	150		
	预加轴力			

(5)基坑降水处理

①承压水

孔隙承压水主要赋存于下部⑦层砂土和⑧层圆砾、卵石层内,上覆④、⑤、⑥层黏性土,构成了含水层的承压顶板。根据勘察资料,实测承压稳定静止水位高程约为−2.58m。

依据规程规范要求,当开挖到底板底时,承压水头高程按−2.58m 考虑,根据相关公式进行抗承压水突涌稳定性验算:

$$\gamma_{tr}=\frac{D\gamma}{H_w\gamma_w} \tag{10.3.1}$$

式中:ty——坑底突涌抗力分项系数,对于大面积普遍开挖应大于 1.2;

D——坑底至承压水层顶板的距离(分段进行考虑);

γ_w——D 范围内土的平均天然重度(取值 $19kN/m^3$);

H_w——承压水水头高度;

w——水的重度(取值 $10kN/m^3$)。

计算结果表明，当江南明挖段施工开挖到底板底时，易发生承压水突涌或管涌问题。对于深层地下承压水，考虑承压水头较高，为了防止发生突涌或管涌问题，保证深基坑开挖及地下室施工的顺利进行，必须对场地承压水进行有效治理，对于该场地地下承压水治理采用深井减压降水方法。设计减压水头高度见表 10.3.6。

基坑减压水头高度　　表 10.3.6

里程范围	减压水头高度(m)	里程范围	减压水头高度(m)
LK3+133.923～LK3+148（隔水帷幕内）	15	RK3+131.454～RK3+146（隔水帷幕内）	15
LK3+148～LK3+198	8	RK3+146～RK3+240	7
LK3+198～LK3+258	5	RK3+240～RK3+316.897	4
LK3+258～LK3+363.923	4		

②滞水、潜水

对于该基坑工程填土中赋存的上层滞水、上部砂性含水层中潜水，由于其渗透性较弱、富水性不强，设计采用集水井集中抽排。基坑潜水水头取至地面，降水深度降至底板下 1.5m，共需降水井 474 口。

(6)基坑地基处理

①江南东主线及 A 匝道地基加固

江南东主线 LK3+132.723～LK3+440 段、A 匝道 AK0+150.55～AK0+280 段基坑两侧采用 ϕ850 水泥土搅拌桩宽 2.55m 裙边加固。其中 LK3+288～LK3+363 段基坑较宽，除两侧采用裙边加固外，基坑还采用 3m 抽条加固。基坑加固深度均从基坑底部往下 4m。

②江南西主线及 B 匝道地基加固

江南西主线 RK3+130.254～RK3+434.084 段、B 匝道 BK03+114.072～BK0+244 段基坑两侧采用 ϕ850 水泥土搅拌桩宽 2.55m 裙边加固。其中 RK3+240.053～RK03+316 段基坑较宽，除两侧采用裙边加固外，基坑还采用 3m 抽条加固。基坑加固深度均从基坑底部往下 4m。

5)基坑整体稳定及环境稳定性的监控量测

监控内容主要包括地层及支护情况观察、底部隆起、地表沉降、墙顶水平位移、垂直沉降、钢支撑轴力、水土压力、地下水位观察和附近建筑物的沉降(图 10.3.6)。

监测报警指标由累计变化量和变化速率两个量控制。监测值超过允许限值时，应加强支撑或采取其他有效措施。

10.3.2 钱江隧道超深基坑工程

1)工程概况

本次设计范围为钱江隧道试验井项目，设计里程桩号(以左线计)为 LK15+250.000～LK15+392，共 142m。其中 LK15+250.000～LK15+273.005 为江南工作井段。江南工作井东西线合并设置一处，顶板埋深约 5.0m。工作井主体结构外包尺寸长×宽为 45.80m×23.40m，基坑最大挖深 28.25m，施工时作为盾构始发井。

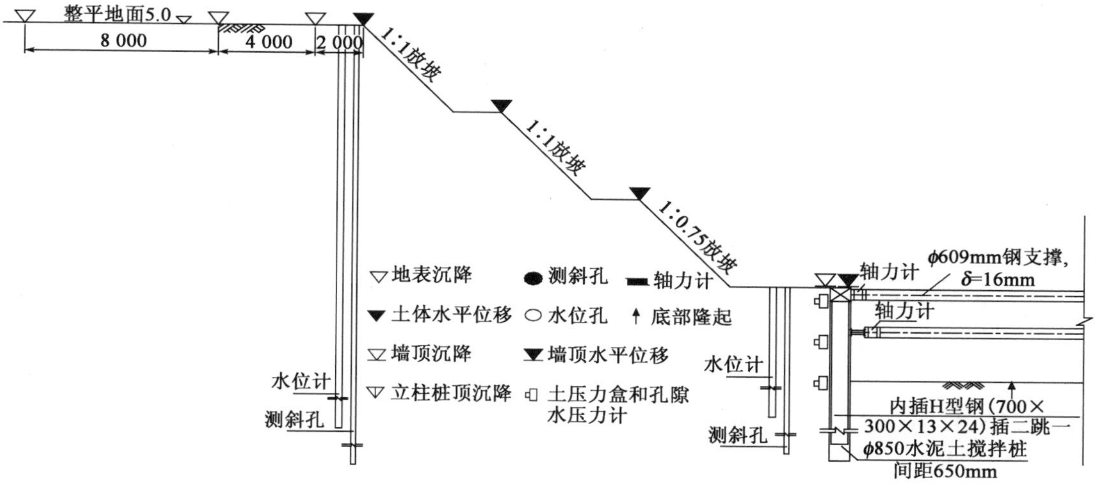

图 10.3.6　基坑稳定性检测点及检测项目图(尺寸单位:mm,高程单位:m)

LK15＋273.005～LK15＋392 为江南工作井后续段,基坑深度为 25.0～16.89m。

施工场地原为鱼塘,地势开阔,周围无建(构)筑物,现通过吹填处理已经整平。

2)场地工程地质条件

根据本次勘察钻孔揭露的地层结构、岩性特征、埋藏条件、物理力学性质,以及原位测试成果、室内土工试验成果,结合区域地质资料,同时综合整理了初勘阶段勘察资料,勘探深度范围内主要土层为:素填土、砂质粉土、粉质黏土、砂质粉土、粉砂、淤泥质(粉质)黏土层。

隧道场地地下水按其含水层水理特征、分布埋藏条件可分为第四系松散岩类孔隙潜水和孔隙承压水、深部基岩裂隙水。因基岩裂隙水埋深大、水量贫乏,对本工程意义不大,与隧道工程关系密切的主要为孔隙潜水和孔隙承压水。

地下水对混凝土无腐蚀性,对混凝土中钢筋无腐蚀性,对钢结构有弱～中腐蚀性。

3)基坑施工技术要求

(1)基坑采用明挖顺筑法施工。在围护结构施工前,必须先查明工程范围内地下管线的位置、埋深、管线材质以及基础形式,如存在对工程有影响的管线,应会同业主、设计及有关管线部门共同协商、研究地下管线的迁改、加固、悬吊等施作方法和处理措施。组织专业队伍做好在基坑附近的地下管线的保护和监控工作。迁改、保护及监控方案必须报管线主管部门批准后方可实施。

(2)地下连续墙垂直施工误差不得大于 1/200,且在基坑深度范围内不得大于 1/300。本设计图中的控制点坐标未考虑施工误差及围护结构的变形等,施工时首先应定出各控制坐标点的准确位置,在此基础上考虑施工的水平误差和垂直误差,并结合围护结构的最大水平位移进行外放(建议外放值 100～150mm),以保证连续墙内表面不侵入结构。

(3)地下连续墙的现浇导墙拆模后,应沿纵向设上下两道支撑,将两片导墙支撑起来,在导墙的混凝土未达设计强度之前,禁止任何重型机械和运输设备在旁边行驶,以防导墙受压变形。导墙背后采用一排 ϕ700 双轴搅拌桩加固。

(4)地下连续墙采用跳段施工方式,一期槽段的混凝土强度达到设计强度的 70%以上,方可进行下期槽段的施工。

(5)每槽段的开挖结束后应将槽底的沉渣等杂物清理干净，槽底清理钢筋笼制作时，主筋应采用焊接连接，接头位置应相互错开，在 $35d$ 且不小于 500mm 范围内接头不得超过钢筋数量的 50%，主筋与其他钢筋应点焊。箍筋端部应做成不小于 135°的弯钩，且平直段长度不小于 10d。钢筋笼吊装时根据其吊装能力可分段吊装，但应控制在两段以内，分段应选在内力较小且钢筋较少处，以防因钢筋笼对接时间过长，造成槽段出现质量、安全隐患。连续墙的钢筋笼吊装时注意不要使钢筋笼产生横向摆动，造成槽壁坍塌。钢筋笼插入槽段后，检查其顶端的高度是否符合设计的要求，然后用槽钢将其固定在导墙上。导管位置要调整好围檩预埋钢筋，以免相互影响。

(6)充分考虑水下混凝土灌注质量，其浇筑时应保证级配强度，宜采用商品混凝土。混凝土要连续浇灌，不能长时间中断，以保持混凝土的均匀性和整体性。地下连续墙顶设计高程处的混凝土强度必须满足设计要求，设计高程处不得有浮渣，浇筑冠梁前应将顶部浮渣及超高部分混凝土凿除。

(7)支撑应随挖随撑，避免因支撑不及时造成围护结构过大的变形。基坑开挖至支撑设计顶高程时必须停止开挖，及时拉槽施作支撑。钢支撑须按规定施加一定的预加力，确保围护结构的变形在设计允许的范围内，待钢支撑架设完毕后，应检查支撑的稳定性，确认安全后方可继续开挖施工。

(8)架设钢支撑时要小心谨慎，严格按设计要求加工制作和安装，支撑端头安装时必须确保承压板与支撑轴线垂直，使支撑轴向受力，避免支撑失稳。支撑系统作为基坑支护结构的重要组成部分，必须严格按设计要求施工。施工中应采取有效措施，确保在支撑轴力减少时可复加预加轴力。

(9)基坑开挖及回筑结构期间，严禁施工机具碰损支撑系统。支撑系统仅承担轴力，施工期间不得施加其他荷载，以免支撑系统因超载过大造成失稳。

(10)临时立柱施工完成后，立柱桩桩顶(基底)以上空钻部分应及时采用砂碎石填充密实。

(11)基坑开挖后应检查地下连续墙暴露面，是否符合设计及有关规范、规定的要求。基坑主体结构施工前应做好围护结构堵漏工作，围护结构没有渗漏水时方可施工主体结构。

(12)为了控制地下连续墙的沉降量，需在每幅地下墙内布置两根压浆管，插入墙底下 0.5m，压浆范围为地下墙下 1.2m 宽，1.0m 深。参考注浆参数：注浆压力 1.0～1.5MPa，注浆量 40%～50%，水灰比为 1∶0.6～1∶1，浆液材料为水泥浆或水泥基质水泥浆液，置换率不小于 40%，注浆参数需要通过试验确定。

(13)施工期间，基坑周边的超载不得大于 20kPa，并在基坑的四周设护栏，以确保人员的安全。

(14)在基坑开挖过程中，应对地下连续墙间渗漏水进行封堵，避免造成地下水的大量流失而危及周边建(构)筑物的安全。

(15)在施工过程中应根据现场施工实际情况与地质勘察资料进行核对，若有变化应立即通知监理、设计单位现场调整处理，以满足设计要求。

(16)基坑开挖应严禁大锅底开挖，在开挖至基坑底面高程以上 300mm 处，应进行基坑验收，并改用人工开挖至基底，及时封底，以尽量减小对基底地基土的扰动。基底设盲沟加强施工期间地下水引排，防止地基土被地下水浸泡。

(17)每根立柱钻孔桩须埋设两根注浆管进行桩底压浆，要求立柱钻孔桩与地下连续墙的差异沉降不大于10mm。

(18)基坑按无水作业设计。基坑开挖前应观测地下水位是否满足要求，确保已达到设计要求方可开挖基坑。如基坑开挖时出现渗漏水现象，应停止基坑开挖，并应立即通知监理、设计单位调整处理。

(19)基坑排水应做好如下工作：基坑顶部设置截水沟，护坡处地面应适当高于外地面；地表裂缝处应予封堵，注意排走地势低凹处的集水，防止地表水流入基坑内和冲刷边坡；坡脚设置排水沟，及时排除渗水；基坑内采取明沟排水疏干，坑内设置备用降水井。在基坑内设置排水沟及集水井，排除坑内积水及雨水，集水井的设置根据施工分段及水量大小妥善确定。如在雨季施工必须准备足够的抽水设备，做到雨水能及时排除。

(20)基坑开挖必须在地层加固(包括工作井、工作井后续段)全部完成并达到设计要求后方可开挖。建议盾构始发工作井开洞加固在开挖前完成并达到设计强度，否则需要在开洞范围内施工临时井字钢筋混凝土骨架进行临时支护，混凝土井字架锚固在$W1$侧墙上。

(21)本基坑位于钱塘江江边，且基坑四周为鱼塘、抢险河等，施工中应配备足够容量的自备发电机，一旦发生停电、降雨等，应首先确保降、排水系统的供电和场地不被淹没。

(22)高压旋喷桩28d无侧限抗压强度标准值不小于1.0MPa，置换率不小于20%。桩体垂直度偏差不大于1/200，桩位偏差不大于50mm，桩径允许偏差±10mm，桩底高程允许偏差+100～−50mm。

(23)围护结构、钻孔灌注桩施工及基坑开挖等应严格执行《建筑地基基础工程施工质量验收规范》(GB 50202—2002)。

(24)钻孔灌注桩施工应符合下列要求：桩位偏差轴线和垂直轴线方向均不大于50mm，垂直度偏差不大于0.5%；钻孔灌注桩桩底沉渣不超过100mm，孔深偏差0～+300mm，混凝土强度符合设计要求，钢筋笼在绑扎吊装和埋设时应符合设计要求。

(25)工作井在侧墙施工前，应对地下连续墙表面进行凿毛和清洗处理，要求其表面做成凹凸不小于20mm的人工粗糙面。

(26)本说明有关施工要求、质量验收标准等未详之处，应按国家现行规范、规程的有关规定执行。

4)保持基坑整体稳定性的要求条件

本试验井工程基坑深度为28.25～16.89m，为一级基坑，重要性系数为1.1；基坑变形量限值为：围护墙顶水平位移≤$0.002h_0$；围护墙体最大水平位移≤$0.003h_0$；坑外地表最大沉降≤$0.002h_0$；其中h_0为基坑深度。

基坑围护结构类型见表10.3.7。工作井基坑支撑系统采用五道钢筋混凝土支撑和一道ϕ609mm钢管支撑，其中第一～第三道钢筋混凝土支撑结合冠梁、顶框架及地下一层腰梁设置。后续明挖段基坑支撑系统根据基坑深度不同，分别采用4～6道支撑，其中两道钢筋混凝土支撑，其余为ϕ609mm钢管支撑。

基坑采用高压旋喷桩加固。工作井采用网格形抽条加固，加固宽度沿连续墙周边为4m，抽条宽度3.25m，深度4m。明挖加深段采用裙边和抽条加固，LK15+319.7～LK15+362段及封堵墙处采用裙边加固。加深段裙边加固宽 4m、深 4m，抽条宽 3.25m、深 3m、纵向净间距 6m；非加深段裙边加固宽 3.25m、深 3m。

钱江隧道试验井基坑维护结构表 表 10.3.7

工 程 段	里 程	基坑深度(m)	基坑宽度(m)	支护类型
工作井	LK15+250.000～LK+273.005	28.25	46.5	1 200mm 连续墙
明挖暗埋段	LK15+273.005～LK+276.500	25.0	38.7	1 200mm 连续墙
	LK15+276.5～LK+318.500	24.8～23.5	37.0～38.7	1 000mm 连续墙
	LK15+318.500～LK+392.000	18.9～16.89	33.1～37.0	800mm 连续墙

根据基坑周围环境条件及相关规范，基坑安全等级为：一级基坑，重要性系数为 1.1，基坑设计安全系数如表 10.3.8。

基坑设计安全系数表 表 10.3.8

基坑等级	基底抗隆起	墙底抗隆起	抗管涌	基底抗突涌	带支撑抗倾覆稳定性
一级基坑	1.8	2.0	1.5	1.2	1.3

5)稳定性计算及处理措施

(1)计算方法说明

明挖暗埋段与工作井结构采用明挖顺作法施工。围护结构的设计按地质情况、水文情况、周边环境以及基坑安全等级的不同，根据工程实践，结合结构计算分析确定。

围护墙结构计算分施工阶段和使用阶段进行。施工阶段按“先变形、后支撑”的原则，模拟施工开挖、支撑全过程不同工况进行结构计算。围护结构在施工阶段，按施工过程进行受力计算分析，开挖期间围护结构作为支挡结构，承受全部的水土压力及地面超载引起的侧压力。结构的位移及内力采用有限元方法计算，考虑分步开挖施工各工况实际状态下的位移变化，并按弹性情况考虑。使用阶段与主体结构共同承担全部荷载。

支护形式为多支点杆系结构，采用弹性支点杆系有限元法计算。基坑以下土的作用采用弹簧模拟，弹簧刚度按“K”法模式计算。被动土压力按弹性地基梁考虑，其水平抗力系数采用 m 法。

混凝土支撑、围檩体系结构按照平面应力问题，采用均质弹簧弹性支点杆系有限元法计算。根据围护墙计算分析获得的支撑荷载，作为围檩与围护墙之间相互作用的初始荷载进行输入，并采用水平均质弹簧来模拟围檩与围护墙之间的变形协调作用来分析混凝土支撑、围檩体系结构的受力变形。

工作井围护墙与主体结构侧墙采用叠合墙形式，叠合墙结构设计时按结构整体或单个构件可能出现的最不利组合，依据相关规范进行计算，并考虑施工过程中荷载变化情况分阶段计算。根据本工程的地质条件和规范要求，基坑开挖及回筑阶段，对黏性土和粉土采用水土合算，砂性土采用水土分算，使用阶段考虑水对结构的长期效应对结构的不利影响分别采用水土合算和水土分算进行包络。荷载按结构承载能力极限状态及正常使用极限状态进行组合，采用荷载-结构模式进行计算，按荷载最不利组合进行结构的抗弯、抗剪、抗压、抗扭强度和裂缝宽度验算。连续墙结构根据围护墙和叠合墙不同工况进行包络配筋设计。

(2)计算模型

围护墙结构计算分施工阶段和使用阶段进行。施工阶段按“先变形、后支撑”的原则，模拟施工开挖、支撑全过程分工况进行结构计算。围护墙在施工阶段，按施工过程进行受力计算分析，开挖期间围护结构作为支挡结构，承受全部的水、土压力及地面超载引起的侧压力。支护形式为多支点杆结构，即采用弹性支点杆系有限元法，计算结构的位移及内力，并考虑分步开挖施工各工况实际状态下的位移变化，并按弹性情况考虑。

基坑以下土的作用采用弹簧模拟，弹簧刚度按“K”法模式计算，被动土压力按弹性地基梁考虑，其水平抗力系数采用 m 法。

墙底抗隆起安全系数采用 Prandtl 和 Terzaghi 公式计算；带支撑抗倾覆稳定安全系数等于最下一道支撑以下围护结构两侧土压力对最下一道支撑点的力矩之比。典型的计算模型和荷载分布图如图 10.3.7、图 10.3.8 所示。

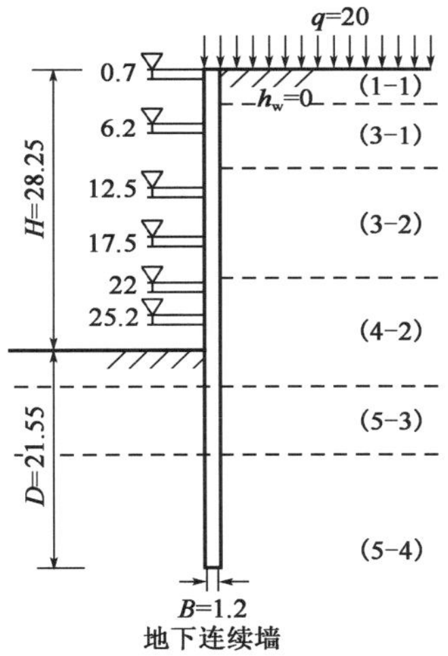

图 10.3.7　计算模型(尺寸单位:m,高程单位:m)

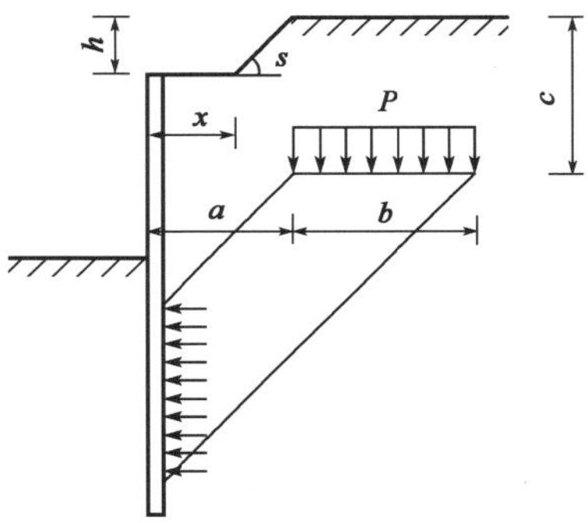

图 10.3.8　荷载分布图

(3)应急抢险措施

由于对潜水和承压水的降水施工直接影响到基坑开挖的安全，施工单位在施工组织设计中应做应急预案，出现险情应根据应急预案采取果断措施以确保基坑安全。

围护结构质量是基坑安全的保证，根据连续墙可能出现的质量缺陷，对影响基坑安全的质量问题，施工单位应制定相应的质量缺陷防范措施及其应急预案。

内支撑体系是改善围护结构受力和基坑安全稳定的保证措施。施工中要采取措施，确保支撑、围檩位置准确、施加预加轴力符合要求，施工中不要碰损支撑、立柱、围檩及其连接处。

基坑开挖应分层分块有序的进行，及时进行支护，并进行监测。对出现支撑轴力、结构变形、基坑隆起、地表沉降量过大，连续墙接缝错位、漏水、地下水位出现异常时应采用应急预案措施。

勘探过程中场地内发现有零星浅层沼气，表现为间歇性冒水泡状。施工期间应根据实际情况采取相关措施，防止沼气对环境的污染，并制定应急预案，确保工作人员以及基坑的安全。

6)基坑整体稳定及环境稳定性的监控量测

(1)监测是围护结构动态设计、信息化施工得以实现的依托。在施工中将根据由施工现场和监测结果反馈的信息，对围护结构的设计作出调整，使最终的围护方案达到既安全又经济。

(2)在施工过程中应对邻近道路的沉陷进行监测，如发现有地面开裂、沉陷等情况，应立即通知有关单位人员进行研究、处理。

(3)在施工过程中应对围护结构进行水平位移、钢筋应力等测量，当其水平位移超过允许限值时，应加强支撑或采取其他的有效措施，确保安全后方可继续施工。

(4)在施工过程中应对支撑轴力与挠度进行监测，以免超载失稳。

(5)在施工过程中应对地表、附近建筑物和连续墙的裂缝进行观测，确保基坑安全和稳定。

(6)监测报警指标由累计变化量和变化速率两个量控制，累计变化量的报警指标详见“施工监测图”。

(7)观测资料及分析成果要列入竣工资料，以供交验。

11 特殊环境隧道施工过程稳定平衡实例分析

11.1 隧道洞口工程施工实例分析

图 11.1.1 为某隧道洞口现场照片，为了保证隧道施工过程中围岩的稳定，采取了以下施工步骤：(1)先修筑洞口路堑挡墙，如图 11.1.1 中①所示，确保隧道施工通道畅通；(2)施作超前管棚（如图 11.1.1 中②所示）和上半断面施工，视稳定情况及时进行初期支护，封闭上半断面；(3)进行下半断面施工，并视基底稳定情况及时进行初期支护和基底仰拱封闭。通过以上施工措施，保证了该隧道的安全顺利施工。

图 11.1.1 某隧道洞口工程处理措施

图 11.1.2 为某隧道的现场照片，施工中出现了拱顶下沉变形。为了保证隧道施工过程中围岩的稳定，采取了以下施工步骤：(1)立即停止洞内掌子面掘进；(2)洞口挖沟形成人字形倒沟排除外部积水，洞内积水抽出洞外排走；(3)每 5～10m 及时修筑仰拱，保证初期支护和围岩稳定并防止隧道整体下沉和拱脚内移；(4)由于洞内掌子面是密实土层，系统锚杆和超前小导管注浆没有效果，超前支护改用 1.5～2m超前插板；(5)由于洞内掌子面核心土台阶太短不利于掌子面稳定和施工安全，施工中增加 2～3m，并且环向采用人工开挖，保护围岩稳定。

图 11.1.2 某隧道洞口工程处理措施

11.2 穿越河流与海底隧道设计与施工实例

11.2.1 穿越河流隧道施工实例分析

某隧道下穿京珠高速公路、浏阳河、机场高速公路等城市道路和河流，如图 11.2.1 和图 11.2.2 所示。在穿越河流地段，河底与隧道顶部的最小高度只有 13m，周边岩层稳定性差，施工中极易造成坍塌、涌水等事故。由于河底的地层石质软弱破碎，要容纳高 9m、宽 14.8m 的隧道，对河底的支撑力与强度是一个巨大的考验。为此，采用了(浅埋暗挖法)超前支护的施工方法：在 18m 长的隧道拱部打入 90 根导管和管棚，再用强压的方式注入水泥浆，形成人工拱形支护。形象地说，就相当于是在浏阳河河底支起一个坚固的拱形钢架，以保证隧道周边围岩稳定。根据计算，全长 210m 的浏阳河底总共需要 1 575 根导管和管棚，其总长度达 28 350m。“每米隧道都要通过掏槽、钻孔、爆破、出渣、初期支护、二次衬砌这些工序完成，每个工作面每天大约掘进 2.4m，5 个工作面总共可掘进 12m。”

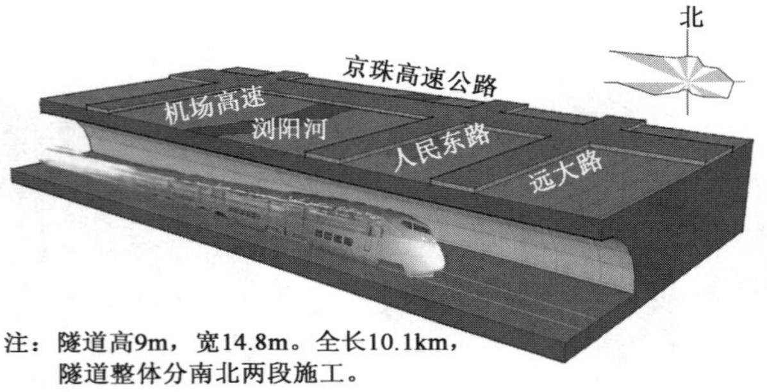

图 11.2.1 某铁路下穿京珠高速公路、浏阳河公路、机场高速、人民东路、远大路模型

图 11.2.2 某铁路下穿隧道

该隧道下穿机场高速公路将采用暗挖方式，暗挖段长 52m，隧道顶距离机场高速路面的高度只有 6～8m。为了既保证隧道开挖上方道路的稳定性、防止沉降，又确保隧道的顺利掘进，采用机械法施工来完成这 52m 的暗挖段。在与机场高速交界的南北隧道口，将分别建起一座厚 1m 的拱形导向墙，150 根直径为 108mm 的钢管通过导向墙向隧道内固定，再往钢管内注入水泥砂浆、水玻璃等材料，以此在隧道内部的外围形成一道坚固的外衣，保证隧道施工的安全顺利推进。

11.2.2 海底隧道施工实例分析

某海底隧道是一项规模浩大的跨海工程，线路总长 8.695km，隧道全长 5.948km，其中海域段 4.4km，是我国大陆地区第一座海底隧道。设计采用三孔隧道方案，两侧为行车主洞各设置 3 车道，中孔为服务隧道。主洞建筑限界净宽 13.5m，净高 5m；左、右线隧道各设通风竖井 1 座，隧道全线共设 12 处行人横通道和 5 处行车横通道。在地质条件复杂(松软土层、透水砂层、海底风化槽等)的海平面以下几十米深处，开挖断面上百平方米、跨越海域 4km 多的行车隧道，对探索适合我国国情的海底隧道建造技术，为类似工程的动工兴建起着示范作用。图11.2.3为该隧道采用CRD工法和双侧壁导坑法的施工情况。

a) b)

图11.2.3 某海底隧道施工工法

a)CRD工法；b)双侧壁导坑工法

该海底隧道有三大施工难点：一是在泥土中掘进(穿越陆域浅埋段全强风化层)；二是穿越透水砂层(穿越海域浅滩段透水砂层)；三是摆平风化深槽[穿越海域段F1、F2、F3、F4等4个海底风化深槽(囊)]。由于风化深槽(囊)受断层影响，岩体破碎，节理裂隙发育，导致风化层深厚，隧道顶板厚度较薄，围岩经开挖扰动后，隧道顶部的高水压(0.5MPa)容易将隧道覆盖层击穿，稍有不慎，就很有可能发生涌水、突水和突泥，造成隧道持续坍塌或严重进水，使施工人员和机械设备面临极大威胁，甚至会导致工程报废，造成无可挽回的损失，因此穿越风化深槽的施工也是三大难点之首。以下简要说明三大施工难点以及采取的措施。

1)在泥土中掘进

该隧道两端陆域暗挖段约1 800m，是在全强风化层下挖隧道。全强风化层，通俗地说就是泥土。由于泥土缺乏足够的支撑力，类似该隧道这么大断面的隧道，如果全洞一次性开挖掘进，塌方的风险就非常大。针对土层施工，工程人员在主隧道采用了CRD四步工法和双侧壁导坑法施工。这两种办法都是将大断面分解成若干个小断面依序进行挖掘与支护，松软土层的压力得以巧妙地分解。

在松软土层的隧道施工中，需要随时对已挖掘的隧道进行支撑和保护，施工进度一般只能达到每天1m，而在岩层的隧道施工中，因为岩层支撑能力好，一天可以达到10m。翔安隧道采用的施工技术每天能掘进1～2.0m，与国内类似工程相比，其进度是相当快的。为加快进度，施工方在隧道两端的浅滩地段修筑了直径约100m的人工岛，从上往下开挖竖井直至主洞处。挖一个井增加了两个作业面，施工方就能从土层两端同时掘进。而这两个竖井还将成为隧道的通风井。

(1)CRD法施工关键技术

①CRD法施工顺序为①左上导洞→②左下导洞→③右上导洞→④右下导洞，详见图11.2.4。

②洞口段采用ϕ108管棚进行超前支护，洞内采用ϕ42注浆小导管进行超前支护，初期支护采用“工字钢拱架+网喷混凝土”。

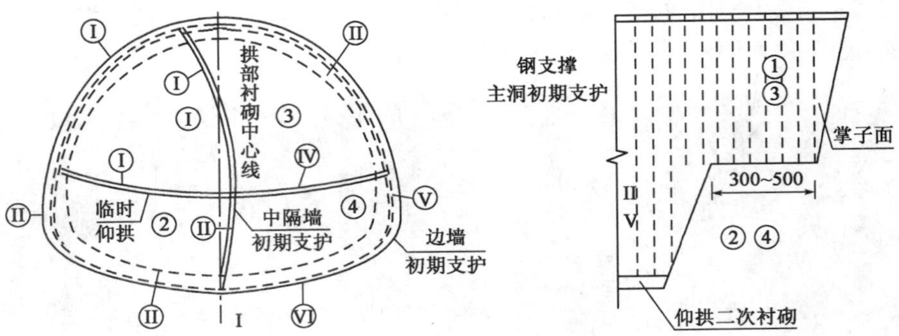

图 11.2.4　隧道 CRD 法施工工序

③严格遵循新奥法“管超前、严注浆、短进尺、强支护、早封闭、勤量测”的施工原则，加强综合超前地质预报和降水，并坚持按照“先降水、后开挖”的原则进行施工。

(2)双侧壁导坑法施工关键技术

①双侧壁法原设计支护参数

在原设计文件中，双侧壁法用于全强风化岩中，主拱采用 I20b 工字钢，临时支撑采用 I18 工字钢，详见图 11.2.5。

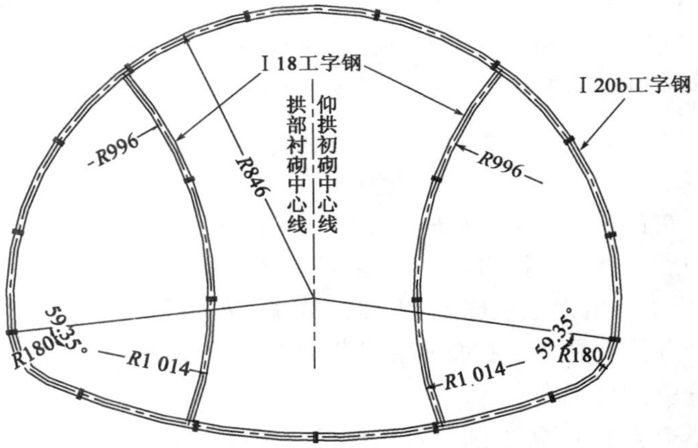

图 11.2.5　原设计双侧法钢架图

②双侧壁法原设计施工步序步长

按设计文件，双侧壁法分为左、中、右三个导洞，左、右导洞在地质条件允许的前提下，可一次开挖，每次进尺 1～2m，左右相隔 3～5m，中导洞分为上下两个台阶最后施工，详见图 11.2.6。

③双侧壁工法的优化

按照原设计文件进行双侧壁法施工，基本上能控制住一般地段围岩的收敛变形，但由于海底隧道陆域浅埋段洞顶的众多地表构造物及海底风化深槽的极其恶劣的地质条件，为确保工程施工安全，对原双侧壁工法进行局部优化就成为了必然。在海底隧道双侧壁工法施工中，主

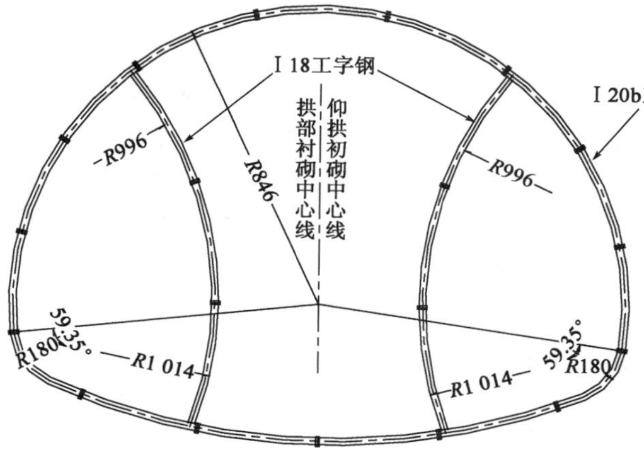

图 11.2.6 原设计双侧法钢架图

要对其初期支护钢架的结构形式、钢架强度、超前支护、锁脚锚管及施工步长和步序等进行优化，最后选择如图 11.2.7 所示的结构形式进行施工。优化后的双侧壁法能较好地控制地表沉降，可以使用大型机械，进度较快，取得了较好的效果。

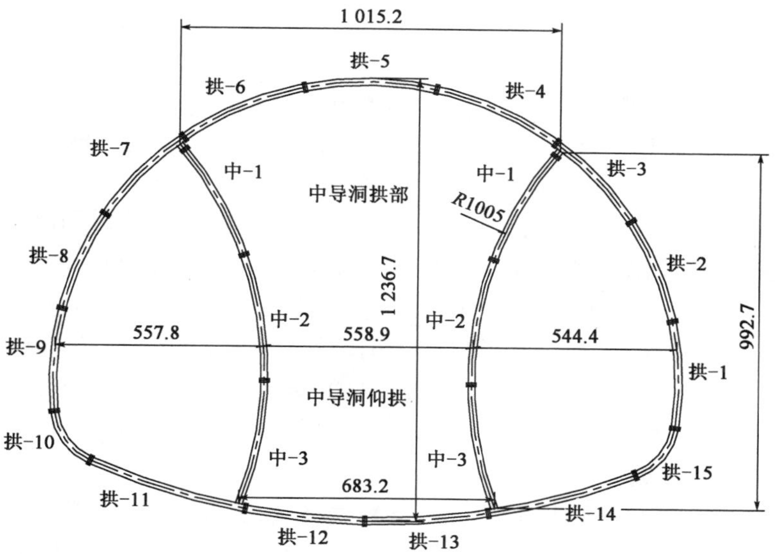

图 11.2.7 双侧壁法结构形式（尺寸单位：cm）

采用图 11.2.7 所示的双侧壁法结构形式两侧导洞相对较小，中导洞顶部较宽，在未施工前，各方专家均担心中导洞施工难度大，容易造成拱顶下沉过大。但在实际施工过程中，经围岩监控量测证明，其拱顶沉降很小。其原因是两侧导洞施工超前，已将中导洞围岩中的水疏排干了，起到了改良围岩的作用，同时由于两侧导洞已封闭成环，中导洞两侧拱脚稳固，所以中导施工时，基本上不会发生大的沉降。

2)穿越透水砂层

在隧道海域浅滩段有约610m长的透(富)水砂层，是以往海底隧道施工过程中所未曾遇到过的，没有现成施工经验可供借鉴。由于砂层与海水直接连通，具有一定承压性，砂层就像一个巨大地下水库，一段在陆地一段在海里，砂粒之间充满了水。在这样的地方挖隧道，存在着严重的涌水、塌方、涌砂的风险。对此，原设计拟采用垂直或水平高压旋喷桩对砂层进行固结处理，后根据现场试验结果和专家论证，最终确定“在地表采用地下连续墙和疏干减压井控制地下水与在洞内采用TSS小导管超前预注浆固结砂层相结合的施工方案”，即切断砂层与海水的连通，再把砂层里的水排干，然后进行注浆固结。

首先，施工人员在砂层上方的滩涂填筑围堰，使滩涂成为真正的陆地；然后，在隧道上方地表划定一个长方形的工作面，沿着工作面四周深挖壕沟至砂层下，用混凝土造出隔水墙(地下连续墙止水帷幕，如图11.2.8所示)，将整个砂层分隔成仓，切断海水对砂层的补给通道，并通过钻了189口降水深井疏干砂层中的水，砂层中的水便沿着砂粒间的缝隙流入这些井里，接着被分期抽离。透水砂层里没了水，满足隧道施工要求，涌水难题也就迎刃而解了。

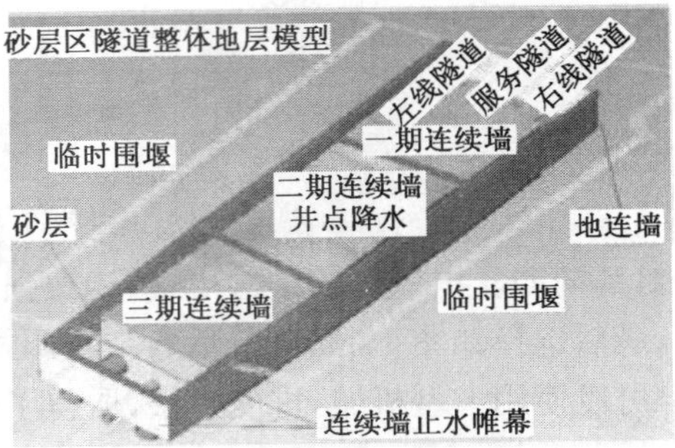

图11.2.8 地下连续墙、降水井与隧道关系

3)穿越风化深槽

穿越透水砂层后，隧道施工就来到了海底花岗岩层。其实，在全岩层挖掘隧道是较为安全和快速的，但海底岩层的风化深槽却让工程遭遇了最大的施工挑战。

海底隧道风化深槽围岩主要由全风化～弱风化花岗岩、花岗闪长岩和辉绿岩岩脉组成。风化深槽是海底岩层因风化作用形成的囊状风化，就像一只嵌在岩石中的导水透镜体，由风化砂石组成，一旦施工不慎，就像在几十米的海水下把隧道撕开了一个口子，整条隧道都有报废的危险。穿越风化深槽的难度之大、风险之大为国内外罕见。施工人员曾经朝风化深槽里钻了个探测孔，取出岩芯一看(图11.2.9和图11.2.10)，竟是一摊混着海水的黄褐色烂泥，甚至一些专家都认为不可能再继续挖下去。因此，4条从几十米到百余米宽的海底风化深槽(囊)成了该隧道施工的最大障碍。

虽然风化深槽的施工风险很大，但只要坚持科学严谨、实事求是的态度，通过综合超前地质预报手段，准确探明真实的地质情况，有针对性地制定施工方案，就能顺利穿越它。该海底隧道风化深槽原设计采用全断面帷幕注浆加固和CRD法开挖。海底隧道建设者们经过施工阶段的综合超前地质预报，进一步探明了风化槽的规模、风化程度、涌水量及其对施工的影响程度，这就给他们优化施工方案、简化注浆过程、改进开挖方法、为国家节约大量建设投资、加快施工进度提供了最有力的原始数据。

(1)风化深槽施工总原则

①做好综合超前地质预报工作，准确探明风化深槽主槽和两端影响带的位置、走向、长度及其与隧道的关系以及槽内围岩的工程地质和水文地质情况等；

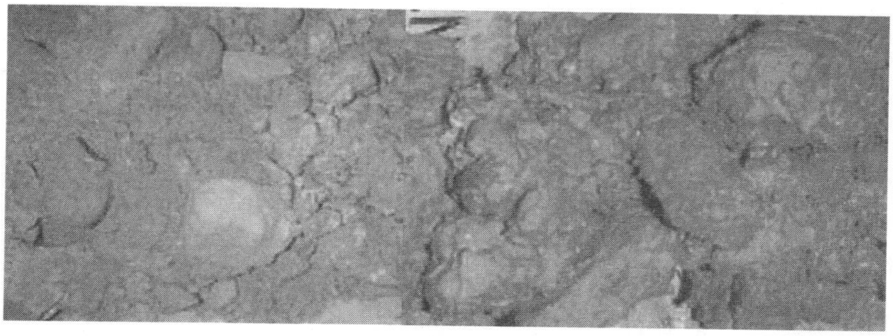

图 11.2.9 风化深槽水平超前探孔取芯情况

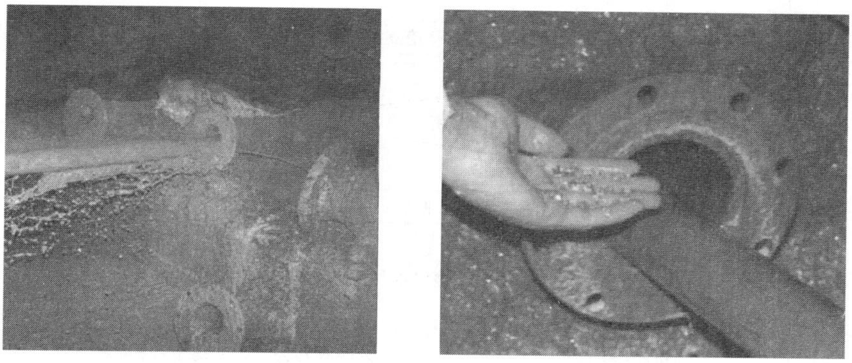

图 11.2.10 风化深槽水平超前探孔出泥、出砂情况

②依据综合超前地质预报成果，有针对性地制定科学合理的施工技术方案，编制专项实施的施工组织设计，系统地指导风化深槽的现场施工；

③选择安全合理的开挖方法，加强超前预支护，严格执行软弱地质条件下的“管超前、严注浆、短进尺、弱爆破、强支护、勤量测”的十八字方针；

④坚持动态管理和信息化施工。

(2)综合超前地质预报

①预报原则：采用中长距离预报与短距离预报相结合、物探预测与钻孔直接预测相结合、区域性地质预报与掌子面地质预报相结合的“三结合”原则。

②预报方法：首先通过 TSP203 长距离预报初步探明掌子面前方断层风化深槽的起始位置、裂隙发育程度、是否存在含水体等；再采用多功能水平地质钻机和地质雷达进一步确定不良地质的具体位置和规模等，并采用红外探水探明掌子面前方的含水体情况。

(3)风化深槽的施工工艺流程

在借鉴和总结国内外有关工程经验的基础上，众多国内外专家经过反复论证，最终主要采用如图 11.2.11 所示的风化深槽堵水加固施工工艺流程。简单地说，就是隧道掘进到达风化深槽前的一定距离时，在已开掘的隧道掌子面修一个混凝土止浆墙，在这个平面上钻出几百个直达风化槽的小孔，通过这些小孔，注浆机将强力速干水泥注入风化槽，几个小时后，前方风化槽的烂泥、碎石就板结成了与岩石硬度相当的水泥块。下一步钻隧道，就像是在一个巨大的岩石中凿一个孔。如图 11.2.12 所示是现场隧道全断面帷幕注浆照片，图 11.2.13 所示是隧道注浆施工后的围岩现场加固效果。

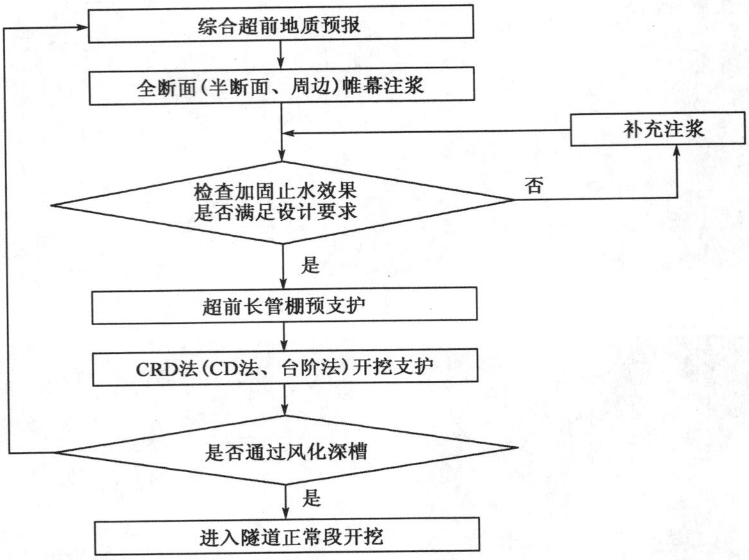

图 11.2.11　风化深槽堵水加固施工工艺流程图

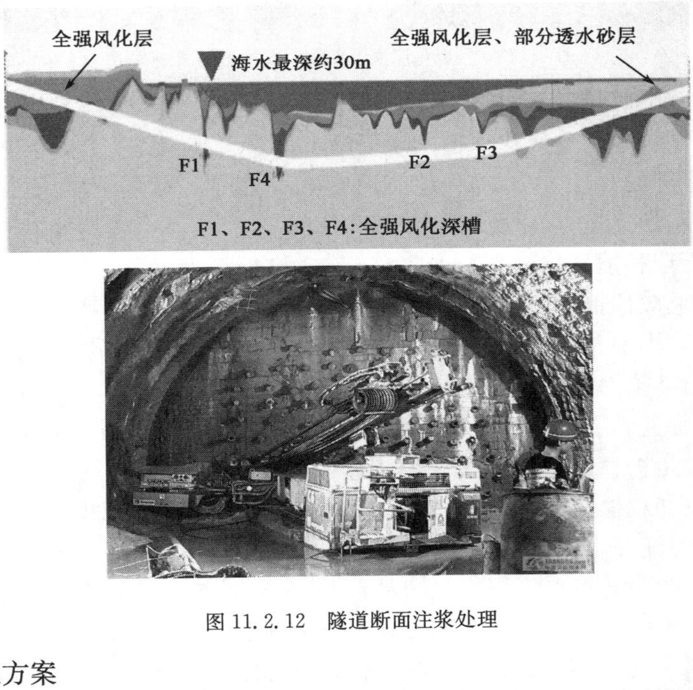

图 11.2.12　隧道断面注浆处理

(4)优化施工方案

在第一个循环施工结束以后,按照动态管理和信息化施工的原则,在第二个和第三个循环施工过程中,根据综合超前地质预报结果,建设者们对施工方案进行了一系列的优化调整,比如在第二循环取消了周边帷幕注浆,只施作了超前长管棚(在第一个循环开挖后期就形成了管棚工作室),第三个循环又在第二个循环的基础上取消了超前长管棚,仅利用超前小导管作为

图 11.2.13 海底隧道注浆施工前后比较

超前预支护措施，在第二个和第三个循环开挖施工过程中也取消了预留 CD、CRD 法施工条件。在风化深槽施工过程中，监控量测数据表明，拱顶下沉和周边位移收敛均远远小于设计要求的下沉量控制值。该海底隧道在穿越风化深槽的施工过程中，通过不断的摸索和试验，积累了大量的施工经验，相信这些对今后类似地质条件下的隧道施工具有一定的借鉴作用。

参考文献

[1] 关宝树．隧道工程设计要点集[M]．北京：人民交通出版社，2003.

[2] 李轩宁，卜东平．CRD工法在扩大断面石质围岩台山隧道的创新[J]．公路隧道，2009，(3)：24-28.

[3] 傅鹤林，谢启东，张聚文，等．不同级别围岩条件下浅埋偏压大跨度隧道开挖工法的比选[J]．采矿技术，2009，9(4)：33-34，65.

[4] 王旭辉．城市小净距隧道施工工法合理性分析[J]．铁道建筑，2008，(7)：58-61.

[5] 任尚强．大跨度隧道洞口浅埋段工法探讨及应用[J]．地下空间与工程学报，2008，4(5)：943-948.

[6] 骆驰，漆泰岳，刘毅，等．地铁隧道施工过程的数值模拟与工法比选[J]．大连民族学院学报，2009，11(3)：251-254.

[7] 刘文，陈罡．复杂地质条件下隧道施工工法变换计算研究[J]．交通科技，2008，(4)：37-39.

[8] 王金明，杨小礼．浅埋暗挖地铁隧道不同工法对地表沉降的影响[J]．石河子大学学报(自然科学版)，2008，26(4)：499-503.

[9] 王正松，孙铁成，高波．全断面预加固隧道施工工法(新意法)[J]．铁道标准设计，2007(增刊1)：170-172.

[10] 王伟锋，毕俊丽．软岩浅埋隧道施工工法比选[J]．岩土力学，2007，28(增刊)，430-436.

[11] 刘国良．隧道控制爆破施工工法的选择[J]．科技资讯，2009，(21)：85-85.

[12] 高海东．厦门海底隧道长距离浅埋全强风化地层开挖方案的对比分析[J]．科技资讯，2008,(4):94-95.

[13] 范小伟,徐林生．长冲隧道进口段开挖方法的优化分析[J]．重庆交通大学学报(自然科学版),2008,(2):225-227,289.

[14] 翁效林,王俊,张刚,武朝梁．黄土地区地铁开挖引起地表沉降试验分析[J]．岩石力学与工程学报,2007,(S2):4348-4352.

[15] 高璋生．软弱围岩条件下的大断面小净距浅埋隧道施工方案研究[J]．福建建设科技,2007,(2):5-6,2.

[16] 熊创贤,洪亮．浅埋偏压隧道几种施工方法的比较与研究[J]．路基工程,2007,(3):18-20.

[17] 荣永刚．浅埋暗挖隧道施工引起的地表沉降分析与对策[J]．山西建筑,2007,(1):319-320.

[18] 孙兆远,焦苍,罗琼,刘建平,何剑．不同工法开挖超大断面隧道引起围岩变形机理分析[J]．铁道建筑,2006,(9):35-37.

[19] 郭富利，张顶立，苏洁，等．软弱夹层引起围岩系统强度变化的试验研究[J]．岩土工程学报，2009，31(5)：720-726.

[20] 吴昊，方秦，张亚栋．深部巷道块系围岩分析模型及稳定性探讨[J]．岩土工程学报，2009，31(8)：1229-1235.

[21] 郑俊杰，章荣军，杨庆年．浅埋隧道变基床系数下管棚的力学机制分析[J]．岩土工程学报，2009，31(8)：1165-1171.

[22] 刘高，李新召，梁昌玉．围岩动态演化与块体稳定性分析[J]．岩土力学，2009，30(6)：1741-1746.

[23] 李海波，刘博，吕涛．一种简单的岩体地下洞室地震安全评价方法[J]．岩土力学，2009，30(7)：1873-1882.

[24] 陈洁金，周峰，阳军生．山岭隧道塌方风险模糊层次分析[J]．岩土力学，2009，30(8)：2365-2370.

[25] 杨小礼,眭志荣．浅埋小净距偏压隧道施工工序的数值分析[J]．中南大学学报(自然科学版),2007,38(4):764-770.

[26] 郭春,王明年,俞尚宇．海底隧道CRD法各施工部开挖对结构内力影响[J]．辽宁工程技术大学学报,2007,(S2):119-121.

[27] 王伟,黄娟,彭立敏,胡自林．不同施工顺序对偏压连拱隧道结构稳定性的影响分析[J]．西部探矿工程,2004,(10):105-108.

[28] 易立．大跨隧道施工方法选择的敏感性分析[D]．重庆:重庆大学,2007.

[29] 胡立霞．大跨隧道施工方法选择的敏感性分析[D]．重庆:重庆大学,2007.

[30] 周玉宏,赵燕明,程崇国．偏压连拱隧道施工过程的优化研究[J].岩石力学与工程学报，2000(增刊):1115-1119.

[31] 铁道部第十四工程局．城市地下超浅埋双连拱结构三导洞施工工法(TLEJGF—97.98—23)[R].济南:铁道部第十四工程局.

[32] 张志强,何川．连拱隧道中隔墙设计与施工力学行为研究[J]．岩石力学与工程学报，2006,25(8):1632-1638.

[33] 赵阳,张争鹏．偏压连拱隧道不同开挖方法的模拟分析[A]．2004.

[34] 金丰年,钱七虎．隧洞开挖的三维有限元计算[J]．岩石力学与工程学报,1996,15(3):193-200.

[35] 何川,李永林,林刚．连拱隧道施工全过程三维有限元分析[J]．中国铁道科学,2005,26(2):34-38.

[36] 林刚,何川．连拱公路隧道施工方法模型试验研究[J]．现代隧道技术,2003,40(6):1-6.

[37] Lin C T, Amadei B, Jung J, et al. Extensions of discontinuous deformation analysis for jointed rock mass [J]. International Journal of Rock Mechanics and Mining Sciences & Geomechanics Abstracts, 1996,33 (1): 671-694.

[38] Wang C Y, Chang C T, Sheng J. Time integration theories for the DDA method with finite element Meshes [C]//Proceedings of the First International Forum on Discontinuous Deformation Analysis (DDA) and Simulations of Discontinuous Media. Albuquerque:TSI Press,1996: 263-288.

[39] 姜清辉．三维非连续变形分析方法的研究[D]．武汉:中国科学院研究生院(武汉岩土力

学研究所),2000.

[40] 张秀丽,焦玉勇,刘泉声,等. 用改进的DDA方法模拟公路隧道的稳定性[J]. 岩土力学,2007,28(8):1710-1714.

[41] 邬爱清,丁秀丽,陈胜宏,等. DDA方法在复杂地质条件下地下厂房围岩变形与破坏特征分析中的应用研究[J]. 岩石力学与工程学报,2006,25(1):1-8.

[42] Amadei B,Lin Chihsen,Jerry Dwyer. Recent extensions to the DDA method[C]//In: Proc. of the First International Forum on Discontinuous Deformation Analysis (DDA) and Simulations of Discontinuous Media. Albuquerque:TSI Press,1996,1-30.

[43] Ke T C. Artificial joint-based DDA[C]//In : Proc. of the First International Forum on Discontinuous Deformation Analysis (DDA) and Simulations of Discontinuous Media. Albuquerque:TSI Press,1996,326-334.

[44] Kim YongIl,Amadei B,Pan E. Modeling the effect of water,excavation sequence and rock reinforcement with discontinuous deformation analysis[J]. Int. J. of Rock Mech. & Min. Sci. ,1999,36(7):949-970.

[45] Zhao S L,Salami M R,Rahman M S. Discontinuous deformation analysis simulation of rock slope failure processes[C]//In:Proc. of 9th International Conference on Computer Methods and Advances in Geomechanics. Rotterdam: A. A. Balkema, 1997, 473-477.

[46] Mortazavi A,Katsabanis P D. Modelling of blasthole expansion and explosive gas pressurization in jointed media[J]. Int. J. Rock Mech. and Min. Sci. & Geomech. Abstr. ,1996,35(5):497-498.

[47] 朱传云,戴晨,姜清辉. DDA方法在台阶爆破仿真模拟中的应用[J]. 岩石力学与工程学报,2002,21(S1):2461-2464.

[48] 朱玮,许劲松. 碎裂结构围岩破坏模式的模糊数学分析[J]. 大连理工大学学报,1990,30(2):221-226.

[49] 谢学斌. 基于模糊灰关联模式识别的地下工程围岩稳定性评价[J]. 采矿技术,2007,7(2):83-85.

[50] 许传华,任青文. 地下工程围岩稳定性的模糊综合评判法[J]. 岩石力学与工程学报,2004,23(11):1852-1855.

[51] 邵中勇,冯德顺. 公路隧洞围岩稳定性模糊评判方法[J]. 武汉理工大学学报(交通科学与工程版),2004,28(5):771-774.

[52] 顾金才,顾雷雨,陈安敏, 等. 深部开挖洞室围岩分层断裂破坏机制模型试验研究[J]. 岩石力学与工程学报,2008,27(3):433-438.

[53] 温进涛,朱维申,李术才锚索对结构面的锚固抗剪效应研究[J]. 岩石力学与工程学报,2003,22(10) :1699-1703.

[54] 叶金汉. 裂隙岩体的锚固特性及其机理[J]. 水利学报,1995(9) :68-74.

[55] SPANG K,EGGRE P. Action of fully 2grouted bolts in jointed rock and factors of influence[J]. Rock Mechanics and Rock Engineering ,1990 ,23(3) :201-229.

[56] 邹志晖，汪志林. 锚杆在不同岩体中的工作机理[J]. 岩土工程学报，1993(6)：71-79.
[57] 侯朝炯，勾攀峰. 巷道锚杆支护围岩强度机理研究[J]. 岩石力学与工程学报，2000，19(3)：342-345.
[58] 陈礼伟，何发亮，李苍松. 隧道工程讲座(杭州，2007). 中铁西南科学研究院有限公司.
[59] 姜云，王兰生. 隧道工程围岩大变形问题研究[C]//2003 年全国公路隧道学术会议论文集. 北京：人民交通出版社，2003，15-22.
[60] 卿三惠，黄润秋. 乌鞘岭特长隧道软弱围岩大变形特性研究[J]. 现代隧道技术，Vol. 4(2)，No. 2，7-14.
[61] 赵旭峰，王春苗. 乌鞘岭隧道 F7 软弱断层大变形控制技术[J]. 施工技术，Vol. 35(2)：62-64.
[62] 刘高，张帆宇，李新召，杨重存. 木寨岭隧道大变形特征及机理分析[J]. 岩石力学与工程学报，Vol. 24 (2)：5521-5526.
[63] 郭启良，伍法权，钱卫平，张彦山. 乌鞘岭长大深埋隧道围岩变形与地应力关系的研究[J]. 岩石力学与工程学报，Vol. 25(11)：2194-2199.
[64] 孙均. 地下工程设计理论与工程实际[M]. 上海：上海科技出版社，1996.
[65] 谢士宏. 布陇箐隧道大塌方处理[J]. 石家庄联合技术职业学院学术研究，2006，1(1)：22-26.
[66] 李志厚. 公路隧道特大塌方病害处治方法研究[D]. 西安：长安大学，2004.
[67] 杜炜平. 隧道开挖地质灾害规律与防治对策研究[D]. 长沙：中南大学，2001.
[68] 吕庆. 深埋特长公路隧道岩爆预测综合研究[J]. 岩石力学与工程学报，2005，24(16)：2982-2988.
[69] 徐林生. 高地应力与岩爆有关问题的研究现状[J]. 公路交通技术，2002，04.
[70] 徐林生，王兰生. 二郎山公路隧道岩爆发生规律与岩爆预测研究[J]. 岩土工程学报，1999，21(5)：569-572.
[71] 张秉鹤. 括苍山特长公路隧道相对浅埋洞段岩爆机理及防治措施研究[D]. 长春：吉林大学，2007.
[72] 梁为民，杨小林，战军，余永强. 溶洞对隧道爆破开挖影响的数值模拟研究[J]. 采矿与安全工程学报，2006，23(4)：452-455.
[73] 王迎超，严细水，胡建平，等. 隧道围岩模糊分类研究[J]. 华东公路，2007，(5)：53-57.
[74] 王迎超，尚岳全，李焕强，等. 浅埋隧道出口塌方机理分析[C]//第三届全国岩土与工程学术大会论文集. 成都：四川科学技术出版社，2009：493-498.
[75] 朱汉华，尚岳全，等. 公路隧道设计与施工新法[M]. 北京：人民交通出版社，2010.
[76] 朱汉华，王迎超，尚岳全. 隧道围岩强预支护原理[J]. 公路交通科技，2007，3(6)：143-146.
[77] 朱汉华，杨建辉，王迎超. 独立隧道、小净距隧道和连拱隧道结构受力独立性研究[J]. 隧道建设，2007，27(5)：5-8.
[78] 严细水，朱汉华，王迎超. 山岭隧道地震反应的几个特性[J]. 隧道建设，2009，29(4)：

420-423.

[79] 朱汉华，王迎超，祝江鸿. 隧道预支护原理及施工技术[M]. 北京：人民交通出版社，2008.

[80] 朱汉华，尚岳全，杨建辉，等. 地下工程全过程平衡稳定[M]. 北京：人民交通出版社，2011.

[81] 王毅才. 隧道工程[M]. 北京：人民交通出版社，2006.

[82] 葛修润，刘建武. 加锚节理面抗剪性能研究[J]. 岩土工程学报，1988，(1)：7-18.

[83] 康天合，郑铜镙，李焕群. 循环荷载作用下层状节理岩体锚固效果的物理模拟研究[J]. 岩石力学与工程学报，2004(23).

[84] 陈安敏，顾金才. 预应力锚索的长度与预应力值对其加固效果的影响[J]. 岩石力学与工程学报，2002，21(6)：848-852.

[85] 陈妙峰，唐德高. 锚杆锚固机理试验研究[J]. 建筑技术开发，2003，30(4)：21-23.

[86] 朱维申，任伟中. 船闸边坡节理岩体锚固效应的模型试验研究[J]. 岩石力学与工程学报，2001，20(5)：720-725.

[87] 程良奎，范景伦，韩军，许建平. 岩土锚固[M]. 北京：中国建筑工业出版社，2003，188-190.

[88] 何林生，王明年. 隧道工程中的挪威法(NTM)[M]. 广东公路交通，1998年增刊.

[89] 徐则民，黄润秋. 深埋特长隧道及其施工地质灾害[M]. 成都：西南交通大学出版社，2000.

[90] 李永林，冯学钢，姜云，何川. 隧道工程围岩大变形及预测预报研究[J]. 现代隧道技术，Vol. 42，No. 5：46-51.

[91] 姜云，李永林. 隧道工程围岩大变形类型与机制研究[J]. 地质灾害与环境保护，2005，Vol. 12 (4).

[92] 张志强，关宝树. 软弱围岩隧道在高地应力条件下的变形规律研究[J]. 岩土工程学报，22(6)：696-700.

[93] 王毅东. 木寨岭隧道高地应力大变形施工技术[J]. 现代隧道技术，2004年增刊：246-249.

[94] 曹占良. 乌鞘岭隧道膨胀岩地段快速施工技术[J]. 铁道标准设计，2004(11)：54-56.

[95] 胡文清，郑颖人，钟昌云. 木寨岭隧道软弱围岩段施工方法及数值分析[J]. 地下空间，Vol. 24(2)：194-197.

[96] 张祉道. 关于挤压性围岩隧道大变形的探讨和研究[J]. 现代隧道技术，Vol. 40(2)：6-12.

[97] 李永林. 二郎山隧道在高地应力条件下大变形破坏机理的研究及治理原则[J]. 公路，2000(12)：2-5.

[98] 张继奎，方俊波. 高地应力千枚岩大变形隧道支护参数试验研究[J]. 铁道工程学报，2005(5)：66-70.

[99] 罗学东，陈建平，范建海，左昌群. 火车岭隧道围岩大变形问题及治理[J]. 煤田地质与勘探，Vol. 34(4)：49-52.

[100] 刘泮兴，任秋儒，朱永全. 锚杆支护在整治高地应力软岩隧道大变形的效应分析[J]. 石家庄铁道学院学报，Vol. 19(1)：27-29.

[101] 戴希红,刘剑文. 公路隧道复杂地质段初期支护大变形的整治[J]. 隧道建设,Vol. 23(4):52-54.
[102] 钟彬. 凉风垭隧道初期支护大变形的整治[J]. 施工技术,Vol. 34(6):15-17.
[103] 张倚逾. 泰井碧溪隧道大变形段设计施工技术[J]. 隧道建设,Vol. 26(3):48-50.
[104] 张志强,关宝树. 公路隧道在膨胀性围岩地段施工的稳定性分析[J]. 公路,2000(2):61-63.
[105] 董新平. 膨胀岩隧道施工技术研究现状[J]. 世界隧道,2000(5),60-63.
[106] 江系贵. 柔性可缩性工字钢支架在铁路隧道软弱膨胀围岩段中的应用[J]. 铁道建筑,2005(5):36-37.
[107] 张兴林. 天心山隧道进口段软弱膨胀围岩的开挖与支护[J]. 石家庄铁道学院学报,Vol. 17(增刊):7-9.
[108] 董新平. 铁路膨胀岩隧道施工技术研究[J]. 铁道工程学报,2001(1):58-61.
[109] 傅仝雷,丁恒. 铁路膨胀岩隧道设计问题的初探[J]. 西部探矿工程,2001(68):71-72.
[110] 徐林生,李永林,程崇国. 公路隧道围岩变形破裂类型与等级的判定[J]. 重庆交通学院学报,Vol. 21(2):16-20.
[111] 喻渝. 挤压性围岩支护大变形的机理及判定方法[J]. 世界隧道,1998 ,(1):81-83.
[112] 范仕清. 软岩巷道的特性分析与支护对策[J]. 煤矿现代化,2006,(4):60-62.
[113] 于书翰. 隧道施工[M]. 北京:人民交通出版社,2000.
[114] 刘干斌,谢康和,施祖元. 粘弹性饱和土中深埋圆形隧道衬砌-土相互作用[J]. 工程力学,2005,22(6):148-154.
[115] 何满潮,景海河,孙晓明. 软岩工程力学[M]. 北京:科学出版社,2002.
[116] 张建国,王明年,等. 海底隧道浅埋暗挖段 CRD 法不同施工工序比较[J]. 岩石力学与工程学报第 26 卷 增刊 2(总第 193 期):3639-3645.
[117] 张显书,刘新喜,刘贵应,等. 襄武段连拱隧道动态施工力学技术实现[J]. 湖南科技大学学报(自然科学版), 第 19 卷第 4 期:33-36.
[118] 索然绪. 隧道支护时间优化分析[J]. 四川建筑, 27(2):106-107.
[119] 李智毅,杨裕云. 工程地质学概率[M]. 武汉:中国地质大学出版社,1994.
[120] 朱汉华,孙红月,杨建辉. 公路隧道围岩稳定与支护技术[M]. 北京:科学出版社,2007.
[121] 范建海,张涛,郭刚,王元汉. 李师关隧道洞口滑坡发生机理与防治措施研究[J]. 地下空间与工程学报,2006,2(8):1445-1450.
[122] 杨庆中,石现峰. 隧道洞口仰坡失稳病害整治[J]. 山西建筑,2008,(5).
[123] 刘招伟. 圆梁山隧道岩溶突水机理及其防治对策[D]. 北京:中国地质大学,2004.
[124] 席光勇. 深埋特长隧道(洞)施工涌水处理技术研究[D]. 成都:西南交通大学,2005.
[125] 张朋. 云雾山隧道浅埋岩溶段地质灾害研究[D]. 重庆:重庆大学,2007.
[126] 支卫清. 公路隧道穿越大型溶洞处理方案的确定[J]. 现代隧道技术,2006,43(5):70-73.
[127] 任光明,陈波,聂德新,符文熹. 深埋长隧道有害气体的预测与防治[J]. 中国地质灾害与防治学报,2001,12(4):64-67.

[128] 张志沛，刘旭，覃美安．常家山隧道的地质病害及防治对策研究[J]．西安科技大学学报，2006，26(2)：189-192.

[129] 李政钧，朱自强，何现启．复杂地质条件下的公路隧道建设[J]．西部探矿工程，2006，(10)：5-8.

[130] 崔连友，陈西动，钟智．华蓥山隧道有害气体综合治理措施[J]．铁道建筑技术，2001，(1)：120-121.

[131] 任光明，赵志祥，聂德新，符文熹．深埋长隧道有害气体发生的地质条件初探[J]．山地学报，2002，20(1)：122-125.

[132] 贾佰春．隧道施工中常见的不良地质以及处理措施[J]．科技资讯，2008，(3).

[133] 孙伟．台子山隧道有害气体防治[J]．科技情报开发与经济，2007，17(5)：288-289.

[134] 王梦恕．地下工程浅埋暗挖技术通论[M]．合肥：安徽教育出版社，2004.

[135] 曾庆元，等．列车脱轨分析理论与应用[M]．长沙：中南大学出版社，2005.

[136] 中华人民共和国行业标准．JTG D70—2004 公路隧道设计规范[S]．北京：人民交通出版社，2004.

[137] 蒋树屏．公路隧道技术的现状与发展．中国公路网，2007.

[138] 朱汉华，尚岳全，等．公路隧道设计与施工新法[M]．北京：人民交通出版社，2003.

[139] 尚岳全，王清，蒋军，等．地质工程学[M]．北京：清华大学出版社，2006.

[140] 吴生金，等．厦门海底隧道穿越富水砂层施工技术[J]．现代隧道技术，2008，(增)：1-8.

[141] 吴驰，等．厦门海底隧道陆域浅埋段 CRD 法施工技术[J]．现代隧道技术，2008，(增)：9-12.

[142] 刘保东．工程振动与稳定基础[M]．北京：清华大学出版社，2010.

[143] 文颖．结构稳定极限承载力分析的力素增量方法[D]．长沙：中南大学．2010.

[144] 中华人民共和国行业标准．JTG C20—2011 公路工程地质勘察规范[S]．北京：人民交通出版社，2011.

[145] 周路军，叶剑锋，尚岳全．隧道环形开挖时核心土合理长度研究[J]．低温建筑技术．2011(5)：87-89..

[146] 朱汉华，赵宇，尚岳全．地下工程平衡稳定理论[J]．地下空间与工程学报．2011，04，7(2)：317-328.

[147] 王迎超，尚岳全，徐兴华．浅埋隧道岩土体参数正交反演及衬砌工作状态评价．中南大学学报(自然科学版)．2011，06，42(6)：1764-1771.

[148] 王迎超，尚岳全，靖洪文，蔚立元．隧道塌方段施工方案优化及效果评价[J]．岩土力学．201108，32(增 2)：514-520.

[149] 安妮，赵宇，石文广，孙红月，朱汉华．水泥-水玻璃双液浆的特性试验研究与应用[J]．铁道建筑．201112：128-130.

[150] 杨勇勇，石文广，赵宇，尚岳全．采用三轴搅拌桩联合降水施工隧道联络通道的施工工法[J]．建筑技术．2012，43 (3)：206-209.